高等学校规划教材

飞机飞行动力学

刘　艳　编

西北工业大学出版社

西　安

【内容简介】 飞行动力学主要研究飞机飞行过程中的受力与运动。随着飞机、动力、控制及武器系统的发展，新的飞行动力学问题不断出现，飞行性能指标及飞行品质规范也在不断发展。本书主要以飞机的飞行任务为出发点，对飞行性能、稳定性与操纵性、飞行控制的基本理论进行了系统的分析讨论。

本书可供高等院校航空相关专业的高年级本科生、研究生及科研人员阅读、参考。

图书在版编目(CIP)数据

飞机飞行动力学 / 刘艳编. — 西安：西北工业大学出版社，2023.5

ISBN 978-7-5612-8123-9

Ⅰ.①飞… Ⅱ.①刘… Ⅲ.①飞机-飞行力学 Ⅳ.①V212.1

中国国家版本馆 CIP 数据核字(2023)第 013387 号

FEIJI FEIXING DONGLIXUE

飞 机 飞 行 动 力 学

刘艳 编

责任编辑：张 友　　**策划编辑**：刘 茜

责任校对：朱晓娟　　**装帧设计**：李 飞

出版发行：西北工业大学出版社

通信地址：西安市友谊西路 127 号　　邮编：710072

电　　话：(029)88491757，88493844

网　　址：www.nwpup.com

印 刷 者：陕西向阳印务有限公司

开　　本：787 mm×1 092 mm　　1/16

印　　张：17.25

字　　数：442 千字

版　　次：2023 年 5 月第 1 版　　2023 年 5 月第 1 次印刷

书　　号：ISBN 978-7-5612-8123-9

定　　价：72.00 元

如有印装问题请与出版社联系调换

前　言

飞行动力学研究的是飞机飞行过程中的受力与运动规律，主要内容包括飞行性能、稳定性与操纵性两大部分。其中：飞行性能主要讨论将飞机视为质点时，飞机完成飞行任务的极限能力，以飞行性能指标为量化标准，包括飞行包线、续航性、起飞着陆性能及机动性等；稳定性与操纵性则主要讨论将飞机视为刚体时，飞机在受到扰动后的响应特性及飞机完成预定飞行任务的难易程度，其量化标准主要为飞行品质规范。良好的飞行性能是飞机设计的目标，而安全飞行，即良好的操稳特性则是目标实现的保证。

从莱特兄弟 1903 年首次试飞成功开始，随着空气动力学、结构力学、推进技术及控制理论的发展，飞机的性能有了飞跃式的提升，外形也发生了翻天覆地的变化，其操稳特性也随之发生变化。战斗机作为将武器系统带到射击位置的武器平台，随着武器、探测等系统的发展，其性能需求也在不断发生变化。

本书将从飞机的任务需求出发，对飞行性能、稳定性与操纵性的基本概念及评估方法进行讨论，并根据现代飞机的本体特性及任务需求，对所需的飞行控制系统及其原理进行分析讨论。

在写作本书的过程中，参阅了相关文献资料，在此谨对其作者表示感谢。

由于水平有限，书中难免有不足之处，请广大读者批评指正。

编　者

2022 年 8 月

目　录

第 1 章　飞行动力学概述 …… 1

1.1　飞行动力学 …… 1
1.2　飞行性能 …… 1
1.3　稳定性 …… 2
1.4　飞行品质 …… 4
1.5　轴系与符号 …… 8

第 2 章　飞机基本飞行性能 …… 12

2.1　飞行的基本受力与数据 …… 12
2.2　滑翔 …… 25
2.3　水平飞行 …… 30
2.4　爬升 …… 38
2.5　巡航 …… 49
2.6　起飞/着陆 …… 57
2.7　机动性 …… 66
2.8　敏捷性 …… 84

第 3 章　纵向静稳定性与操纵性 …… 92

3.1　纵向静稳定性定义与准则 …… 92
3.2　各部件的纵向静稳定性贡献 …… 94
3.3　纵向静操纵性 …… 104
3.4　铰链力矩与操纵力 …… 115
3.5　机动飞行中的纵向静稳定性 …… 120
3.6　飞机的重心范围 …… 125

第 4 章　横航向静稳定性与操纵性 …… 130

4.1　航向静稳定性定义与准则 …… 130
4.2　各部件对航向静稳定性的贡献 …… 131
4.3　航向操纵性 …… 140

4.4 横向静稳定性定义与准则 …… 146
4.5 各部件对横向静稳定性的贡献 …… 147
4.6 横向操纵面 …… 151

第 5 章 飞机运动方程及其线化 …… 154

5.1 坐标轴系与坐标变换 …… 154
5.2 运动方程 …… 161
5.3 运动方程的线化 …… 168

第 6 章 飞机的动稳定性 …… 179

6.1 运动方程与特征根 …… 179
6.2 动稳定性 …… 179
6.3 典型特征根与模态 …… 183
6.4 典型模态与品质要求 …… 187

第 7 章 飞机的操纵响应 …… 201

7.1 开环与闭环操纵 …… 201
7.2 传递函数 …… 202
7.3 操纵响应 …… 208

第 8 章 带控制器飞机的飞行动力学 …… 212

8.1 纵向控制增稳系统 …… 212
8.2 横航向控制增稳系统 …… 224
8.3 飞控系统硬件的影响 …… 240
8.4 带控制器飞机的品质评估 …… 255

附录 本书所用符号说明 …… 259

参考文献 …… 268

第 1 章　飞行动力学概述

1.1　飞行动力学

飞行动力学主要研究飞机在飞行过程中的受力与运动关系，包括飞行性能、稳定性与操纵性两大部分，如图 1-1 所示。

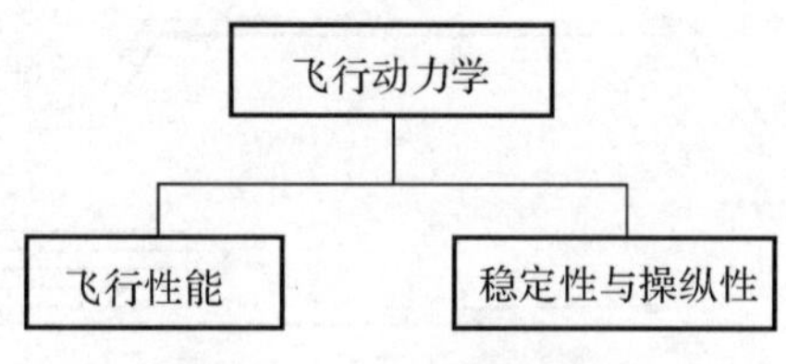

图 1-1　飞行动力学组成

飞行性能是飞机完成飞行任务的能力与极限，以飞行性能指标为量化标准，包括飞行包线、续航性、起飞着陆性能以及机动性等；稳定性与操纵性则表征了飞机飞行的安全性及完成预定飞行任务的难易程度，其量化标准为飞行品质规范。

从飞机设计的角度来说，飞行动力学主要讨论两大类问题：①给定飞机或设计方案，其飞行性能与操稳特性如何，即所谓的评估问题；②给定飞行性能及操稳特性要求，飞机应当是什么样的，即所谓的设计问题。

1.2　飞 行 性 能

飞行性能是飞机完成特定飞行任务的能力，也是飞机技术、战术要求的量化标准。不同类型的飞机，其飞行任务不同、技术要求不同，飞行性能的标准也不相同。

民用航空旨在营利，对飞行性能的要求简言之就是经济性好、运营成本低，具体体现在油耗上，如图 1-2 所示。

而军用航空则更关心任务目标能否实现，成本则是次要的。如图 1-3 所示：军用运输机要求载重大、航程远、能够在简易跑道起降；侦察机分为战略侦察机和战术侦察机，前者要求远航程和高空高速飞行能力，后者则要求低空高速飞行能力和一定的机动性；战斗机则是能够在空战中取得优势，也就是能够率先满足武器的发射条件。

一个完整的飞机任务由若干个飞行阶段组成，每个阶段的性能指标、飞机构型都不尽相同。因此，飞行性能需按照飞行阶段分开评估，比如起飞、爬升、巡航、下降及着陆性能等，对于战斗机还需要考虑机动性。

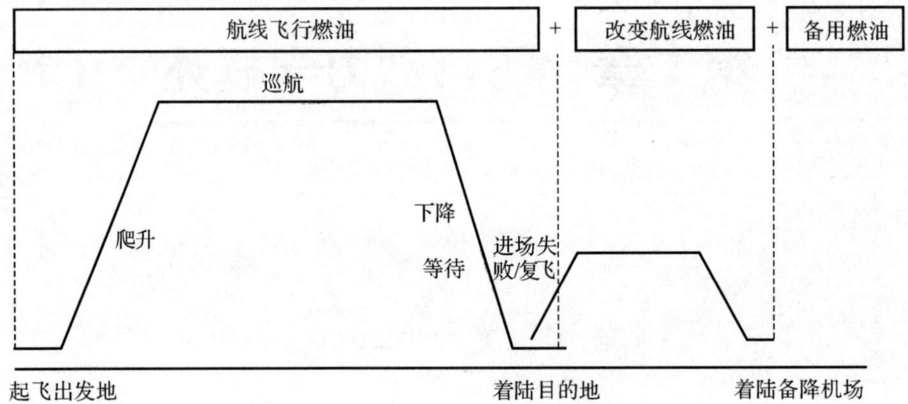

图 1-2 民用运输机的典型任务剖面

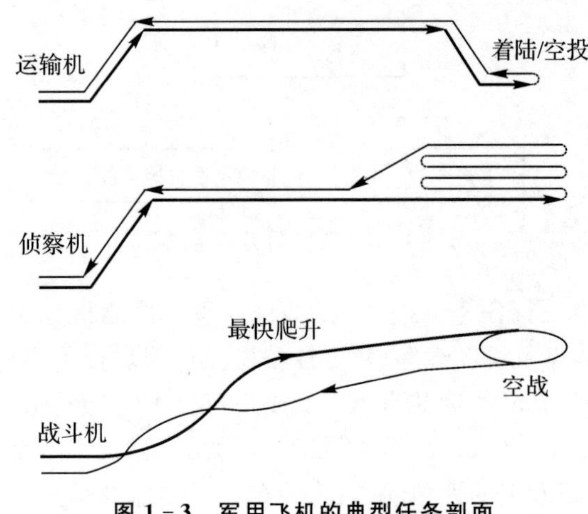

图 1-3 军用飞机的典型任务剖面

1.3 稳定性

飞机能发挥其飞行性能潜力的前提是飞机能稳定飞行。1903 年，莱特兄弟首次实现了人类有动力飞行，但仅飞行了 12 s，36.5 m，原因就是飞机不稳定，起飞后不久就因失速而落地。

稳定性包括静稳定性与动稳定性。当物体处于平衡状态，即静止或匀速运动时，在受到扰动之后，如果物体有回到初始状态的趋势，则该物体静稳定；如果物体扰动后的时间响应收敛，并最终能够回到初始状态，则该物体动稳定。

1. 静稳定性

静稳定性关注的是物体在受到扰动后，有无回到其初始状态的趋势。

图 1-4 给出了 3 个处于不同状态下的小球。

对于图 1-4(a)所示的小球，其平衡状态为最底端。如果此时给该小球施加一个力，小球将向上移动。此时，作用在该小球上的合力指向初始状态，因此该小球有回到初始状态的趋势，是静稳定的。

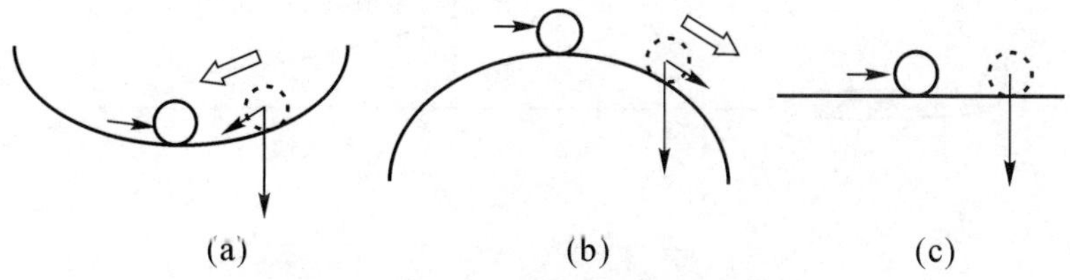

图1-4　单自由度静稳定性示意图

(a)静稳定；(b) 静不稳定；(c) 中立静稳定

对于图1-4 (b)所示的小球，其平衡状态为最顶端。如果此时给该小球施加一个力，小球将向下移动。此时，作用在该小球上的合力远离初始状态，因此该小球有远离初始状态的趋势，是静不稳定的。

对于图1-4(c)所示的小球，其在水平面保持平衡。如果此时给小球施加一个力，它会移动到水平面的另一处。此时，作用在该小球上的力再度平衡，既没有指向其初始状态，也没有远离其初始状态，因此该小球既不会回到初始状态，也不会远离初始状态，是中立稳定的。

这3个小球的运动均是单自由度的。如果物体的运动为多自由度的，则需要对每个自由度的稳定性分别进行评估。

以图1-5中的小球为例，该小球可以在 x 方向及 y 方向两个自由度内运动，可以看出其在 x 方向不稳定，但在 y 方向稳定。

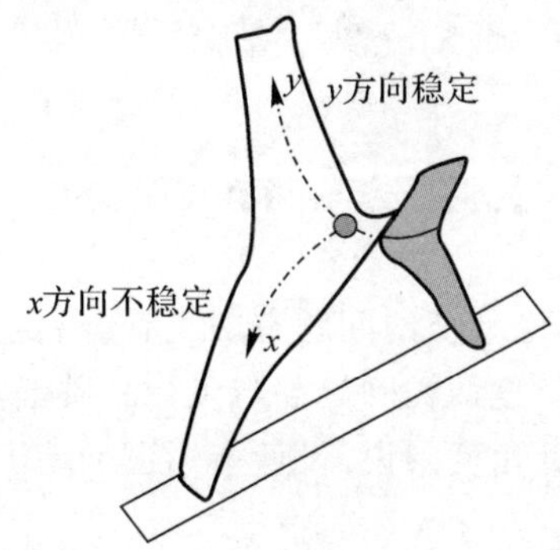

图1-5　多自由度静稳定性示意图

2. 动稳定性

动稳定性关注的是物体受扰动后其响应能否收敛，并最终回到初始状态。

如果一架飞机在受到扰动之后，其响应幅值单调或振荡收敛，如图1-6(a)所示，则该飞机最终能够回到初始状态，即动稳定。

反之，如果一架飞机在受到扰动之后，其响应幅值单调或振荡发散，如图1-6(b)所示，则该飞机最终将无法回到初始状态，即动不稳定。

如果一架飞机在受到扰动之后其响应幅值不变，最终既不会回到初始状态也不会远离初始状态，如图1-6(c)所示，则该飞机中立动稳定。

稳定性是飞机安全飞行的前提，也是飞机设计的最基本要求。

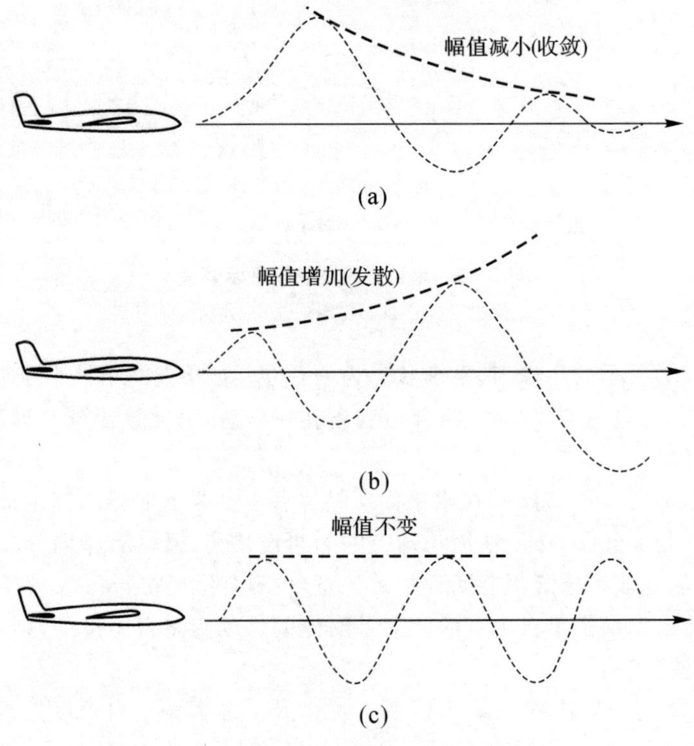

图 1-6　动稳定性示意图

(a) 动稳定；(b)动不稳定；(c) 中立动稳定

1.4　飞行品质

飞行动力学的稳定性与操纵性涉及的问题有两类：①给定飞机，评估其操稳特性；②给定操稳特性要求，对飞机进行设计。这两类问题都与飞行品质密切相关。从评估的角度来说，评估的标准是飞行品质规范；从设计角度来说，设计指标也是基于飞行品质规范制定的。

1. 飞行品质的等级

飞行品质，通常也被称为操纵品质，是描述驾驶员操纵飞机完成任务精度与难易程度的品质或特性。

按照任务完成的精度与难易程度，飞行品质可分为 3 个等级：

一级，满意的(Satisfactory，SAT)，飞行任务可以精确完成且驾驶员工作负荷很小。

二级，足够的(Adequate，ADQ)，驾驶员能完成飞行任务，但是工作负荷有所增加，或任务完成精度有所下降，或二者兼有。

三级，可控的(Controllable，CON)，驾驶员能安全控制飞机，但驾驶员工作负荷过大，或任务完成精度不足，或二者兼有。

显然，一级品质最佳，二级次之，三级最差。

2. 飞行品质的评估

驾驶员工作负担包括操纵飞机完成预定任务所需的体力与脑力劳动。

(1)体力劳动体现在驾驶员为移动操纵机构所消耗的体力，脑力劳动则是驾驶员为获得期望性能所做的操纵补偿。所谓操纵补偿，就是根据经验，对需要进行的操纵做出预判和预操作。比如，手动挡汽车在等红灯时，红灯还有两三秒的时候就要准备松离合、挂挡，以便在绿灯亮的时候能尽快驶出。

(2)脑力劳动很难被量化，因此需要制定一个标准评价尺度，驾驶员根据其自身感受基于该尺度来对飞行品质进行评估。目前应用最广的是由著名试飞员 George Cooper 和 Robert Harper 于 1969 年提出的 Cooper-Harper 评价尺度。

如图 1－7 所示，Cooper-Harper 评价尺度类似于决策树。驾驶员首先需要完成预定的试飞任务，然后根据任务的性能标准和实现该性能水平所需的脑力与体力劳动进行判断评价：

(1)如果飞机操纵性很差，导致驾驶员无法完成预定任务，则认为飞机对于此任务不可控，并给出最差的 10 分。由于飞机无法执行预定任务，因此这个分数不在飞行品质等级的范围。

(2)如果驾驶员判断飞机在任务中可控，则第二个决策就是能否操纵飞机获得足够的性能。如果无法获得足够的性能，即便飞机在此任务中能够安全操作，在飞机的缺陷得到改进之前，也会被判定为具有“可控的”飞行品质。驾驶员参考图 1－7 中标准，根据为执行任务所付出的努力给出 7～9 的分数。7～9 分的驾驶员评分对应三级飞行品质。

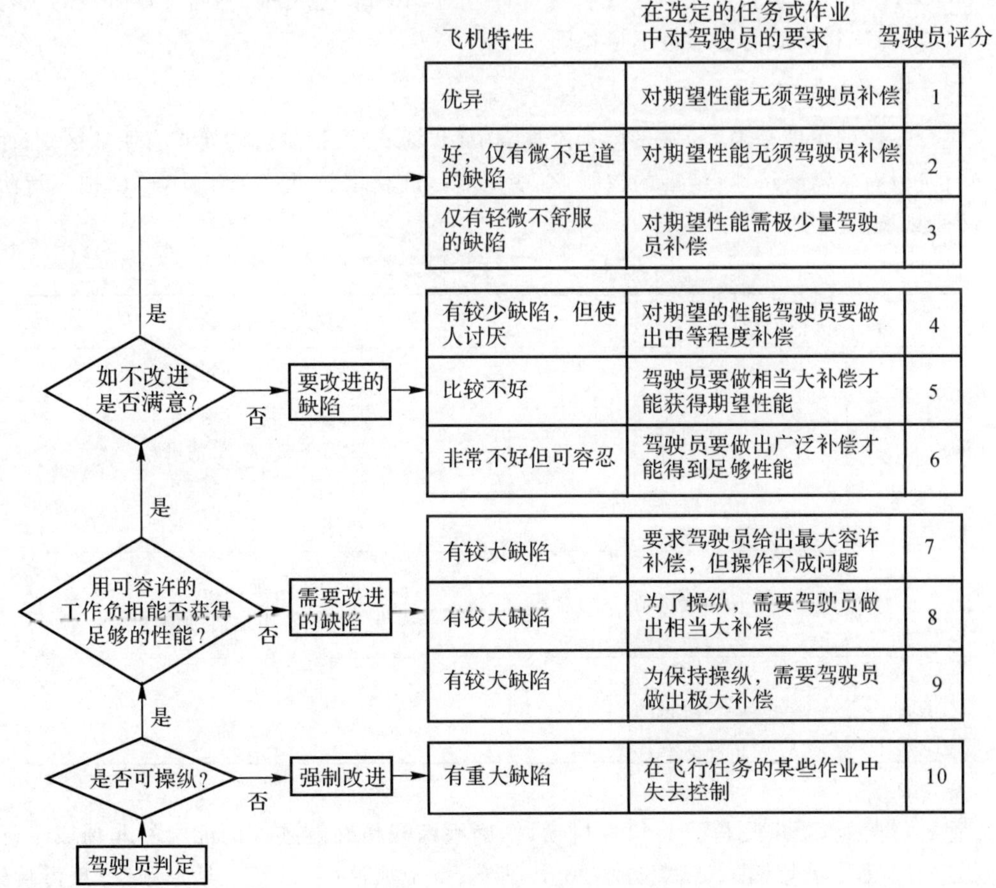

图 1－7　Cooper-Harper 评价尺度

(3)如果能够获得足够的性能,则需要驾驶员进一步判断能否在不需要提供补偿的情况下达到期望的性能。如果驾驶员认为只需要中度的补偿就可以获得期望的性能,则飞行品质会被评为 4 分;如果驾驶员需要以最大努力才能补偿飞机的不足以获得足够的性能,则相应的分数为 6 分;如果需要的补偿较大则为 5 分。4～6 分的驾驶员评分对应二级飞行品质。

(4)如果驾驶员只需要付出极少的体力与脑力劳动就能达到期望的性能,则飞行品质会被判定为“满意的”。如果完全不需要驾驶员补偿,则可以得到 1 分,通常驾驶员极少会给出 1 分,因为无法确定该特性是不是所能得到的最好特性;当飞机行为中存在极少量讨厌的缺陷时,即使可以达到期望的性能,也是 2 分比较合适;如果飞机存在一些轻微、令人不悦的缺陷,使得驾驶员需要做出一些操纵补偿,则可能会被评为 3 分。1～3 分的驾驶员评分对应一级飞行品质。

一级飞行品质的飞机不需要改进,三级飞行品质的飞机则必须改进。二级飞行品质则需要对设计做出权衡。如果位于二级与三级品质的边缘,则强烈建议进行改进。如果飞机位于一级与二级品质的边缘,则有必要考虑是否值得将其改进为一级品质。

为消除由驾驶员操纵技术对任务性能的影响,飞行品质的评估应由水平最高的试飞员完成;而为了消除驾驶员评估时的主观因素影响,同一任务下的飞行品质需要由 3～5 名试飞员完成。

Cooper-Harper 评分尺度是基于飞行任务评分的,不同类型飞机、不同飞行阶段的飞行任务不同,因此对飞行品质的要求也不尽相同。

3. 飞行阶段分类

从飞行阶段的角度来说:场域飞行阶段与空中(非场域)飞行阶段的要求有明显区别;而非场域飞行阶段有些需要快速、精准的控制,有些则对品质要求较低。基于此,可以把飞行阶段分为 3 种,见表 1-1。

表 1-1　飞行阶段分类

飞行阶段类型		典型飞行阶段
非场域	A 快速机动 精确跟踪 精确航迹控制	空对空战、对地攻击、 武器投放/发射、 侦察、空中加油(受油机)、 地形跟踪、反潜搜索、 特技飞行、密集编队飞行
	B 和缓机动 无须精确操纵	爬升、巡航、下降、 待机、空投、空中加油(加油机)
场域	C 和缓机动 精确航迹控制	起飞、进场、 复飞、着陆

A 种飞行阶段,要求飞机具有快速机动、精确跟踪和精确航迹控制能力的非场域飞行阶段,包括空对空战、对地攻击、武器投放/发射、侦察、空中加油(受油机)、地形跟踪、反潜搜索、特技飞行以及密集编队飞行等。

B 种飞行阶段，通常采用和缓机动，无须精确操纵的非场域飞行阶段，包括爬升、巡航、下降、待机、空投、空中加油（加油机）等。

C 种飞行阶段为场域飞行阶段，通常需要和缓机动及精确航迹控制，包括起飞、进场、复飞和着陆等。

从操纵精度的角度来说，A 种与 C 种飞行阶段的要求要高于 B 种飞行阶段；而从操纵速度的角度来说，A 种飞行阶段要求最高，C 种飞行阶段次之，B 种飞行阶段最低。

4. 飞机分类

我国的军用飞行品质标准按用途将飞机分为轻小型、轰运型和歼强型等三类，美军标则是按重量、尺寸及机动性将飞机分为四类，见表 1－2。

在美军标中：Ⅰ类为轻重量、小尺寸的飞机，如轻型通用飞机、初级教练机及轻型侦察机等；Ⅱ类为中型重量/尺寸、中低机动性飞机，如轻型或中型运输机、侦察机、战术轰炸机、中型攻击机及Ⅱ类飞机的教练机；Ⅲ类为大型、重型、中低机动性飞机，如重型运输机、重型轰炸机及Ⅲ类飞机的教练机；Ⅳ类则为高机动飞机，如战斗机、攻击机、战术侦察机及Ⅳ类飞机的教练机。

国军标中的轻小型相当于美军标的Ⅰ类，轰运类相当于美军标的Ⅱ、Ⅲ类，歼强型相当于美军标的Ⅳ类。

表 1－2　美军标的飞机分类

类型	重量与尺寸	机动性	典型飞机
Ⅰ	轻小	—	轻型通用飞机、初级教练机等
Ⅱ	中型	低到中	轻型或中型运输机、侦察机、战术轰炸机、中型攻击机及Ⅱ类飞机的教练机
Ⅲ	大型、重型	低到中	重型运输机、重型轰炸机及Ⅲ类飞机的教练机
Ⅳ	—	高	战斗机、攻击机、战术侦察机及Ⅳ类飞机的教练机

俄军标则是按机动性与质量将飞机分为 3 种类型，见表 1－3。可以看出，与美军标和国军标相比，俄军标的分类更突出了机动性，并且给出了明确的机动性与质量标准。

表 1－3　俄军标的飞机分类

类型	子类	质量/t	机动性 n
高机动性Ⅰ	Ⅰa	<50	$n>7$
	Ⅰb		$5<n<7$
有限机动性Ⅱ		<50	$3.5<n<5$
非机动性Ⅲ	Ⅲa	<100	$n<3.5$
	Ⅲb	>100	$n<3.5$

1.5 轴系与符号

1. 轴系与运动方向

在正式讨论飞机的稳定性与操纵性之前，首先需要对飞机的体轴和运动方向进行定义。

本书使用的是国际标准坐标轴系，如图 1-8 所示。通常取飞机的重心为原点 O，由重心指向机头为 x 轴，由重心垂直于对称面指向飞机右侧为 y 轴，由右手系统可以得到 z 轴是由重心指向下。

角运动的方向也是通过右手系统定义的：绕着 x 轴的运动为滚转，绕着 y 轴的运动为俯仰，而绕着 z 轴的运动为偏航。由右手系统可知，飞机向右滚转、抬头俯仰及向右偏航为正。

其中，滚转力矩、俯仰力矩及偏航力矩分别用 L，M，N 表示，而滚转角速度、俯仰角速度及偏航角速度分别用 p，q，r 表示。此外，飞机三轴所受的合力分别用 X，Y，Z 表示，而 u，v，w 则表示重心相对于大气的速度。

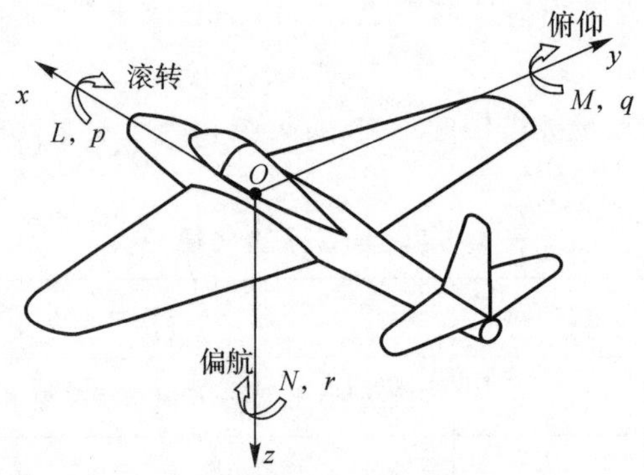

图 1-8 国际标准坐标轴系体轴及运动方向定义

2. 气流角定义

飞机的气动力/力矩与气流角密切相关，气流角包括迎角 α 和侧滑角 β。

如图 1-9 所示：迎角为来流在飞机对称面的投影 x_s 与机体 x_b 轴间的夹角，当飞机下表面感受到来流时迎角为正；侧滑角则是来流速度矢量 $\mathbf{V}$ 与飞机对称面 Ox_bz_b 间的夹角，当飞机右侧感受到来流时侧滑角为正。

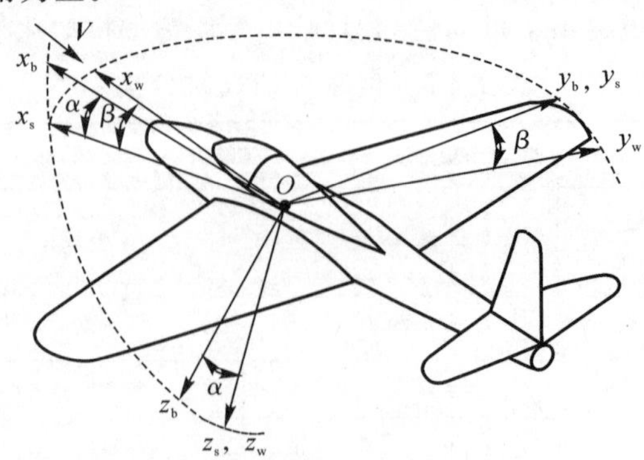

图 1-9 气流角定义

如图 1－10 所示，迎角

$$\alpha = \arctan \frac{w}{u} \tag{1-1}$$

迎角的范围为$[-\pi,\pi]$。

如图 1－11 所示，侧滑角

$$\beta = \arcsin \frac{v}{V} \tag{1-2}$$

侧滑角的范围为$[-\pi/2,\pi/2]$。

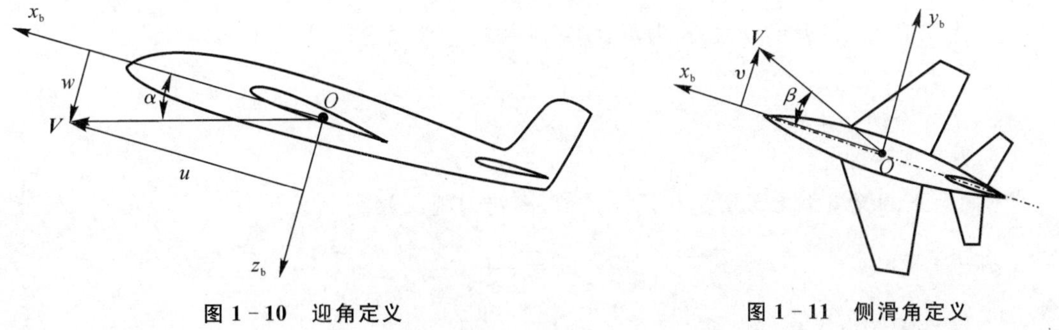

图 1－10　迎角定义　　　　图 1－11　侧滑角定义

3. 纵向、横向与航向

飞机的运动是六自由度的，包括 3 个线运动——前向、侧向和垂直，以及 3 个角运动——滚转、俯仰和偏航。这 6 个自由度可以分为纵向、横向和航向等 3 个方向。

其中：纵向运动为左右对称的运动，包括前向、垂直和俯仰运动；横向运动对应滚转运动；航向运动则对应侧向和偏航运动。

对于纵向运动，可根据式(1－1)由前向速度 u 与垂直速度 w 确定迎角 α。因此，纵向静稳定性可以用迎角 α 与俯仰力矩 M 间的关系描述。

对于航向运动，可根据式(1－2)由侧向速度 v 与合速度 V 确定侧滑角 β。因此，航向静稳定性可以用侧滑角 β 与偏航力矩 N 间的关系描述。

横向运动只有一个自由度，但飞机在滚转后，会在重力分量作用下产生向斜下方运动的趋势，从而产生与滚转角 ϕ 相同方向的侧滑，如图 1－12 所示(W 代表飞机的重力)。因此，横向静稳定性也可以用侧滑角 β 与滚转力矩 L 间的关系描述。

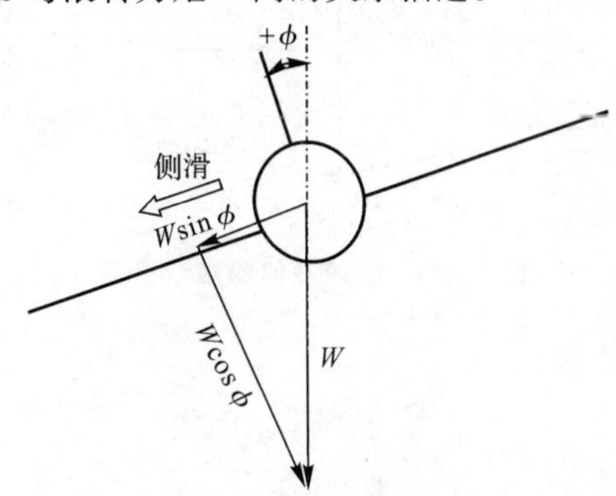

图 1－12　飞机滚转后产生侧滑示意图(前视图)

4.力/力矩的无量纲化

由于气动力/力矩会随飞行状态(H,M/V)变化,因此在本书中,通常采用力/力矩系数对飞机的动力学特性进行分析。

其中,所有力系数 C 的无量纲参数为 $q_c S$,则有

$$C_x=\frac{X}{q_c S},\quad C_y=\frac{Y}{q_c S},\quad C_z=\frac{Z}{q_c S} \tag{1-3}$$

$$C_L=\frac{L}{q_c S},\quad C_D=\frac{D}{q_c S} \tag{1-4}$$

式中:L 表示升力;D 表示阻力;S 为机翼参考面积;q_c 为动压①,并且

$$q_c=\frac{1}{2}\rho V^2 \tag{1-5}$$

式中:ρ 为大气密度。

不同力矩的无量纲参数不尽相同。其中,滚转力矩系数

$$C_l=\frac{L}{q_c Sb} \tag{1-6}$$

式中:L 表示滚转力矩;b 为机翼翼展。

俯仰力矩系数

$$C_m=\frac{M}{q_c S\bar{c}} \tag{1-7}$$

式中:$\bar{c}$ 为机翼的平均气动弦长(Mean Aerodynamic Chord,MAC)。

偏航力矩系数

$$C_n=\frac{N}{q_c Sb} \tag{1-8}$$

如图 1-13 所示,平均气动弦长

$$\bar{c}=\frac{2}{S}\int_0^{b/2} c^2(y)\mathrm{d}y \tag{1-9}$$

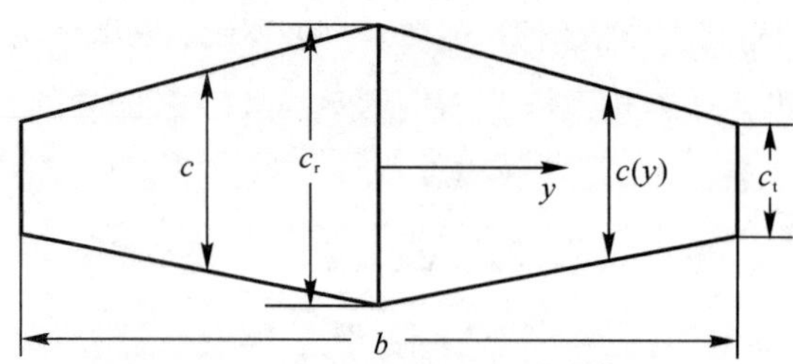

图 1-13 机翼几何参数示意图

对于梯形机翼,平均气动弦长

① 动压的符号通常为 q,为了与俯仰角速度区分,本书使用 q_c 作为动压的符号。

$$\bar{c}=\frac{2}{3}c_{r}\left(\frac{1+\lambda+\lambda^{2}}{1+\lambda}\right) \tag{1-10}$$

式中：c_r 为翼根弦长；λ 为梢根比，即

$$\lambda=\frac{c_{t}}{c_{r}} \tag{1-11}$$

式中：c_t 为翼梢弦长。

习　题

1-1　某战斗机的机翼前缘后掠角 $\Lambda_{LE}=45°$，翼根弦长 $c_r=5$ m，翼尖弦长 $c_t=2$ m，展长 $b=20$ m，试求机翼的展弦比、平均气动弦长 $\bar{c}$ 及平均气动弦长距离飞机对称面的距离。

参考答案：3.714，5.385 m，4.29 m

1-2　俄式坐标系的 x 轴为重心指向机头方向，y 轴为重心指向上，试用右手系统确定其 z 轴方向及俯仰、滚转和偏航运动的正方向。

第 2 章　飞机基本飞行性能

飞行性能是飞机完成飞行任务的极限能力，不同类型的飞机，飞行任务不同，飞行性能需求也不相同。

2.1　飞行的基本受力与数据

飞机飞行性能，研究的是作用在飞机上的外力和飞机质心运动之间的关系，因此分析飞机的飞行性能首先需要确定作用在飞机上的外力，以及这些外力与飞行状态间的关系。

2.1.1　飞机基本受力与方程

飞机在铅垂面内的定常直线飞行是最常见的运动形式之一。定常运动是指飞机运动参数不随时间变化的运动。严格意义上的定常运动并不存在，因为即使飞行速度不变，随着燃油的消耗，飞机的质量也在不断减小，保持平飞的高度或迎角也要变化。如果飞机运动参数随时间变化十分缓慢，那么在一段时间范围内可近似认为运动参数不变，即所谓“准定常”运动。

如图 2－1 所示，一般飞行中，作用在飞机上的外力有重力 W、空气动力(包括升力 L 与阻力 D)及发动机推力 T。

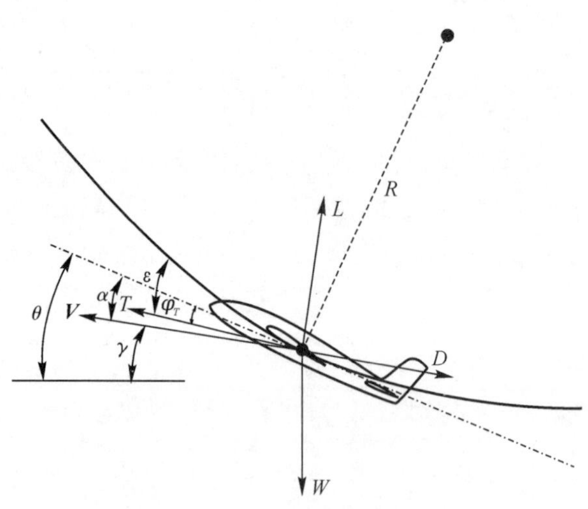

图 2－1　飞机的基本受力

V 为飞机沿飞行轨迹切线方向的飞行速度，其与水平面的夹角为航迹角，用 γ 表示；俯仰

角 θ 是飞机参考线或零升力线与当地水平面的夹角；而迎角 α 是飞机参考线与 $\boldsymbol{V}$ 间的夹角，因此有 $\alpha=\theta-\gamma$；发动机推力与轨迹的夹角为 ε；R 为铅垂平面内飞行轨迹的曲率半径。

将沿飞行轨迹和垂直于飞行轨迹的力进行分解，可得

$$T\cos\varepsilon-D-W\sin\gamma=m\frac{\mathrm{d}V}{\mathrm{d}t} \tag{2-1}$$

$$T\sin\varepsilon+L-W\cos\gamma=m\frac{V^2}{R} \tag{2-2}$$

式中：m 为飞机质量。

通常 ε 很小，因此性能分析中通常可以假设 $\varepsilon=0$，即

$$T-D-W\sin\gamma=m\frac{\mathrm{d}V}{\mathrm{d}t} \tag{2-3}$$

$$L-W\cos\gamma=m\frac{V^2}{R} \tag{2-4}$$

按照飞机的加速度，飞行性能指标可以分为两类：加速度为 0 的被称为静性能，包括最大/最小速度、爬升率、升限、航程与航时等；加速度不为 0 的则被称为动性能，包括起飞/着陆性能、机动性等。

对于加速度为 0 的静性能，铅垂面内的飞行轨迹为直线，因此飞行轨迹的曲率半径 $R\to\infty$，式(2-3)与式(2-4)可简化为

$$T-D-W\sin\gamma=0 \tag{2-5}$$

$$L-W\cos\gamma=0 \tag{2-6}$$

一个完整的飞行任务由若干个飞行阶段组成，每个阶段的飞机构型与参数不尽相同，因此需要分阶段对飞机进行建模与性能计算。

下面，首先对飞机的运动方程用到的力与数据进行介绍，然后分阶段对飞机的飞行性能进行计算。

2.1.2　重力

重力方向铅垂向下，其大小

$$W=mg \tag{2-7}$$

式中：m 为飞机的质量；g 为重力加速度。

在飞行过程中，飞机的质量不断变化。对于给定飞机，质量的突然变化，如投弹、扔副油箱等是事先可以确定的，而由燃油消耗引起的质量变化，则可以根据发动机的耗油特性确定。为简化计算，通常将飞机质量视为一个已知常量处理。为保证计算结果的合理性，不同飞行阶段的性能计算需要采用不同的质量，如起飞与着陆阶段的质量就相差较多。

重力加速度

$$g=\frac{GM}{r^2} \tag{2-8}$$

式中：G 为引力常数；M 为地球质量；r 为飞机距离地心的距离，即地球半径与飞行高度之和。

由于地球是两极稍扁、赤道略鼓的扁球体，因此 r 随纬度的增加而减小，随高度增加而增加，g 随纬度的增加而增加，随高度的增加而减小。飞行性能计算通常采用纬度 45°的海平面重力加速度 $g_0=9.806\ 65\mathrm{m/s^2}$。

2.1.3 大气环境数据

在大气中飞行的飞行器，无论类型，其空气动力与推进系统特性均与大气环境密切相关。

1. 大气环境

大气层是由地心引力聚集在地球周围的一圈混合气体，其特性随高度变化。以大气中的温度分布为依据，可将大气层分为5层：

(1)对流层(troposphere)。对流层的温度来自于地面辐射，温度随高度的增加而降低，由于上冷下热，因此空气存在对流。对流层的厚度随纬度和季节而变化，呈赤道厚、两极薄，夏季厚、冬季薄的特性。其中，热带地区的平均厚度17～18 km，温带地区的平均厚度10～12 km，而高纬度地区的厚度只有8～9 km。对流层集中了整个大气层75%的质量和90%以上的水汽，飞行中可能遇到的所有天气现象几乎都出现在这一层。

(2)平流层(stratosphere)。平流层位于对流层之上，其顶层高度约为50 km。该层存在大量能直接吸收紫外线的臭氧，因此温度随高度的增加而增加，由于空气上热下冷，因此气流稳定。在平流层的下部，11～20 km的高度范围内，由于来自于地面辐射和来自于紫外线的热量变化几乎相互抵消，因此温度几乎不变，被称为同温层。

(3)中间层(mesosphere)。中间层的高度范围约为50～85 km。该层的臭氧很少，因此吸收的紫外线也少，气温随高度的增加明显降低，上冷下热，因此有强烈的垂直空气对流。

(4)热层(thermosphere)。热层的高度范围约为85～500 km。该层空气稀薄，气温随高度的增加而上升。该层的空气处于高度电离状态，各高度的电离程度不均，会影响飞行器的无线电通信，在高纬度地区可以见到极光。

(5)散逸层(exosphere)。散逸层又称逃逸层、外大气层。该层空气极其稀薄，又远离地面，受地球引力作用小，大气分子不断向太空逃逸。

航空器的主要飞行高度范围在对流层与平流层，临近空间飞行器的飞行高度则能达到中间层。

2. 国际标准大气

由大气环境可知，大气的温度、密度和压强等参数是随地理位置、高度和季节变化的，这会使飞机的气动力及推进系统特性随之变化。因此，同一架飞机即使在同一地点飞行，只要季节或时间不同，其飞行性能也会不同。

为了对飞机的飞行性能进行更客观、标准的评估与比较，需要制定一个假想的大气标准。目前，航空界普遍使用的是国际民航组织(International Civil Aviation Organization，ICAO)于20世纪60年代建立的国际标准大气(International Standard Atmosphere，ISA)模型。

国际标准大气是一个人为规定的、不变的大气环境，该模型包括温度、密度及大气压强等参数随高度的变化关系，以北半球中纬度地区大气物理特性的平均值为依据建立。国际标准大气的主要标准参数包括：海平面参考温度 $T_0=288.15\text{K}$，海平面参考压强 $p_0=101\ 325\ \text{Pa}$，标准重力加速度 $g=9.806\ 65\ \text{kg/m}^2$。

不同高度下的温度与压强可由图2-2中的标准公式确定。

在由高度确定温度与压强后，就可以得到当地的大气密度及声速：

$$\rho=\frac{p}{RT} \tag{2-9}$$

$$a=\sqrt{\gamma RT} \tag{2-10}$$

式中：常数 $R=287.053$；常数 $\gamma=1.4$。

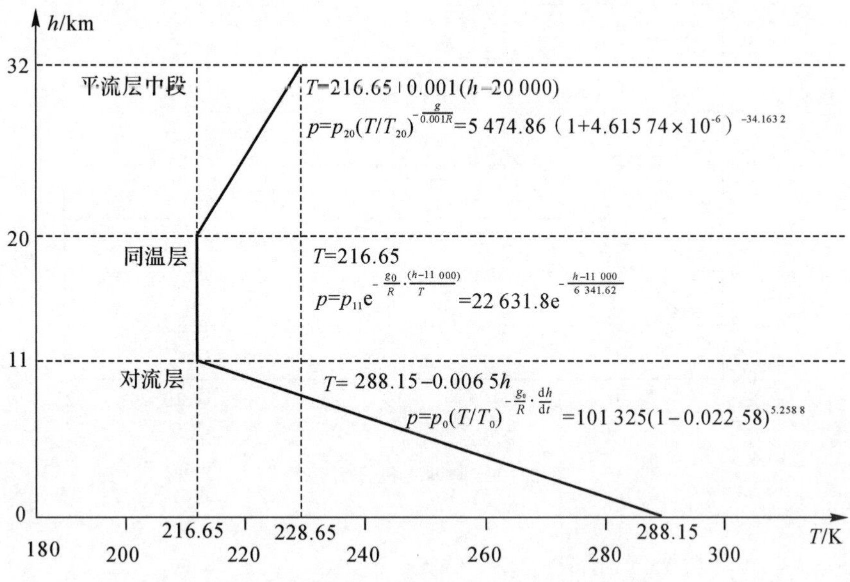

图 2-2　不同高度下的标准大气温度与压强

2.1.4　空气动力

飞机在飞行中所产生的空气动力取决于其高度、速度、迎角及侧滑角，包括升力 L、阻力 D 及侧力 Y 等 3 个分量：

$$L=C_L\ \frac{1}{2}\rho V^2 S \tag{2-11}$$

$$D=C_D\ \frac{1}{2}\rho V^2 S \tag{2-12}$$

$$Y=C_y\ \frac{1}{2}\rho V^2 S \tag{2-13}$$

式中：C_L，C_D，C_y 分别为飞机的升力、阻力和侧力系数；S 为参考面积，通常取机翼面积；V 为飞机的真速。

1. 升力系数

飞机的升力系数取决于其气动布局、操纵面偏角及飞行状态。

图 2-3 给出了飞机升力系数随迎角 α 及升降舵偏角 δ_e 的变化曲线。可以看出，在中小迎角范围内，升力系数可表示成

$$C_L=C_{L\alpha}(\alpha-\alpha_{0L})+C_{L\delta_e}\delta_e \tag{2-14}$$

式中：$C_{L\alpha}=\mathrm{d}C_L/\mathrm{d}\alpha$ 为操纵面偏角为 0°时的全机升力线斜率；$C_{L\delta_e}$ 为单位升降舵偏角产生的升力系数增量；α_{0L} 为零升力迎角。升力系数-迎角曲线如图 2-4 所示。

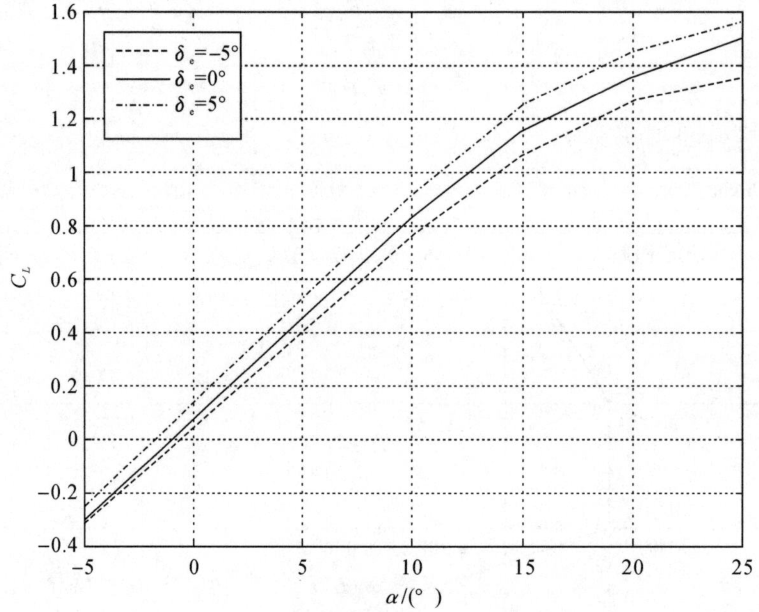

图 2-3 典型飞机升力系数

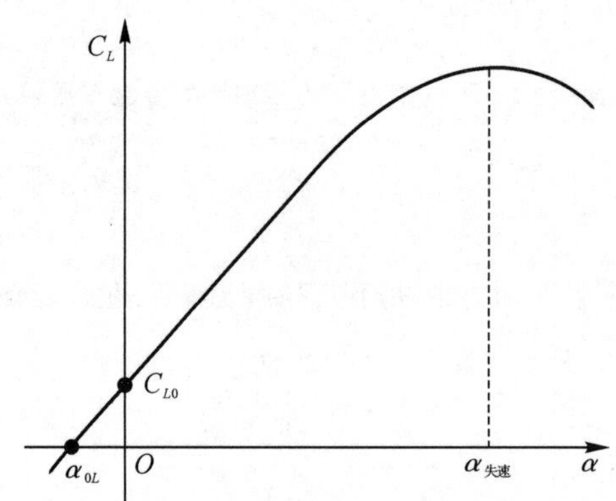

图 2-4 升力系数-迎角曲线

由于 $C_{L\delta_e}$ 较小，近似计算时可忽略，即

$$C_L = C_{L\alpha}(\alpha - \alpha_{0L}) \tag{2-15}$$

或

$$C_L = C_{L0} + C_{L\alpha}\alpha \tag{2-16}$$

升力线斜率 $C_{L\alpha}$ 是表征升力特性的重要气动参数，与机翼平面形状、翼型及马赫数相关；零迎角升力系数 C_{L0} 和零升迎角 α_{0L} 主要取决于翼型及马赫数。

当迎角超过一定值时，C_L -α 曲线不再保持线性关系，这表明机翼上出现了局部气流分离，飞机的稳定性与操纵性会变差，并伴随有振荡和抖动，由此可以确定迎角的允许值。

2. 阻力系数

按照产生的原因与性质，飞机的阻力可分为摩擦阻力、压差阻力、诱导阻力、干扰阻力及激波阻力等。

在性能计算中，常把阻力分为与升力无关的零升阻力 D_0 和由升力引起的升致阻力 D_i 两部分，全机阻力

$$D=D_0+D_i \tag{2-17}$$

因此，全机的阻力系数

$$C_D=C_{D_0}+C_{D_i}=C_{D_0}+kC_L^2 \tag{2-18}$$

因此阻力

$$D=\frac{1}{2}\rho V^2 S(C_{D_0}+kC_L^2) \tag{2-19}$$

式中：k 为诱导因子。亚声速时，有

$$k=\frac{1}{\pi Ae} \tag{2-20}$$

式中：e 为 Oswald 修正因子，取决于机翼平面，其中椭圆翼的 $e=1$。

当马赫数大于临界马赫数 Ma_{cr} 时，有

$$k=\frac{1}{C_{L\alpha}}\approx\frac{\sqrt{Ma^2-1}}{4} \tag{2-21}$$

C_{D_0} 与马赫数相关：亚声速时，以摩擦阻力和压差阻力为主；跨声速时，波阻的出现使得 C_{D_0} 剧增；超声速时，波阻系数又随马赫数的增加而降低。零升阻力系数随马赫数变化曲线如图 2-5 所示。

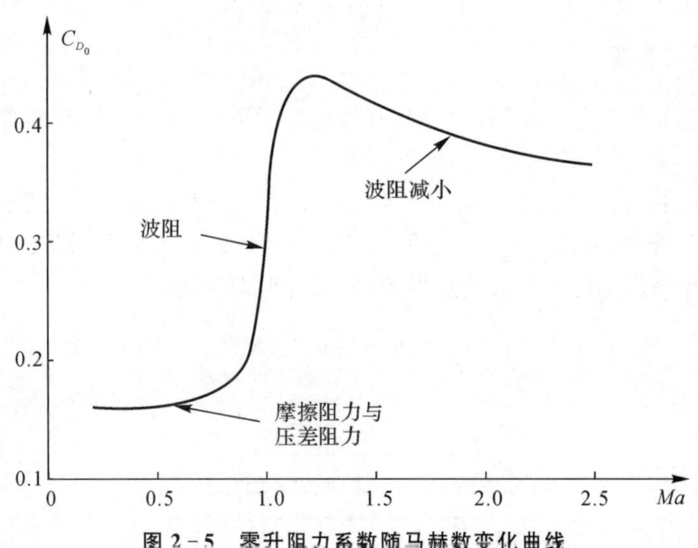

图 2-5　零升阻力系数随马赫数变化曲线

式(2-18)被称为升阻极曲线。对于低马赫数，升阻特性与马赫数基本无关。随着马赫数的增加，尽管小迎角处的极曲线仍然重合，但大迎角处的极曲线出现了分支，这是由于大迎角下机翼上表面的气流速度增加较多，空气压缩性的影响开始显著起来。当马赫数超过 Ma_{cr} 时，开始出现波阻，极曲线会向右移动，如图 2-6 所示。

飞机的升阻极曲线一般对应的是飞机的基本气动外形，又被称为干净构型，即无操纵面偏角、无外挂、起落架收起的构型。

如果飞机的构型发生变化，如加外挂、打开减速板或放下襟翼、起落架等，则应加上相应的

阻力系数增量。另外,极曲线通常是针对某一基准高度(我国常用 5 km 高度)给出的,随着高度的增减,雷诺数会发生变化,阻力系数也会发生一定变化,计算时需要加上修正量。

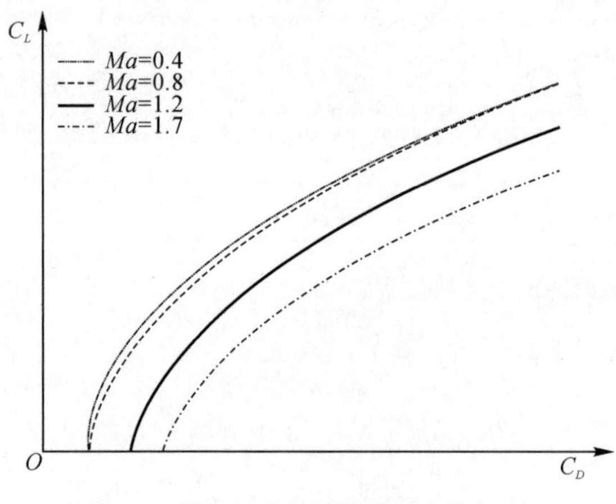

图 2-6　升阻极曲线随马赫数变化示意图

3. 侧力系数

侧力系数主要取决于飞机的侧滑角,即

$$C_y = C_{y\beta}\beta \tag{2-22}$$

式中:$C_{y\beta}$ 为侧力导数;β 为侧滑角。

2.1.5　飞机的速度

飞机运行时会用到若干种不同的速度,有的速度用于机组的操纵,有的则用于导航和性能优化。

飞机在空中飞行时的速度是根据伯努利(Bernoulli)定理间接测量出来的。如图 2-7 所示,空速表平行于气流放置(V_0 为进气速度),其最前端入口处测量得到总压 P_t,静压 P_s 则是通过一系列垂直于来流的静态探头测量得到,二者之差即为动压:

$$q_c = P_t - P_s = \frac{1}{2}\rho V^2 \tag{2-23}$$

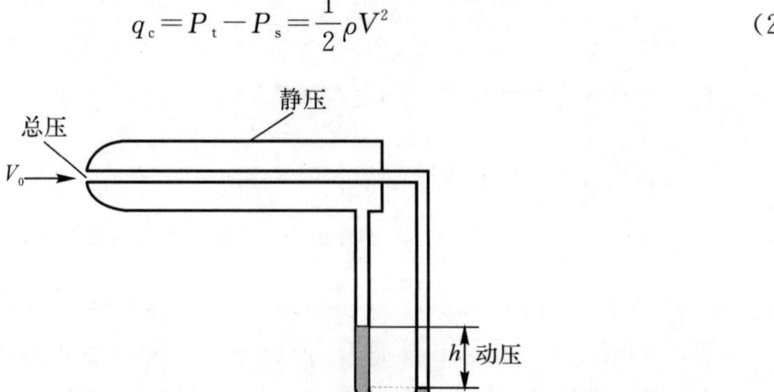

图 2-7　空速表原理

在对不同速度的概念进行解释前,需要首先引入两个空速概念:真空速(True Airspeed, TAS),飞机与空气之间的实际相对速度,又被称为真速;指示空速(Indicated Airspeed, IAS),

空速表的指示速度，又被称为表速。

空速表的驱动源为来流的动压与静压信号，空速表本质上是个动压表。其读数是按 ISA 海平面的大气密度 ρ_0 校准的，因此其读数只有在 ISA 海平面条件下才等于真空速 TAS，无法反映大气密度随高度的变化。这看似是个缺点，却给实际飞行提供了不少便捷。

假设某重量为 W 的飞机在高度 H 上平飞，该高度的空气密度为 ρ_H，则平飞需要的升力为

$$L=W=C_L\ \frac{1}{2}\rho_H V_{\mathrm{TAS}}^2 S \tag{2-24}$$

空速表的参数是按 ISA 海平面校准的，会把感受到的任何高度下的动压都理解为 ISA 海平面的动压，因此其显示的速度为相同动压下的海平面速度，则有

$$L=C_L\ \frac{1}{2}\rho_0 V_{\mathrm{IAS}}^2 S \tag{2-25}$$

将式(2-24)、式(2-25)联立可以得到

$$\rho_H V_{\mathrm{TAS}}^2=\rho_0 V_{\mathrm{IAS}}^2 \tag{2-26}$$

由此可以确定真速与表速的关系：

$$V_{\mathrm{TAS}}=\sqrt{\frac{\rho_0}{\rho_H}}V_{\mathrm{IAS}} \tag{2-27}$$

由式(2-25)可以看出，对于同一架飞机来说，不同高度、相同升力系数下，平飞及相同过载飞行所需要的真速不同，但需要的表速是相同的，这就是飞行中主要使用表速而非真速的原因。

除真速和表速外，还有校正空速(Calibrated Airspeed，CAS)和当量空速(Equivalent Airspeed，EAS)。

校正空速 CAS 是表速 IAS 经过仪表误差和位置误差修正后的读数，其精度要高于 IAS，对于装备有大气数据计算机的飞机，空速表的指示读数实际上就是 CAS。

当量空速 EAS 则是经过空气压缩性修正后的 CAS，其精度要高于 CAS，用于计算飞机的真速：

$$V_{\mathrm{TAS}}=\frac{V_{\mathrm{EAS}}}{\sqrt{\rho_H/\rho_0}}=\frac{V_{\mathrm{EAS}}}{\sqrt{\sigma}} \tag{2-28}$$

式中：σ 为空气的密度比。

此外，飞行中常用到的还有地速(Ground Speed，GS)，用于表征飞机相对于固定大地参考系的速度，如图 2-8 所示。

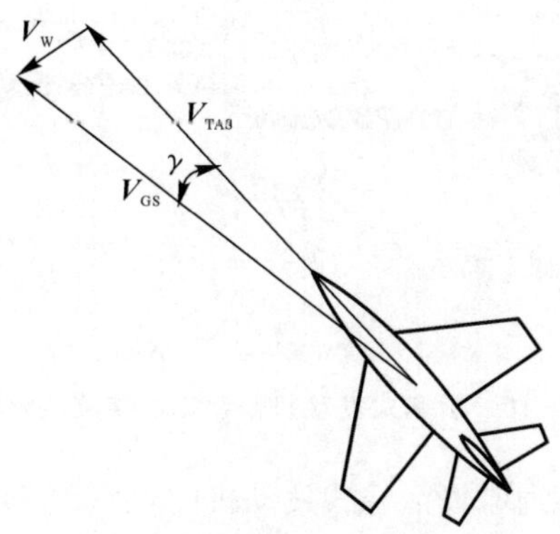

图 2-8　地速与偏流角示意图

$$\boldsymbol{V}_{GS}=\boldsymbol{V}_{TAS}+\boldsymbol{V}_{W} \tag{2-29}$$

式中：$\boldsymbol{V}_W$ 表示风速；γ 是空速与地速之间的偏流角(drift angle)。

2.1.6 推进系统

飞机常用的发动机包括活塞式与涡轮式两种。

1. 活塞式发动机

活塞式发动机在早期飞机上广泛使用，后逐渐被涡轮式发动机所取代，目前主要在轻型飞机上使用。

活塞式发动机需要与螺旋桨结合使用。活塞式发动机通常由汽缸、活塞、进/排气门、进/排气阀、连杆及曲轴组成，依靠活塞在汽缸中的往复运动，将燃料的化学能通过燃烧转化为热能来完成热力循环。如图 2-9 所示，发动机工作时由进气/燃油、压缩、燃烧膨胀和排气 4 个冲程完成一个热力循环。

然后，再由连杆-曲轴机构将活塞的往复运动转化为曲轴旋转运动，带动螺旋桨旋转，如图 2-10 所示。

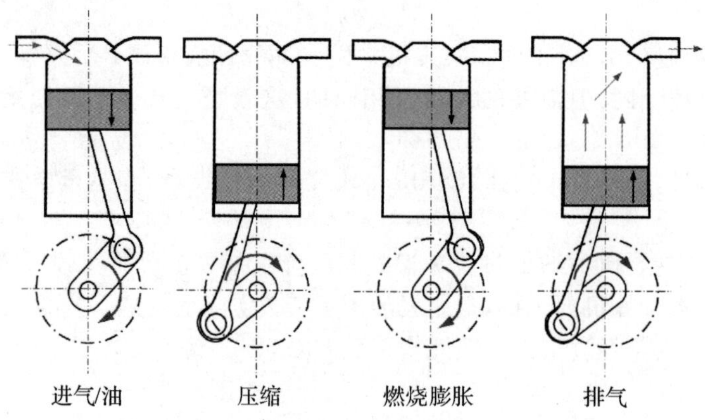

图 2-9　往复活塞式发动机的 4 个冲程

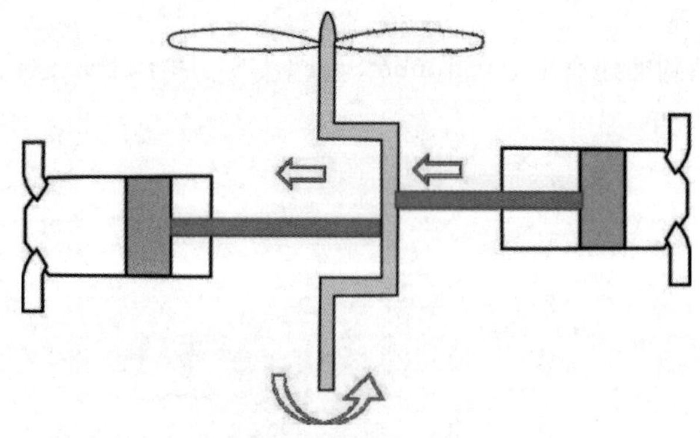

图 2-10　活塞式发动机带动螺旋桨旋转示意图

螺旋桨飞机的发动机特性通常以活塞式发动机的功率 P 和发动机-螺旋桨组合推进效率 η_p 的形式给出，其可用功率(power available)

$$P_A = \eta_p P \tag{2-30}$$

在给定高度下，由活塞式发动机往复运动产生的功率基本不随速度而变化，因此发动机可用功率可视为常数。而可用推力(thrust available)

$$T_A = P_A / V \tag{2-31}$$

可以看出，由于给定高度下的可用功率为常数，因此可用推力随速度的增加而减小。随着飞行高度的增加，发动机功率会由于空气密度的下降而减小，如图 2-11 所示。

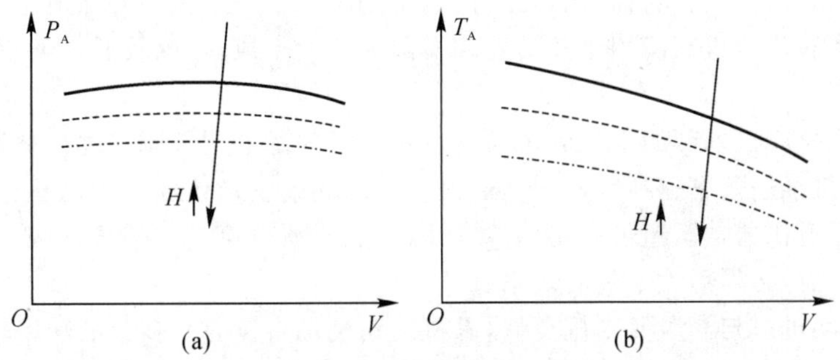

图 2-11　螺旋桨飞机的发动机特性

(a) 可用功率；(b) 可用推力

螺旋桨飞机的耗油率为单位时间产生单位功率所消耗的燃油重量，单位为 N/(kW·h)。

2. 涡轮式发动机

涡轮式发动机是目前应用最广泛的航空发动机，由压气机、燃烧室和涡轮三部分组成。空气在压气机中被压缩后，进入燃烧室并与燃油混合燃烧，生成高温、高压燃气；燃气在膨胀过程中驱动涡轮作高速旋转；涡轮带动压气机不断吸入空气进行压缩，使发动机能连续工作；离开涡轮的气体仍具有大量的能量，可用于产生推力。

(1)涡喷发动机。涡喷发动机是带进气道和尾喷管的涡轮式发动机，如图 2-12 所示。其中：进气道的功能是使空气在进入压气机前达到一定速度，以保证压缩机能达到最佳状态；尾喷管的功能则是使气体以尽可能大的速度排出以提供最大的推力。

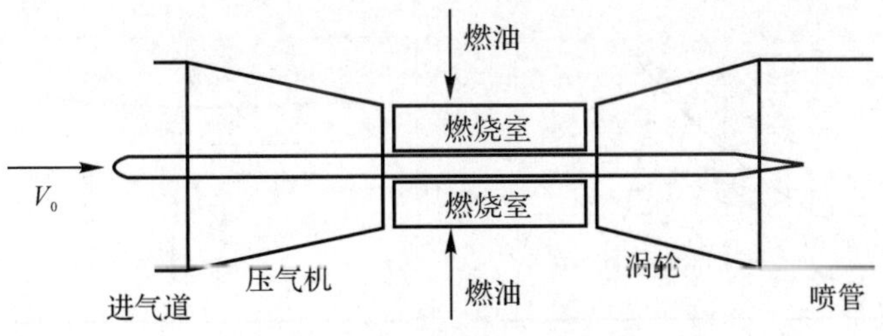

图 2-12　涡喷发动机示意图

发动机产生的推力

$$T = \dot{m}(V_e - V_0) \tag{2-32}$$

式中：$\dot{m}$ 为空气质量流量；V_0 为进气速度，即飞机的飞行速度；V_e 为排气速度。为获得推力，排气速度应大于飞行速度。

发动机的推进效率

$$\eta_{P}=\frac{2V_0}{V_e+V_0} \tag{2-33}$$

可以看出，V_e 趋向于 V_0 时发动机的推进效率最高。

涡喷发动机的排气速度高、推力大，但是推进效率较低。为了获得较小的速度增量以提高推进效率，需要尽可能将排气的热能转化为额外的轴功率，带动风扇或螺旋桨旋转以产生更大的空气质量流量。

(2)涡扇发动机。与涡喷发动机相比，涡扇发动机多了一个风扇外涵道。燃烧室产生的热能通过涡轮更多转化为机械能用于转动发动机前面的大型风扇，以较低速度使大量空气加速，提高发动机效率。

涡扇发动机核心机外部的空气流量与通过核心机内部的空气流量之比被称为涵道比。涵道比越高，发动机推进效率越高。商用运输机使用的涡扇发动机涵道比高达 8～11；而战斗机的涡扇发动机涵道比通常不超过 2，这主要是因为战斗机的高速飞行要求发动机具有较小的迎风面积和高推力，必须牺牲一定的效率。

(3)涡桨发动机。与涡扇发动机类似，涡桨发动机是将核心机多余的功率转化为轴功率用于驱动螺旋桨旋转。由于涡轮转速快、螺旋桨半径较大，因此动力涡轮与螺旋桨之间还设有减速器，以防止桨尖速度过大。

与活塞式发动机相比，涡桨发动机具有重量轻、振动小的优点；与涡喷及涡扇发动机相比，涡桨发动机则具有油耗低和起飞推力大的优点。受螺旋桨桨尖速度限制，涡桨发动机飞机的飞行速度一般不超过 750 km/h。

(4)桨扇发动机。桨扇发动机可以视为带高速先进螺旋桨的涡桨发动机，也可以视为除去外涵道的大涵道比涡扇发动机，兼具前者油耗低、后者速度高的优点。桨扇发动机的螺旋桨带有多个宽弦、薄叶型后掠桨叶，能够在 $Ma=0.8$ 左右仍保持较高的效率。

喷气式飞机的发动机特性通常用可用推力 T_A 来描述。给定高度下，喷气式发动机产生的推力大体上不随速度而变化，因此 T_A 可视为常数。由 $P=TV$ 可知，喷气式发动机的可用功率 P_A 随速度的增加而增加。随着飞行高度的增加，喷气式发动机所产生的推力会因为空气密度的减小而降低，如图 2-13 所示。

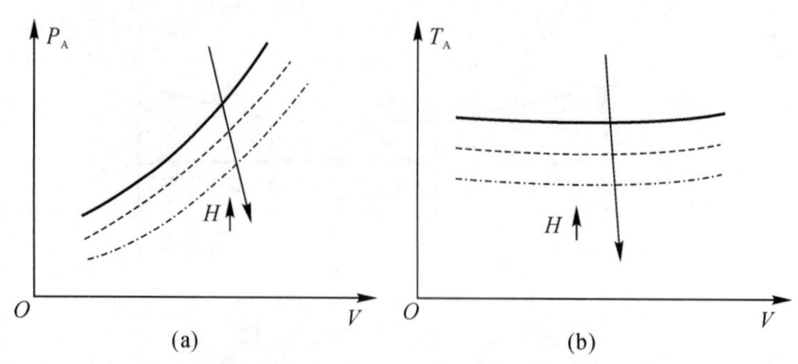

图 2-13　喷气式飞机的发动机特性

(a) 可用功率；(b) 可用推力

喷气式飞机的耗油率为单位时间产生单位推力所消耗的燃油重量，单位为 N/(N・h)。

除高度与速度外，喷气式发动机的推力还与发动机的转速，也就是油门有关。在给定高度、速度下，发动机推力大致与转速的三次方成正比；接近最大转速时，推力大致与转速的四次方成正比。

典型的发动机工作状态包括以下几种：

1)加力状态，经过涡轮的燃气在加力燃烧室与再喷入的燃油再次进行燃烧，如图 2-14 所示，以增大喷气速度，从而增大发动机推力，通常推力可增加达 50% ～ 70%。由于油耗高、温度高，发动机在加力状态只能短时间工作。

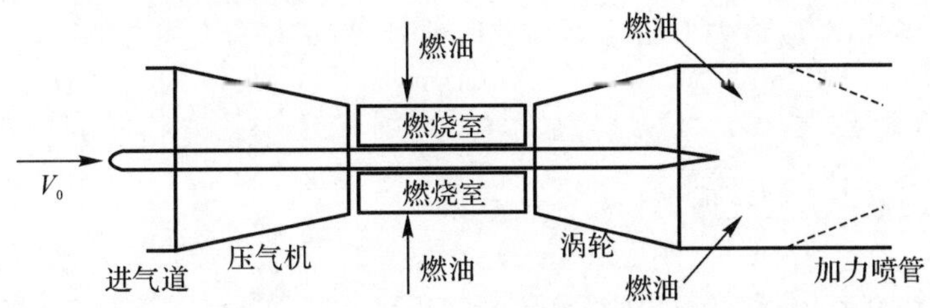

图 2-14　带加力喷管的喷气式发动机

2)最大工作状态，非加力状态下最大需用转速的发动机工作状态，对应非加力状态下的最大推力，连续工作状态也受限制。

3)额定工作状态，对应额定转速的发动机工作状态，一般比最大需用转速低 3%左右，推力比最大工作状态小些，可较长时间连续工作。

4)巡航工作状态，发动机转速约为额定转速的 90%，相应推力约为额定状态的 80%，耗油率最低，连续工作时间不限，常用于飞机远航。

5)慢车状态，转速约为额定转速的 30%，推力很小，飞机在下滑和着陆阶段常用此状态，连续工作时间一般不超过 10 min。

2.1.7　性能计算的重要参数

1. 升阻比

升阻比 E，顾名思义，是飞机的升力与阻力之比，又被称为气动效率(aerodynamic efficiency)，是最重要的飞行性能参数之一。

$$E=\frac{L}{D}=\frac{C_L}{C_D} \tag{2-34}$$

如图 2-15 所示，升阻比的最大值，对应升阻极曲线的切线。

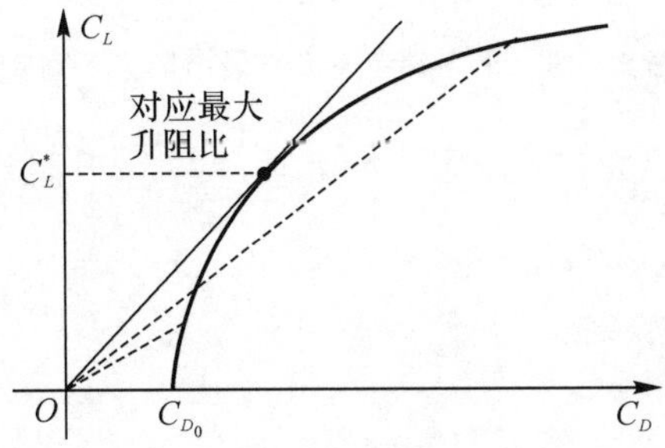

图 2-15　升阻比示意图

由 $C_D=C_{D_0}+kC_L^2$ 可以得到

$$\frac{C_D}{C_L}=\frac{C_{D_0}+kC_L^2}{C_L} \tag{2-35}$$

将上式关于 C_L 求导，可以得到

$$\frac{\mathrm{d}}{\mathrm{d}C_L}\left(\frac{C_D}{C_L}\right)=\frac{-C_{D_0}+kC_L^2}{C_L^2} \tag{2-36}$$

该参数等于0时，对应最大升阻比 E_{m}，此时的升力系数

$$C_L^*=\sqrt{\frac{C_{D_0}}{k}} \tag{2-37}$$

由此可以得到最大升阻比时的诱导阻力系数

$$C_{D_{\mathrm{i}}}=kC_L^2=C_{D_0} \tag{2-38}$$

即诱导阻力与零升阻力相等时飞机达到最大升阻比：

$$\begin{aligned}E_{\mathrm{m}}&=\frac{C_L}{C_{D_0}+kC_L^2}\\&=\frac{\sqrt{C_{D_0}/k}}{2C_{D_0}}=\frac{1}{2\sqrt{kC_{D_0}}}\end{aligned} \tag{2-39}$$

2. 平飞参考速度

平飞参考速度(reference velocity)V_{R} 是指平飞阻力最小时对应的速度。

平飞时升力等于重力，因此最小阻力对应最大升阻比，即当零升阻力与诱导阻力相等时阻力最小，如图2-16所示。

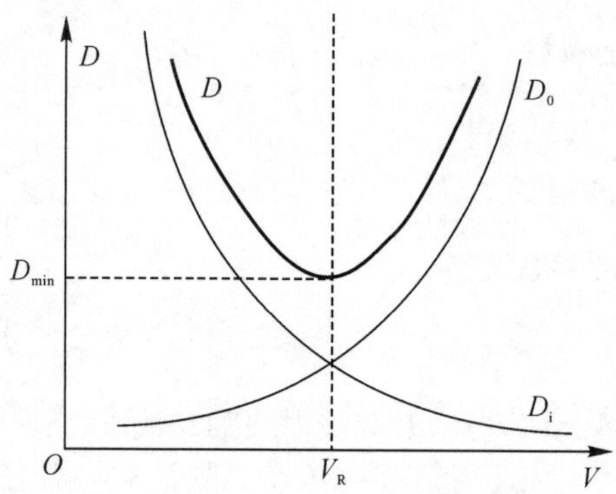

图2-16 平飞参考速度与最小阻力示意图

由式(2-38)可知，诱导阻力与零升阻力相等时，飞机的升阻比最大，阻力最小，则有

$$C_{D_0}=C_{D_{\mathrm{i}}}=kC_L^2=\frac{4kW^2}{\rho^2V^4S^2} \tag{2-40}$$

即

$$V^4=\frac{k}{C_{D_0}}\frac{4W^2}{\rho^2S^2} \tag{2-41}$$

由此可以得到参考速度

$$V_R=\sqrt{\frac{2W}{\rho S}}\sqrt[4]{\frac{k}{C_{D_0}}} \tag{2-42}$$

利用 $dD/dV=0$ 也可得到同样的结论。

3. 常用无量纲参数

除升阻比 E 外，还可以引入一些无量纲参数使方程表达形式更紧凑、计算更方便。这些参数包括法向过载

$$n_z=\frac{L}{W} \tag{2-43}$$

无量纲速度

$$u=\frac{V}{V_R} \tag{2-44}$$

和无量纲推力

$$z=\frac{TE_m}{W} \tag{2-45}$$

下面对不同飞行阶段进行受力分析与飞行性能计算。

2.2　滑　　翔

滑翔是无动力的下滑飞行，其克服气动阻力的动力来自于高度也就是势能的损失。典型的无动力滑翔实例包括滑翔机飞行、航天飞机从太空中返回等。

在铅垂面内飞行的滑翔机，其受力如图 2-17 所示，由于推力 $T=0$，由式(2-5)与式(2-6)可以得到

$$D+W\sin\gamma=0 \tag{2-46}$$

$$L-W\cos\gamma=0 \tag{2-47}$$

飞机的水平与垂直速度分别为

$$\dot{x}=V\cos\gamma \tag{2-48}$$

$$\dot{h}=V\sin\gamma \tag{2-49}$$

式中的滑翔角 γ 为负。

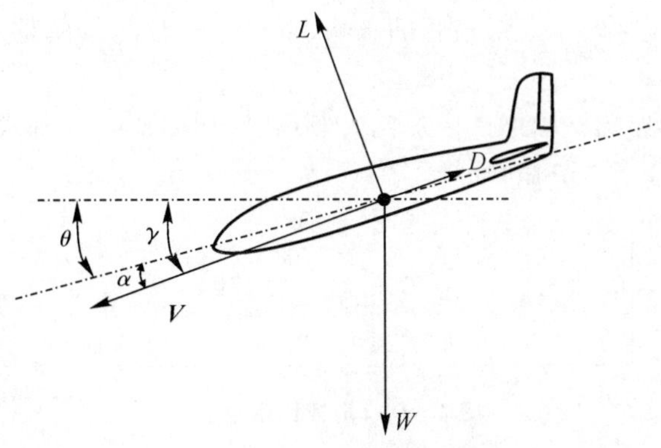

图 2-17　滑翔机受力示意图

2.2.1 滑翔角

由于滑翔角 γ 很小，因此可近似假设 $\cos\gamma\approx 1$，$\sin\gamma\approx\gamma$，式(2-46)～式(2-49)可近似为

$$D+W\gamma=0 \tag{2-50}$$

$$L=W \tag{2-51}$$

$$\dot{x}=V \tag{2-52}$$

$$\dot{h}=V\gamma \tag{2-53}$$

由式(2-50)和式(2-51)可以得到

$$\gamma=-\frac{D}{W}=-\frac{D}{L}=-\frac{1}{E} \tag{2-54}$$

可见，当飞机以最大升阻比 E_{m} 滑翔时，滑翔角最小，滑翔轨迹最平缓，即

$$\gamma_{\min}=-\frac{1}{E_{\mathrm{m}}} \tag{2-55}$$

由式(2-52)和式(2-53)可以得到

$$\frac{\mathrm{d}x}{\mathrm{d}h}=\frac{\mathrm{d}x}{\mathrm{d}t}\frac{\mathrm{d}t}{\mathrm{d}h}=\frac{\dot{x}}{\dot{h}}=\frac{1}{\gamma} \tag{2-56}$$

将式(2-54)与式(2-56)联立可得到

$$\frac{\mathrm{d}x}{\mathrm{d}h}=-E \tag{2-57}$$

令 $R=x_{\mathrm{f}}-x_{\mathrm{i}}$ 为航程，即相对于地面的水平滑翔距离，其中下标 i 表示起始(initial)，下标 f 表示结束(final)，则有

$$R=\int_{h_{\mathrm{i}}}^{h_{\mathrm{f}}}\frac{\mathrm{d}x}{\mathrm{d}h}\mathrm{d}h=-\int_{h_{\mathrm{i}}}^{h_{\mathrm{f}}}E\,\mathrm{d}h \tag{2-58}$$

可以看出，滑翔的航程取决于升阻比 E。如果滑翔过程中迎角为常数，则 E 也为常数，航程

$$R=E(h_{\mathrm{i}}-h_{\mathrm{f}})=E\Delta h \tag{2-59}$$

显然当飞机以最大升阻比 E_{m}，也就是最小下滑角 $\gamma_{\min}$ 滑翔时航程最远，即

$$R_{\mathrm{m}}=E_{\mathrm{m}}\Delta h=\frac{\Delta h}{2\sqrt{kC_{D_0}}} \tag{2-60}$$

需要指出的是，这里忽略了风对航程的影响，事实上航程与风向是相关的，逆风会缩短航程，顺风则会增加航程。

滑翔所跨越的水平距离与高度之比被称为滑翔比，如图 2-18 所示。由式(2-59)可知，在静止的空气中，滑翔比等于升阻比。

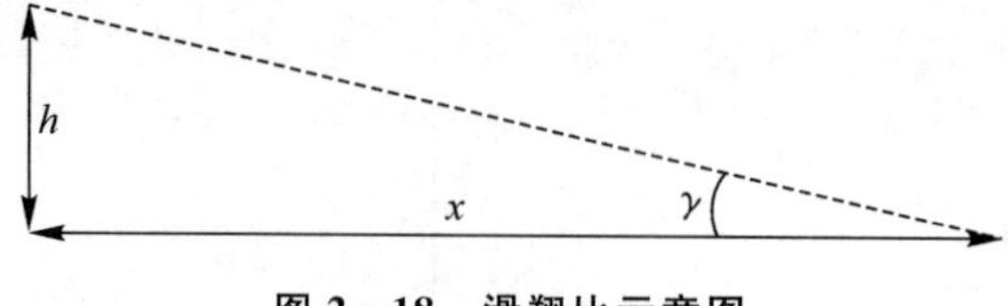

图 2-18 滑翔比示意图

典型飞行器的升阻比见表 2-1。

表 2－1　典型飞行器升阻比

类　型	升阻比
滑翔机	25～ 60
喷气式客机	16
螺旋桨飞机	10～15
战斗机	8～10
航天飞机	4

滑翔机的升阻比高达 25～60，其滑翔航程可以达到高度差的 25～60 倍；飞机由于展弦比较小，加上发动机风车阻力，丧失动力后相当于一架性能较差的滑翔机；而从太空滑翔返回的航天飞机升阻比则只有 4 左右。

2.2.2　下滑率

下滑率 $\dot{h}_{\mathrm{s}}$ 即滑翔时的高度变化率，由式(2－53)可得

$$\dot{h}_{\mathrm{s}}=\frac{\mathrm{d}h}{\mathrm{d}t}=V\gamma \tag{2-61}$$

将式(2－54)代入上式，可以得到

$$\dot{h}_{\mathrm{s}}=-V\frac{D}{L}=-V\frac{C_D}{C_L} \tag{2-62}$$

式中：速度 V 可由升力系数 C_L 确定，即

$$V=\sqrt{\frac{2W}{\rho SC_L}} \tag{2-63}$$

由此可以得到下滑率

$$\dot{h}_{\mathrm{s}}=-\sqrt{\frac{2W}{\rho SC_L}}\frac{C_D}{C_L}=-\sqrt{\frac{2W}{\rho S}}\left(\frac{C_D}{C_L^{3/2}}\right) \tag{2-64}$$

由 $C_D=C_{D_0}+kC_L^2$ 可以得到

$$\frac{C_D}{C_L^{3/2}}=\frac{C_{D_0}+kC_L^2}{C_L^{3/2}}=C_{D_0}C_L^{-3/2}+kC_L^{1/2} \tag{2-65}$$

将上式关于 C_L 求导，则有

$$\frac{\mathrm{d}}{\mathrm{d}C_L}\left(\frac{C_D}{C_L^{3/2}}\right)=-\frac{3}{2}C_{D_0}C_L^{-5/2}+\frac{1}{2}kC_L^{-1/2} \tag{2-66}$$

导数等于 0 时有最小下滑率，推导如下：由

$$-\frac{3}{2}C_{D_0}C_L^{-5/2}+\frac{1}{2}kC_L^{-1/2}=0 \tag{2-67}$$

可以得到

$$3C_{D_0}=kC_L^2=C_{D_{\mathrm{i}}} \tag{2-68}$$

最小下滑率对应的升力系数

$$C_L=\sqrt{\frac{3C_{D_0}}{k}} \tag{2-69}$$

阻力系数

$$C_D=4C_{D_0} \tag{2-70}$$

因此

$$\left(\frac{C_D}{C_L^{3/2}}\right)_{\min}=\frac{4C_{D_0}}{(3C_{D_0}/k)^{\frac{1}{2}\cdot\frac{3}{2}}}=4\sqrt[4]{\frac{k^3C_{D_0}}{27}} \tag{2-71}$$

代入式(2-64),可得到最小下滑率

$$\dot{h}_s=-\sqrt{\frac{2W}{\rho S}}\left(\frac{C_D}{C_L^{3/2}}\right)_{\min}=4\sqrt{\frac{2W}{\rho S}}\sqrt[4]{\frac{k^3C_{D_0}}{27}} \tag{2-72}$$

将式(2-69)代入式(2-63)则可以得到最小下滑率滑翔对应的速度

$$\begin{aligned}V_m&=\sqrt{\frac{2W}{\rho SC_L}}=\sqrt{\frac{2W}{\rho S}}\sqrt[4]{\frac{k}{3C_{D_0}}}\\&=\sqrt[4]{\frac{1}{3}}\sqrt{\frac{2W}{\rho S}}\sqrt[4]{\frac{k}{C_{D_0}}}=\frac{1}{\sqrt[4]{3}}V_R\approx0.76V_R\end{aligned} \tag{2-73}$$

相同高度下,下滑角越小滑翔距离越远,下滑率越小滑翔时间越久。最小下滑角和最小下滑率对应的最优气动条件和速度如图 2-19 所示。

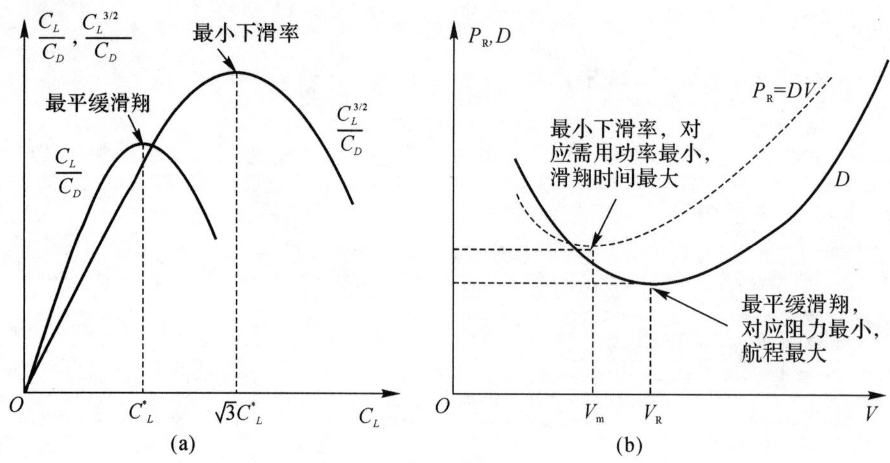

图 2-19 滑翔最优条件

(a)气动条件;(b)速度条件

2.2.3 续航时间

续航时间是滑翔机在空中的总停留时间。由式(2-61)可以得到

$$dt=\frac{1}{V\gamma}dh=-\sqrt{\frac{\rho S}{2W}}\left(\frac{C_L^{3/2}}{C_D}\right)dh \tag{2-74}$$

积分可得

$$t=-\int_{h_i}^{h_f}\sqrt{\frac{\rho S}{2W}}\left(\frac{C_L^{3/2}}{C_D}\right)\mathrm{d}h \tag{2-75}$$

如果不考虑高度变化对空气密度的影响，则有

$$t=\sqrt{\frac{\rho S}{2W}}\left(\frac{C_L^{3/2}}{C_D}\right)(h_i-h_f) \tag{2-76}$$

显然若要续航时间长，滑翔机的升力系数应使（$C_L^{3/2}/C_D$）达到最大值，即对应 $C_L=\sqrt{3}C_L^*$，$V_m=0.76V_R$，这也是最小下滑率的条件，即下滑率最小对应续航时间最长。将式(2－66)代入式(2－76)可得

$$t_{max}=\sqrt{\frac{\rho S}{2W}}\sqrt[4]{\frac{27}{k^3C_{D_0}}}\frac{h_i-h_f}{4} \tag{2-77}$$

若前后高度差较大，则还需要考虑空气密度的变化。可以采用近似公式：

$$\rho=\rho_0 e^{-0.114h} \tag{2-78}$$

式中：$\rho_0=1.225\ \mathrm{kg/m^3}$ 为海平面的空气密度；h 为高度，单位为 km。

滑翔航程和续航时间是滑翔性能的重要指标。由式(2－60)、式(2－77)可知，最大航程与重量无关，而续航时间则与 $1/\sqrt{W}$ 成正比，因此减重有利于增加续航时间，减小 k 和 C_{D_0} 则对航程与航时都有利。

例 2－1　某滑翔机重 $W=2\ 000$ N，机翼面积 $S=8\ \mathrm{m^2}$，展弦比 $A=16$，$e=0.95$，$C_{D_0}=0.015$。试计算从 300 m 高度放飞，滑翔机的最大航程、所对应的滑翔角及飞行速度和海平面处的升力系数。

解　诱导阻力因子

$$k=\frac{1}{\pi eA}=\frac{1}{3.14\times0.95\times16}=0.021$$

最大升阻比

$$E_m=\frac{1}{2\sqrt{kC_{D_0}}}=\frac{1}{2\sqrt{0.021\times0.015}}=28.2$$

最大航程

$$R_{max}=E_m\cdot\Delta h=28.2\times300\ \mathrm{m}=8\ 451\ \mathrm{m}$$

对应的滑翔角

$$\gamma_{min}=-\frac{1}{E_m}=-\frac{1}{28.2}\mathrm{rad}=-0.035\ 5\ \mathrm{rad}=-2.03°$$

对应的速度

$$\begin{aligned}V=V_R&=\sqrt{\frac{2W}{\rho S}}\sqrt[4]{\frac{k}{C_{D_0}}}\\&=\sqrt{\frac{2\times2\ 000}{1.225\times8}}\times\sqrt[4]{\frac{0.021}{0.015}}\ \mathrm{m/s}=\sqrt{408}\times\sqrt[4]{1.4}\ \mathrm{m/s}\\&=20.2\times1.088\ \mathrm{m/s}=21.97\ \mathrm{m/s}\end{aligned}$$

对应的升力系数

$$C_L=C_L^*=\sqrt{\frac{C_{D_0}}{k}}=\sqrt{\frac{0.015}{0.021}}=0.845$$

2.3 水平飞行

对于有动力的飞机来说，其水平飞行时的受力如图 2-20 所示，则有

$$L-W=0 \tag{2-79}$$

$$T-D=0 \tag{2-80}$$

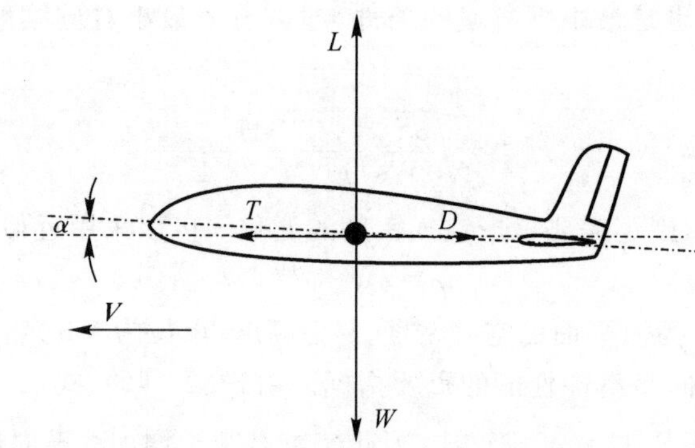

图 2-20 飞机的平飞受力示意图

2.3.1 需用推力与需用功率

推力 T 为发动机产生的推力或可用推力 T_A；D 为飞机所受的阻力，本质上是维持飞机定常平飞所需的推力，因此又被称为需用推力(thrust required)T_R。因此，平飞时的力平衡条件可简单表示为 $L=W$，$T_A=T_R$。

平飞时，飞机保持恒定的高度与速度，因此运动学方程为

$$\dot{x}=V \tag{2-81}$$

$$\dot{h}=0 \tag{2-82}$$

水平飞行时的过载 $n_z=1$。

升力系数

$$C_L=\frac{L}{qS}=\frac{2W}{\rho V^2 S} \tag{2-83}$$

由此可以得到飞机平飞时的阻力

$$\begin{aligned} D&=\frac{1}{2}\rho V^2 S(C_{D_0}+kC_L^2)\\ &=\frac{1}{2}\rho S\left(C_{D_0}V^2+\frac{4kW^2}{\rho^2V^2S^2}\right)\\ &=\frac{1}{2}\rho V^2 SC_{D_0}+\frac{2kW^2}{\rho V^2 S} \end{aligned} \tag{2-84}$$

式中：等号右边第一项为零升阻力 D_0，第二项为诱导阻力 D_i。可以看出，零升阻力与速度的二次方成正比，随速度的增加而增加；诱导阻力则与速度的二次方成反比，随速度的增加而减小。显然，高速时以零升阻力为主，低速时则以诱导阻力为主，二者此消彼长，因此存在一个使

总阻力最小的速度，即式(2－42)中的平飞参考速度 V_R。

由平飞时的阻力，也就是需用推力可以得到平飞需用功率

$$P_R = T_R V = DV = \frac{1}{2}\rho V^3 S C_{D_0} + \frac{2kW^2}{\rho VS} \tag{2-85}$$

式中：等号右边第一项为克服零升阻力的需用功率 P_{R0}，第二项则是克服诱导阻力的需用功率 P_{Ri}，二者的变化趋势如图 2－21 所示。

显然，低速时 P_{Ri} 占主导，而高速时 P_{R0} 占主导，二者同样此消彼长，因此也存在一个使平飞需用功率最小的速度 V_{mp}。

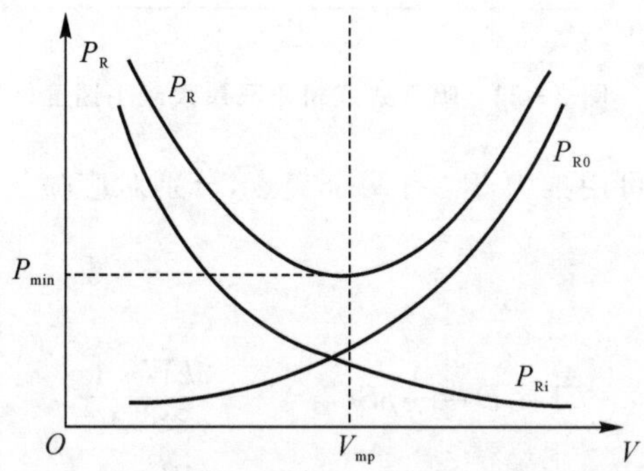

图 2－21　飞机需用功率随速度关系示意图

对式(2－85)关于速度求导，可得

$$\frac{dP_R}{dV} = \frac{3}{2}\rho V^2 S C_{D_0} - \frac{2kW^2}{\rho V^2 S} \tag{2-86}$$

该导数为 0 时需用功率有最小值 P_{Rmin}，由此可以确定

$$V_{mp}^4 = \frac{4kW^2}{3\rho^2 S^2 C_{D_0}} \tag{2-87}$$

最小功率速度

$$V_{mp} = \sqrt{\frac{2W}{\rho S}}\sqrt[4]{\frac{k}{3C_{D_0}}} = \frac{1}{\sqrt[4]{3}}V_R \tag{2-88}$$

此时的升力系数

$$C_{L,mp} = \frac{2W}{\rho S V_{mp}^2} = \sqrt{\frac{3C_{D_0}}{k}} = \sqrt{3}\,C_L^* \tag{2-89}$$

对应的升阻比

$$E_{mp} = \frac{\sqrt{3C_{D_0}/k}}{4C_{D_0}} = \frac{\sqrt{3}}{2}\frac{1}{2\sqrt{C_{D_0}k}} = \frac{\sqrt{3}}{2}E_m \tag{2-90}$$

2.3.2　喷气式飞机

如图 2－22 所示，给定高度下，喷气式飞机的可用推力几乎不随速度变化，而需用推力则

随速度的增加先减小再增大。

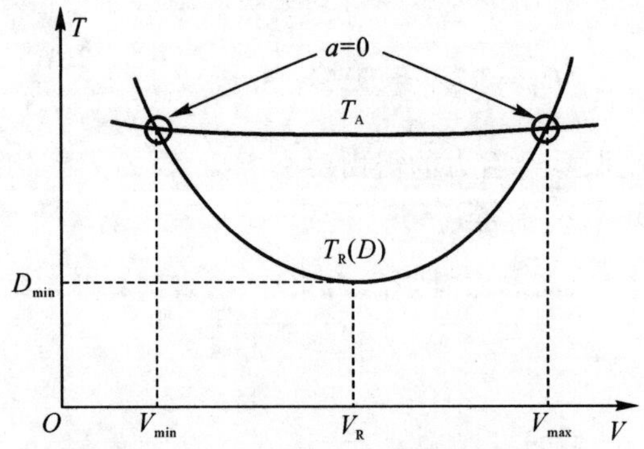

图 2-22 喷气式飞机平飞最大最小速度

因此,需用推力 T_R 与可用推力 T_A 有两个交点,分别对应喷气式飞机的最大速度 V_{max} 与最小速度 V_{min}。

由 $T_R=D=T_A$ 可得

$$T=D=\frac{1}{2}\rho SC_{D_0}V^2+\frac{2kW^2}{\rho S}\frac{1}{V^2} \tag{2-91}$$

$$\frac{1}{2}\rho SC_{D_0}V^4-TV^2+\frac{2kW^2}{\rho S}=0 \tag{2-92}$$

这种形式的方程有解析解。

令 $A=\rho SC_{D_0}/2, B=2kW^2/\rho S$,则式(2-92)可简化为

$$AV^4-TV^2+B=0 \tag{2-93}$$

可得到飞机的最大与最小速度

$$V_{max}=\sqrt{\frac{T+\sqrt{T^2-4AB}}{2A}} \tag{2-94}$$

$$V_{min}=\sqrt{\frac{T-\sqrt{T^2-4AB}}{2A}} \tag{2-95}$$

通常系数 A 为个位数,而系数 B 可高达百万甚至千万,尽管有解析解,但求解较为繁琐,采用无量纲参数求解可使过程更为简化。

由式(2-44)可得到

$$V=uV_R=u\sqrt{\frac{2W}{\rho S}}\sqrt[4]{\frac{k}{C_{D_0}}} \tag{2-96}$$

代入式(2-19)可得

$$\begin{aligned}D&=\frac{1}{2}\rho S\left(C_{D_0}u^2V_R^2+\frac{4kn^2W^2}{\rho^2S^2u^2V_R^2}\right)\\&=W\sqrt{kC_{D_0}}\left(u^2+\frac{n^2}{u^2}\right)\\&=\frac{W}{2E_m}\left(u^2+\frac{n^2}{u^2}\right)\end{aligned} \tag{2-97}$$

平飞时 $n_z=1$，阻力

$$D=\frac{W}{2E_m}\left(u^2+\frac{1}{u^2}\right) \tag{2-98}$$

平飞时推力 $T=D$，因此

$$T=\frac{W}{2E_m}\left(u^2+\frac{1}{u^2}\right) \tag{2-99}$$

可以得到

$$\frac{T}{W}E_m=\frac{1}{2}\left(u^2+\frac{1}{u^2}\right)=z \tag{2-100}$$

$$u^4-2zu^2+1=0 \tag{2-101}$$

由此可以得到 u 的最大、最小值

$$\left.\begin{aligned}u_{max}&=\sqrt{z+\sqrt{z^2-1}}\\u_{min}&=\sqrt{z-\sqrt{z^2-1}}\end{aligned}\right\} \tag{2-102}$$

由 $V=uV_R$ 可得到平飞最大、最小速度

$$\left.\begin{aligned}V_{max}&=u_{max}V_R\\V_{min}&=u_{min}V_R\end{aligned}\right\} \tag{2-103}$$

需要说明的是，这里得到的 V_{min} 还应与飞机的失速速度 V_{stall} 进行比较，取二者的最大值作为飞机的最小速度。

2.3.3　螺旋桨飞机

如图 2-23 所示，对于螺旋桨飞机，给定高度下，可用功率 P_A 几乎不随速度变化，而需用功率 P_R 则随速度的增加先减小再增大。

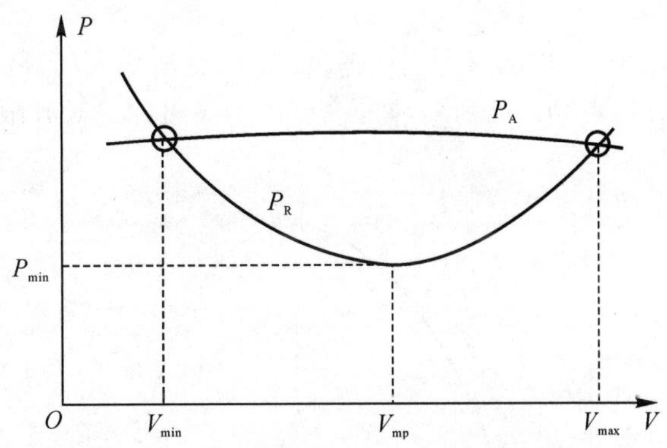

图 2-23　螺旋桨式飞机的最大最小速度

因此，需用功率与可用功率也有两个交点，分别对应螺旋桨飞机的最大与最小速度。

由 $P_R=P_A$ 可得

$$\eta_p P=\frac{1}{2}\rho SC_{D_0}V^3+\frac{2kW^2}{\rho VS} \tag{2-104}$$

$$\frac{1}{2}\rho SC_{D_0}V^3-\eta_p PV+\frac{2kW^2}{\rho S}=0 \tag{2-105}$$

式中:P 为发动机功率,单位为 N·m/s;η_p 为螺旋桨的转换效率。这种形式的方程并无解析解,需采用数值方法或图解法进行求解。

与喷气式飞机一样,这里得到的 V_{min} 还需要与飞机的失速速度 V_{stall} 进行比较,取二者的最大值作为飞机真正的最小速度。

2.3.4 高度的影响

将飞机的阻力用当量空速 $V_e=\sqrt{\rho/\rho_0}V$ 表示,则有

$$D=\frac{1}{2}\rho_0 V_e^2 SC_{D_0}+\frac{2kW^2}{\rho_0 S}\frac{1}{V_e^2} \tag{2-106}$$

可以看出,不同高度、相同 V_e 下,飞机的动压和阻力都是相同的,也就是说,相同 V_e 下飞机的阻力,即需用推力 T_R 并不随高度变化。

但是随着高度的增加,空气密度降低,飞机的可用推力 T_A 是逐渐减小的,如图 2-24 所示。

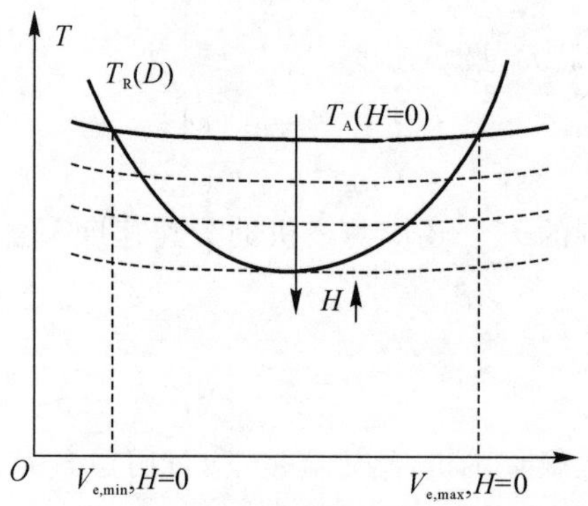

图 2-24 不同高度下的最大最小速度变化趋势

因此,随着高度的增加,飞机的最小当量速度 $V_{e,min}$ 逐渐增大,而最大当量速度 $V_{e,max}$ 逐渐减小,如图 2-25 所示。二者相等时所对应的高度即为飞机的绝对升限,又被称为静升限。

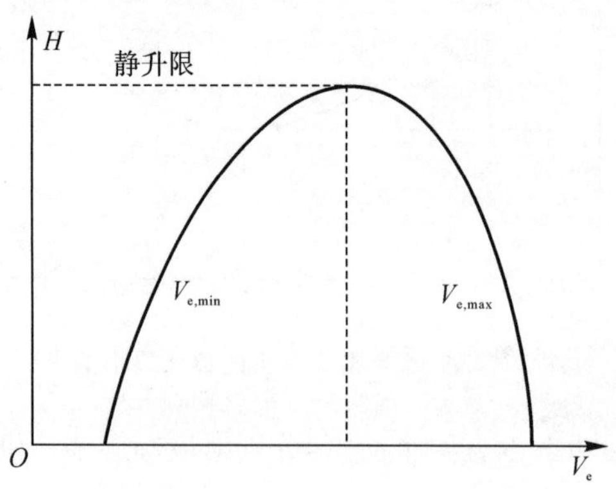

图 2-25 当量空速描述的飞行包线

按照真速与当量空速间的关系 $V=\sqrt{\rho_0/\rho}V_e$,可以得到真速描述的飞行包线,如图 2-26 所示。

可以看出，随着高度的增加，空气密度 ρ 逐渐减小，$\sqrt{\rho_0/\rho}$ 则逐渐增加。因此，V_{min} 随着高度的增加而增加，且增速比 $V_{e,min}$ 大；由于近海平面处可用推力随高度增加下降得非常慢，使得 $V_{e,max}$ 随高度减小的速度没有 $\sqrt{\rho_0/\rho}$ 随高度增加的速度快，因此 V_{max} 在近海平面处先是随高度的增加而增加，达到一定高度后，才开始随高度的增加而减小。

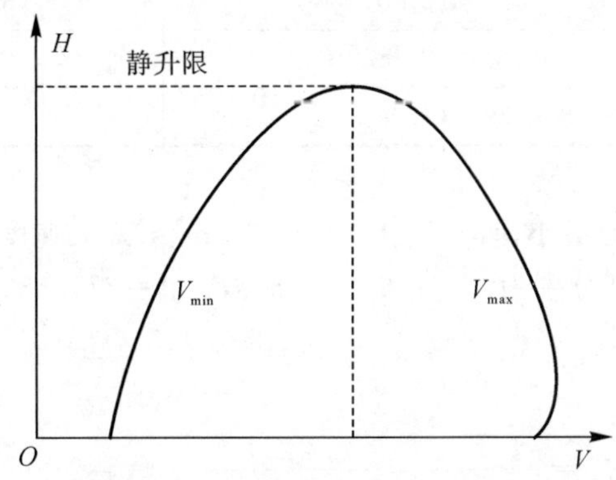

图 2-26　真速描述的飞行包线

对于静升限以下所有高度，定常平飞都有 V_{min} 和 V_{max} 两个解。如果飞机在 V_{min} 和 V_{max} 之间任一速度以全推力/功率飞行，则飞机会有剩余推力/功率，此时飞机无法保持定常平飞，可能会加速平飞或爬升。

例 2-2　某喷气式飞机重量 $W=45\ 000\text{N}$，机翼面积 $S=31\text{m}^2$，阻力极曲线 $C_D=0.014+0.038C_L^2$，$C_{L,max}=1.5$，推力 $T=20\ 000\sigma$。试分别求解该飞机在海平面和高度 9 000 m（$\sigma=0.381\ 3$）处的最大与最小平飞速度。

解　(1)由 $T_A=T_R$ 直接计算。

失速速度

$$V_{stall}=\sqrt{\frac{2W/S}{C_{L,max}\rho}}$$

可用推力

$$T_A=20\ 000\sigma$$

需用推力

$$T_R=D=\frac{1}{2}\rho V^2 S(C_{D_0}+kC_L^2)$$

$$=\frac{1}{2}\rho V^2 SC_{D_0}+k\ \frac{2W^2}{\rho V^2 S}$$

海平面和 $H=9$ km 处的相应参数见表 2-2。

表 2-2　海平面和 $H=9$ km 处的相应参数(一)

参数	海平面	$H=9$ km
可用推力	20 000 N	7 626 N
大气密度	1.225 kg/m³	0.467 1 kg/m³

续表

参数	海平面	$H=9$ km
需用推力	$0.266\,1V^2+\dfrac{4\,048\,748}{V^2}$	$0.101\,4V^2+\dfrac{10\,618\,274}{V^2}$
最小速度	14.247 3 m/s	36.671 7 m/s
最大速度	273.782 3 m/s	271.639 4 m/s
失速速度	39.73 m/s	64.34 m/s

由表 2-2 可见：海平面最小速度 $V_{\min}=14.247\,3$ m/s，最大速度 $V_{\max}=273.782\,3$ m/s；高度 9 km 处最小与最大速度分别为 $V_{\min}=64.34$ m/s，$V_{\max}=271.639\,4$ m/s。

(2)由无量纲参数计算。

最大升阻比

$$E_{\mathrm{m}}=\frac{1}{2\sqrt{kC_{D_0}}}=\frac{1}{2\sqrt{0.014\times 0.038}}=21.68$$

参考速度

$$V_{\mathrm{R}}=\sqrt{\frac{2W}{\rho S}}\sqrt[4]{\frac{k}{C_{D_0}}}=\sqrt{\frac{2\,900}{\rho}}\times\sqrt[4]{\frac{0.038}{0.014}}=69.12\sqrt{\frac{1}{\rho}}$$

无量纲推力

$$z=\frac{T_{\mathrm{A}}E_{\mathrm{m}}}{W}$$

最大与最小无量纲速度

$$u_{\max}=\sqrt{z+\sqrt{z^2-1}}$$

$$u_{\min}=\sqrt{z-\sqrt{z^2-1}}$$

最大与最小速度

$$V_{\max}=u_{\max}V_{\mathrm{R}}$$

$$V_{\min}=u_{\min}V_{\mathrm{R}}$$

海平面和 $H=9$ km 处的相应参数见表 2-3。

表 2-3　海平面和 $H=9$ km 处的相应参数(二)

参数	海平面	$H=9$ km
可用推力	20 000 N	7 626 N
大气密度	1.225 kg/m^3	0.467 1 kg/m^3
参考速度	62.47 m/s	101.13 m/s
无量纲推力	9.63	3.69
最小速度	0.228 1/14.247 3 m/s	0.113 7/36.671 7 m/s
最大速度	4.383 7/273.782 3 m/s	2.684 9/271.639 4 m/s
失速速度	39.73 m/s	64.34 m/s

例 2-3　某螺旋桨飞机重量 $W=50\ 000$ N，机翼面积 $S=30\ \text{m}^2$。在海平面处，所使用的活塞式发动机可产生 840 kW 的功率，螺旋桨推进效率 $\eta_p=0.85$，飞机的阻力极曲线为 $C_D=0.025+0.05C_L^2$，最大升力系数 $C_{L,\max}=1.75$。试确定该飞机在海平面的最大与最小速度。

解　飞机失速速度

$$V_{\text{stall}}=\sqrt{\frac{2W/S}{\rho C_{L,\max}}}=39.4\ \text{m/s}$$

发动机可用功率

$$P_A=\eta_p P=0.85\times 840\times 10^3\ \text{N}\cdot\text{m/s}=7.14\times 10^5\ \text{N}\cdot\text{m/s}$$

需用功率

$$P_R=DV=\frac{1}{2}\rho V^3 SC_{D_0}+\frac{2kW^2}{\rho VS}$$

$$=0.459V^3+\frac{6.8\times 10^6}{V}$$

由 $P_A=P_R$ 可得

$$0.459V^3+\frac{6.8\times 10^6}{V}=7.14\times 10^5$$

(1)直接数值求解，可得

$$V_{\min}=9.53\ \text{m/s},V_{\max}=112.47\ \text{m/s}$$

(2)图解法，计算、绘制不同速度下的需用功率，由其与可用功率的交点确定最大、最小速度，如图 2-27 所示。

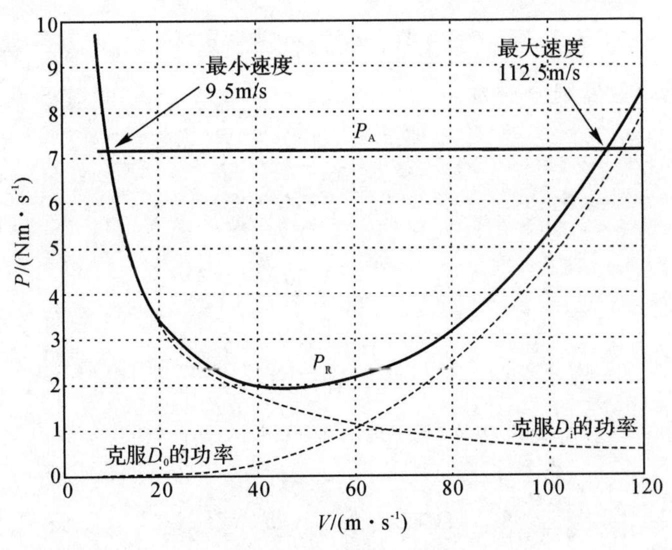

图 2-27　图解法结果

与失速速度对比可得

$$V_{\min}=39.4\ \text{m/s},\ V_{\max}=112.47\ \text{m/s}$$

2.4 爬升

常用的爬升方式有最快爬升和最陡爬升两种，其中前者对应最大爬升率，后者对应最大爬升角，如图 2-28 所示。

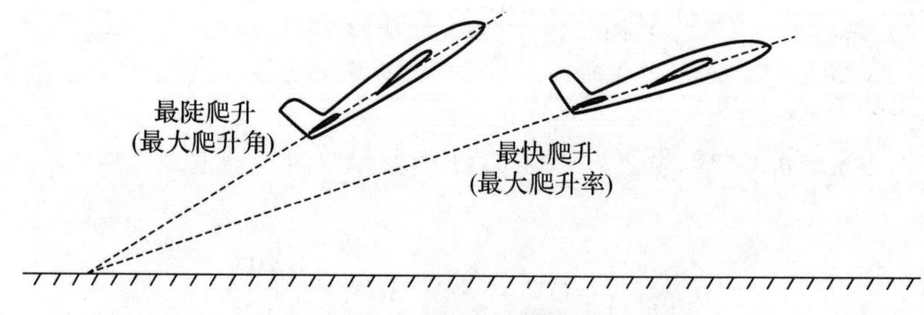

图 2-28 最快爬升与最陡爬升示意图

由于飞机在高空飞行的效率更高，驾驶员通常希望飞机能尽快爬升到期望巡航高度，因此最快爬升是最常用的爬升方式，最陡爬升则主要用于避障飞行，可以最短的距离爬升至期望高度。

2.4.1 定常爬升运动方程

当飞机以爬升角 γ 定常爬升时，飞机的飞行轨迹在铅垂面内为直线，即轨迹半径 $R\to\infty$，且速度不变，因此

$$T-D-W\sin\gamma=m\frac{\mathrm{d}V}{\mathrm{d}t}=0 \tag{2-107}$$

$$L-W\cos\gamma=m\frac{V^2}{R}=0 \tag{2-108}$$

前向速度与垂直速度则分别为

$$\dot{x}=V\cos\gamma \tag{2-109}$$

$$\dot{h}=V\sin\gamma \tag{2-110}$$

爬升率

$$R/C=V\sin\gamma=\frac{TV-DV}{W}$$

$$=\frac{P_{\mathrm{A}}-P_{\mathrm{R}}}{W}=\frac{\Delta P}{W}=P_{\mathrm{s}} \tag{2-111}$$

式中：P_{s} 为飞机的单位重量剩余功率(Specific Excess Power，SEP)。

而爬升角

$$\gamma=\arcsin\frac{T-D}{W}=\arcsin\frac{T_{\mathrm{A}}-T_{\mathrm{R}}}{W}=\arcsin\frac{\Delta T}{W} \tag{2-112}$$

由此可见，最快爬升对应最大剩余功率状态，而最陡爬升则对应最大剩余推力状态。

不同发动机类型的飞机具有不同的推进系统特性，如同样高度下螺旋桨飞机的功率不随速度变化，而喷气式飞机的推力不随速度变化，因此对应的爬升条件也不相同。

2.4.2　螺旋桨飞机

1. 爬升率

对于螺旋桨式飞机，爬升率

$$R/C=\frac{P_{\mathrm{A}}-P_{\mathrm{R}}}{W}=\frac{\eta_{\mathrm{p}}P-P_{\mathrm{R}}}{W} \tag{2-113}$$

由式(2-85)可以得到

$$R/C=\frac{1}{W}\left(\eta_{\mathrm{p}}P-\frac{1}{2}\rho V^3SC_{D_0}-\frac{2kW^2}{\rho VS}\right) \tag{2-114}$$

对爬升率 R/C 关于速度求导，则有

$$\frac{\mathrm{d}(R/C)}{\mathrm{d}V}=\frac{1}{W}\left(-\frac{3}{2}\rho V^2SC_{D_0}+\frac{2kW^2}{\rho V^2S}\right) \tag{2-115}$$

当导数为 0 时，飞机有最大爬升率，即

$$-\frac{3}{2}\rho V^2SC_{D_0}+\frac{2kW^2}{\rho V^2S}=0 \tag{2-116}$$

$$V^4=\frac{4W^2}{\rho^2V^2S^2}\frac{k}{3C_{D_0}} \tag{2-117}$$

由此可以得到最大爬升率对应的速度

$$V_{R/C,\max}=\frac{1}{\sqrt[4]{3}}\sqrt{\frac{2W}{\rho S}}\sqrt[4]{\frac{k}{C_{D_0}}}=\frac{1}{\sqrt[4]{3}}V_{\mathrm{R}} \tag{2-118}$$

该速度与飞机的最小需用功率对应的速度相同。

对于螺旋桨飞机来说，给定高度下可用功率为常数，因此最小需用功率对应最大剩余功率，也就是最大爬升率。随着高度的增加，空气密度 ρ 减小，V_{R} 增加，因此最大爬升率对应的速度 $V_{R/C,\max}$ 也在增加。

由式(2-68)和式(2-69)可知，该速度下升力系数 $C_L=\sqrt{3}\,C_L^*$，$C_{D_\mathrm{i}}=3C_{D_0}$，由此可得到升阻比

$$E=\frac{C_L}{C_D}=\frac{\sqrt{3}\,C_L^*}{4C_{D_0}}=\frac{\sqrt{3}}{2}E_{\mathrm{m}} \tag{2-119}$$

最小需用功率

$$P_{\mathrm{R,min}}=V_{\mathrm{mp}}D=V_{\mathrm{mp}}\frac{W}{E}=\frac{2WV_{\mathrm{mp}}}{\sqrt{3}\,E_{\mathrm{m}}} \tag{2-120}$$

相应地，最大爬升率

$$(R/C)_{\max}=\frac{1}{W}\eta_{\mathrm{p}}P-\frac{2V_{\mathrm{mp}}}{\sqrt{3}\,E_{\mathrm{m}}} \tag{2-121}$$

2. 爬升角

螺旋桨飞机的爬升角

$$\gamma \approx \sin\gamma = \frac{T_A - T_R}{W}$$
$$= \frac{\eta_p P}{WV} - \frac{\rho V^2 S C_{D_0}}{2W} - \frac{2kW}{\rho V^2 S} \tag{2-122}$$

对爬升角关于 V 求导，得

$$\frac{d\gamma}{dV} = -\frac{\eta_p P}{WV^2} - \frac{\rho V S C_{D_0}}{W} + \frac{4kW}{\rho V^3 S} \tag{2-123}$$

当 $d\gamma/dV=0$，即

$$\frac{\rho V S C_{D_0}}{W} V^4 + \frac{\eta_p P}{W} V - \frac{4kW}{\rho S} = 0 \tag{2-124}$$

时，飞机有最大爬升角。

这种 $V^4 + aV + b = 0$ 形式的方程没有封闭式的解析解，因此需要采用数值解法或图解法来确定 γ_{max}。

式(2-114)给出了爬升率 R/C 与速度的关系，而爬升角

$$\gamma = \frac{R/C}{V} \tag{2-125}$$

因此可以通过爬升率与速度曲线确定爬升角，如图 2-29 所示。由 R/C 曲线的切线即可确定最大爬升角 γ_{max} 及其对应的速度 $V_{\gamma,max}$。

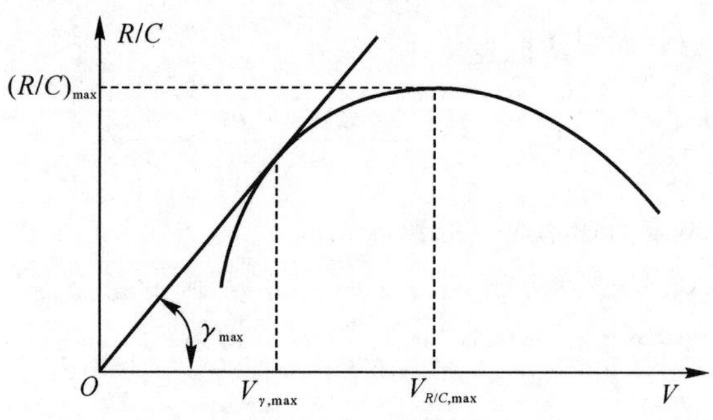

图 2-29 爬升飞行的速度图

随着高度的增加，空气密度 ρ 会降低，参考速度 V_R 会增大，最大爬升率对应的速度 $V_{R/C,max}$ 会增加，因此 $R/C-V$ 曲线会右移，使得最大爬升角对应的速度 $V_{\gamma,max}$ 也增加，最大爬升角 γ_{max} 会减小。

2.4.3 喷气式飞机

1. 爬升角

对于喷气式飞机，爬升角

$$\gamma \approx \sin\gamma = \frac{T_A - T_R}{W} = \frac{T_A - D}{W} \tag{2-126}$$

喷气式飞机的 T_A 为常数，因此最大爬升角 γ_{max} 对应最小阻力 D_{min}。

对爬升角 γ 关于速度 V 求导，得

$$\frac{d\gamma}{dV} = -\frac{1}{W}\frac{dD}{dV} \tag{2-127}$$

当 $\mathrm{d}\gamma/\mathrm{d}V=0$ 时有最大爬升角，将式(2-84)代入，得

$$\rho VSC_{D_0}-\frac{4kW^2}{\rho V^3 S}=0 \tag{2-128}$$

由此可得到最大爬升角对应的速度

$$V^4=\frac{4W^2}{\rho^2 S^2}\frac{k}{C_{D_0}} \tag{2-129}$$

$$V_{\gamma,\max}=\sqrt{\frac{2W}{\rho S}}\sqrt[4]{\frac{k}{C_{D_0}}}=V_R \tag{2-130}$$

显然，随着高度的增加，喷气式飞机最大爬升角对应的速度 $V_{\gamma,\max}$ 会增加。将式(2-130)代入式(2-126)，可以得到

$$\sin\gamma=\frac{T}{W}-\frac{1}{W}\left(\frac{1}{2}\rho V^2 SC_{D_0}+\frac{4kW^2}{\rho^2 V^4 S^2}\frac{1}{2}\rho V^2\right) \tag{2-131}$$

用 uV_R 代替速度 V，得

$$\begin{aligned}\sin\gamma&=\frac{T}{W}-\frac{\sqrt{kC_{D_0}}}{W}\left(u^2+\frac{1}{u^2}\right)\\&=\frac{z}{E_m}-\frac{1}{2E_m}\left(u^2+\frac{1}{u^2}\right)\\&=\frac{1}{2E_m}\left[2z-\left(u^2+\frac{1}{u^2}\right)\right]\end{aligned} \tag{2-132}$$

由式(2-130)可知，$u=1$ 时爬升角有最大值：

$$(\sin\gamma)_{\max}=\frac{z-1}{E_m} \tag{2-133}$$

$$\gamma_{\max}=\arcsin\left(\frac{z-1}{E_m}\right) \tag{2-134}$$

与螺旋桨飞机不同，喷气式飞机的可用功率并不是常数，其爬升率

$$R/C=\frac{P_A-P_R}{W}=\frac{TV-DV}{W} \tag{2-135}$$

将式(2-84)代入，则有

$$R/C=\frac{1}{W}\left(TV-\frac{1}{2}\rho V^3 SC_{D_0}-\frac{2kW^2}{\rho VS}\right) \tag{2-136}$$

对 R/C 关于 V 求导，得

$$\frac{\mathrm{d}(R/C)}{\mathrm{d}V}=\frac{T}{W}-\frac{1}{W}\left(\frac{3}{2}\rho V^2 SC_{D_0}-\frac{2kW^2}{\rho V^2 S}\right) \tag{2-137}$$

将速度 V 表示成 uV_R，则有

$$\begin{aligned}\frac{\mathrm{d}(R/C)}{\mathrm{d}V}&=\frac{T}{W}-\frac{1}{W}\left(\frac{3}{2}\rho u^2 SC_{D_0}V_R^2-\frac{2kW^2}{\rho u^2 SV_R^2}\right)\\&=\frac{T}{W}-\left(3u^2\sqrt{kC_{D_0}}-\frac{1}{u^2}\sqrt{kC_{D_0}}\right)\\&=\frac{z}{E_m}-\frac{1}{2E_m}\left(3u^2-\frac{1}{u^2}\right)\\&=\frac{1}{2E_m}\left(2z-3u^2+\frac{1}{u^2}\right)\end{aligned} \tag{2-138}$$

R/C 关于 V 的导数为 0 时，飞机有最大爬升率，即

$$3u^4-2zu^2-1=0 \tag{2-139}$$

对应的无量纲速度

$$u=\sqrt{\frac{z\pm\sqrt{z^2+3}}{3}} \tag{2-140}$$

由于 $z<\sqrt{z^2+3}$，因此最大爬升率对应的无量纲速度

$$u_{\mathrm{m}}=\sqrt{\frac{z+\sqrt{z^2+3}}{3}} \tag{2-141}$$

由 $V=uV_{\mathrm{R}}$ 可以得到最大爬升率对应的速度

$$V_{R/C,\max}=\sqrt{\frac{z+\sqrt{z^2+3}}{3}}V_{\mathrm{R}} \tag{2-142}$$

随着高度的增加，空气密度逐渐降低，发动机推力 T 逐渐减小，因此 $z=TE_{\mathrm{m}}/W$ 也随高度的增加而减小；而 V_{R} 随高度的增加而增加，且 V_{R} 增加的速度高于 z 减小的速度。因此，总的来说，$V_{R/C,\max}$ 是随高度增加而增加的。

由式(2-132)可以得到最大爬升率的无量纲形式：

$$(u\sin\gamma)_{\max}=\frac{1}{2E_{\mathrm{m}}}\left[2zu_{\mathrm{m}}-\left(u_{\mathrm{m}}^3+\frac{1}{u_{\mathrm{m}}}\right)\right] \tag{2-143}$$

而有量纲的最大爬升率

$$(R/C)_{\max}=(u\sin\gamma)_{\max}V_{\mathrm{R}} \tag{2-144}$$

2.4.4 升限

由式(2-110)可知，爬升率取决于剩余功率，随着飞行高度的增加，发动机的可用推力与可用功率会减小，因此爬升率会随之减小。当爬升率降为 0 时，飞机达到静升限。

对于喷气式飞机，最大爬升角对应的速度 $V_{\gamma,\max}=V_{\mathrm{R}}$；而由式(2-135)可知，在静升限处，有

$$P_{\mathrm{A}}-P_{\mathrm{R}}=TV-DV=0 \tag{2-145}$$

即

$$T=D=\frac{L}{E_{\mathrm{m}}}=\frac{W}{E_{\mathrm{m}}} \tag{2-146}$$

由此可得

$$\frac{TE_{\mathrm{m}}}{W}=z=1 \tag{2-147}$$

即静升限处的 $z=1$，此时最大爬升率对应速度 $V_{R/C,\max}=V_{\mathrm{R}}$。因此，对于喷气式飞机，静升限处有 $V_{\gamma,\max}=V_{R/C,\max}=V_{\mathrm{R}}$，由于在此高度飞机没有剩余推力，故有 $V_{\max}=V_{\min}=V_{\mathrm{R}}$。

综上可知，最小平飞速度、最大平飞速度、最大爬升率速度和最大爬升角速度在静升限处交会，如图 2-30 所示。

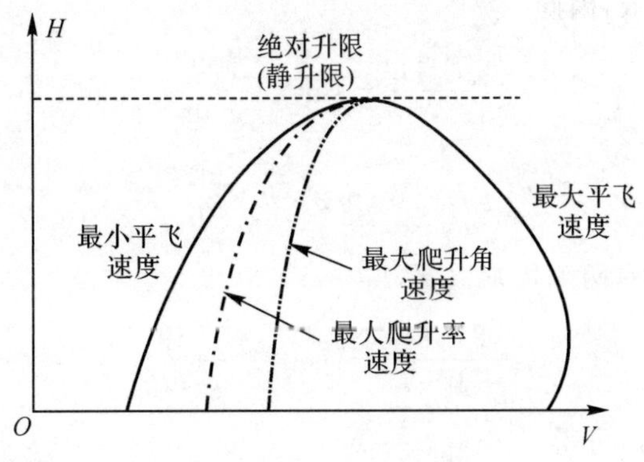

图 2－30　静升限示意图

由式(2－135)可知，爬升率

$$R/C=\frac{\mathrm{d}h}{\mathrm{d}t}=P_{\mathrm{s}} \tag{2-148}$$

因此，给定高度差的飞机爬升时间

$$t=\int_{h_{\mathrm{i}}}^{h_{\mathrm{f}}}\frac{1}{P_{\mathrm{s}}}\mathrm{d}h \tag{2-149}$$

随着高度的增加，P_{s} 不断减小，爬升时间不断增加，因此飞机很难爬升至绝对升限。通常采用实用升限，也就是最大爬升率降至 100ft/min(0.5 m/s)时的高度来衡量飞机的爬升性能。

实际静升限可通过最大爬升率随高度的曲线外推得到，如图 2－31 所示。

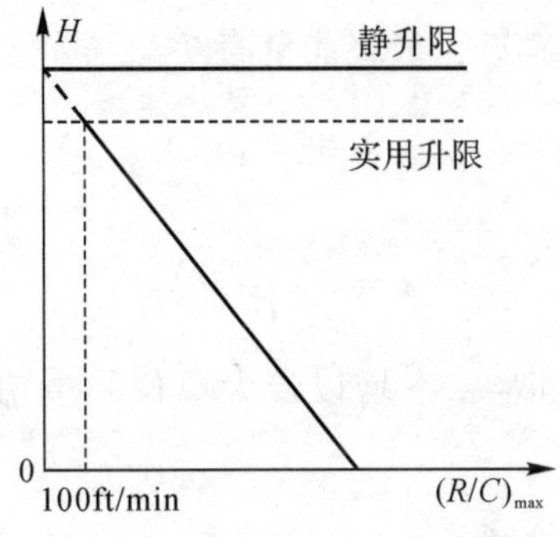

图 2－31　实用升限与静升限

2.4.5　能量爬升法

前面介绍的定常爬升都是基于沿飞行轨迹和垂直于飞行轨迹的加速度均为 0 的假设。在爬升飞行中，更常见的是加速爬升，此类爬升方式下，飞机的受力方程由式(2－3)、式(2－4)给出：

$$T-D-W\sin\gamma=m\frac{\mathrm{d}V}{\mathrm{d}t}$$

$$L-W\cos\gamma=m\frac{V^2}{R}$$

式中，爬升角速度 $\dot{\gamma}=V/R$，因此

$$\frac{T-D}{W}-\sin\gamma=\frac{1}{g}\frac{\mathrm{d}V}{\mathrm{d}t} \tag{2-150}$$

$$L-W\cos\gamma=mV\frac{\mathrm{d}\gamma}{\mathrm{d}t} \tag{2-151}$$

将式(2-150)的左、右两侧均乘以 V，得

$$\frac{T-D}{W}V-V\sin\gamma=\frac{V}{g}\frac{\mathrm{d}V}{\mathrm{d}t} \tag{2-152}$$

用 $\mathrm{d}h/\mathrm{d}t$ 代替 $V\sin\gamma$，可得

$$\frac{T-D}{W}V=\frac{\mathrm{d}h}{\mathrm{d}t}+\frac{1}{2g}\frac{\mathrm{d}V^2}{\mathrm{d}t}=\frac{\mathrm{d}}{\mathrm{d}t}\left(h+\frac{V^2}{2g}\right) \tag{2-153}$$

机械能等于势能与动能之和，即

$$E=mgh+\frac{1}{2}mV^2=mg\left(h+\frac{V^2}{2g}\right) \tag{2-154}$$

由此可以提出能量高度的概念：

$$h_e=h+\frac{V^2}{2g} \tag{2-155}$$

将式(1-53)、式(2-155)联立可得

$$\frac{T-D}{W}V=P_s=\frac{\mathrm{d}h_e}{\mathrm{d}t} \tag{2-156}$$

可得到从初始能量高度 h_{ei} 爬升至最终能量高度 h_{ef} 的时间

$$\mathrm{d}t=\frac{1}{P_s}\mathrm{d}h_e \tag{2-157}$$

$$t=\int_{h_{ei}}^{h_{ef}}\frac{1}{P_s}\mathrm{d}h_e \tag{2-158}$$

可以看出，如果每个能量高度 h_e 下均以最大单位剩余功率 $P_{s,\max}$ 爬升，则总爬升时间最小。

为估算爬升时间，需要首先绘制关于高度的曲线，绘制方法如图 2-32 所示：首先根据不同高度、速度下的 P_A 与 P_R 数据，绘制不同高度下的 P_s-V 曲线；然后，以 P_s 为常数作水平线，读取其与 P_s 的交点所对应的 h 与 V；最后，将交点绘制到 $h-V$ 平面上，连接各交点绘制 P_s 等值线，其中 $P_s=0$ 对应的就是平飞飞行包线。

由式(2-155)可以在 $h-V$ 平面上绘制能量高度 h_e 的等值线，如图 2-33 所示。图中的 AB 曲线是采用最大定常爬升率从 A 点到 B 点的路径，由于每个高度对应的都是该高度下爬升率最大的速度，因此每个高度下的速度并不相同。而定常爬升又意味着飞机的速度不变，因此不能用定常爬升法来确定飞机的最短爬升时间。

当飞机沿 AB' 路径爬升时，采用的是每个能量高度上的最大剩余功率，因此 AB' 对应的

是最短爬升时间。需要指出的是，图 2－33 中这种光滑且不封闭的 P_s 曲线常见于亚声速飞机。

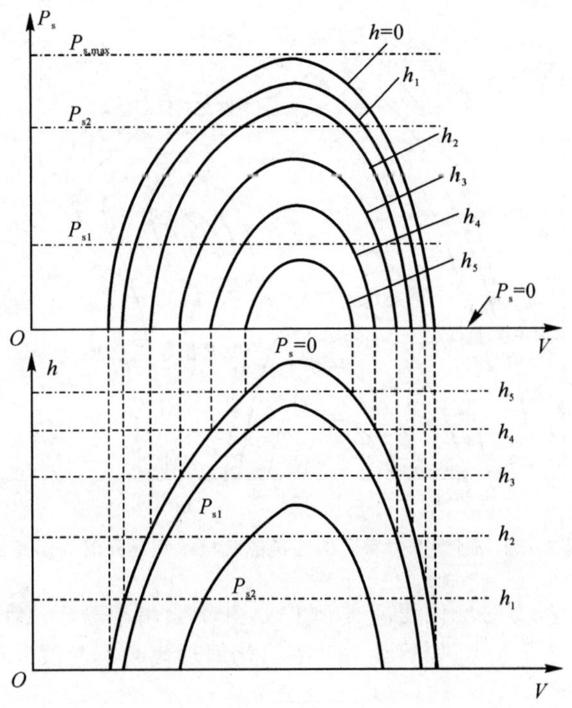

图 2－32　不同高度下的单位剩余功率曲线

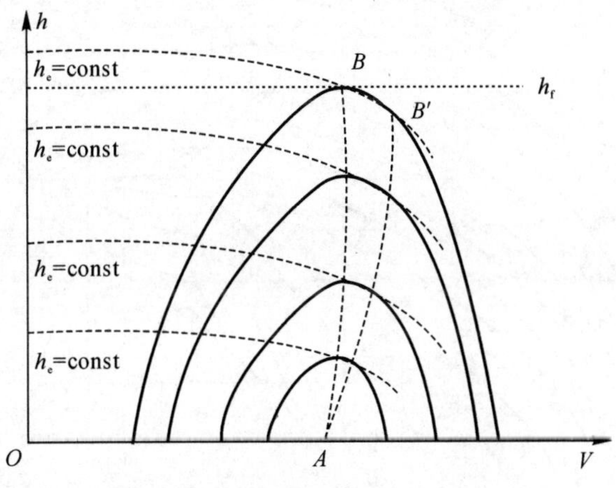

图 2－33　亚声速的 P_s 与 h_e 曲线

对于早期的超声速飞机来说，亚声速区域内的 P_s 曲线与图 2－32 类似；当飞机在某个高度以上飞行时，由于剩余推力 $\Delta T - Ma$ 曲线存在双峰，因此在跨声速及超声速高空区域，P_s 曲线可能是封闭的。此外，在跨声速及超声速低空区域，可能会由于可用推力小于需用推力而不存在 P_s 曲线，如图 2－34 所示。

对于此类飞机，亚声速区域仍是按 AB' 路径爬升；在 B' 处的等值 h_e 曲线同时与两条 P_s

曲线相切,切点分别为 B' 和 C,此时飞机应沿等能量高度的曲线 $B'C$ 飞行,在这一阶段飞机是通过俯冲加速至超声速;到达 C 点后,飞机沿路径 CD 在超声速区继续爬升;到达 D 点后,则将沿路径 DE 减速爬升至终点 E。

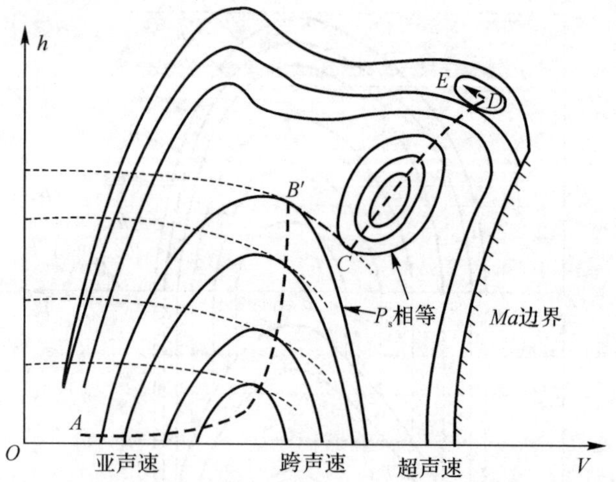

图 2-34 剩余推力有限的超声速飞机最短爬升时间示意图

对于具备足够剩余推力的现代超声速战斗机,并不会出现跨声速不连续和超声速区等值线封闭的现象,其最优爬升方式,如图 2-35 中的典型现代超声速战斗机爬升路径所示,与图 2-33 中的类似。

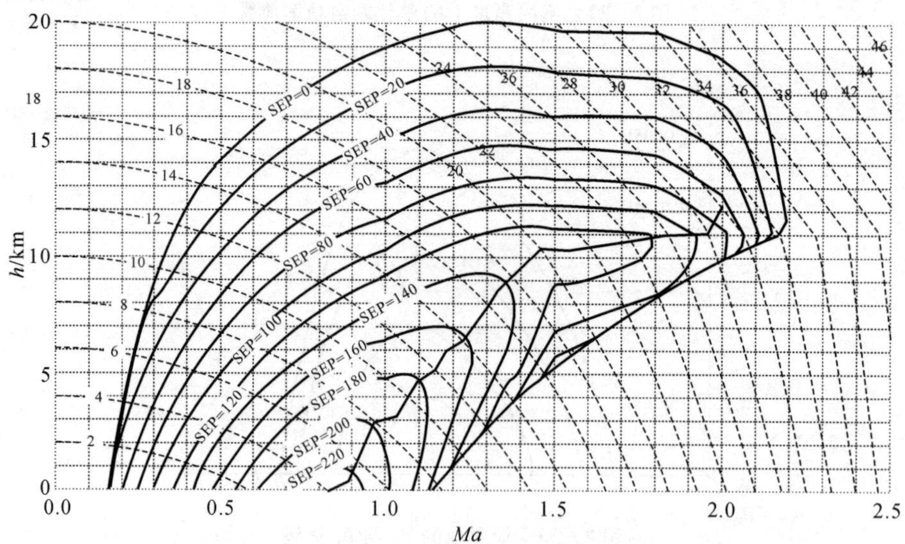

图 2-35 某超声速飞机的 P_s 等值线及最快爬升路径

例 2-4 某喷气式飞机重 156 960 N,其发动机推力与速度无关。海平面处最大爬升率对应的飞行速度 $V=152.5\ \text{m/s}$,$S=46\ \text{m}^2$,最大升力系数 $C_{L,\max}=1.5$,阻力极曲线为 $C_D=0.016+0.045C_L^2$。(1)试确定该飞机在海平面处的发动机推力;(2)假设推力随高度的变化为 $T=T_0\sigma^{0.6}$,计算其静升限。

解　(1)最大爬升率对应

$$\frac{\mathrm{d}(R/C)}{\mathrm{d}V}=\frac{\mathrm{d}(T_{\mathrm{A}}-T_{\mathrm{R}})}{W\mathrm{d}V}=\frac{1}{2E_{\mathrm{m}}}\left(2z-3u^2+\frac{1}{u^2}\right)=0$$

即

$$2z-3u^2+\frac{1}{u^2}=0 \quad ①$$

参考速度

$$V_{\mathrm{R}}=\sqrt{\frac{2W}{\rho S}}\sqrt[4]{\frac{k}{C_{D_0}}}=96.66\ \mathrm{m/s}$$

无量纲速度

$$u=\frac{V}{V_{\mathrm{R}}}=1.578$$

代入式①可得

$$z=\frac{3}{2}u^2-\frac{1}{2u^2}=3.534$$

最大升阻比

$$E_{\mathrm{m}}=\frac{1}{2\sqrt{kC_{D_0}}}=18.634$$

发动机推力

$$T=\frac{z}{E_{\mathrm{m}}}W=29\ 768\ \mathrm{N}$$

(2)当 $u_{\max}=u_{\min}$ 时飞机达到升限，即

$$\sqrt{z+\sqrt{z^2-1}}=\sqrt{z-\sqrt{z^2-1}}$$

可以得到

$$T=\frac{W}{E_{\mathrm{m}}}=8\ 425.1\ \mathrm{N}$$

由 $T=T_0\sigma^{0.6}$ 可以得到升限处

$$\sigma^{0.6}=\frac{T}{T_0}=0.283$$

由此可得

$$\sigma=0.122,\ \rho=\sigma\rho_0=0.149\ 5$$

查表可得飞机的静升限约为 16 700 m。

例 2-5　某螺旋桨飞机 $W=50\ 000$ N，机翼面积 $S=30\ \mathrm{m}^2$。在海平面处，活塞式发动机可产生 840 kW 的功率，螺旋桨的推进效率 $\eta_{\mathrm{p}}=0.85$，飞机的阻力极曲线为 $C_D=0.025+0.05C_L^2$，最大升力系数 $C_{L,\max}=1.75$。试计算该飞机的最大爬升角、最大爬升率及相应的速度与升力系数。

解　(1)解析法。爬升率等于单位剩余功率，螺旋桨飞机的可用功率不随速度变化，最大

爬升率发生在最小需用功率处。

发动机可用功率

$$P_A=\eta_p P=0.85\times840\times10^3\ \text{N}\cdot\text{m/s}=7.14\times10^5\ \text{N}\cdot\text{m/s}$$

需用功率

$$P_R=DV=\frac{1}{2}\rho V^3 SC_{D_0}+\frac{2kW^2}{\rho VS}$$
$$=0.459V^3+\frac{6.8\times10^6}{V}$$

需用功率关于速度的导数为 0 时有最小值，则有

$$\frac{dP_R}{dV}=1.377V^2-\frac{6.8\times10^6}{V^2}=0$$

对应的速度

$$V=47.1\ \text{m/s}$$

飞机的失速速度

$$V_{\text{stall}}=\sqrt{\frac{2\ W}{\rho SC_{L,\max}}}=39.43\ \text{m/s}$$

因此 $V>V_{\text{stall}}$。

最小需用功率

$$P_R=0.459V^3+\frac{6.8\times10^6}{V}=1.923\times10^5\ \text{N}\cdot\text{m/s}$$

爬升率

$$R/C=\frac{P_A-P_R}{W}=\frac{7.14-1.923}{5\times10^4}\times10^5\ \text{m/s}=10.434\ \text{m/s}$$

(2)图解法。绘制 $R/C-V$ 曲线(见图 2-36)，寻找最大值。

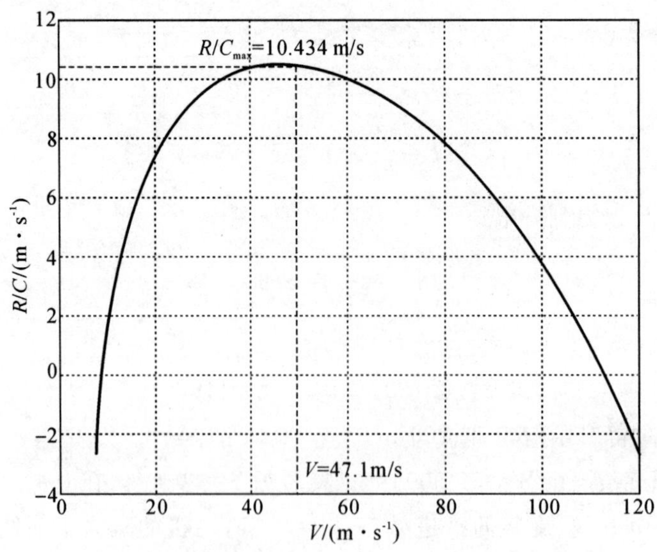

图 2-36 $R/C-V$ 曲线

爬升角无解析解，可通过图解法确定，如图 2-37 所示。

$$\gamma \approx \sin\gamma = \frac{T_A - T_R}{W} = \frac{1}{W}\left(\frac{P_A}{V} - D\right)$$

$$= \frac{1}{W}\left(\frac{7.14\times10^5}{V} - 0.459V^2 - \frac{6.8\times10^6}{V^2}\right)$$

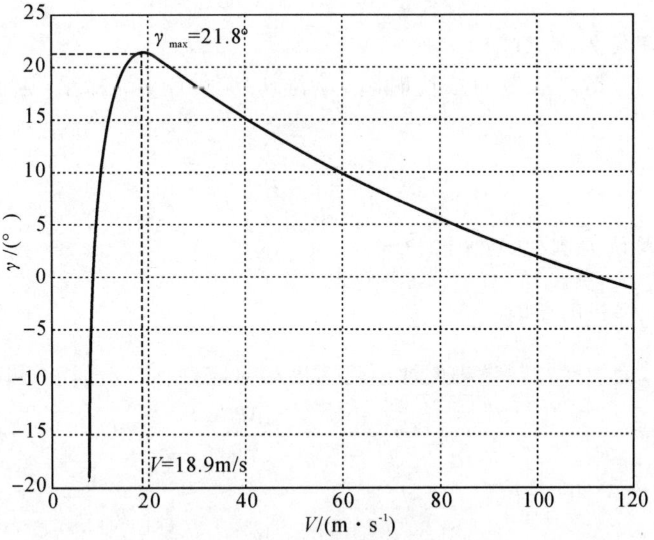

图 2－37　图解法结果

最大爬升角对应的速度小于 V_{stall}，因此实际最大爬升角应为 V_{stall} 处的爬升角 $\gamma=0.26\ \text{rad}=14.92°$。

2.5　巡　　航

爬升段结束，达到预期高度后，飞机开始进入巡航飞行，直到接近目的地开始下降。

续航性能是飞机重要的战术技术性能之一，不仅关系到经济性，还直接影响飞机的远航作战能力及持久作战能力。

续航性能有两个指标：①航程，耗尽给定燃油量可达到的水平距离，不包括爬升和下降时的飞行距离；②航时，耗尽给定燃油量所能持续飞行的时间。对于轰运类飞机来说，航程是一个重要的性能指标；对于侦察机来说，则更关注滞空时间，即航时。

航程与航时的大小，主要取决于飞机所装载的燃油量和飞行中燃油消耗的快慢，载油量越大、耗油率越低，对航程与航时越有利。

巡航过程中，随着燃油的消耗，飞机的重量是变化的，不过在一定时间间隔内重量变化与飞机重量相比是小量，因此仍可按准定常运动处理。

飞机在巡航时主要是平飞，因此有

$$L = W \tag{2-159}$$

$$T = D \tag{2-160}$$

$$\dot{x} = V \tag{2-161}$$

$$\dot{h} = 0 \tag{2-162}$$

对于航程和航时，还需要一个附加方程来描述重量的变化。

对于喷气式飞机，其耗油率为单位时间、单位推力的燃油消耗量，因此其重量变化可描述为

$$\frac{\mathrm{d}W}{\mathrm{d}t}=-cT \tag{2-163}$$

式中：c 为耗油率，单位为 N/(N·h)。

对于螺旋桨飞机，其耗油率为单位时间、单位功率的燃油消耗量，因此其重量变化可描述为

$$\frac{\mathrm{d}W}{\mathrm{d}t}=-cP \tag{2-164}$$

式中：c 为耗油率，单位为 N/(kW·h)。

2.5.1 喷气式飞机的航时

对于任意飞机，最大航时与最小燃油消耗速度相对应，由式(2-163)可以得到

$$\mathrm{d}t=-\frac{\mathrm{d}W}{cT}=-\frac{\mathrm{d}W}{cW}\frac{W}{T} \tag{2-165}$$

由 $T=D$ 和 $L=W$ 可以得到

$$\mathrm{d}t=-\frac{1}{c}\frac{L}{D}\frac{\mathrm{d}W}{W} \tag{2-166}$$

对上式进行积分可以得到喷气式飞机的航时

$$t=-\int_{W_0}^{W_1}\frac{1}{c}\frac{L}{D}\frac{\mathrm{d}W}{W}=-\int_{W_0}^{W_1}\frac{1}{c}E\frac{\mathrm{d}W}{W} \tag{2-167}$$

由于耗油率 c 是常数，因此升阻比 E 最大时飞机有最大航时 $t_{\max}$，此时飞机的速度为 V_R。

2.5.2 喷气式飞机的航程

对于大多数飞机来说，最重要的巡航性能指标是航程。

由 $\dot{x}=V$ 可以得到

$$\frac{\mathrm{d}x}{\mathrm{d}W}\frac{\mathrm{d}W}{\mathrm{d}t}=V \tag{2-168}$$

将式(2-163)代入，则有

$$\frac{\mathrm{d}x}{\mathrm{d}W}=-\frac{V}{cT}=-\frac{W}{T}\frac{V}{cW} \tag{2-169}$$

由 $T=D$ 和 $L=W$ 可以得到

$$\mathrm{d}x=-\frac{L}{D}\frac{V}{cW}\mathrm{d}W=-EV\frac{1}{cW}\mathrm{d}W \tag{2-170}$$

对上式进行积分，可以得到喷气式飞机的航程

$$R=x=-\int_{W_0}^{W_1}\frac{EV}{c}\frac{1}{W}\mathrm{d}W \tag{2-171}$$

式中：EV 被称为巡航因子；W_0 为巡航开始时的飞机重量；W_1 为巡航结束时的重量。可以看出，当巡航因子 EV 最大时飞机有最大航程 $R_{\max}$。

需要指出的是，飞机在巡航过程中，随着燃油的消耗，飞行重量不断减轻，需要的升力越来越小，为了保持最大巡航因子，飞机的高度与速度不可能同时保持不变，通常可以采用等高巡航和等速巡航两种方式。

1. 等高巡航

巡航过程中，随着重量的降低，需要的升力逐渐降低。由 $L=W$ 可以得到飞机的平飞速度

$$V=\sqrt{\frac{2W}{\rho SC_L}} \tag{2-172}$$

由于 W 不断减小，如果要保持高度不变，即空气密度 ρ 不变，飞行速度应不断减小。

将上式代入式(2-171)可得

$$\begin{aligned}R&=-\int_{W_0}^{W_1}\frac{1}{c}\frac{C_L}{C_D}\sqrt{\frac{2W}{\rho SC_L}}\frac{1}{W}\mathrm{d}W\\&=-\int_{W_1}^{W_2}\frac{1}{c}\frac{\sqrt{C_L}}{C_D}\sqrt{\frac{2}{\rho S}}\frac{1}{\sqrt{W}}\mathrm{d}W\\&=-\frac{1}{c}\frac{\sqrt{C_L}}{C_D}\sqrt{\frac{2}{\rho S}}\int_{W_0}^{W_1}\frac{1}{\sqrt{W}}\mathrm{d}W\\&=\frac{2}{c}\frac{\sqrt{C_L}}{C_D}\sqrt{\frac{2}{\rho S}}\left(\sqrt{W_0}-\sqrt{W_1}\right)\end{aligned} \tag{2-173}$$

可以看出，对于给定燃油量，当$\sqrt{C_L}/C_D$ 最大，即 $C_D/\sqrt{C_L}$ 最小时，飞机的等高巡航航程最大。

由 $C_D=C_{D_0}+kC_L^2$ 可得

$$\frac{C_D}{\sqrt{C_L}}=\frac{C_{D_0}+kC_L^2}{C_L^{1/2}}=C_{D_0}C_L^{-1/2}+kC_L^{3/2} \tag{2-174}$$

将上式关于 C_L 求导，得

$$\frac{\mathrm{d}(C_D/\sqrt{C_L})}{\mathrm{d}C_L}=-\frac{1}{2}C_{D_0}C_L^{-3/2}+\frac{3}{2}kC_L^{1/2} \tag{2-175}$$

该导数为 0 时航程最远，由此可以得到等高巡航最远航程对应的升力系数

$$C_L=\sqrt{\frac{C_{D_0}}{3k}}=\frac{1}{\sqrt{3}}C_L^* \tag{2-176}$$

及飞行速度

$$V=\sqrt{\frac{2W}{\rho SC_L}}=\sqrt{\frac{2W}{\rho S}}\sqrt[4]{\frac{3k}{C_{D_0}}}=\sqrt[4]{3}V_R \tag{2-177}$$

同一高度下，随着 W 的减小，V_R 也在减小，巡航速度也在不断减小。

由式(2-173)可以看出，随着高度的增加，空气密度 ρ 降低，巡航距离会增加，但是发动机的可用推力也会随高度增加而降低，此外，巡航高度越高，爬升及下降的耗油也越多，因此飞机会在某一高度下获得最大航程，该高度被称为巡航高度或最经济高度。

假设推力与高度的关系为

$$T=T_0\sigma^\beta \tag{2-178}$$

式中：T_0 为发动机在海平面的推力；$\sigma=\rho/\rho_0$ 为密度比；β 是一个小于 1 的常数，取决于发动机特性。

由 $T=D$ 和 $L=W_0$ 可以得到

$$T_0\sigma^{\beta}=\frac{W_0}{L}D=\frac{W_0}{E} \tag{2-179}$$

由此可以得到

$$\sigma=\frac{W_0}{L}D=\left(\frac{W_0}{ET_0}\right)^{1/\beta} \tag{2-180}$$

然后，根据 σ 与高度的关系即可确定等高巡航的高度

$$h=44.3(1-\sigma^{0.235}) \tag{2-181}$$

该高度以 km 为单位。

2. 等速巡航

随着燃油的消耗，飞机变得越来越轻，要维持最佳巡航因子与飞行速度不变，飞机应爬升至更高高度，以降低空气密度 ρ，该现象称为巡航爬升。

由于飞机 C_L 不变，因此 C_D 也不变，加之飞机是等速巡航，因此 EV 为常数，由式(2-171)可得到巡航距离

$$R=-\frac{EV}{c}\int_{W_0}^{W_1}\frac{1}{W}\mathrm{d}W=\frac{EV}{c}\ln\left(\frac{W_0}{W_1}\right) \tag{2-182}$$

该公式被称为布雷盖(Breguet)航程公式，当飞机以 $(EV)_m$ 对应的速度飞行时，布雷盖航程最大。由于是等速巡航，因此可由巡航段开始时刻的重量 W_0 及飞行高度确定巡航速度，此时

$$EV=\frac{C_L}{C_D}\sqrt{\frac{2W_0}{\rho_0 SC_L}}=\frac{\sqrt{C_L}}{C_D}\sqrt{\frac{2W_0}{\rho_0 S}} \tag{2-183}$$

可以看出，当$\sqrt{C_L}/C_D$ 最大时，巡航因子 EV 有最大值，布雷盖航程最远。由式(1-74)～式(2-177)可知，布雷盖航程最大对应的速度

$$V=\sqrt[4]{3}V_R|_{W_0} \tag{2-184}$$

3. 巡航爬升的高度增量

假设等速巡航开始时的飞机重量为 W_0，高度为 H_i，相应的空气密度为 ρ_i，结束时的飞机重量为 W_1，高度为 H_f，相应的空气密度为 ρ_f，则有

$$W_0=\frac{1}{2}\rho_i V^2 SC_L \tag{2-185}$$

$$W_1=\frac{1}{2}\rho_f V^2 SC_L \tag{2-186}$$

由此可以得到

$$\rho_f=\frac{W_1}{W_0}\rho_i \tag{2-187}$$

或

$$\sigma_f=\frac{W_1}{W_0}\sigma_i \tag{2-188}$$

可通过高度与密度比间的关系确定巡航的最终高度

$$h_f=44.3(1-\sigma_f^{0.235}) \tag{2-189}$$

对于远距离巡航，巡航高度的增量相当可观。

以 A330 为例，其巡航马赫数约为 0.82，巡航起始高度约为 34 100ft(1 ft≈0.304 8 m)，最终高度可达 40 100 ft。实际飞行中，民航机需按照空管要求分段爬升(step climb)。

2.5.3　螺旋桨飞机的航时

对于螺旋桨飞机，由式(2-164)可以得到

$$\mathrm{d}t=-\frac{\mathrm{d}W}{cP} \tag{2-190}$$

式中：发动机功率 $P=P_A/\eta_p$。

由平飞时 $P_A=P_R=DV$ 可得

$$\mathrm{d}t=-\frac{\eta_p\mathrm{d}W}{cDV} \tag{2-191}$$

由 $L=W$ 可得

$$\mathrm{d}t=-\frac{\eta_p}{c}\frac{L}{D}\frac{1}{V}\frac{\mathrm{d}W}{W}=-\frac{\eta_p}{c}\frac{E}{V}\frac{\mathrm{d}W}{W} \tag{2-192}$$

将上式积分可以得到螺旋桨飞机的航时

$$t=-\frac{\eta_p}{c}\int_{W_0}^{W_1}\frac{E}{V}\frac{\mathrm{d}W}{W} \tag{2-193}$$

显然，当 E/V 最大时，螺旋桨飞机有最大航时。

螺旋桨飞机在巡航过程中，随着燃油的消耗，飞行重量不断减轻，需要的升力越来越小，为了保持 E/V 最大，飞机的高度与速度不可能同时保持不变，通常可以采用等高巡航和等速巡航两种方式。

1. 等高巡航

对于等高巡航，由于空气密度不变，需要减小速度来补偿重量的下降，将式(2-172)代入式(2-193)，可以得到

$$\begin{aligned}t&=-\frac{\eta_p}{c}\int_{W_0}^{W_1}\frac{C_L}{C_D}\sqrt{\frac{\rho SC_L}{2W}}\frac{\mathrm{d}W}{W}\\&=-\frac{\eta_p}{c}\int_{W_0}^{W_1}\frac{C_L^{3/2}}{C_D}\sqrt{\frac{\rho S}{2}}\frac{1}{W^{3/2}}\mathrm{d}W\\&=\frac{2\eta_p}{c}\frac{C_L^{3/2}}{C_D}\sqrt{\frac{\rho S}{2}}\left(\sqrt{\frac{1}{W_1}}-\sqrt{\frac{1}{W_0}}\right)\end{aligned} \tag{2-194}$$

显然，当 $C_L^{3/2}/C_D$ 最大时，螺旋桨飞机有最大航时。

由式(2-65)～式(2-68)可知，$C_D/C_L^{3/2}$ 最小，也就是 $C_L^{3/2}/C_D$ 最大对应的条件为

$$C_L=\sqrt{3}C_L^* \tag{2-195}$$

$$\frac{C_L^{3/2}}{C_D}=\frac{1}{4}\sqrt[4]{\frac{27}{k^3C_{D_0}}} \tag{2-196}$$

$$V=\frac{1}{\sqrt[4]{3}}V_{\mathrm{R}} \tag{2-197}$$

随着重量的减小，V_{R} 不断减小，巡航速度也在不断减小。

2. 等速巡航

对于等速巡航，由于速度不变，因此需要增加高度、降低空气密度来降低升力以补偿重量的下降。由于速度不变，式(2-193)可表示成

$$t=-\frac{\eta_{\mathrm{P}}}{c}\frac{E}{V}\int_{W_0}^{W_1}\frac{\mathrm{d}W}{W}=\frac{\eta_{\mathrm{P}}}{c}\frac{E}{V}\ln\frac{W_0}{W_1} \tag{2-198}$$

由于是等速巡航，因此可由巡航初始时刻的重量及高度确定巡航速度，此时

$$\frac{E}{V}=\frac{C_L}{C_D}\sqrt{\frac{\rho_0 SC_L}{2W_0}}=\frac{C_L^{3/2}}{C_D}\sqrt{\frac{\rho_0 S}{2W_0}} \tag{2-199}$$

当 $C_L^{3/2}/C_D$ 最大时，E/V 有最大值，对应的速度

$$V=\frac{1}{\sqrt[4]{3}}V_{\mathrm{R}}\big|_{W_0} \tag{2-200}$$

式中：W_0 为巡航起始段的飞机重量。

2.5.4 螺旋桨飞机的航程

对于螺旋桨飞机，$\dot{W}=-cP$，因此由 $\dot{x}=V$ 可得

$$\frac{\mathrm{d}x}{\mathrm{d}W}=\frac{\mathrm{d}x}{\mathrm{d}t}\frac{\mathrm{d}t}{\mathrm{d}W}=-\frac{V}{cP} \tag{2-201}$$

定常平飞状态下，$L=W, P_{\mathrm{R}}=DV, P_{\mathrm{R}}=P_{\mathrm{A}}=P\eta_{\mathrm{p}}$，因此

$$\frac{\mathrm{d}x}{\mathrm{d}W}=-\frac{\eta_{\mathrm{P}}}{cD}=-\frac{\eta_{\mathrm{P}}}{cW}\frac{L}{D}=-\frac{\eta_{\mathrm{P}}}{cW}E \tag{2-202}$$

由此可得

$$\mathrm{d}x=-\frac{\eta_{\mathrm{P}}}{c}E\frac{\mathrm{d}W}{W} \tag{2-203}$$

对上式积分可得到螺旋桨飞机的航程

$$R=-\int_{W_0}^{W_1}\frac{\eta_{\mathrm{P}}}{c}E\frac{\mathrm{d}W}{W}=\frac{\eta_{\mathrm{P}}}{c}E\ln\frac{W_0}{W_1} \tag{2-204}$$

显然，当螺旋桨飞机以最大升阻比巡航时有最大航程，对应的速度为 V_{R}。

2.5.5 风对续航性能的影响

前面所得到的续航性能均是假设地球大气是静止的，即无风状态下，实际飞行还需要考虑风的影响。

由式(2-166)和式(2-190)可以看出，无论喷气式还是螺旋桨飞机，航时的公式中均没有速度项，因此风对航时没有影响。

但风速会改变飞机的地速，在有风状态下，有

$$\frac{\mathrm{d}x}{\mathrm{d}t}=V\mp V_{\mathrm{w}} \tag{2-205}$$

式中：V_w 为风速；V 为空速；"∓"符号的"－"表示逆风，"＋"表示顺风。

以喷气式飞机为例，则有

$$dx = -(V \mp V_w)\frac{E}{c}dW \tag{2-206}$$

由此可得到有风情况下的航程

$$R_w = -\int_{W_0}^{W_1}(V \mp V_m)\frac{E}{c}\frac{dW}{W}$$

$$= R \mp \frac{E}{c}V_w \ln\frac{W_0}{W_1} \tag{2-207}$$

式中：R_w 为有风时的航程；R 为无风时的航程。显然，逆风会减小航程，顺风会增大航程。式(2-207)同时适用于等高巡航与等速巡航。

喷气式与螺旋桨飞机续航性能的重要参数见表 2-4。

表 2-4　航程性能总结

<table>
<tr><th>类型</th><th>参数</th><th>等高巡航</th><th>等速巡航</th></tr>
<tr><td rowspan="2">喷气式</td><td>航程</td><td>$\frac{\sqrt{C_L}}{C_D}\frac{2}{c}\sqrt{\frac{2}{\rho S}}(\sqrt{W_0}-\sqrt{W_1})$</td><td>$\frac{V}{c}E\ln\frac{W_0}{W_1}$</td></tr>
<tr><td>速度</td><td>$\sqrt[4]{3}V_R$</td><td>$\sqrt[4]{3}V_R|_{W_0}$</td></tr>
<tr><td rowspan="2">螺旋桨</td><td>航程</td><td colspan="2">$\frac{\eta_p}{c}E\ln\frac{W_0}{W_1}$</td></tr>
<tr><td>速度</td><td>V_R</td><td>$V_R|_{W_0}$</td></tr>
<tr><td rowspan="2">喷气式</td><td>航时</td><td colspan="2">$\frac{1}{c}E\ln\frac{W_0}{W_1}$</td></tr>
<tr><td>速度</td><td colspan="2">V_R</td></tr>
<tr><td rowspan="2">螺旋桨</td><td>航时</td><td>$\frac{2\eta_p}{c}\frac{C_L^{3/2}}{C_D}\sqrt{\frac{\rho S}{2}}\left(\sqrt{\frac{1}{W_1}}-\sqrt{\frac{1}{W_0}}\right)$</td><td>$\frac{\eta_p}{c}\frac{E}{V}\ln\frac{W_0}{W_1}$</td></tr>
<tr><td>速度</td><td>$\frac{1}{\sqrt[4]{3}}V_R$</td><td>$\frac{1}{\sqrt[4]{3}}V_R|_{W_0}$</td></tr>
</table>

例 2-6　某涡喷飞机的重量 W=80 434.9 N，机翼面积 S=37.2 m²，高度 10 km 时的 σ=0.374，耗油率 c=1.3 N/Nh，阻力极曲线为 $C_D=0.02+0.06C_L^2$。试确定：(1)航程 2 400 km 所需的燃油量；(2)根据(1)所需的燃油量，存在10 m/s 持续逆风时航程的变化；(3)航时 5 h 所需的燃油量。

解　最大升阻比

$$E_m = \frac{1}{2\sqrt{kC_{D_0}}} = \frac{1}{2\sqrt{0.06\times0.02}} = 14.43$$

10 km 高度的参考速度

$$V_R = \sqrt{\frac{2W_0}{\rho_0\sigma S}}\sqrt[4]{\frac{k}{C_{D_0}}} = \sqrt{\frac{2\times8\ 0343.9}{0.458\times37.2}}\times\sqrt[4]{\frac{0.06}{0.02}}\ \text{m/s} = 127.8\ \text{m/s}$$

最大巡航因子对应的升力系数

$$C_L=\sqrt{\frac{C_{D_0}}{3k}}=0.333\ 3$$

阻力系数

$$C_D=0.02+0.06C_L^2=0.026\ 67$$

(1)对于等高巡航，有

$$R=\frac{\sqrt{C_L}}{C_D}\times\frac{2}{c}\times\sqrt{\frac{2}{\rho S}}(\sqrt{W_0}-\sqrt{W_1})$$

$$=\frac{\sqrt{0.333\ 3}}{0.026\ 67}\times\frac{2\times 3\ 600}{1.3\times 1\ 000}\times\sqrt{\frac{2}{17.04}}(\sqrt{80\ 343.9}-\sqrt{W_1})=2\ 400\ \text{km}$$

即飞机巡航结束时的重量

$$W_1=50\ 635.2\ \text{N}$$

燃油量

$$W_f=W_0-W_1=29\ 708.7\ \text{N}$$

(2)逆风影响

$$\Delta R_w=-\frac{E}{c}V_w\ln\frac{W_0}{W_1}$$

$$=-\frac{0.333\ 3}{0.026\ 67\times 1.3}\times 10\times\ln\frac{80\ 343.9}{50\ 635.2}\times\frac{3\ 600}{1\ 000}\ \text{km}=-159.8\ \text{km}$$

(3)最大航时

$$t_{\max}=\frac{1}{c}E_m\ln\frac{W_0}{W_1}$$

$$=\frac{3\ 600}{1.3}\times 14.43\times\ln\frac{80\ 343.9}{W_1}=18\ 000\ \text{s}$$

巡航结束时的重量

$$W_1=51\ 206.5\ \text{N}$$

燃油量

$$W_f=W_0-W_1=29\ 137.4\ \text{N}$$

例 2-7　某螺旋桨飞机重量 $W=50\ 000$ N，机翼面积 $S=30\ \text{m}^2$。在海平面处，活塞式发动机可产生 840 kW 的功率，螺旋桨的推进效率 $\eta_p=0.85$，飞机的阻力极曲线为 $C_D=0.025+0.05C_L^2$，最大升力系数 $C_{L,\max}=1.6$，耗油率 $c=3.0$ N/(kW·h)，燃油量为 10 000 N。试计算该飞机在 $H=3\ 000$ m($\sigma=0.742\ 3$)高度处的最大航程与航时。

解　最大升阻比

$$E_m=\frac{1}{2\sqrt{kC_{D_0}}}=\frac{1}{2\sqrt{0.025\times 0.05}}=14.1$$

最大航程

$$R_{\max}=\frac{\eta_{\mathrm{p}}}{c}E_{\mathrm{m}}\ln\frac{W_0}{W_1}$$

$$=\frac{0.85}{3}\times 14.14\times\ln\frac{50\ 000}{40\ 000}\times 1\ 000\times 3\ 600\ \mathrm{km}=3\ 218\ \mathrm{km}$$

对于等高巡航，巡航开始时的速度

$$V_{\mathrm{R0}}=\sqrt{\frac{2W_0}{\rho S}}\sqrt[4]{\frac{k}{C_{D_0}}}=60.56\times 1.189\ \mathrm{m/s}=72\ \mathrm{m/s}$$

巡航结束时的速度

$$V_{\mathrm{R1}}=\sqrt{\frac{2W_1}{\rho S}}\sqrt[4]{\frac{k}{C_{D_0}}}=54.16\times 1.189\ \mathrm{m/s}=64.4\ \mathrm{m/s}$$

$$\left(\frac{C_L^{3/2}}{C_D}\right)_{\max}=\frac{1}{4}\sqrt[4]{\frac{27}{k^3C_{D_0}}}=\frac{1}{4}\sqrt[4]{\frac{27}{0.05^3\times 0.025}}=13.55$$

最大航时

$$t_{\max}=\frac{2\eta_{\mathrm{p}}}{c}\left(\frac{C_L^{3/2}}{C_D}\right)_{\max}\sqrt{\frac{\rho S}{2}}\left(\sqrt{\frac{1}{W_1}}-\sqrt{\frac{1}{W_0}}\right)$$

$$=\frac{2\times 0.85\times 1\ 000}{3}\times 13.55\sqrt{\frac{0.909\times 30}{2}}\left(\sqrt{\frac{1}{40\ 000}}-\sqrt{\frac{1}{50\ 000}}\right)\ \mathrm{h}$$

$$=14.97\ \mathrm{h}$$

2.6　起飞/着陆

起飞与着陆并不是严格意义上的飞行阶段，但一次完整的飞行离不开起飞与着陆。

在起飞/着陆阶段，飞机的增升装置、起落架等会打开，使得飞机的构型及气动特性与空中飞行时不同，如图 2-38 所示。

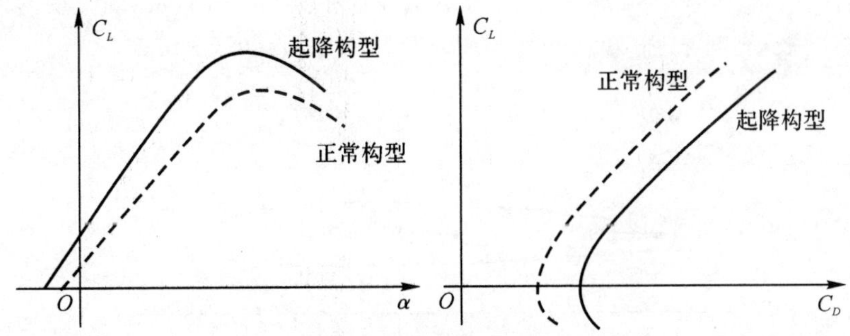

图 2-38　飞机起飞/着陆构型的气动特性变化

(a) 升力特性；(b) 升阻极曲线

事实上，飞机的起飞与着陆构型通常也不相同，尤其是具有复杂增升装置的大型飞机。通常着陆构型的襟翼偏角更大，相应的升、阻力均更大。

2.6.1 起飞

典型的起飞过程如下：飞机首先滑行至起飞线，驾驶员使用全刹车并将油门推至最大；然后驾驶员松开刹车，飞机以最大发动机推力或功率开始加速滑跑；当速度达到 0.6～0.8 倍离地速度时拉杆使飞机前轮抬起，以两轮继续加速滑跑；当加速至离地速度后，飞机离开地面，开始爬升直至达到障碍高度 h_{obst}。障碍高度为 50ft 或 35ft，取决于各国的规定。我国的民机障碍高度为 35ft，军机则为 50ft。

为简化计算，通常可以离地瞬间为分界点，将起飞过程分为地面加速滑跑和加速爬升至障碍高度两个阶段，如图 2-39 所示。其中，地面加速滑跑距离为 s_1，空中飞行阶段的距离为 s_2，二者之和即为飞机的起飞距离。

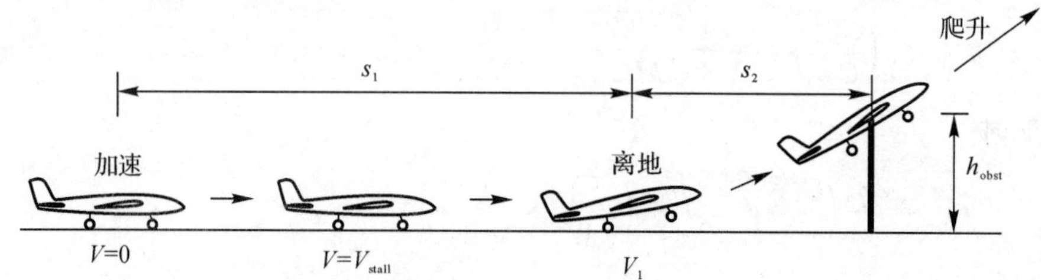

图 2-39　飞机起飞过程

起飞距离是起飞阶段的性能指标，为快速有效地完成飞行，起飞距离应尽可能短。

1.起飞阶段受力

地面滑跑阶段的飞机受力如图 2-40 所示，除了重力 W、升力 L、阻力 D 和推力 T 外，还有作用在起落架上的支反力 R 与摩擦力 f。

其中

$$R = R_n + R_m = W - L \tag{2-208}$$

$$f = \mu R = \mu(W - L) \tag{2-209}$$

式中：R_n 为前起落架(nose gear)的支反力；R_m 为主起落架(main gear)的支反力；μ 为机轮与跑道间的摩擦因数，无刹车时，$\mu = 0.03 \sim 0.04$，有刹车时，$\mu = 0.2 \sim 0.3$。

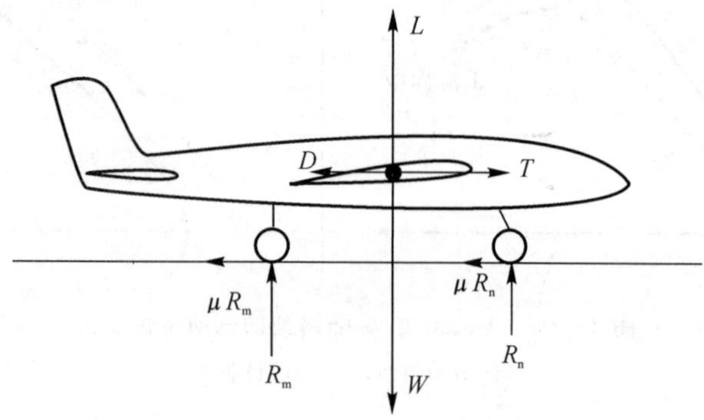

图 2-40　地面滑跑阶段的飞机受力

飞机的轴向力

$$F_a = T - D - \mu(W - L) \tag{2-210}$$

式中：升力 L 与阻力 D 均随 V^2 线性增加；由于起飞过程很短，重力 W 可视为常量，因此摩擦力 f 随 V^2 线性减小；无论是喷气式飞机还是螺旋桨飞机，地面滑跑阶段的总阻力均随 V^2 线性增加，如图 2-41 所示。

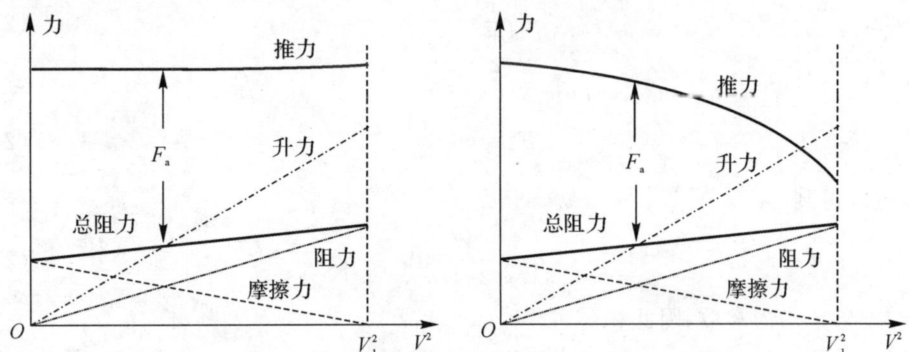

图 2-41　地面滑跑阶段力随速度变化曲线

(a) 喷气式飞机；(b) 螺旋桨飞机

对于喷气式飞机，发动机推力几乎不随速度变化，因此其轴向力随 V^2 缓慢线性减小。对于螺旋桨飞机，发动机推力随速度增加而减小，因此轴向力随 V^2 迅速非线性减小。

这里以喷气式飞机为例，对起飞距离和起飞时间的计算方法进行介绍。

2. 地面滑跑阶段

对于喷气式飞机，地面滑跑阶段的轴向力随速度二次方线性变化，因此有

$$\frac{F_a - F_0}{V^2 - 0} = \frac{F_1 - F_0}{V_1^2 - 0} \tag{2-211}$$

地面滑跑阶段任意速度下的轴向力

$$F_a = F_0 + \frac{F_1 - F_0}{V_1^2} V^2 \tag{2-212}$$

式中：F_0 为起飞起始点的轴向力；F_1 为离地点的轴向力。

起始点的 $V=0$，气动力为 0，因此

$$F_0 = T - \mu W \tag{2-213}$$

离地点的 $L=W$，起落架的支反力与摩擦力均为 0，因此

$$F_1 = T - D \tag{2-214}$$

通常离地速度为失速速度的 1.2 倍，即

$$V_1 = 1.2 V_{\text{stall}} \tag{2-215}$$

而失速速度可由最大升力系数确定，即

$$V_{\text{stall}} = \sqrt{\frac{2W}{\rho S C_{L,\max}}} \tag{2-216}$$

令 s 为起飞阶段的轴向距离，在地面滑跑阶段有

$$F_a = m \frac{\mathrm{d}V}{\mathrm{d}t} \tag{2-217}$$

而速度

$$V=\frac{\mathrm{d}s}{\mathrm{d}t} \tag{2-218}$$

由上式可以得到

$$\frac{1}{\mathrm{d}t}=\frac{V}{\mathrm{d}s} \tag{2-219}$$

代入式(2-217),有

$$F_{\mathrm{a}}=mV\frac{\mathrm{d}V}{\mathrm{d}s} \tag{2-220}$$

由此可以得到

$$\mathrm{d}s=\frac{W}{2gF_{\mathrm{a}}}\mathrm{d}V^2 \tag{2-221}$$

由于 W 与 g 均为常数,因此积分可得

$$s=\frac{W}{2g}\int_0^{V_1}\frac{1}{F_{\mathrm{a}}}\mathrm{d}V^2 \tag{2-222}$$

将式(2-212)中的地面滑跑阶段轴向力代入,可以得到地面滑跑距离

$$s_1=\frac{W}{2g}\frac{V_1^2}{F_0-F_1}\ln\frac{F_0}{F_1} \tag{2-223}$$

由式(2-217)可以得到

$$\mathrm{d}t=\frac{W}{gF_{\mathrm{a}}}\mathrm{d}V \tag{2-224}$$

令 $a=F_0$,$b=(F_1-F_0)/V_1^2$,即将轴向力表示成 $F_{\mathrm{a}}=a+bV^2$ 形式,则有

$$\mathrm{d}t=\frac{W}{g(a+bV^2)}\mathrm{d}V \tag{2-225}$$

积分可以得到地面滑跑时间

$$t_1=\int_0^{V_1}\frac{W}{g(a+bV^2)}\mathrm{d}V=\begin{cases}\dfrac{W}{g\sqrt{ab}}\arctan\sqrt{\dfrac{b}{a}}V_1, & b>0\\[2ex] \dfrac{W}{g\sqrt{a\,|\,b\,|}}\ln\dfrac{\sqrt{a}+\sqrt{|b|}V_1}{\sqrt{a}-\sqrt{|b|}V_1}, & b<0\end{cases} \tag{2-226}$$

为缩短地面滑跑距离,应使净加速度尽可能大,即在飞机重量一定的情况下,轴向力应尽可能大。

可通过调整迎角、减小阻力来优化起飞性能,将式(2-210)关于 C_L 求导,可得

$$\frac{\mathrm{d}F_{\mathrm{a}}}{\mathrm{d}C_L}=-\frac{\mathrm{d}D}{\mathrm{d}C_L}+\mu\frac{\mathrm{d}L}{\mathrm{d}C_L} \tag{2-227}$$

式中:$D=q_{\mathrm{c}}S(C_{D_0}+kC_L^2)$,$L=q_{\mathrm{c}}SC_L$,因此

$$\frac{\mathrm{d}F_{\mathrm{a}}}{\mathrm{d}C_L}=-2q_{\mathrm{c}}SkC_L+\mu q_{\mathrm{c}}S \tag{2-228}$$

该导数为 0 时,轴向力最大,起飞滑跑距离最短。

起飞滑跑距离最短对应的升力系数为

$$C_L^* = \frac{\mu}{2k} \tag{2-229}$$

由 C_L^* 可以得到最优起飞距离

$$s_{1,\min} = \frac{W}{2g}\left(\frac{V_1^2}{F_0 - F_1^*}\right)\ln\frac{F_0}{F_1^*} \tag{2-230}$$

式中：$F_1^* = T - q_c S(C_{D_0} + kC_L^{*2})$。

上述结果是在滑跑过程中无风的前提下得到的，如果有风的存在，地面滑跑距离 s_1 和起飞时间 t_1 均会发生明显变化。其中，离地速度指的是空速，逆风时空速等于地速与风速之和，显然有利于起飞。此外，下坡时与加速度同方向的重力分量相当于增加了推力，对起飞同样有利。

3. 空中飞行阶段

飞机从离地瞬间到爬升至障碍高度的时间很短，因此可近似认为速度 V 为常数。假设爬升角为 γ，则轴向速度 $\dot{x} = V\cos\gamma$，垂直速度 $\dot{h} = V\sin\gamma$，因此

$$\frac{\mathrm{d}x/\mathrm{d}t}{\mathrm{d}h/\mathrm{d}t} = \frac{V\cos\gamma}{V\sin\gamma} \tag{2-231}$$

$$\mathrm{d}x = \frac{1}{\tan\gamma}\mathrm{d}h \tag{2-232}$$

由 $h = h_{\text{obst}}$ 可得到空中飞行阶段的距离

$$s_2 = \frac{h_{\text{obst}}}{\tan\gamma} \tag{2-233}$$

飞行时间

$$t_2 = \frac{s_2}{V_1\cos\gamma} \tag{2-234}$$

4. 决策速度与平衡场长

如果发动机在起飞滑跑时发生故障，那么飞行员需要根据飞机的速度是否超过某一临界速度，判断飞机是应该中断起飞还是继续起飞，这个临界速度被称为决策速度 V_{cr}。

对于多发飞机，如果在低于决策速度时发动机发生故障，飞机应中断起飞，此时还有足够的跑道长度让飞机停止在跑道范围内；如果发现发动机故障时飞机已超过决策速度，由于剩余的跑道长度不足以使飞机安全停下，飞机应继续起飞。一旦升空，飞行员需要对飞机特性和故障的严重程度进行评估，进而采取合理的避险措施。

如果飞机是在 $V = V_{\text{cr}}$ 时检测到发动机故障，则既可以继续起飞，也可以中断起飞，此时继续起飞的距离与中断起飞至飞机完全停止所需距离相等，这个距离被称为平衡场长。

如图 2-42 所示，平衡场长由两部分组成：飞机以全部发动机工作加速到决策速度所需要的距离 A 和由决策速度减速至飞机停止或部分发动机加速至起飞所需要的距离 B。

对于多发飞机，飞机的决策速度应大于安全速度，也就是飞机能够通过各种操纵克服不对称推力产生的偏航力矩，使飞机能沿跑道起飞的最小速度，否则飞机既无法在剩余跑道完全刹住，也无法使飞机沿跑道继续起飞。

对于单发飞机，由于发动机故障后将丧失动力，无法继续起飞，因此如果发现故障时的飞

机速度大于决策速度，应使用弹射装置脱离飞机。单发飞机的决策速度应大于张伞速度，否则飞机既不能在剩余跑道完全刹住，弹射也无法完成。

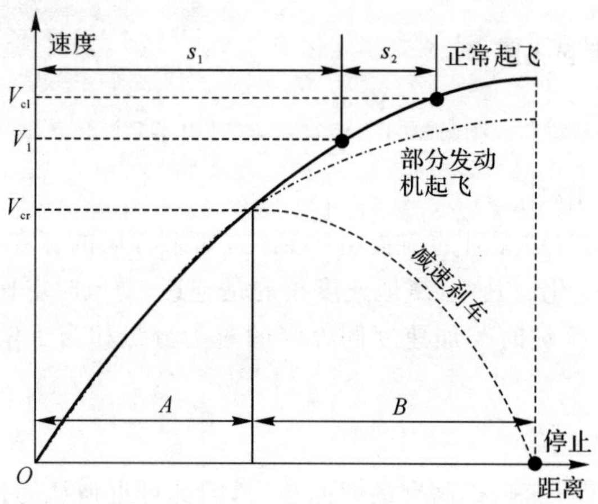

图 2-42　平衡场长示意图

例 2-8　某喷气式飞机重量 $W=50\ 000$ N，发动机推力 $T=14\ 500$ N，机翼面积 $S=30$ m^2，阻力极曲线 $C_D=0.02+0.04C_L^2$，$C_{L,\max}=1.2$。假设障碍高度为 15 m，$\mu=0.05$，试计算海平面高度起飞的总起飞距离与时间。

解　失速速度

$$V_{\text{stall}}=\sqrt{\frac{2W}{\rho SC_{L,\max}}}=\sqrt{\frac{2\times 50\ 000}{1.225\times 30\times 1.2}}\ \text{m/s}=47.62\ \text{m/s}$$

离地速度

$$V_1=1.2V_{\text{stall}}=57.14\ \text{m/s}$$

最佳升力系数

$$C_L=\frac{\mu}{2k}=\frac{0.05}{2\times 0.04}=0.625$$

相应的阻力系数

$$C_D=0.02+0.04C_L^2=0.035\ 6$$

起飞起点轴向力

$$F_0=T-\mu W=(14\ 500-0.05\times 50\ 000)\ \text{N}=12\ 000\ \text{N}$$

离地瞬间轴向力

$$F_1=T-D$$
$$=(14\ 500-0.5\times 1.225\times 57.14^2\times 30\times 0.035\ 6)\ \text{N}=12\ 362\ \text{N}$$

地面滑跑距离

$$s_1=\frac{W}{2g}\frac{V_1^2}{F_0-F_1}\ln\frac{F_0}{F_1}$$
$$=\left(\frac{50\ 000}{2\times 9.81}\times\frac{57.13^2}{12\ 000-12362}\times\ln\frac{12\ 000}{12\ 362}\right)\text{m}=684.1\ \text{m}$$

地面滑跑时间

$$t_1=\frac{W}{g\sqrt{ab}}\arctan\sqrt{\frac{b}{a}}V_1$$

$$a=F_0=12\ 000$$

$$b=\frac{F_1-F_0}{V_1^2}=0.111$$

$$t_1=\left(\frac{50\ 000}{9.81\times 36.49}\arctan 0.003\ 04\times 57.14\right)\ \mathrm{s}=24.27\ \mathrm{s}$$

离地爬升至障碍高度段的爬升角

$$\gamma=\arcsin\left(\frac{T-D}{W}\right)_{V=V_1}=\arcsin\ 0.247\ 2=14.31^{\circ}$$

距离

$$s_2=\frac{h_{\mathrm{obst}}}{\tan\gamma}=58.8\ \mathrm{m}$$

爬升时间

$$t_2=\frac{s_2}{V_1\cos\gamma}=1.06\ \mathrm{s}$$

总起飞距离和时间分别为

$$s=s_1+s_2=742.9\ \mathrm{m}$$

$$t=t_1+t_2=25.03\ \mathrm{s}$$

2.6.2　着陆

着陆是指飞机从飞越障碍高度到在跑道上完全静止的过程。

如图 2－43 所示，典型的着陆过程包括以下几部分：首先，从障碍高度以慢车工作状态和恒定下滑角 γ 定常下滑接近跑道，下滑角通常为 $2.5^{\circ}\sim 3^{\circ}$；然后，拉平飞机进入水平飞行，并平飞减速直到升力不足以平衡重力；接地，并减速至飞机完全静止。

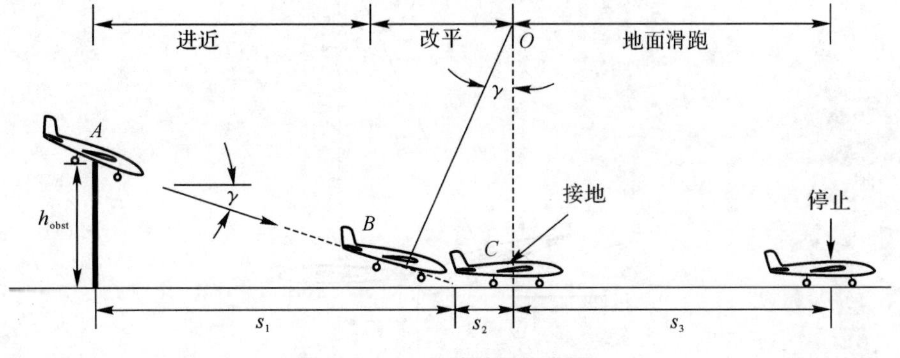

图 2－43　着陆过程示意图

着陆距离为空中直线段距离 s_1、拉平段距离 s_2 及地面滑跑段距离 s_3 之和。着陆距离是着陆阶段的性能指标，与起飞一样，着陆距离也应尽可能短。

1. 空中直线段

从障碍高度下滑至接近跑道的时间很短，可以假设速度不变，而下滑角恒定，因此由图 2－44 可以确定该阶段的着陆距离

$$s_1 = \frac{h_{\text{obst}}}{\tan\gamma} \tag{2-235}$$

和时间

$$t_1 = \frac{s_1}{V_A} \tag{2-236}$$

式中：$V_A = 1.3V_{\text{stall}}$ 为进近速度。

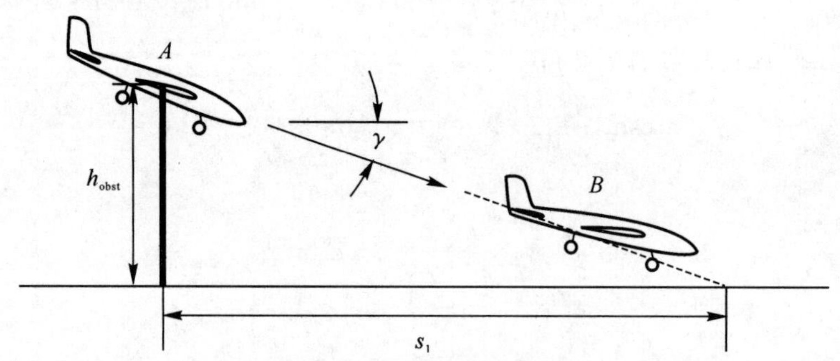

图 2-44　空中直线段示意图

2. 拉平段

如图 2-45 所示，拉平段的下滑角由 γ 减为 0。

拉平段时间很短，因此可假设飞机速度不变，因此有

$$T - D - W\sin\gamma = 0 \tag{2-237}$$

$$L - W\cos\gamma = \frac{W}{g}\frac{V^2}{R} \tag{2-238}$$

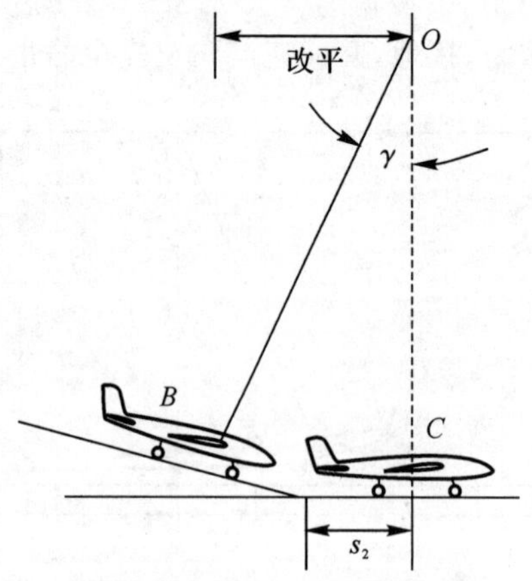

图 2-45　拉平段示意图

由于 γ 很小，因此 $\cos\gamma \approx 1$，可以得到

$$\sin\gamma = \frac{T - D}{W} \tag{2-239}$$

$$R = \frac{V^2 W}{g(L - W)} \tag{2-240}$$

假设 $V=V_A, C_L=C_{L,\max}$，因此升力

$$L=\frac{1}{2}\rho(1.3V_{\text{stall}})^2 SC_{L,\max}=1.69W \tag{2-241}$$

拉平段飞机的轨迹半径

$$R=\frac{V_A^2}{0.69g} \tag{2-242}$$

拉平段的水平距离

$$s_2\approx\frac{1}{2}R\gamma=\frac{1}{2}\frac{V_A^2}{0.69g}\gamma \tag{2-243}$$

3. 地面滑跑段

地面滑跑段为纯减速运动，此阶段的受力如图 2-46 所示。

飞机的轴向力

$$F_a=T_R+D+\mu(W-L) \tag{2-244}$$

式中：T_R 为反推力。

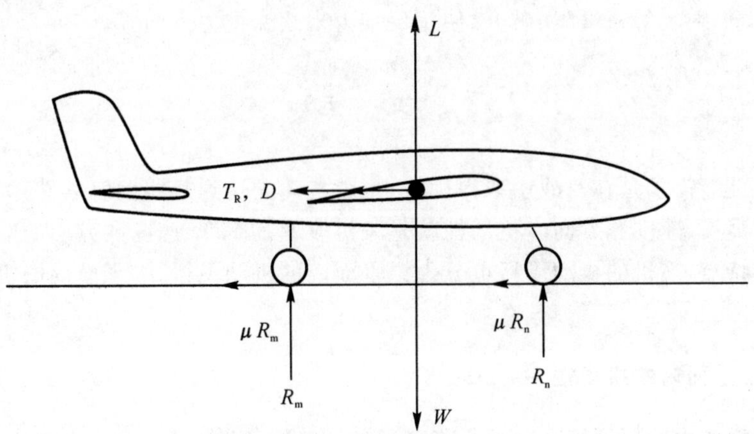

图 2-46　着陆滑跑段的受力示意图

由式(2-218)、式(2-219)可知

$$\frac{W}{g}V\frac{\mathrm{d}V}{\mathrm{d}s}=-F_a \tag{2-245}$$

$$\frac{W}{2g}\frac{\mathrm{d}V^2}{\mathrm{d}s}=-F_a \tag{2-246}$$

由此可以得到

$$\mathrm{d}s=-\frac{W}{2gF_a}\mathrm{d}V^2 \tag{2-247}$$

积分可得

$$\int_0^{s_3}\mathrm{d}s=-\frac{W}{2g}\int_{V_1}^0\frac{\mathrm{d}V^2}{F_0+(F_1-F_0)V^2/V_1^2} \tag{2-248}$$

地面滑跑段的距离

$$s_3=\frac{W}{2g}\frac{V_1^2}{F_1-F_0}\ln\frac{F_1}{F_0} \tag{2-249}$$

式中：$F_1=T_R+D$ 为接地点的轴向力；$F_0=T_R+\mu W$ 为停止点的轴向力。

4.刹车

与起飞阶段相比，着陆阶段还需要考虑动能的耗散问题。从接地到完全停止，飞机需耗散掉的动能

$$E=\frac{1}{2}mV^2 \tag{2-250}$$

对于大型飞机，由于质量大、接地速度高，该动能非常可观。

现代飞机的刹车由数个固定在机轮上的动盘(rotors)和相应数量固定在起落架支柱上的定盘(stators)组成。刹车时，通过液压驱动的定盘夹紧动盘，产生制动力，将飞机的动能转换为刹车系统的热能。

如果着陆阶段只采用刹车减速，刹车所吸收的热能将非常高。因此着陆阶段除刹车外，还应采用多种措施来缩短滑跑距离，如使用增升装置来降低接地速度、增加气动阻力，使用扰流板、减速板或上偏鸭翼等来增阻、破升，使用反推力来改变推力方向等。

2.7 机 动 性

战斗机的性能需求是在空战中取得优势，也就是率先达到武器发射条件，为此需要飞机能够快速改变其高度、速度和方向。机动性就是飞机改变其高度、速度和方向的能力。

按照航迹特点，飞机的机动飞行可分为铅垂面内的机动飞行、水平面内的机动飞行和空间机动飞行。

2.7.1 铅垂面内的机动性

飞机在铅垂面内的典型机动包括平飞加减速、跃升、俯冲和筋斗等，如图 2-47 所示。

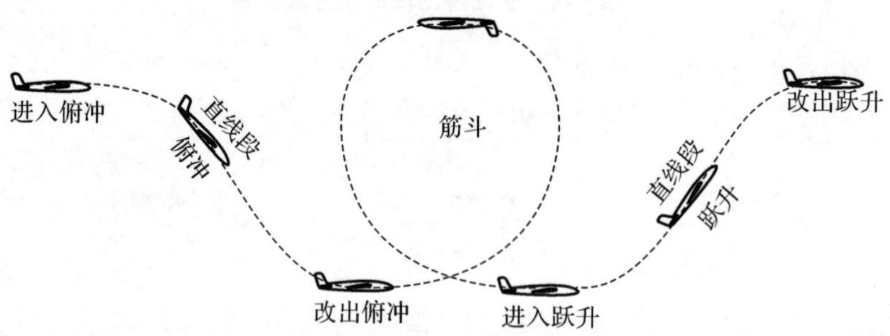

图 2-47 典型铅垂面机动示意图

平飞加减速是飞机改变速度的机动；跃升和俯冲是同时改变高度和速度的机动，前者是将动能转化为势能，后者则是将势能转化为动能；筋斗可视为进入跃升、倒飞和改出俯冲的组合。

1.平飞加减速

平飞加减速是飞机改变速度的能力，平飞时增加或减小一定速度所需时间越短，则速度机

动性越好。对于亚声速飞机，一般采用由 $0.7V_{max}$ 加速到 $0.97V_{max}$ 的时间作为加速性能指标，由 V_{max} 减速到 $0.7V_{max}$ 的时间作为减速性能指标。对于超声速飞机，则可用巡航速度与最大使用速度($0.95V_{max}$)之间的加减速时间作为指标。

平飞加减速飞行时，飞机的升力等于重力，其运动方程为

$$L=mg \tag{2-251}$$

$$\frac{\mathrm{d}V}{\mathrm{d}t}=\frac{T-D}{m} \tag{2-252}$$

显然，飞机的加速度取决于剩余推力的大小与方向。当 $T>D$ 时，飞机加速，要提高加速性能，应尽量增大剩余推力和减小重量，因此推重比大、升阻比高的飞机加速性能好；反之，当 $T<D$ 时，飞机减速，要使减速性能好，应尽可能减小剩余推力，除尽量收小油门外，常采用减速板以增加飞机的阻力。

由式(2-252)可得

$$\mathrm{d}t=\frac{m}{T-D}\mathrm{d}V \tag{2-253}$$

积分可以得到由初始速度 V_i 到最终速度 V_f 的时间

$$t=\int_{V_i}^{V_f}\frac{m}{T-D}\mathrm{d}V \tag{2-254}$$

从航迹角度来说，有

$$\mathrm{d}L=V\mathrm{d}t=\frac{mV}{T-D}\mathrm{d}V \tag{2-255}$$

由速度 V_i 到 V_f 的飞行距离为

$$L=\int_{V_i}^{V_f}\frac{mV}{T-D}\mathrm{d}V \tag{2-256}$$

式(2-254)与式(2-256)中的加减速时间与距离可以通过图解积分法确定：首先根据飞机的推力与阻力计算给定高度下的最大平飞速度，确定 V_i 与 V_f；然后绘制 $m/(T-D)$ 及 $mV/(T-D)$ 关于 V 的曲线，如图 2-48 所示；最后根据曲线或数值计算 V_i 到 V_f 的面积。

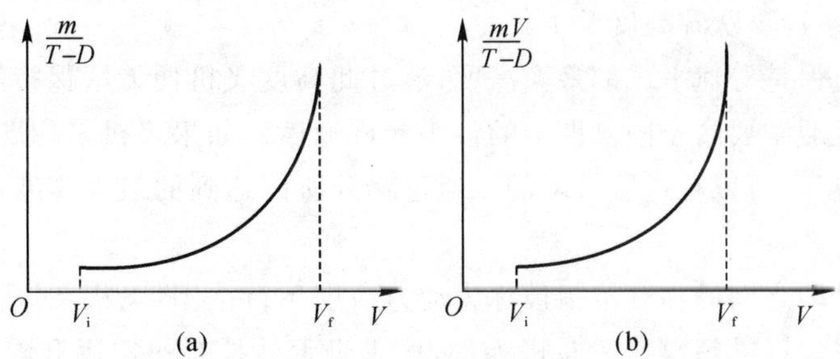

图 2-48　平飞加减速性能图解积分法示意图

(a)时间；(b)距离

2. 跃升

跃升是将飞机的动能转化为势能，迅速取得高度优势的机动，其性能的好坏由跃升所增加的高度 ΔH 和完成跃升需要的时间衡量。在给定初始高度与速度情况下，飞机通过跃升获得的高度增量 ΔH 越大、完成跃升需要的时间越短，跃升性能越好。

假设飞机在高度 H_i 上以速度 V_i 作水平飞行，驾驶员拉杆后，飞机进入跃升，然后推杆改出，到另一高度 H_f 以速度 V_f 平飞。假设跃升过程中发动机推力和阻力基本相等，升力始终与运动轨迹垂直，因此跃升时只有重力做功。由式(2-154)可以得到进入跃升和改出跃升时飞机的机械能，分别为 E_i 和 E_f：

$$E_i = mgH_i + \frac{1}{2}mV_i^2 \tag{2-257}$$

$$E_f = mgH_f + \frac{1}{2}mV_f^2 \tag{2-258}$$

根据能量守恒定律，$E_i = E_f$，因此

$$\Delta H = H_f - H_i = \frac{1}{2g}(V_i^2 - V_f^2) \tag{2-259}$$

可以看出，进入跃升时的速度 V_i 越大、改出跃升时的速度 V_f 越小，跃升的高度增量 ΔH 越大。其中，V_i 受高度 H_i 上的最大平飞速度 $V_{i,\max}$ 限制，V_f 受高度 H_f 上的最小平飞速度 $V_{f,\min}$ 限制，因此飞机从高度 H_i 开始跃升所能达到的最大高度为

$$H_{f,\max} = H_i + \frac{1}{2g}(V_{i,\max}^2 - V_{f,\min}^2) \tag{2-260}$$

由于最小速度

$$V_{f,\min} = \sqrt{\frac{2W}{\rho S C_{L,\max}}} \tag{2-261}$$

取决于待求高度 H_f 上的空气密度 ρ 和最大升力系数 $C_{L,\max}$，因此最大高度 $H_{f,\max}$ 不能通过式(2-260)直接求取，需要采用迭代的方式求解：

(1)先预估一个 $V_{f,\min0}$，由式(2-260)计算 $H_{f,\max1}$；

(2)由 $H_{f,\max1}$ 和 $V_{f,\min0}$ 确定最大升力系数 $C_{L,\max1}$；

(3)由 $H_{f,\max1}$ 和 $C_{L,\max1}$ 确定新的最小速度 $V_{f,\min1}$；

(4)利用 $V_{f,\min1}$ 重复步骤(1)～(3)，直到 $V_{f,\min}$ 收敛；

(5)用此 $V_{f,\min1}$ 计算跃升高度及 $H_{f,\max}$。

静升限是飞机保持等速平飞的最大高度，超过此高度飞机便无法保持等速平飞。但飞机在静升限处的速度通常要高于同高度下的最小允许速度。如果飞机采用跃升动作，将动能转化为势能，则其高度是可以超过静升限的。通过跃升所能达到的最大高度被称为该飞机的动升限。

动升限与静升限之间的高度范围被称为动力高度飞行范围，飞机在该范围内可以保持一定时间的减速平飞。以某超声速战斗机为例，该飞机无外挂时的实用升限为 19 500 m，如果驾驶员在 13 500 m 高度以 $Ma = 2.05$ 进行跃升，其高度可达 23 000 m。

3. 俯冲

俯冲是飞机用势能换动能，迅速降低高度而增加速度的机动，按航迹变化可分为进入俯冲段、直线俯冲段和改出俯冲段三部分。对于俯冲，一方面要求有较好的直线俯冲加速性能，一方面要求改出俯冲时不应有太大的高度损失。

飞机在直线俯冲段的受力情况如图 2-49 所示，其沿航迹切向和法向的运动方程为

$$m\frac{\mathrm{d}V}{\mathrm{d}t}=T-D-W\sin\gamma \tag{2-262}$$

$$L=W\cos\gamma \tag{2-263}$$

式中：飞机的航迹角 γ 为负值，因此 $-W\sin\gamma$ 为正。

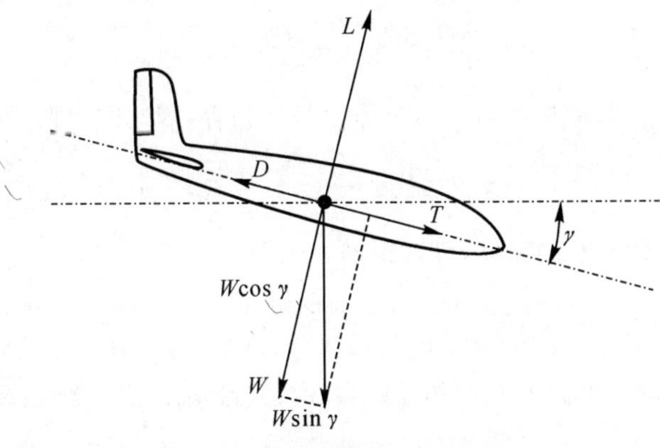

图 2-49　直线俯冲段受力图

当 $T-W\sin\gamma>D$ 时，飞机作加速俯冲。直线俯冲过程中，空气密度 ρ 随着高度的降低而增大，因此发动机推力 T 有所增大，但阻力 D 则由于速度 V 与密度 ρ 均增加而增速更快。因此，在发动机不变的情况下，俯冲加速度是随俯冲速度增大而减小的。俯冲加速度为 0 时的速度被称为飞机的俯冲极限速度，即

$$V_{\mathrm{dl}}=\sqrt{\frac{2(T-mg\sin\gamma)}{C_D\rho S}} \tag{2-264}$$

由于俯冲过程中动压不断增大，为保持直线俯冲必须使升力系数 C_L 或迎角 α 随着动压的增大而不断减小。

改出俯冲过程中，飞机的受力如图 2-50 所示，此时沿航迹切向和法向的运动方程为

$$m\frac{\mathrm{d}V}{\mathrm{d}t}=T-D-W\sin\gamma \tag{2-265}$$

$$\frac{\mathrm{d}\gamma}{\mathrm{d}t}=\frac{g}{V}(n_z-\cos\gamma) \tag{2-266}$$

为改出俯冲，驾驶员应拉杆增大迎角以获得较大过载，使航迹向上弯曲。在改出俯冲过程中，过载大致保持不变；当航迹接近水平时，驾驶员再减小迎角，使飞机转为水平飞行。改出俯冲是一种非定常曲线运动，飞机的速度、高度和迎角都是变化的。

在改出俯冲过程中，发动机推力与阻力基本相等，则式(2-265)可简化为

$$\frac{\mathrm{d}V}{\mathrm{d}t}=-g\sin\gamma \tag{2-267}$$

将式(2-266)与式(2-267)联立，可以得到

$$\frac{\mathrm{d}V}{\mathrm{d}\gamma}=-\frac{V\sin\gamma}{n_z-\cos\gamma} \tag{2-268}$$

或

$$\frac{\mathrm{d}V}{V}=-\frac{\sin\gamma}{n_z-\cos\gamma}\mathrm{d}\gamma \tag{2-269}$$

若改出俯冲阶段的初始速度与航迹角分别为 V_i 和 γ_i，结束速度与航迹角分别为 V_f 和 0，并假设改出俯冲过程中 n_z 为常数，则积分可得

$$\ln\frac{V_f}{V_i}=\ln\left(\frac{n_z-\cos\gamma_i}{n_z-1}\right) \tag{2-270}$$

$$V_f=\frac{n_z-\cos\gamma_i}{n_z-1}V_i \tag{2-271}$$

由于改出俯冲过程中发动机推力与飞机阻力基本相等，因此改出俯冲时的高度损失为

$$\Delta H=\frac{V_f^2-V_i^2}{2g} \tag{2-272}$$

将式(2-271)与式(2-272)联立，可以得到

$$\Delta H=\frac{V_i^2}{2g}\left[\left(\frac{n_z-\cos\gamma_i}{n_z-1}\right)^2-1\right] \tag{2-273}$$

可以看出，只要知道改出俯冲时的初始速度 V_i、航迹角 γ_i 及平均过载 n_z，就能确定改出俯冲时的高度损失。

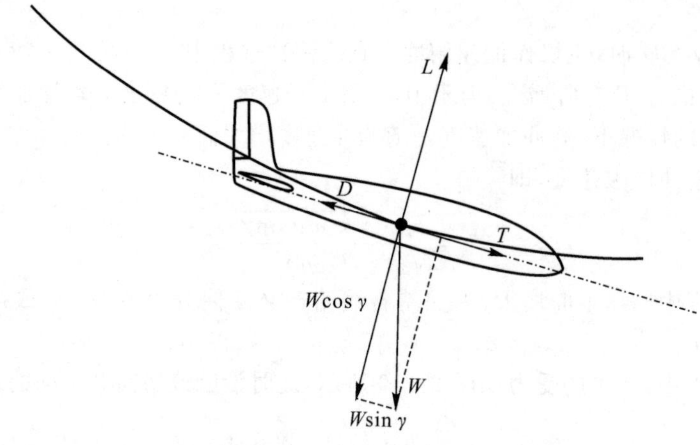

图 2-50　改出俯冲阶段的受力示意图

4. 机动飞行时驾驶员的感觉

飞机在平飞时，升力等于重力，驾驶员感受到的重量就是自身重量。当飞机以过载 n_z 作曲线飞行时，驾驶员会感受到一个其本身重量 n_z 倍的作用力。

当 $n_z>1$ 时，驾驶员会感受到“超重”，身体各部分均受到本身重量 n_z 倍的力，身体变重。体内血液会向下肢积聚，造成头部供血不足，驾驶员会产生所谓的“黑视”或“灰视”，失去对色彩的感知能力。若过载继续增加，驾驶员的视野会变得狭窄，甚至完全失去视觉。一般情况下，训练有素的驾驶员在有防护、坐姿正确的情况下，短时间内能承受的极限过载为 8～9。

当 $n_z<1$ 时，驾驶员会感受到“失重”，血液向头部流动，驾驶员会产生所谓的“红视”。驾驶员承受失重的能力远低于超重，通常能承受的极限负过载约为-3。实际飞行中，驾驶员会尽量避免负过载飞行，对于退出跃升或进入俯冲等可能失重的情况，驾驶员通常会采用倾斜或倒飞等方式。

2.7.2　水平面内的机动性

水平面内的机动主要是盘旋，即飞机连续改变飞行方向而保持高度不变的曲线运动。航向改变小于 360°的机动又常被称为转弯。

盘旋过程中，如果飞机的飞行速度、迎角、高度及侧滑角保持不变，则这种盘旋称为定常盘旋；如果这些运动参数随时间变化，则为非定常盘旋。其中，不带侧滑的定常盘旋被称为协调盘旋，其盘旋半径、盘旋角速度及盘旋一周的时间是衡量飞机方向机动能力的主要指标。

战斗机是为了消灭其他飞机而存在的，飞机自身可以仅视为一个将武器系统带到射击位置的武器平台。由图 2－51 可以看出，飞机的盘旋半径越小、盘旋一周的时间越短，越能先达到武器发射条件。

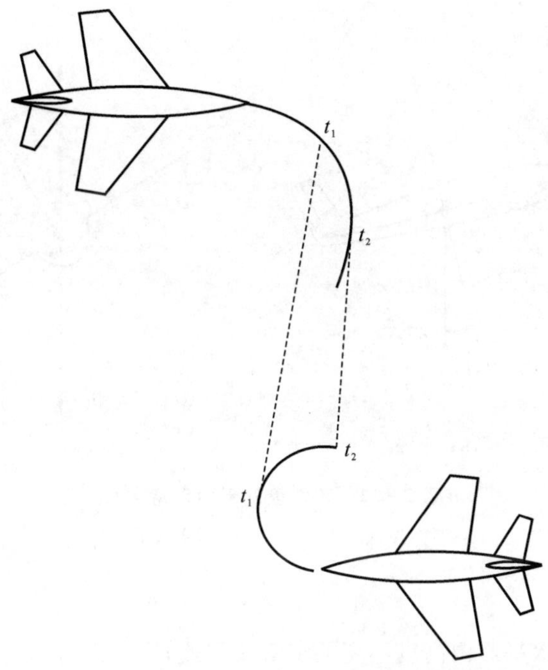

图 2－51　空战中盘旋性能示意图

1. 盘旋受力分析

如图 2－52 所示，盘旋时，飞机的受力除重力 W、升力 L、推力 T 和阻力 D 外，还有侧力 Y。

其中，飞机速度矢量与对称面的夹角为侧滑角 β，速度矢量与正北方向的夹角为航向角 ψ_s，而飞机对称面与正北方向的夹角为偏航角 ψ；飞机对称面与铅垂面的夹角为滚转角 ϕ，又常被称为坡度。

由图 2－52(b)(c)可以得到

$$L\cos\phi - W\cos\gamma = 0 \tag{2-274}$$

$$T\cos\beta - D - W\sin\gamma = 0 \tag{2-275}$$

$$T\sin\beta + L\sin\phi - \frac{WV^2\cos^2\gamma}{gR} = 0 \tag{2-276}$$

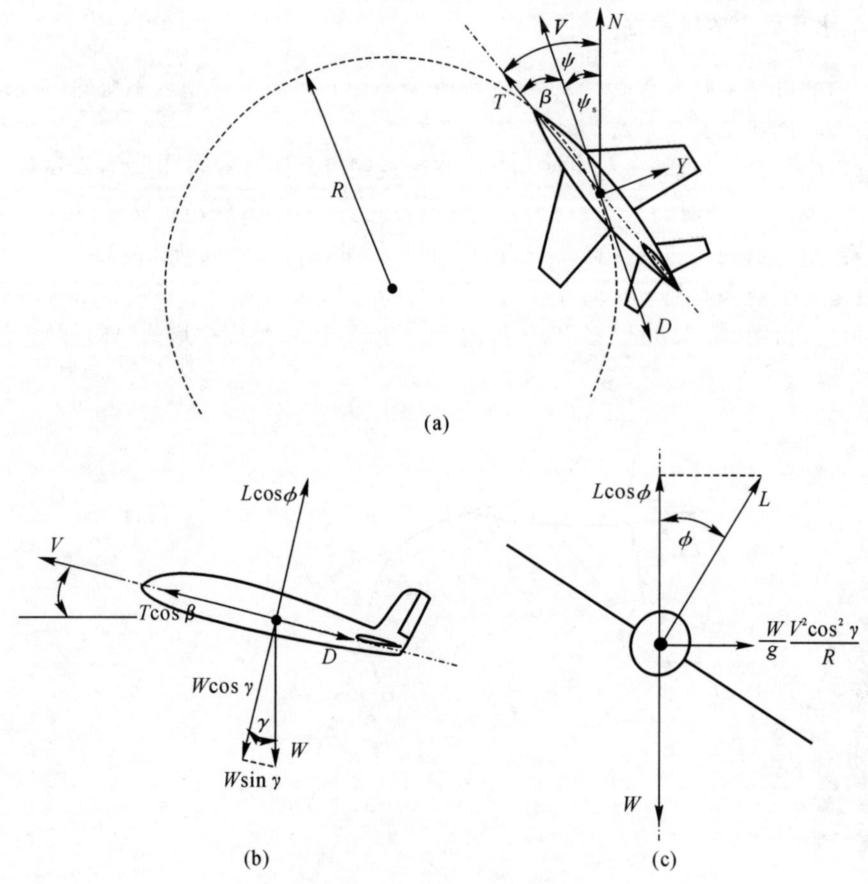

图 2-52　定常盘旋受力示意图

(a) 俯视图;(b) 侧视图;(c) 前视图

2.定常盘旋

定常盘旋是飞机在水平面内高度不变的定常或匀速转弯飞行,因此 $\gamma=0$。式(2-274)~式(2-276)可以简化为

$$L\cos\phi-W=0 \tag{2-277}$$

$$T\cos\beta-D=0 \tag{2-278}$$

$$T\sin\beta+L\sin\phi-\frac{WV^2}{gR}=0 \tag{2-279}$$

由式(2-277)可以得到

$$n_z=\frac{L}{W}=\frac{1}{\cos\phi} \tag{2-280}$$

由式(2-277)和式(2-279)可以得到

$$\tan\phi=\frac{V^2}{Rg}-\frac{T\sin\beta}{W} \tag{2-281}$$

由此可以得到飞机的定常盘旋半径

$$R=\frac{V^2}{g\left(\tan\phi+\frac{T\sin\beta}{W}\right)} \tag{2-282}$$

其中，飞机的速度可由过载确定，即

$$V=\sqrt{\frac{2n_z(W/S)}{\rho C_L}}=\sqrt{\frac{2(W/S)}{\rho C_L\cos\phi}} \tag{2-283}$$

将该速度代入式(2-282)可以得到定常盘旋半径

$$R=\frac{2n_z(W/S)}{\rho g C_L\left(\tan\phi+\frac{T\sin\beta}{W}\right)} \tag{2-284}$$

盘旋角速度

$$\begin{aligned}\omega=\frac{V}{R}&=\frac{g\left(\tan\phi+\frac{T\sin\beta}{W}\right)}{V}\\&=g\left(\tan\phi+\frac{T\sin\beta}{W}\right)\sqrt{\frac{\rho C_L}{2n(W/S)}}\end{aligned} \tag{2-285}$$

和盘旋一周的时间

$$t_{2\pi}=\frac{2\pi}{\omega}=\frac{2\pi}{g\left(\tan\phi+\frac{T\sin\beta}{W}\right)}\sqrt{\frac{2n_z(W/S)}{\rho C_L}} \tag{2-286}$$

3. 协调盘旋

侧滑为 0 的定常盘旋被称为协调盘旋。由 $\beta=0$ 可以得到

$$\tan\phi=\sqrt{n_z^2-1} \tag{2-287}$$

飞机的协调盘旋半径

$$R=\frac{V^2}{g\tan\phi}=\frac{V^2}{g\sqrt{n_z^2-1}} \tag{2-288}$$

协调盘旋角速度

$$\omega=\frac{V}{R}=\frac{g\sqrt{n_z^2-1}}{V} \tag{2-289}$$

协调盘旋一周的时间

$$t_{2\pi}=\frac{2\pi}{\omega}=\frac{2\pi V}{g\sqrt{n_z^2-1}} \tag{2-290}$$

可以看出，给定速度下，飞机的法向过载 n_z 越大，盘旋半径 R 越小、盘旋角速度 ω 越大，盘旋性能越好，这与铅垂面内的机动性是一致的。

这里将对 3 种特殊情况下的盘旋性能进行分析：ω 最大的持续盘旋，R 最小的持续急盘旋和 n_z 最大的最大过载盘旋。为简化表达式及分析过程，这里将采用无量纲参数。

对于喷气式飞机，

$$T=\frac{zW}{E_m} \tag{2-291}$$

$$D=\frac{W}{2E_m}\left(u^2+\frac{n_z^2}{u^2}\right) \tag{2-292}$$

由 $T=D$ 可以得到

$$\frac{zW}{E_{\mathrm{m}}}=\frac{W}{2E_{\mathrm{m}}}\left(u^2+\frac{n_z^2}{u^2}\right) \tag{2-293}$$

$$u^4-2zu^2+n_z^2=0 \tag{2-294}$$

由此可得到过载

$$n_z=\sqrt{2zu^2-u^4} \tag{2-295}$$

(1)最大持续盘旋速率。高度不变状态下的最大盘旋速度被称为最大持续盘旋速率(Maximum Sustained Turn Rate,MSTR)。

将式(2-295)代入式(2-289),可以得到

$$\omega=\frac{g\sqrt{2zu^2-u^4-1}}{uV_{\mathrm{R}}} \tag{2-296}$$

$$\left(\frac{\omega V_{\mathrm{R}}}{g}\right)^2=2z-u^2-\frac{1}{u^2} \tag{2-297}$$

将 ω 关于 u 求导,得

$$2\omega\left(\frac{V_{\mathrm{R}}}{g}\right)^2\frac{\mathrm{d}\omega}{\mathrm{d}u}=-2u+\frac{2}{u^3} \tag{2-298}$$

当 $u=1$ 时,$\mathrm{d}\omega/\mathrm{d}u=0$,$\omega$ 有最大值

$$\omega_{\max}=\frac{g\sqrt{2z-2}}{V_{\mathrm{R}}} \tag{2-299}$$

对应的法向过载

$$n_z=\sqrt{2z-1} \tag{2-300}$$

由诱导阻力与零升阻力之比

$$\frac{kC_L^2}{C_{D_0}}=\frac{n_z^2/u^2}{u^2}=\frac{n_z^2}{u^4}=n_z^2=2z-1 \tag{2-301}$$

可以得到对应的升力系数

$$C_L=\sqrt{\frac{(2z-1)C_{D_0}}{k}}=\sqrt{2z-1}\,C_L^* \tag{2-302}$$

飞行速度

$$V=V_{\mathrm{R}}=\sqrt{\frac{2W}{\rho S}}\sqrt[4]{\frac{k}{C_{D_0}}} \tag{2-303}$$

盘旋半径

$$R=\frac{V}{\omega}=\frac{2W}{\rho Sg}\sqrt{\frac{k}{2(z-1)C_{D_0}}} \tag{2-304}$$

(2)持续急盘旋。高度不变状态下的最小半径盘旋被称为持续急盘旋(Sharpest Sustained Turn,SST)。已知协调盘旋半径

$$R=\frac{V^2}{g\sqrt{n_z^2-1}} \tag{2-305}$$

由式(2-295)和 $V=uV_{\mathrm{R}}$ 可得

$$R=\frac{u^2V_{\mathrm{R}}^2}{g\sqrt{u^2(2z-u^2)-1}} \tag{2-306}$$

将 R 关于 u 求导，得

$$\frac{\mathrm{d}R}{\mathrm{d}u}=\frac{V_{\mathrm{R}}^{2}}{g}\frac{2u\sqrt{u^{2}(2z-u^{2})-1}-\dfrac{u^{2}(4zu-4u^{3})}{2\sqrt{u^{2}(2z-u^{2})-1}}}{u^{2}(2z-u^{2})-1} \tag{2-307}$$

当 $\mathrm{d}R/\mathrm{d}u=0$ 时 R 有最小值，即

$$2u\sqrt{u^{2}(2z-u^{2})-1}=\frac{u^{2}(4zu-4u^{3})}{2\sqrt{u^{2}(2z-u^{2})-1}} \tag{2-308}$$

$$zu^{2}=1 \tag{2-309}$$

$$u=\frac{1}{\sqrt{z}} \tag{2-310}$$

相应的，最小盘旋半径

$$R_{\min}=\frac{V_{\mathrm{R}}^{2}}{g\sqrt{z^{2}-1}} \tag{2-311}$$

盘旋速率

$$\omega=\frac{V}{R}=\frac{g}{V_{\mathrm{R}}}\sqrt{\frac{z^{2}-1}{z}} \tag{2-312}$$

飞行速度

$$V=\frac{1}{\sqrt{z}}V_{\mathrm{R}} \tag{2-313}$$

对应的过载

$$n_{z}=\frac{\sqrt{2z^{2}-1}}{z} \tag{2-314}$$

和升力系数

$$C_{L}=\sqrt{\frac{(2z^{2}-1)C_{D_{0}}}{k}} \tag{2-315}$$

(3)最大过载盘旋。将式(2-294)关于 u 求导，得

$$2n_{z}\frac{\mathrm{d}n_{z}}{\mathrm{d}u}=4u(z-u^{2}) \tag{2-316}$$

当 $\mathrm{d}n_{z}/\mathrm{d}u=0$ 时有最大过载，即

$$u=\sqrt{z} \tag{2-317}$$

相应的，法向过载

$$n_{z}=z \tag{2-318}$$

飞行速度

$$V=\sqrt{z}V_{\mathrm{R}}=\sqrt{\frac{TE_{\mathrm{m}}}{W}\frac{2W}{\rho S}\sqrt[4]{\frac{k}{C_{D_{0}}}}} \tag{2-319}$$

升力系数

$$C_{L}=\frac{2n_{z}W}{\rho V^{2}S}=\frac{2zW}{\rho SzV_{\mathrm{R}}^{2}}=\sqrt{\frac{C_{D_{0}}}{k}}=C_{L}^{*} \tag{2-320}$$

盘旋半径

$$R=\frac{zV_{\mathrm{R}}^{2}}{g\sqrt{z^{2}-1}} \tag{2-321}$$

和盘旋速率

$$\omega=\frac{V}{R}=\frac{g}{V_{\mathrm{R}}}\sqrt{\frac{z^{2}-1}{z}} \tag{2-322}$$

表 2-5 给出了喷气式飞机最大持续盘旋、持续急盘旋和最大过载盘旋三种盘旋方式所对应的性能参数。需要指出的是，表中这 3 种盘旋方式所对应性能参数，在 $n_z \leqslant n_{\lim}$ 及 $C_L \leqslant C_{L,\max}$ 的前提下才成立，否则飞机无法以上述参数进行盘旋。

表 2-5　喷气式飞机盘旋性能总结

盘旋方式	u	n_z	ω	R
最大持续盘旋	1	$\sqrt{2z-1}$	$\frac{g}{V_{\mathrm{R}}}\sqrt{2z-2}$	$\frac{V_{\mathrm{R}}^{2}}{g\sqrt{2z-2}}$
持续急盘旋	$\frac{1}{\sqrt{z}}$	$\frac{\sqrt{2z^{2}-1}}{z}$	$\frac{g}{V_{\mathrm{R}}}\sqrt{\frac{z^{2}-1}{z}}$	$\frac{V_{\mathrm{R}}^{2}}{g\sqrt{z^{2}-1}}$
最大过载盘旋	$\sqrt{z}$	z	$\frac{g}{V_{\mathrm{R}}}\sqrt{\frac{z^{2}-1}{z}}$	$\frac{zV_{\mathrm{R}}^{2}}{g\sqrt{z^{2}-1}}$

实际飞行中，侧滑角为 0°、高度有变化的盘旋被称为一般盘旋。

4. 一般盘旋

飞机在协调等高度盘旋中的最大盘旋速率为最大持续盘旋速率(MSTR)，如果允许飞机在盘旋时有高度损失，则飞机可利用势能变化获得更大的盘旋速率，该盘旋速率远高于 MSTR，被称为最大瞬态盘旋速率或最大可达盘旋速率(Maximum Attainable Turn Rate, MATR)。

MATR 对于近距空战中驾驶员获得率先指向目标的能力非常重要，是衡量战斗机空中优势最好的指标。由于飞机在做此机动时会伴随急剧的高度下降，因此在开始机动前需要有足够的高度储备。

对于一般盘旋，其侧滑角 $\beta=0°$，爬升角 $\gamma\neq 0°$，因此其运动方程为

$$T-D-W\sin\gamma=0 \tag{2-323}$$

$$L\cos\phi-W\cos\gamma=0 \tag{2-324}$$

$$L\sin\phi-\frac{WV^{2}\cos^{2}\gamma}{gR}=0 \tag{2-325}$$

对于一般盘旋，盘旋角速度

$$\omega=\frac{V\cos\gamma}{R} \tag{2-326}$$

可得

$$\sin\gamma=\frac{T-D}{W} \tag{2-327}$$

$$n_z=\frac{L}{W}=\frac{\cos\gamma}{\cos\phi} \tag{2-328}$$

$$\sin\phi=\frac{WV^2\cos^2\gamma}{gRL}=\frac{V^2\cos^2\gamma}{gRn_z} \tag{2-329}$$

$$\tan\phi=\frac{\sin\phi}{\cos\phi}=\frac{V^2\cos\gamma}{gR}=\frac{\sqrt{n_z^2-\cos^2\gamma}}{\cos\gamma} \tag{2-330}$$

由此可得到一般盘旋的半径

$$R=\frac{V^2\cos\gamma}{g\tan\phi}=\frac{V^2\cos^2\gamma}{g\sqrt{n_z^2-\cos^2\gamma}} \tag{2-331}$$

盘旋角速率

$$\omega=\frac{V\cos\gamma}{R}=\frac{g\sqrt{n_z^2-\cos^2\gamma}}{V\cos\gamma} \tag{2-332}$$

飞行速度

$$V=\sqrt{\frac{2n_zW}{\rho SC_L}}=\sqrt{\frac{2W\cos\gamma}{\rho SC_L\cos\phi}} \tag{2-333}$$

可以看出，对于给定推力 T 和气动效率 E_m，在气动力极限与结构极限范围内，盘旋性能随过载和升力系数的提高而提高。

假设爬升角 γ 很小，盘旋角速率 ω 随速度 V 在不同过载 n_z 下的变化曲线如图 2-53 所示。其中，$n_{\lim}$ 对应的曲线为结构边界，$C_{L,\max}$ 对应的曲线为气动边界，二者交点处的速度被称为角点速度(corner speed)V_c，也就是 MATR 所对应的速度，典型战斗机的角点速度约为 150～180 m/s。在近距空战中，率先达到角点速度的战斗机通常占据上风，具有率先指向目标的能力。

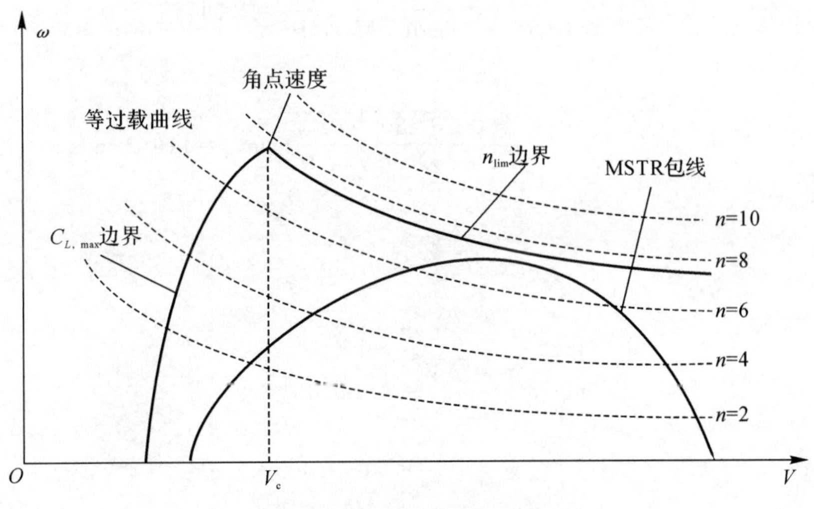

图 2-53　极限盘旋示意图

飞机在角点速度同时达到结构限制与气动限制，即 $n_z=n_{\lim}$，$C_L=C_{L,\max}$，因此阻力系数

$$C_D=C_{D_0}+kC_{L,\max}^2 \tag{2-334}$$

飞行速度

$$V_c=\sqrt{\frac{2n_{\lim}W}{\rho SC_{L,\max}}} \tag{2-335}$$

盘旋半径

$$R=\frac{V^2\cos^2\gamma}{g\sqrt{n_{\lim}^2-\cos^2\gamma}} \tag{2-336}$$

盘旋角速率

$$\omega=\frac{g\sqrt{n_{\lim}^2-\cos^2\gamma}}{V\cos\gamma} \tag{2-337}$$

盘旋一周的时间

$$t_{2\pi}=\frac{2\pi V\cos\gamma}{g\sqrt{n_{\lim}^2-\cos^2\gamma}} \tag{2-338}$$

及高度损失

$$\Delta h=V\sin\gamma\cdot t_{2\pi} \tag{2-339}$$

其中：

$$\sin\gamma=\frac{T-D}{W} \tag{2-340}$$

例 2-9 某喷气式飞机重量 $W=78\ 480$ N，机翼面积 $S=30\ \mathrm{m}^2$，海平面处发动机推力 $T=39\ 420$ N，阻力极曲线 $C_D=0.012+0.12C_L^2$，$C_{L,\max}=1.2$，极限过载 $n_{\lim}=8$。试计算海平面处盘旋飞行时，下列情况下的盘旋角速度 ω、盘旋半径 R、过载 n_z：最大持续盘旋，持续急盘旋，最大过载盘旋，以角点速度盘旋。

解 最大升阻比

$$E_m=\frac{1}{2\sqrt{kC_{D_0}}}=\frac{1}{2\sqrt{0.02\times0.12}}=13.176$$

参考速度

$$V_R=\sqrt{\frac{2W}{\rho S}}\sqrt[4]{\frac{k}{C_{D_0}}}=\sqrt{\frac{2\times78\ 480}{1.225\times30}}\sqrt[4]{\frac{0.12}{0.012}}\ \mathrm{m/s}=116.2\ \mathrm{m/s}$$

无量纲推力

$$z=\frac{TE_m}{W}=6.588$$

失速速度

$$V_{\mathrm{stall}}=\sqrt{\frac{2\ W}{\rho SC_{L,\max}}}=59.66\ \mathrm{m/s}$$

$$u_{\mathrm{stall}}=\frac{V_{\mathrm{stall}}}{V_R}=0.513$$

前 3 种情况下的参数见表 2-6。

表 2-6 前 3 种情况下的参数

盘旋方式	u	n_z	ω	R
最大持续盘旋	1	$\sqrt{2z-1}=3.49$	$\frac{g}{V_R}\sqrt{2z-2}=0.282$	$\frac{V_R^2}{g\sqrt{2z-2}}=412$

续表

盘旋方式	u	n_z	ω	R
持续急盘旋	$\frac{1}{\sqrt{z}}=0.39$	$\sqrt{\frac{2z^2-1}{z}}=1.41$	$\frac{g}{V_R}\sqrt{\frac{z^2-1}{z}}=0.214$	$\frac{V_R^2}{g\sqrt{z^2-1}}=211$
最大过载盘旋	$\sqrt{z}=2.57$	$z=6.588$	$\frac{g}{V_R}\sqrt{\frac{z^2-1}{z}}=0.214$	$\frac{zV_R^2}{g\sqrt{z^2-1}}=1\ 392$

对于持续急盘旋，由于 $1/\sqrt{z}<u_{\text{stall}}$，因此 $u=u_{\text{stall}}=0.513$。

以角点速度盘旋时，有

$$n_z=n_{\lim}=8$$

$$C_L=C_{L,\max}=1.2$$

阻力系数

$$C_D=C_{D_0}+kC_{L,\max}^2=0.184\ 8$$

角点速度

$$V_c=\sqrt{\frac{2n_{\lim}W}{\rho SC_{L,\max}}}=\sqrt{\frac{2\times 8\times 78\times 480}{1.225\times 30\times 12}}\ \text{m/s}=168.7\ \text{m/s}$$

阻力

$$D=\frac{1}{2}\rho V^2 SC_D=96\ 640\ \text{N}$$

爬升角

$$\gamma=\arcsin\frac{T-D}{W}=-47^\circ$$

滚转角

$$\phi=\arccos\frac{\cos\gamma}{n}=85.12^\circ$$

盘旋角速度

$$\omega=\frac{g\sqrt{n_{\lim}^2-\cos^2\gamma}}{V\cos\gamma}=26.44^\circ$$

盘旋半径

$$R=\frac{V\cos\gamma}{\omega}=\frac{V^2\cos^2\gamma}{g\sqrt{n_{\lim}^2-\cos^2\gamma}}=255\ \text{m}$$

2.7.3　空间机动飞行

空间机动飞行是指同时改变飞行速度、高度和方向的机动飞行，其飞行轨迹不仅在水平面内的投影是弯曲的，其高度也有变化。

常见的空间机动飞行包括战斗转弯、横滚、战斗半滚及半滚倒转等。

1. 战斗转弯

战斗转弯是迅速上升增加高度，同时改变飞行方向 180°的机动飞行，如图 2 - 54 所示。

该机动前半段主要是增加高度，后半段在增加高度的同时增大滚转角和偏航角，使飞机方向改变 180°。

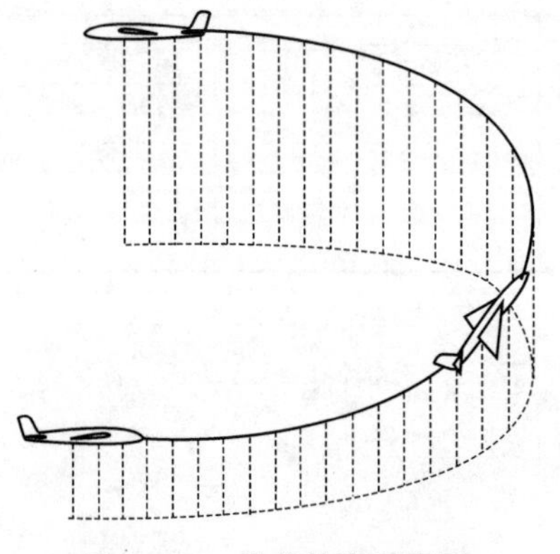

图 2－54　战斗转弯示意图

2. 横滚

横滚是飞机基本保持原运动方向，高度改变很小、绕纵轴滚转的飞行动作。按照滚转角大小，横滚可分为半滚（180°）、全滚（360°）和连续横滚。其中，全滚动作如图 2－55 所示。

图 2－55　全滚示意图

全滚时，由于升力方向不断改变，重力得不到升力的平衡，飞机会自动掉高度。因此，为了使全滚改出不掉高度，进入全滚前飞机应先处于上升状态，在全滚的前半段增加一定高度，以弥补后半段的高度损失。

3. 战斗半滚

战斗半滚，又名半筋斗，是飞机在铅垂面内迅速增加高度，同时改变飞行方向 180°的机动飞行。该机动由德国飞行员殷麦曼（Immelmann）在第一次世界大战中创造，故又被称殷麦曼翻转。

如图 2－56 所示，其前半段与筋斗相同，飞机快达到筋斗顶端时压杆蹬舵，使飞机沿纵轴滚转 180°，然后平飞，因此后半段动作与半滚类似。

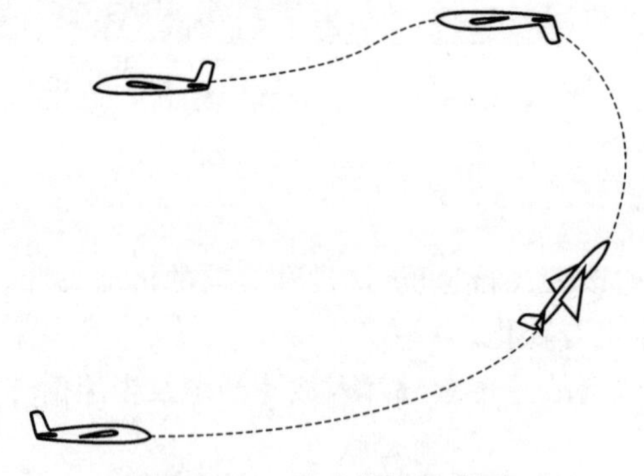

图 2－56　战斗半滚示意图

4. 半滚倒转

半滚倒转是在铅垂面内迅速降低高度，同时改变飞行方向 180°的机动飞行。

如图 2－57 所示，该机动首先使飞机绕纵轴滚转 180°，然后完成筋斗的后一半动作。该机动可以避免负过载。

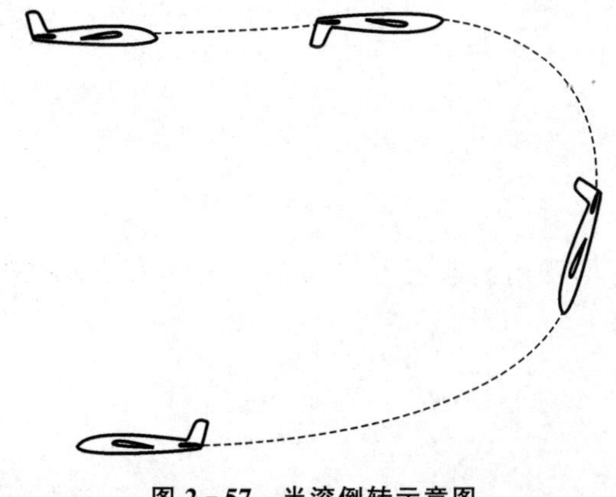

图 2－57　半滚倒转示意图

2.7.4　过载极曲线

机动性是飞机改变其高度、速度和方向的能力。但实际空战中，飞机的速度、高度和方向的变化往往是相互关联的，例如可以通过俯冲将高度优势转化为速度优势，通过跃升将速度优势转化为高度优势，通过减小速度提高飞机转弯速率等。

1. 改变能量的能力

飞机的飞行高度反映了其势能，而飞行速度则反映了其动能，二者相加等于机械能：

$$E=mgH+\frac{1}{2}mV^2 \tag{2-341}$$

因此，可以用机械能的变化率来反映飞机改变其飞行状态的能力。

将上式左、右两侧除以重力，可以得到飞机单位质量的机械能：

$$E_1=H+\frac{V^2}{2g} \tag{2-342}$$

可以看出，E_1 的量纲与高度相同，因此又被称为能量高度。将 E_1 关于时间 t 求导，可以得到能量高度的变化率

$$\frac{\mathrm{d}E_1}{\mathrm{d}t}=\frac{\mathrm{d}H}{\mathrm{d}t}+\frac{V}{g}\frac{\mathrm{d}V}{\mathrm{d}t} \tag{2-343}$$

式中：$\mathrm{d}H/\mathrm{d}t=V\sin\gamma$ 为爬升率，$\mathrm{d}V/\mathrm{d}t$ 为加速度，由

$$m\frac{\mathrm{d}V}{\mathrm{d}t}=T\cos(\alpha+\phi_{\mathrm{T}})-D-mg\sin\gamma$$

可以得到

$$\frac{\mathrm{d}E_1}{\mathrm{d}t}=\frac{[T\cos(\alpha+\phi_{\mathrm{T}})-D]}{W}V=n_xV \tag{2-344}$$

可以看出，飞机改变能量的能力主要取决于其轴向过载 n_x。

2. 改变方向与空间位置的能力

飞机改变方向的能力通常可用水平面和铅垂面内的稳定与极限转弯角速率表示，其中水平面的转弯速率

$$|\dot{\psi}_s| = \left|\frac{d\psi_s}{dt}\right| = \frac{g}{V}\sqrt{n_z^2 - 1} \tag{2-345}$$

铅垂面的转弯速率

$$\dot{\theta} = \frac{d\theta}{dt} = \frac{g}{V}(n_z - \cos\theta) \tag{2-346}$$

改变空间位置的能力则可用其改变方向所需空间的大小来衡量，其中水平面内的转弯半径

$$R_h = \frac{V}{\dot{\psi}_s} = \frac{V^2}{g\sqrt{n_z^2 - 1}} \tag{2-347}$$

铅垂面内的转弯半径

$$R_v = \frac{V}{\dot{\theta}} = \frac{V^2}{g(n_z - \cos\theta)} \tag{2-348}$$

可以看出，飞机改变方向与空间位置的能力均取决于其法向过载 n_z。

飞机在进行极限转弯的时候，高升力也意味着阻力急剧增加，因此要全面评估机动性，还需要考虑转弯过程中轴向过载 n_x 的变化。

3. 过载极曲线

综合对比飞机改变能量、方向和空间位置的能力可以看出，飞机的机动性取决于其所处飞行状态下的轴向过载 n_x 和法向过载 n_z，因此可以利用二者之间的曲线关系来全面描述飞机的机动能力。

给定飞行状态下的 $n_x - f(n_z)$ 曲线被称为过载极曲线。如图 2－58 所示，过载极曲线的横坐标为轴向过载 n_x，纵坐标为法向过载 n_z。

其中，最大法向过载 $n_{z,\max}$ 对应轴向过载的最小值 $n_{x,\min}$，最大轴向过载 $n_{x,\max}$ 对应的法向过载 n_z^* 小于 1，而飞机能作等速机动飞行（即 $n_x=0$）的法向过载 n_{zs} 也小于最大法向过载。

过载极曲线可由 3 个点确定，其分别为：①水平飞行，也就是法向过载 $n_z=1$ 的点（n_{x1}，1）；②等速飞行，也就是轴向过载 $n_x=0$ 的点（0，n_{zs}）；③轴向过载最大时的点（$n_{x,\max}$，n_z^*），这一点反映了飞机的最大加速能力。

显然，极曲线包围的范围越大，其能达到的轴向过载与法向过载也越大，机动性越好。

图 2－59 所示为不同推重比及展弦比飞机的过载极曲线。其中，曲线 1 对应推重比为 1.1、展弦比为 3.2 的后掠翼飞机，曲线 2 对应推重比为 1.1、展弦比为 2.3 的三角翼飞机，曲线 3 对应推重比为 0.8、展弦比为 4.6 的后掠翼飞机，曲线 4 对应推重比为 0.8、展弦比为 2.3 的三角翼飞机。

可以看出：曲线 1 的覆盖范围最大，说明其能达到的轴向过载与法向过载均最大，因此机

动性最佳；曲线 4 的覆盖范围最小，说明其能达到的轴向与法向过载均最小，故机动性最差；曲线 2 的轴向过载较大，法向过载较小，说明其改变能量的能力较强，但改变方向和空间位置的能力较差；曲线 3 的法向过载较大，轴向过载较小，说明其改变方向和空间位置的能力较强，但改变能量的能力较差。

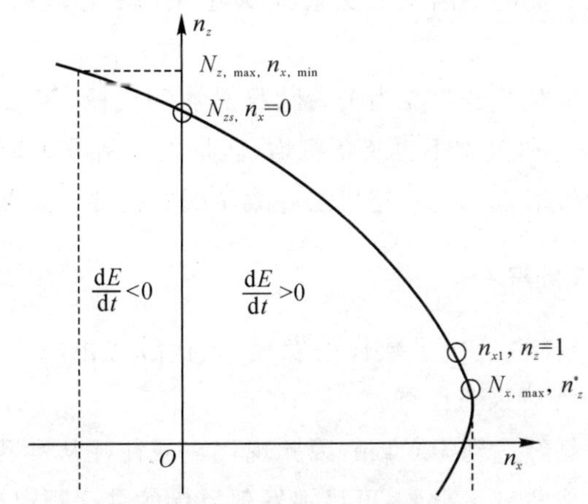

图 2-58　过载极曲线示意图

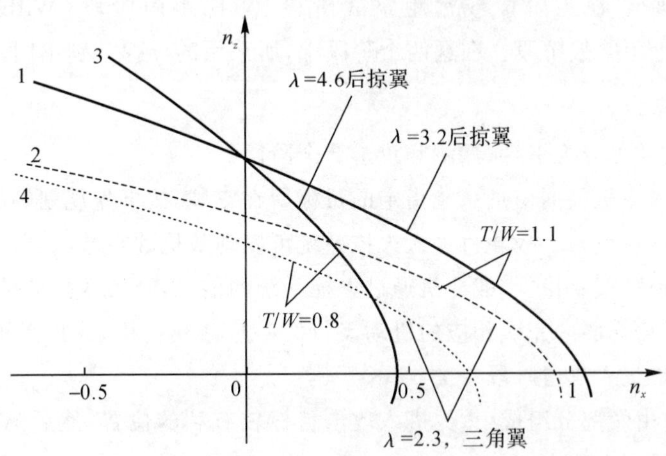

图 2-59　不同布局飞机的过载极曲线

对比四条曲线可以发现，相同展弦比下，推重比越大，轴向与法向过载均越大，机动性越好。

而相同推重比下，展弦比的影响并不是单调的：曲线 1 的轴向与法向过载均高于曲线 2，这主要是因为小展弦比三角翼的升致阻力较大、最大升力系数较小；曲线 3 的法向过载明显高于曲线 4，这主要是因为较大展弦比后掠翼具有显著优于小展弦比三角翼的升力特性；但曲线 3 的轴向过载在法向过载较小时要低于曲线 4，这主要是因为高速飞行时小展弦比机翼，尤其是三角翼的阻力更小。

2.8 敏 捷 性

战斗机是为了消灭其他飞机而存在的，飞机自身可以仅视为一个将武器系统带到射击位置的武器平台。随着机载武器的不断发展变化，其发射条件和相应的空战方式也在不断变化，对飞机的要求也在不断变化。

第一次世界大战时的机载武器主要为个人随身武器和机枪；第二次世界大战时主要为机炮；20 世纪五六十年代，战斗机基本不再装备机炮，而是以非制导火箭和空空导弹作为机载武器。但实战证实了机炮的价值，因此 70 年代之后战斗机的武器标配是机炮加空空导弹。

2.8.1 现代空战方式与需求

与战斗机一样，空空导弹也经历了数代的发展，现代战斗机的机载武器通常为机炮和第 3、4 代空空导弹，包括中远距弹及近距弹。

现代中远距弹的射程已经达到 100 km，因此现代空战往往从敌我双方相距 100 km 就开始。而即使是训练有素的战斗机飞行员，可目视发现目标的最远距离也不超过 15 km。

按照距离可以将现代空战分为两个阶段：①超出驾驶员目视可见距离(Beyond Visual Range，BVR)，简称超视距阶段或远距空战阶段；②视距内阶段(Within Visual Range，WVR)，也被称为近距空战阶段。在这两个阶段中，所采用的导弹类别不同，作战方式也不同。

1. 超视距空战

超视距空战通常可分为引导、探测和攻击 3 个阶段。

在引导阶段，战斗机根据信息系统指定的目标所在空域，按事先规划好的飞行剖面飞到预定的飞行高度、速度和空域。战斗机进入火控系统可发现敌机的空域后，即转入探测阶段。

为了探测、发现和截获目标，战斗机通过火控系统的信息，经由驾驶员操纵或自动控制，使战斗机在水平面和铅垂面内完成相应的机动飞行。一旦截获目标，火控系统即转入截获和自动跟踪状态，战斗机进入攻击阶段。

攻击阶段通常由两部分组成：首先进入攻击目标较有利的位置，然后瞄准目标，到达导弹发射区，发射导弹后退出攻击。

对于第 3，4 代空空导弹，其发射需要将瞄准平面与机动平面相重合。如图 2 - 60 所示，机动平面是战斗机的对称面，而瞄准平面则是战斗机的重心、速度矢量及目标连线构成的平面。

为了给导弹创造发射条件，除需要迅速将战斗机的瞄准平面与机动平面相重合外，还需使战斗机前置角满足导弹发射要求。

如图 2 - 61 所示，假设 t_0 时刻我机与目标机的角度为 a，由于敌我双方都在运动，而导弹从发射到击中目标还需要飞行一段时间 Δt，因此发射导弹时需要把 Δt 这段时间敌机的位移也考虑进去。因此，导弹的发射角度不应是角度 a，而应是角度 b，二者之间的夹角即为前置角。

受敌我识别能力的限制、隐身技术的发展及中远程导弹命中率等因素的影响，超视距空战并不能保证百分百击中目标。由于敌我双方飞行速度很快，如果无法在超视距阶段击毁目标，敌我双方将迅速进入近距(视距内)空战。

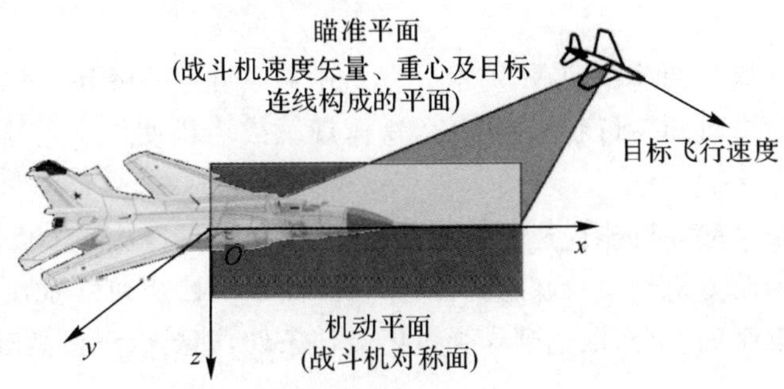

图 2-60　机动平面与瞄准平面示意图

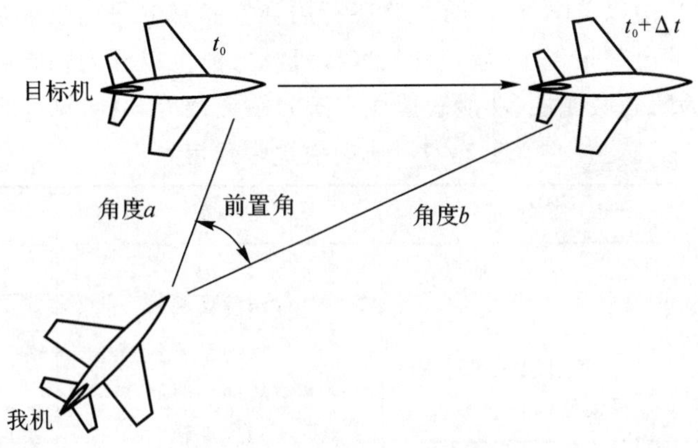

图 2-61　前置角示意图

2. 近距空战

根据实战及空战模拟试验结果，近距格斗发生的概率仍将占整个空战进程的 40%左右。在近距空战中，战斗机是在没有地面或空中指挥信息支持下进行战斗的。由于敌我双方的距离近，战斗机需要通过一系列急剧机动来完成攻击任务。

与超视距空战类似，近距空战也可以分为搜索、攻击和退出 3 个阶段。

在搜索阶段，战斗机通过机动飞行，使目标处于火控系统搜索范围内，一旦截获目标，火控系统即转入截获和自动跟踪状态，战斗机将进入攻击飞行阶段。

为了实现瞄准，攻击阶段通常由两部分组成：首先进入攻击目标较有利的位置，然后瞄准并跟踪目标，到达导弹发射条件时发射导弹。战斗机的瞄准系统截获目标后，驾驶员应根据平显(Head-Up Display，HUD)的提示和敌我态势选择不同机动飞行动作，保证飞机迅速进入瞄准区，然后根据导弹类别调整飞机姿态以满足导弹发射条件。

在导弹发射后，战斗机应迅速机动以退出攻击。现代战斗机的近距空战是急剧的，从瞄准到发射导弹仅需要数秒，而且近距弹的杀伤力巨大。如果空战是在敌我双方对等的条件下进行，虽然先发射导弹的一方更有优势，但也应尽快机动以规避对方的攻击。

从瞄准到发射再到规避，整个近距空战过程需要战斗机通过一系列急剧机动完成任务。这不仅要求战斗机要机动性高，还要能迅速从一个机动动作转为另一个机动动作。

为了衡量飞机的这一能力，又提出了敏捷性的概念。

2.8.2 敏捷性

按照提出敏捷性概念的前德国 MBB 公司先进战机部主任 Herbst 的说法，敏捷性是指飞机转动机动平面和改变机动飞行状态的能力，这体现了战斗机使用空空导弹进行空战对其性能的需求。

现代空战不仅要求战斗机能快速完成机动动作，还应能迅速从一个机动动作转为另一个，即要求飞机具有快速改变机动飞行状态的能力；在探测系统捕获到目标后，战斗机应能迅速使机动飞行平面与瞄准平面重合，以达到导弹发射最佳条件，即要求飞机具有快速转动机动平面的能力。

20 世纪八九十年代，西方各国针对如何衡量战斗机的敏捷性开展了大量研究，提出了多种敏捷性评估尺度，其中以美国 Kansas 大学飞行研究实验室的研究成果较为全面且权威。

在 Kansas 大学的研究报告中，敏捷性尺度按机动方向可以分为轴向、纵向和横向 3 种，而按时间尺度则被分为瞬态敏捷性、功能敏捷性和潜力敏捷性等 3 种，见表 2-7。

表 2-7　典型敏捷性尺度

	瞬态	功能	潜力
横向	T_{90}	反向滚转参数 指向余度 空战周期时间 动态速率转弯 相对能量状态	横向潜力
俯仰	T_{load}，T_{unload} 正负过载速率 最大俯仰角速率		俯仰潜力
轴向	功率剧增参数 功率损失参数		轴向潜力

瞬态敏捷性尺度用于量化分析飞机产生可控制角运动和单位剩余功率转换速度，描述了时间量级在 1～3 s 内，飞机转换机动平面和机动状态的能力。

功能敏捷性尺度用于衡量飞机迅速控制机头方向变化以及绕飞机速度矢滚转能力大小，描述了时间量级在 10～20 s，飞机机动性能的变化。

潜力敏捷性与时间无关，它概括了推力、重量、惯矩、操纵效能和敏捷性之间的关系，从飞机布局的角度分析飞机所具有的敏捷性潜力，多用于飞机概念设计阶段的敏捷性评估。

2.8.3 瞬态敏捷性

1. 横向瞬态敏捷性

横向瞬态敏捷性主要用于衡量飞机在保持迎角或法向过载条件下，实现快速滚转的能力。在大迎角下绕体轴滚转会将大迎角转换为大侧滑角，这无论是从气动、操纵还是驾驶员感受方面都是不可接受的，因此大迎角通常要求飞机绕速度矢量滚转，也就是保持迎角或法向过载。

目前应用最广泛、最具代表性的横向敏捷性尺度为在保持预定迎角的同时，飞机绕速度矢量滚转 90°所需的最短时间 T_{90}。

横向瞬态敏捷性尺度的评估方法如图 2-62 所示，首先在给定飞行状态下将飞机配平，在

1 s 内纵向斜坡输入使飞机达到给定迎角；然后横向斜坡输入，在 0.1 s 内达到最大横向杆位移；保持一定时间后，在 0.1 s 内反向全偏；再保持一段时间，在 0.1 s 内使驾驶杆回到中立位置。通过调整正、反向横向杆位移的保持时间，获得 90°滚转角。

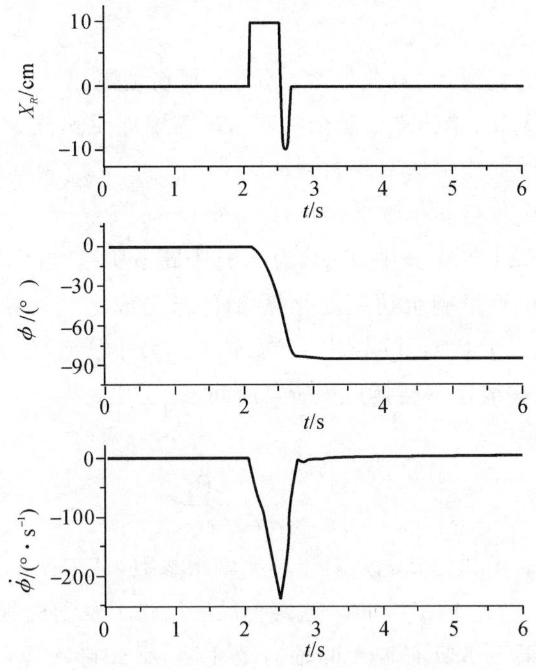

图 2-62　横向瞬态敏捷性评估方法

由于使飞机完成机动并准确停止 90°比较困难，通常会采用一种标准化处理方法，即

$$T_{90}=T_{\phi}-\frac{\phi_{\max}-90}{\dot{\phi}_{\max}} \tag{2-349}$$

式中：$\phi_{\max}$ 为机动完成所保持的滚转角；T_{ϕ} 是达到并保持 $\phi_{\max}$ 所需的时间；$\dot{\phi}_{\max}$ 则是整个机动过程中的最大滚转角速度。

2. 俯仰瞬态敏捷性

俯仰瞬态敏捷性主要用于描述飞机在其机动平面内，迅速转变其俯仰姿态的能力。由于在战术上，飞机的抬头与低头能力同样重要，因此其尺度通常成对出现。

常用尺度包括：从平飞加载到最大法向过载所需要的时间 T_{load} 和从最大法向过载卸载到 1 g 多需要的时间 T_{unload}，正法向过载速率 $\dot{n}_{z,\max}$ 和负法向过载速率 $\dot{n}_{z,\min}$，以及最大权限俯仰机动时的俯仰角速率 $q_{\max}$。

前两组指标不仅要求飞机要有高 $n_{z,\max}$，即高机动性，还应能迅速达到 $n_{z,\max}$。

这 3 组尺度均反映了对飞机迅速控制其抬头与低头两方面能力的评估，可通过一次飞行模拟或仿真计算得到。典型的试验方法为：在某一试验飞行状态下，减速板收起，保持定直平飞。操纵杆纵向阶跃输入达到最大位移并保持 2 s(某些飞行状态下，为达到最大过载值，可能需要保持 3 s)，再推杆至单位过载。

由于法向过载与动压密切相关，因此不同飞行状态下飞机的最大法向过载不同，从而影响 T_{load} 和 T_{unload}。而最大俯仰角速率由于受飞行状态影响小，被称为俯仰瞬态敏捷性最有用的度量尺度，它是驾驶员改变机头指向能力的尺度。

3. 轴向瞬态敏捷性

战斗机应具有良好的直线加、减速能力，从而无损伤地退出战区，或再次获得机动速度。这不仅要求飞机具有高 SEP(单位重量剩余功率)，还需要能迅速改变能量速率。轴向瞬态敏捷性就描述了飞机迅速改变能量速率的能力。

轴向瞬态敏捷性尺度包括功率剧增参数(Power Onset Parameter，POP)和功率损失参数(Power Lose Parameter，PLP)。其中，POP 为飞机从最小功率/最大阻力状态转变到最大功率/最小阻力状态中，单位重量剩余功率变化量 ΔP_s 与完成这一转换过程所需要时间 Δt 之比。而 PLP 则是飞机从最大功率/最小阻力状态转变到最小功率/最大阻力状态中，单位重量剩余功率变化量 ΔP_s 与完成这一转换过程所需时间 Δt 之比。

POP 与 PLP 均可表示为

$$\frac{\Delta P_s}{\Delta t}=\frac{P_{sf}-P_{si}}{t_f-t_i} \tag{2-350}$$

式中：f 表示最终状态；i 表示初始状态。对于功率剧增参数，$P_{sf}>P_{si}$，因此 POP 为正；而对于功率损失参数，$P_{sf}<P_{si}$，因此 PLP 为负。这两个尺度反映了发动机所产生推力与减速板所产生阻力的综合效应。如果飞机具有较大的轴向敏捷性，那么它就具有优异的速度控制能力。轴向敏捷性不仅可以衡量飞机的加、减速能力，而且能够反映影响这种能力的因素，如发动机对与油门、推力矢量喷管或反推力指令的快速响应。

2.8.4 功能敏捷性

功能敏捷性通常是基于某种假设提出，常用尺度包括空战周期时间(Combat Cycle Time，CCT)、动态转弯速率、相对能量状态与指向余度等。

1. 典型功能敏捷性尺度

在与敌机近距相遇并格斗时，能率先对敌方构成导弹发射条件的一方，将占据优势地位。在此过程中，飞机应以最快的方式构成向对方发射导弹的条件。空战周期时间就是衡量飞机完成这一过程能力的尺度。

在空战过程中，飞机在每一时刻所具有的能量对于驾驶员来说也很重要，动态转弯速率就是反映瞬时飞机能量变化的尺度。

在空战过程中，通常需要进行多次进攻。如果一次攻击就使飞机的能量损失太大，则降低了飞机再次进入攻击的能力。因此，需要给出一个既能确定飞机转弯能力，又能反映能量状态的尺度，这就是相对能量状态。

指向余度是用于比较两架飞机在一对一空战环境中，双方武器对等条件下，在铅垂面内转弯能力差别的功能敏捷性尺度。

其中，最有代表性的功能敏捷性指标是空战周期时间。

2. 空战周期时间

空战周期时间的假想空战过程为：飞机首先滚转 90°左右，然后俯仰至最大过载，并以极限状态转弯 180°，然后卸载到单位过载，最后加速至初始能量状态。

如图 2-63 所示，整个空战周期可以用转弯速率 $\dot{\psi}-V$ 曲线表示，由四部分组成：

(1)飞机滚转至 90°左右并加载到最大过载所需的时间 t_1。

(2)飞机以极限状态转弯 180°所需的时间 t_2；由于转弯过程中速度在不断下降，因此极限状态开始是 $n_{z,\max}$，当速度降至角点速度 V_c 后，极限状态为 $C_{L,\max}$；角点速度之前的时间为 t_{21}，之后的时间为 t_{22}，$t_2=t_{21}+t_{22}$。

(3)飞机卸载到单位过载的时间 t_3。

(4)飞机以最大加速能力加速至初始能量状态的时间 t_4。

总的空战周期时间

$$\mathrm{CCT}=t_1+t_2+t_3+t_4 \tag{2-351}$$

CCT 越短，飞机越快完成这一空战过程，在空战中越有优势。

由图 2-63 可以看出，t_1 的前半部分体现的是飞机的横向瞬态敏捷性；t_1 后半部分和 t_3 体现的是飞机的俯仰瞬态敏捷性；t_4 体现的是飞机的轴向瞬态敏捷性；而 t_2 体现的则是飞机的盘旋性能。

因此，CCT 是个能够综合体现飞机俯仰、横向、轴向瞬态敏捷性及机动性的综合尺度。

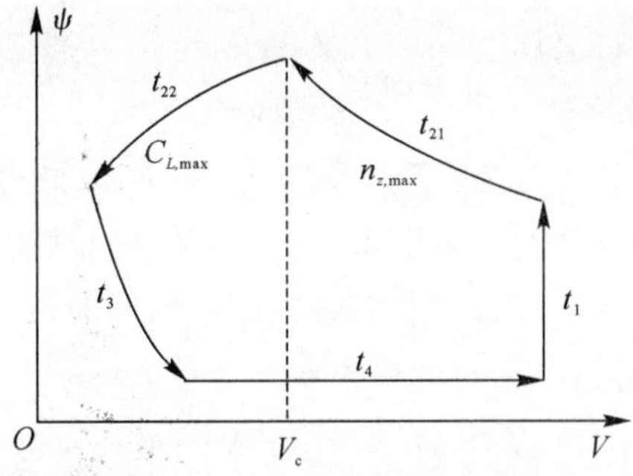

图 2-63　空战周期时间示意图

2.8.5　潜力敏捷性

战斗机的敏捷性不仅取决于飞机本体的特性，与其采用的飞行控制系统也密切相关。在飞控系统尚未设计出来的概念设计阶段，可以使用潜力敏捷性尺度来评估敏捷性。

潜力敏捷性尺度是用飞机的重量、惯性、操纵面效能等飞机外形布局参数来表征的敏捷性尺度，同样也是分为横向、俯仰及轴向 3 个方向。

其中，横向敏捷性尺度为滚转操纵面效能与飞机滚转轴惯性矩之比 L_{δ_a}/I_x，该比值约等于飞机的滚转角加速度 $\dot{p}$。

俯仰敏捷性尺度为俯仰操纵面效能与飞机俯仰轴惯性矩之比 M_{δ_e}/I_y，该比值约等于飞机的俯仰角加速度 $\dot{q}$。

轴向敏捷性尺度则为推重比与翼载荷之比，即

$$\frac{T/W}{W/S}=\frac{TS}{W^2}$$

潜力敏捷性体现了飞机由于其布局所应有的敏捷性潜力，而敏捷性潜力能否充分发挥，还取决于飞行控制系统。

习　　题

2-1　试根据标准大气模型计算高度 5 km 与 12 km 时的大气密度与声速，及这两个高度下马赫数为 0.8 时的真空速、当量速度与动压。

参考答案：5km：0.736 1 kg/m^3，320 m/s，256 m/s，198.8 m/s，24 196 kg/(m·s^2)；12 km：0.310 8 kg/m^3，295 m/s，236 m/s，118.9 m/s，8 655 kg/(m·s^2)

2-2　某滑翔机 W=2 700 N，W/S=600 N/m^2，C_{D_0}=0.01，所采用的椭圆机翼展弦比为 15，从 500 m 高空将其发射，忽略高度对大气密度的影响。试计算：(1)无风时该滑翔机相对地面的最远滑翔距离；(2)最长滑翔时间；(3)重量减小 200 N 对滑翔距离与滑翔时间的影响。

参考答案：(1)17.16 m；(2)518.2s；(3)对滑翔距离无影响，滑翔时间增加 20.1s

2-3　某喷气式飞机阻力系数 $C_D=0.018+0.045C_L^2$，推重比 0.2，翼载荷 W/S=5 000 N/m^2。试确定：(1)其在高度 5 000 m、真速 200 m/s 时的爬升率；(2)在该高度最快爬升的速度及爬升率。

参考答案：(1)16.7 m/s；(2)267.2 m/s，31.53 m/s

2-4　某螺旋桨飞机 W=42 000 N，机翼面积 S=28 m^2，阻力系数 $C_D=0.024+0.05C_L^2$，$C_{L,\max}=1.5$，发动机在海平面处的功率 P=780 kW，推进效率 $\eta_p=0.86$，耗油率 c=3.5 N/(kW·h)，燃油重量 5 000 N。试计算：(1)该飞机在海平面处的最大与最小平飞速度；(2)最小需用功率及所对应的速度与升力系数；(3)海平面处的最大爬升率、最大爬升角及其分别对应的速度；(4)海平面处的等高巡航的最大航程与最大航时。

参考答案：(1)127.3 m/s，40.4 m/s；(2)152 kW，45.2 m/s，1.2；(3)12.35 m/s，3.86°，45.2 m/s，40.4 m/s；(4)1 618.9 km，8.92 h

2-5　某喷气式飞机 W=48 000 N，机翼面积 S=28 m^2，发动机推力 $T=12\ 000\sigma^{0.8}$，$C_{L,\max}=1.5$，$C_D=0.018+0.045C_L^2$，耗油率 c=0.8 N/(N·h)，巡航段燃油重量 8 000 N。试计算：(1)该飞机在海平面的最大与最小平飞速度；(2)根据标准大气模型确定飞机的静升限；(3)海平面处的最大爬升率、最大爬升角及其分别对应的速度；(4)5 000 m 高度等高巡航的最大航程与航时；(5)8 000 m 高度开始等速巡航的最大航程、对应的速度和高度增量。

参考答案：(1)195.5 m/s，43.2 m/s；(2)15 100 m；(3)35.73 m/s，11.13°，115.9 m/s，66.5 m/s；(4)1 347 km，4h；(5)1 667 km，133.7 m/s，1 510 m

2-6　某喷气式飞机 W=140 000 N，机翼面积 S=42 m^2，发动机推力 $T=120\ 000\sigma^{0.8}$，$C_D=0.027+0.08C_L^2$，$C_L=0.2+0.1\alpha$，$C_{L,\max}=1.6$，结构过载限制为 9。试计算：(1)根据标准大气模型，5 000 m 高度的大气密度与声速；(2)该飞机在 5 000 m 高度分别以 MSTR、SST、$n_{z,\max}$ 协调盘旋时的盘旋速率、盘旋半径及过载；(3)以 MATR 盘旋的角点速度、盘旋速

率、盘旋半径及盘旋一周的高度损失。

参考答案：(1)0.736 1 kg/m^3，320 m/s；(2)MSTR：0.251 6 rad/s，496 m，3.355；SST：0.238 rad/s，316m，2.078；$n_{z,max}$：0.191 9 rad/s，1 610.8 m，6.129；(3)MATR：212.8 m/s，0.573 rad/s，225.7 m，1 816 m

2-7　某飞机重量 W=48 000 N，机翼面积 S=25 m^2，阻力系数 $C_{D_0}=0.024+0.085C_L^2$。在 10 000 m 高空以马赫数 0.8 做 60°的俯冲，若此时驾驶员以等过载 $n_z=6$，等推力 T_A=3 1000 N 将飞机改出俯冲，试计算改为平飞时飞机的速度与高度。

参考答案：263.6 m/s，614 m

2-8　某喷气式飞机 W=80 000 N，机翼面积 S=28 m^2，发动机推力 $T=65\ 000\sigma^{0.8}$，$C_D=0.028+0.08C_L^2$，$C_{L,max}=1.2$，轮胎与跑道间的摩擦因数 $\mu=0.04$，障碍高度 15 m，进场下滑角为 3.5°。试计算(分析)：(1)根据标准大气模型，高度 2 000 m 的大气密度；(2)飞机在海平面的起飞与着陆距离；(3)飞机在高度 2 000 m 的起飞与着陆距离；(4)海拔对起飞/着陆性能的影响。假设接地时襟翼偏转会使 $C_{L,max}$ 增加 0.4，C_D 增加 0.05，刹车使 μ 增加 0.4，发动机推力为额定推力的 5%。

参考答案：(1)1.006 5 kg/m^3；(2)547.32 m，1 776.5 m；(3)430.1 m，1 519.7 m；(4)海拔增高会影响大气密度和发动机推力。

第 3 章　纵向静稳定性与操纵性

静稳定性是指飞机在平衡状态受到扰动后，是否有回到初始状态的趋势，如果有，则飞机静稳定。

飞机的六自由度运动可分为纵、横、航等 3 个方向，其中，对称的运动，包括前向、垂直和俯仰运动为纵向运动。由于前向速度和垂直速度可以确定迎角，因此纵向静稳定性可以用迎角与俯仰力矩间的关系描述。

3.1　纵向静稳定性定义与准则

1. 定义

对于纵向运动来说，当飞机受到迎角扰动时，其升力、姿态都会发生变化，如果此时飞机凭自身特性产生的俯仰力矩有使其回到初始状态的趋势，则飞机纵向静稳定。图 3－1 给出了纵向静稳定性的 3 种情况。

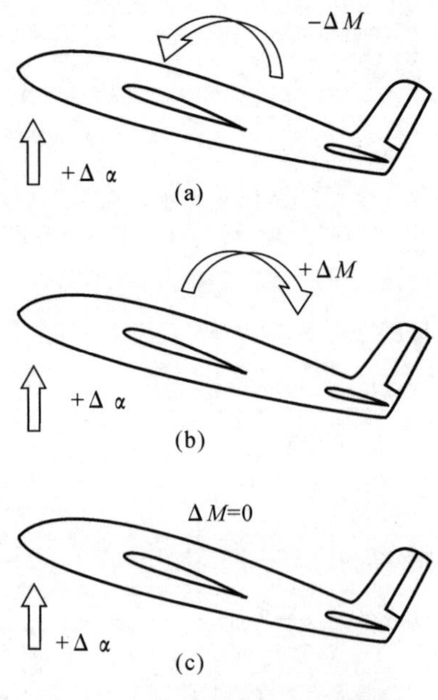

图 3－1　纵向静稳定性示意图

(a)纵向静稳定；(b) 纵向静不稳定；(c)纵向中立静稳定

对于图 3-1(a)所示的飞机，在受到一个正迎角扰动抬头后，飞机凭自身特性产生的是低头力矩，在该力矩作用下，飞机有低头、回到初始状态的趋势，因此该飞机纵向静稳定。

对于图 3-1(b)所示的飞机，在受到一个正迎角扰动抬头后，飞机凭自身特性产生的是抬头力矩，在该力矩作用下，飞机有继续抬头、远离初始状态的趋势，因此该飞机纵向静不稳定。

对于图 3-1(c)所示的飞机，在受到一个正迎角扰动抬头后，飞机既不产生抬头力矩，也不产生低头力矩，飞机既没有回到初始状态的趋势，也没有远离初始状态的趋势，因此该飞机纵向中立静稳定。

2. 静稳定性判断准则

可以基于迎角与俯仰力矩间的关系，推导纵向静稳定准则：对于纵向静稳定的飞机，正的迎角扰动会导致负的俯仰力矩；同样，负的迎角扰动会导致正的俯仰力矩。由此可以得到纵向静稳定准则：

$$\frac{\mathrm{d}M}{\mathrm{d}\alpha}<0 \tag{3-1}$$

或由式(1-7)表示成系数形式

$$\frac{\mathrm{d}C_m}{\mathrm{d}\alpha}<0 \tag{3-2}$$

实际在分析各部件静稳定性贡献时，更常用的是

$$\frac{\mathrm{d}C_m}{\mathrm{d}C_L}<0 \tag{3-3}$$

式(3-2)与式(3-3)之所以等价，是因为

$$\frac{\mathrm{d}C_m}{\mathrm{d}C_L}=\frac{\mathrm{d}\alpha}{\mathrm{d}C_L}\frac{\mathrm{d}C_m}{\mathrm{d}\alpha} \tag{3-4}$$

式中：$a=\mathrm{d}C_L/d\alpha$ 是飞机的升力线斜率。由图 3-2 中升力系数随迎角的变化曲线可以看出，在失速迎角 α_{stall} 之前，随着迎角的增加，升力系数增加，因此升力线斜率 $\mathrm{d}C_L/\mathrm{d}\alpha$ 为正，其倒数 $\mathrm{d}\alpha/\mathrm{d}C_L$ 也为正。因此，在失速迎角前 $\mathrm{d}C_m/\mathrm{d}C_L$ 与 $\mathrm{d}C_m/\mathrm{d}\alpha$ 的符号相同。

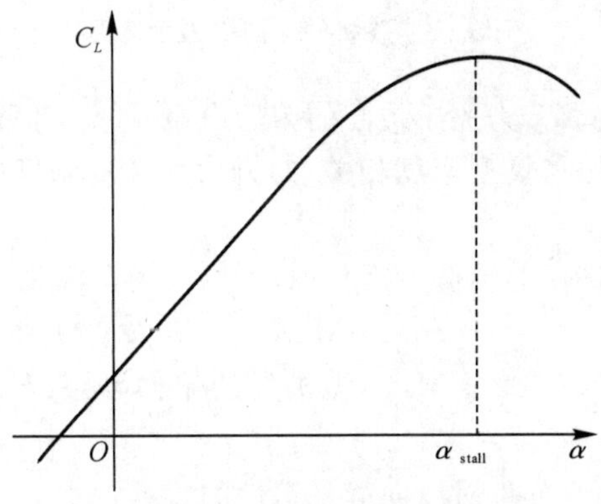

图 3-2　升力系数～迎角曲线

飞机的纵向静稳定性可由其 $\mathrm{d}C_m/\mathrm{d}C_L$ 或 $\mathrm{d}C_m/\mathrm{d}\alpha$ 直接判断：

(1)若 $\mathrm{d}C_m/\mathrm{d}\alpha$ 或 $\mathrm{d}C_m/\mathrm{d}C_L$ 小于 0，则飞机纵向静稳定。

(2)若 $\mathrm{d}C_m/\mathrm{d}\alpha$ 或 $\mathrm{d}C_m/\mathrm{d}C_L$ 大于 0，则飞机纵向静不稳定。

(3)若 $\mathrm{d}C_m/\mathrm{d}\alpha$ 或 $\mathrm{d}C_m/\mathrm{d}C_L$ 等于 0,则飞机纵向中立静稳定。

3.2 各部件的纵向静稳定性贡献

为了分析飞机的纵向静稳定性,需要作以下假设:

(1)飞机具有垂直对称面,即几何与质量关于垂直面对称,这个假设对于几乎所有飞机都是成立的,但是有损伤的飞机及斜置翼飞机除外。

(2)飞机的纵向操纵面,通常为对称偏转的升降舵、鸭翼或全动平尾等,其偏转不影响飞机的侧力、滚转力矩或偏航力矩。

(3)飞机的横航向操纵面,通常为副翼和方向舵等,其偏转不影响飞机的升力或俯仰力矩。

(4)飞机的气动力与力矩随气流角或操纵面偏角线性变化。

(5)作用在全机上的气动力/力矩等于各独立部件的气动力/力矩之和。

基于上述假设,可以认为飞机的俯仰力矩等于机翼、机身、平尾及推进系统等四个独立部件的俯仰力矩之和。

图 3-3 为未考虑推进系统时,飞机的纵向受力示意图。飞机的受力包括:作用在飞机重心(Center of gravity,c. g.)上的重力 W,作用在机翼焦点(Wing aerodynamic center,ac,w)上的机翼升力 L_w,以及作用在平尾焦点(Horizontal tail aerodynamic center,ac,t)上的平尾升力 L_t。机翼焦点与重心的距离为 x_a,焦点在前为正;平尾焦点与重心的距离为 l_t,重心在前为正。

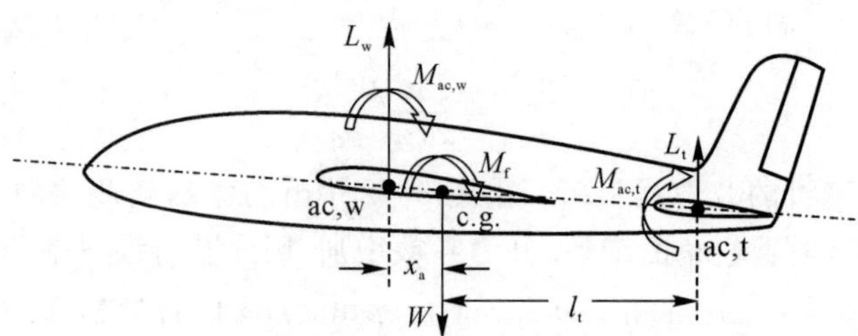

图 3-3 飞机的纵向受力示意图

飞机的俯仰力矩包括机翼升力关于重心的俯仰力矩 $L_w x_a$,平尾升力关于重心的俯仰力矩 $-L_t l_t$,机翼与平尾所产生的与翼型弯度相关、与升力无关的俯仰力矩 $M_{ac,w}$ 和 $M_{ac,t}$,机身的俯仰力矩 M_f。

将机身、机翼和平尾三部件的俯仰力矩相加,可以得到全机关于重心的俯仰力矩

$$M_{cg}=M_f+L_w x_a+M_{ac,w}-L_t l_t+M_{ac,t} \tag{3-5}$$

式中:M_f 为机身的俯仰力矩;$L_w x_a+M_{ac,w}$ 为机翼的俯仰力矩;$-L_t l_t+M_{ac,t}$ 为平尾的俯仰力矩。

下面分别分析飞机各独立部件对纵向静稳定性的贡献。

3.2.1 机翼

1. 压心与焦点

在讨论机翼对纵向静稳定性的贡献之前,首先需要明确压心(center of pressure, c. p.)与

焦点(又称气动中心,aerodynamic center,a. c.)的概念。

如图 3-4 所示,翼型的合力作用在弦线上的点被称为压心。若力矩参考点取在压心处,则俯仰力矩为 0。

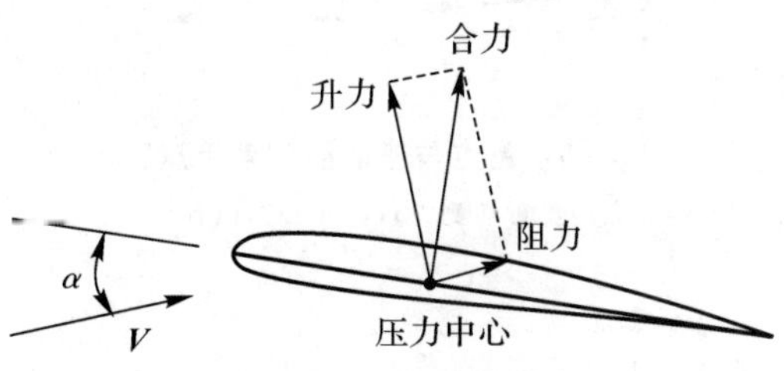

图 3-4　压心的定义

若力矩参考点取在其他位置,则 C_m 通常不为 0,可以表示成

$$C_m = C_{m0} + \xi C_l \tag{3-6}$$

式中:C_{m0} 为翼型升力系数 $C_l=0$ 时的俯仰力矩系数;ξ 为一个取决于力矩参考点的参数。

如图 3-5 所示,O 是可移动的力矩参考点。可以看出:如果参考点 O 接近于前缘,则 O 肯定位于压心之前,C_m 随着 C_l 的增加而下降,即 $\xi<0$;如果参考点 O 接近于后缘,则 O 肯定位于压心之后,C_m 随着 C_l 的增加而增加,即 $\xi>0$。因此,在弦线上必定存在一个参考点 O,其对应的 $\xi=0$,这个参考点被称为气动中心,即焦点,在该点 $C_{m,\mathrm{ac}}=C_{m0}$。

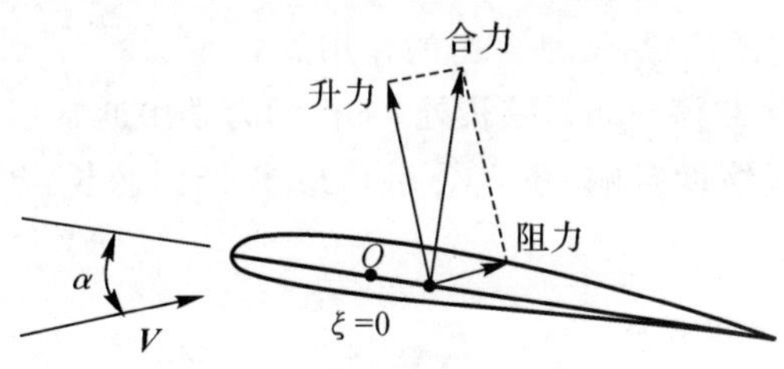

图 3-5　焦点示意图

$C_{m,\mathrm{ac}}$ 取决于翼型弯度。通常正弯度翼型的 $C_{m,\mathrm{ac}}<0$,负弯度翼型的 $C_{m,\mathrm{ac}}>0$,而对称翼型的 $C_{m,\mathrm{ac}}=0$。

如图 3-6(a)所示,俯仰力矩系数可表示成

$$C_m = C_{m,\mathrm{ac}} - \bar{x}_{\mathrm{ac}} C_l \tag{3-7}$$

式中:$\bar{x}_{\mathrm{ac}}=x_{\mathrm{ac}}/\bar{c}$,$x_{\mathrm{ac}}$ 为前缘与焦点间的距离,$\bar{c}$ 为翼型的弦长。

而如图 3-6(b)所示,俯仰力矩系数可表示成

$$C_m = -\bar{x}_{\mathrm{cp}} C_l \tag{3-8}$$

式中:$\bar{x}_{\mathrm{cp}}=x_{\mathrm{cp}}/\bar{c}$,$x_{\mathrm{cp}}$ 为前缘与压心间的距离。

显然两个俯仰力矩系数相等,联立式(3-7)与式(3-8),可以得到压心与焦点间的关系:

$$\bar{x}_{\mathrm{cp}} = \bar{x}_{\mathrm{ac}} - \frac{C_{m,\mathrm{ac}}}{C_l} \tag{3-9}$$

焦点是个相对固定的位置,压心则是一个随 C_l(即迎角 α)变化的点。对于正弯度翼型,$C_{m,\mathrm{ac}}<0$,压心位于焦点之后,随着 α 或 C_l 的增加,压心逐渐前移向焦点靠近,如图 3-7 所示。

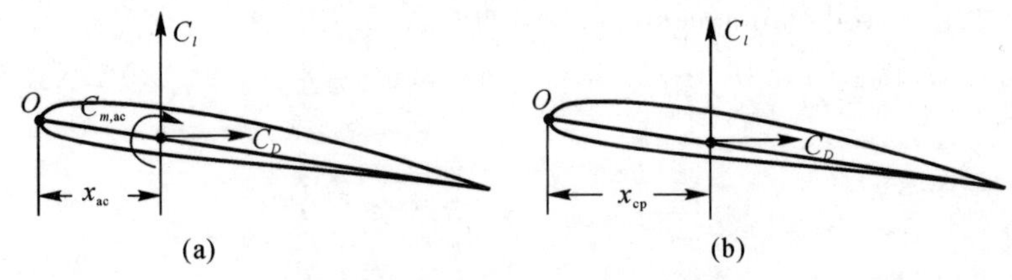

图 3-6 焦点与压心的关系示意图

(a)焦点的位置与受力;(b)压心的位置与受力

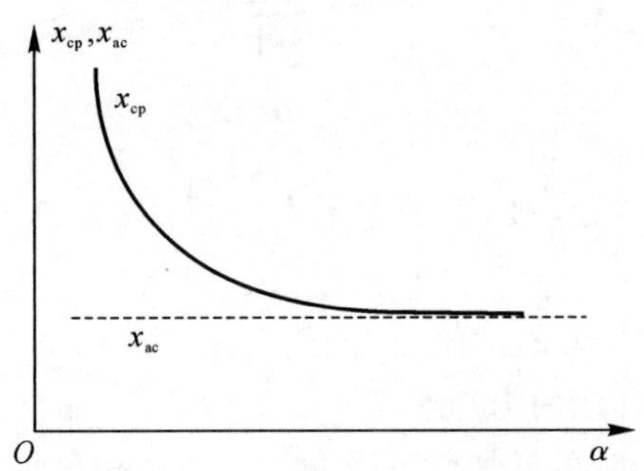

图 3-7 压心与焦点的相对位置关系

在正常飞行迎角范围内,二者非常接近,因此在飞行动力学中,将焦点与压心合并为一个点,即焦点既是个相对固定的位置,又是合力的作用点。

低速时,焦点通常位于 22%~26%弦长处,飞行动力学中通常假设焦点位于 1/4 弦长处;而在高速条件下,受空气压缩性影响,焦点会后移最多 25%弦长,超声速时会后移至 1/2 弦长处。

2. 机翼对纵向静稳定性的贡献

作用在机翼的俯仰力矩由两部分组成,即

$$M_w = L_w x_a + M_{ac,w} \tag{3-10}$$

式中:$L_w x_a$ 由机翼升力产生,其符号取决于焦点与重心的相对位置;$M_{ac,w}$ 则取决于翼型弯度,但并不随迎角和升力变化。

如图 3-8 所示:对于对称翼型,弯度线(虚线)与弦线(实线)重合,升力为 0 时机翼的俯仰力矩也为 0,$M_{ac,w}=0$;对于正弯度翼型,弯度线位于弦线之上,$M_{ac,w}<0$;而对于负弯度翼型,弯度线位于弦线之下,$M_{ac,w}>0$。

将式(3-10)中的俯仰力矩关于迎角求导,可得

$$\frac{dM_w}{d\alpha} = \frac{dL_w}{d\alpha} x_a \tag{3-11}$$

当迎角小于失速迎角时,$dL_w/d\alpha>0$,因此,$dM_w/d\alpha$ 的符号取决于 x_a,即焦点相对重心的位置。

图 3-9 所示的平均气动弦上给出了焦点和重心位置。平均气动弦前缘与焦点间的距离为 x_{ac},而平均气动弦前缘与重心间的距离为 x_{cg},则有

$$x_a = x_{cg} - x_{ac} \tag{3-12}$$

式(3-12)中各参数的无量纲形式为

$$\bar{x}_{a}=\frac{x_{a}}{\bar{c}} \tag{3-13}$$

$$\bar{x}_{cg}=\frac{x_{cg}}{\bar{c}} \tag{3-14}$$

$$\bar{x}_{ac}=\frac{x_{ac}}{\bar{c}} \tag{3-15}$$

由此可见，机翼对纵向静稳定性的贡献取决于重心与焦点的相对位置：当重心位于焦点之前时，$x_{a}<0$，$\mathrm{d}M_{w}/\mathrm{d}\alpha<0$，机翼起的是增稳作用；当重心位于焦点之后时，$x_{a}>0$，$\mathrm{d}M_{w}/\mathrm{d}\alpha>0$，机翼起的是降低稳定性作用；而当重心与焦点重合时，$x_{a}=0$，$\mathrm{d}M_{w}/\mathrm{d}\alpha=0$，机翼对纵向静稳定性没有影响。

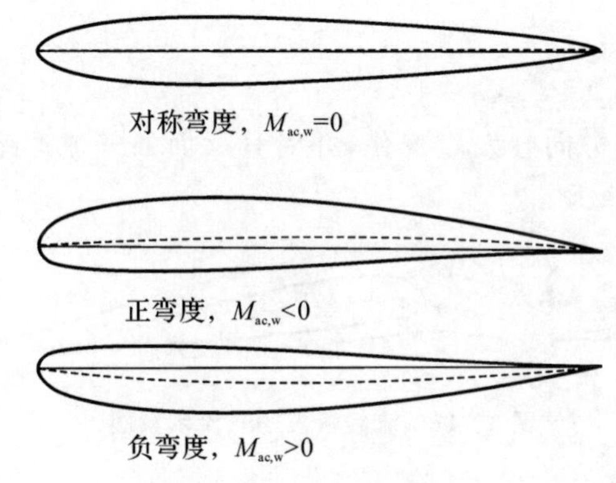

图 3-8　翼型弯度与 $M_{ac,w}$

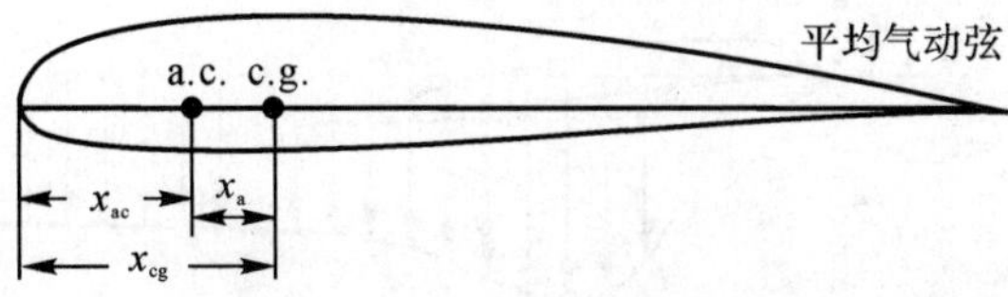

图 3-9　焦点与重心位置

3.2.2　机身

机身贡献显著且复杂，通常可以用经验公式表示机身俯仰力矩系数关于迎角的导数：

$$\left(\frac{\partial C_{m}}{\partial \alpha}\right)_{f}=\frac{\pi}{2S\bar{c}}\int_{0}^{l_{f}} b_{f}^{2}\left(1+\frac{\partial \varepsilon_{u}}{\partial \alpha}\right) \mathrm{d}x \tag{3-16}$$

式中：b_{f} 是机身的局部直径；l_{f} 是机身的长度；S 是机翼的参考面积；$\bar{c}$ 是机翼的平均气动弦长。这些参数均为正。ε_{u} 表示轴向位置 x 处的局部上洗或下洗角。由图 3-10 可以看出，$\partial\varepsilon_{u}/\partial\alpha$ 在机翼之前为正，在机翼之后为负，但 $(1+\partial\varepsilon_{u}/\partial\alpha)$ 仍为正。综上所述，$(\partial C_{m}/\partial\alpha)_{f}$ 为正，机身对纵向静稳定性的贡献是降低稳定性。

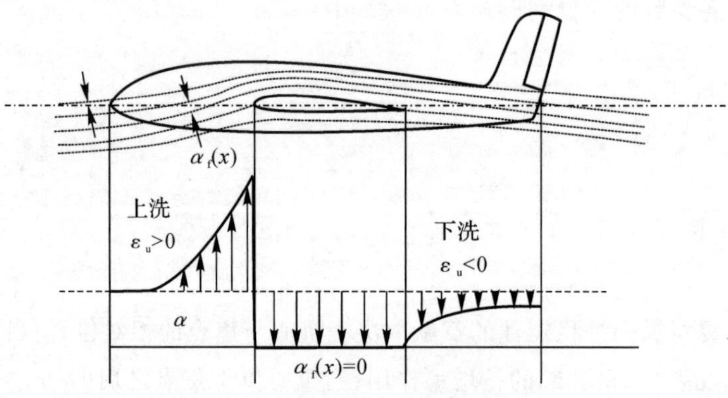

图 3-10　机身的局部迎角示意图

3.2.3　平尾

1. 上洗与下洗

气流经过升力面时，其方向会发生变化，并对其后面的气流产生影响，如图 3-11 与图 3-12 所示。

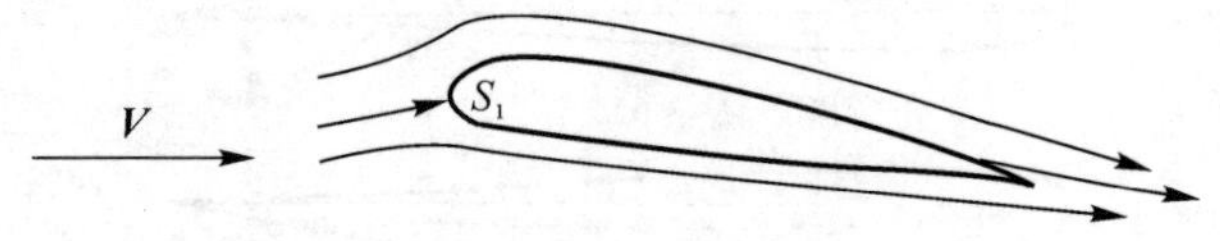

图 3-11　流经机翼的气流示意图

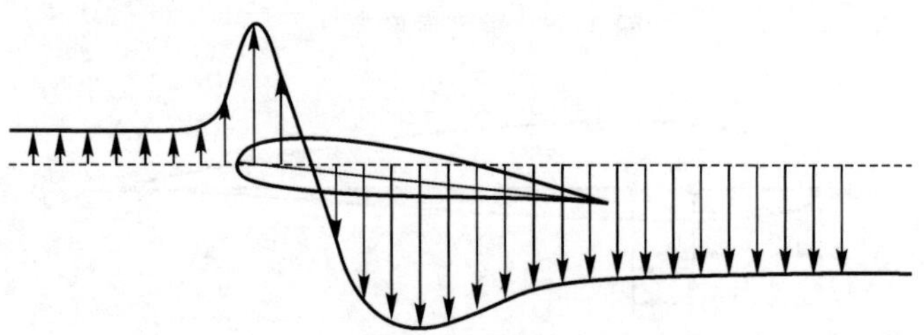

图 3-12　流经机翼气流的迎角变化

可以看出，与自由流相比，机翼前部的气流是向上转折的，即所谓的上洗，上洗会导致机翼之前部件处的迎角增大；而后部的气流则是向下转折的，即所谓的下洗，下洗会导致机翼之后部件处的迎角减小。下洗角 ε 的大小与机翼几何形状、展弦比及距离相关。

2. 平尾迎角

平尾位于机翼之后，受机翼下洗气流的影响，平尾处的迎角小于机翼迎角。

由图 3-13 可以看出，如果全机的迎角为 α，则机翼与平尾的迎角分别为

$$\alpha_w=\alpha+i_w \tag{3-17}$$

$$\alpha_t=\alpha+i_t-\varepsilon \tag{3-18}$$

式中：i_w 为机翼的安装角；i_t 为平尾的安装角。

由此可以得到平尾迎角与机翼迎角的关系：

$$\frac{d\alpha_t}{d\alpha_w}=\frac{d\alpha_t}{d\alpha}\frac{d\alpha}{d\alpha_w}=1-\frac{d\varepsilon}{d\alpha} \tag{3-19}$$

对于常规布局飞机，通常下洗率 $d\varepsilon/d\alpha\approx0.3\sim0.35$。

对于位于机翼前方的鸭翼，受机翼上洗气流的影响，其迎角大于机翼迎角。

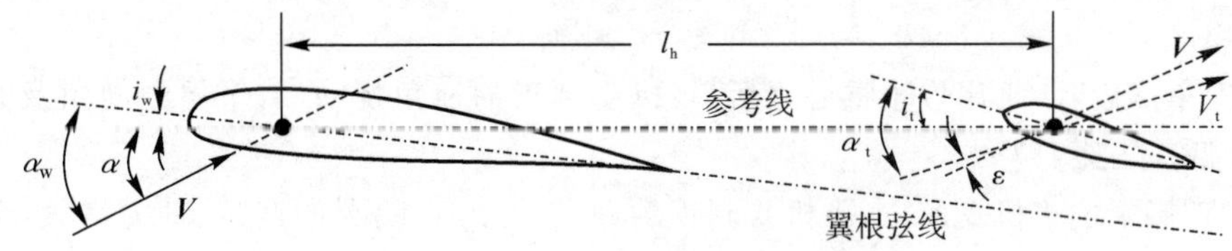

图 3－13　机翼与平尾的迎角示意图

3. 平尾对纵向静稳定性的贡献

平尾升力

$$L_t=C_{L_t}q_tS_t \tag{3-20}$$

式中：C_{L_t} 为平尾的升力系数；q_t 为平尾处的动压；S_t 为平尾面积。

由于平尾通常采用对称翼型，因此

$$C_{L_t}=a_t(\alpha+i_t-\varepsilon) \tag{3-21}$$

式中：a_t 为平尾的升力线斜率。

这里需要作两个假设：机翼升力系数 C_{L_w} 约等于机翼升力线斜率 a_w 乘以机翼迎角 α_w；平尾升力系数 C_{L_t} 相对于机翼升力系数 C_{L_w} 是小量，即全机升力系数 $C_L\approx C_{L_w}$。

基于上述两个假设，可以得到

$$\frac{dC_{L_t}}{dC_L}=\frac{dC_{L_t}}{d\alpha_t}\frac{d\alpha_t}{d\alpha_w}\frac{d\alpha_w}{dC_L}=\frac{a_t}{a_w}\left(1-\frac{d\varepsilon}{d\alpha}\right) \tag{3-22}$$

由图 3－3 可知，平尾产生的俯仰力矩

$$M_t=M_{ac,t}-L_tl_t \tag{3-23}$$

由于平尾通常采用对称翼型，$M_{ac,t}$ 通常为 0，因此

$$M_t=-L_tl_t \tag{3-24}$$

将上式两侧除以 $q_cS\bar{c}$ 对其进行无量纲化，可以得到

$$C_{m_t}=-C_{L_t}\frac{q_t}{q_c}\frac{S_tl_t}{S\bar{c}} \tag{3-25}$$

$$C_{m_t}=-C_{L_t}\eta_t\bar{V}_1 \tag{3-26}$$

式中：$\eta_t=q_t/q_c$ 为平尾动压比，而

$$\bar{V}_1=\frac{S_tl_t}{S\bar{c}} \tag{3-27}$$

为平尾的尾容比(Tail Volume Ratio)。之所以叫尾容比，是因为该参数分子与分母的量纲均为立方米(m^3)，也就是容积的量纲。

将平尾的俯仰力矩系数关于升力系数求导，可以得到

$$\frac{dC_{m_t}}{dC_L}=\frac{dC_{m_t}}{dC_{L_t}}\frac{dC_{L_t}}{dC_L} \tag{3-28}$$

$$\frac{\mathrm{d}C_{m_t}}{\mathrm{d}C_L}=-\frac{a_t}{a_w}\left(1-\frac{\mathrm{d}\varepsilon}{\mathrm{d}\alpha}\right)\eta_t\bar{V}_1 \tag{3-29}$$

式中：动压比 η_t 及尾容比 $\bar{V}_1$ 均为正，平尾升力线斜率 a_t 及机翼升力线斜率 a_w 在失速迎角前均为正，下洗率 $\mathrm{d}\varepsilon/\mathrm{d}\alpha<1$，因此 $\mathrm{d}C_{m_t}/\mathrm{d}C_L<0$。根据纵向静稳定准则，平尾对纵向静稳定性的贡献为增稳。

从物理角度解释，平尾位于重心之后，飞机受到正的迎角扰动后，平尾的迎角及升力也会增大，产生低头力矩。

类似的，鸭翼位于机翼前方，飞机受到正的迎角扰动后，鸭翼的迎角、升力增大，会产生抬头力矩，因此鸭翼会降低飞机的纵向静稳定性。

3.2.4 推进系统

推进系统对纵向静稳定性及配平特性的影响比较显著、复杂，且与推进系统的类型有关。

目前，飞机上常用的发动机包括活塞式与涡轮式两大类，其中涡轮式又分为涡桨、涡喷和涡扇等。活塞式及涡桨式发动机均是靠带动螺旋桨产生拉力，涡喷及涡扇发动机则是靠气流速度差产生推力。

因此从稳定性与操纵性的角度来说，采用活塞式与涡桨发动机的飞机被称为螺旋桨式飞机，采用涡喷及涡扇发动机的飞机则称为喷气式飞机。无论是螺旋桨式还是喷气式飞机，其推进系统对纵向静稳定性均有直接影响与间接影响。

1. 螺旋桨式飞机推进系统

活塞式发动机的工作原理如图 2-10 所示，涡桨发动机的工作原理则如图 3-14 所示。

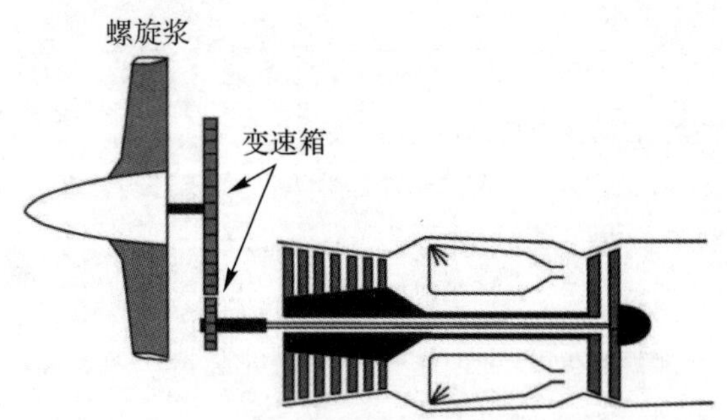

图 3-14　涡桨发动机的工作原理

对于螺旋桨式飞机，推进系统的直接影响取决于作用在螺旋桨上的力。由图 3-15 可以看出，作用在螺旋桨上的力有拉力 T_p 和法向力 N_p，二者均能产生相对于重心的力矩。

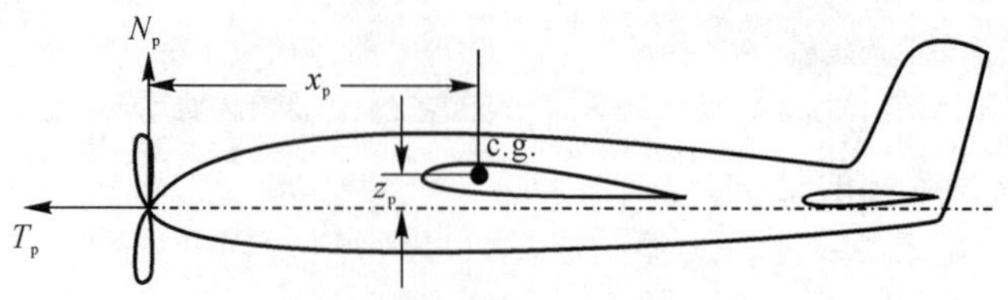

图 3-15　螺旋桨式发动机的受力示意图

其中,拉力产生的俯仰力矩

$$M_{T_p}=T_p\cdot z_p \tag{3-30}$$

式中:z_p 为拉力线与重心间的垂直距离,重心在上时为正。将上式两侧除以 $q_cS\bar{c}$,可得到俯仰力矩系数

$$C_{mT_p}=\frac{T_p}{q_cS}\cdot\frac{z_p}{\bar{c}}=C_{T_p}\cdot\frac{z_p}{\bar{c}} \tag{3-31}$$

平飞时 $T_p=D$,因此

$$C_{mT_p}=\frac{L}{q_cS}\cdot\frac{D}{L}\cdot\frac{z_p}{\bar{c}}=C_L\cdot\frac{1}{E}\cdot\frac{z_p}{\bar{c}} \tag{3-32}$$

式中:E 为升阻比。将 C_{mT_p} 关于 C_L 求导,可以得到

$$\left(\frac{\mathrm{d}C_m}{\mathrm{d}C_L}\right)_{T_p}=\frac{1}{E}\cdot\frac{z_p}{\bar{c}} \tag{3-33}$$

如果拉力线高于重心,$z_p<0$,起的是增稳作用;反之拉力线低于重心,$z_p>0$,起的是降低稳定性的作用。

法向力方面,如果螺旋桨位于重心之前,迎角增加,向上的法向力增加,产生的抬头力矩也增加,因此会降低飞机的纵向静稳定性;反之,如果螺旋桨位于重心之后,迎角增加,螺旋桨的向上法向力依然增加,产生的低头力矩随迎角增加,因此起的是增稳作用。

综上可知,螺旋桨拉力线高于重心、法向力位于重心之后时,会增加纵向静稳定性。

间接影响则由螺旋桨滑流产生,滑流是由螺旋桨高速旋转带来的气流变化,机翼和尾翼上被滑流覆盖的区域被称为滑流区域,如图3-16所示。

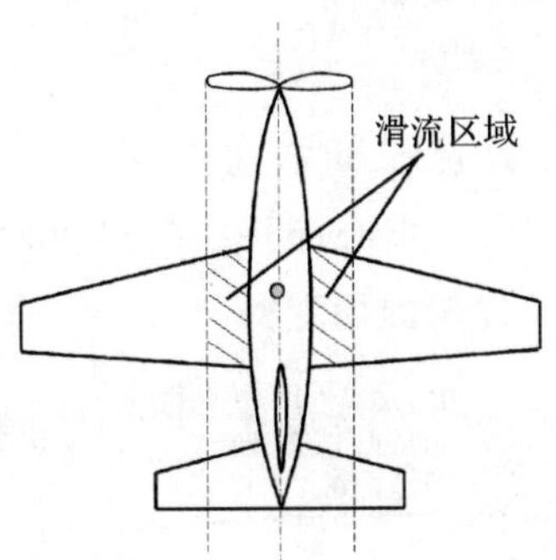

图3-16　螺旋桨滑流区域示意图

滑流会使气流速度增加,因此机翼上的滑流区域具有更高的动压、升力和阻力,这些会对纵向静稳定性有一定的影响,但是该影响通常较小且可忽略。

2.喷气式飞机的推进系统

与螺旋桨式飞机一样,喷气式飞机的推进系统对纵向静稳定性的影响也包括直接影响和间接影响。

直接影响方面,与螺旋桨式飞机一样,喷气式飞机的高推力线与后法向力对纵向静稳定性的贡献是增稳。

喷气式发动机的间接影响主要为喷流对平尾的影响。对于尾吊式飞机，发动机与平尾的距离近，为了降低发动机喷流对平尾的影响，通常会采用 T 形尾翼。

在接下面的分析中，我们会忽略推进系统的贡献。

3.2.5 全机静稳定性与中性点

1. 全机静稳定性

在忽略推进系统影响的前提下，全机的俯仰力矩等于机翼、机身和平尾的俯仰力矩之和，则全机的俯仰力矩系数：

$$C_m = C_{m_w} + C_{m_f} + C_{m_t} \tag{3-34}$$

式中：C_{m_w}，C_{m_f} 和 C_{m_t} 分别为机翼、机身和平尾的俯仰力矩系数。

将各项展开，可得到

$$C_m = C_{L_w}\bar{x}_a + C_{m_{ac},w} + C_{m_f} - C_{L,t}\eta_t\bar{V}_1 \tag{3-35}$$

关于 C_L 求导，可以得到

$$\frac{dC_m}{dC_L} = \bar{x}_a + \left(\frac{dC_m}{dC_L}\right)_f - \frac{a_t}{a_w}\left(1-\frac{d\varepsilon}{d\alpha}\right)\eta_t\bar{V}_1 \tag{3-36}$$

式中：$\bar{x}_a = \bar{x}_{cg} - \bar{x}_{ac}$，则有

$$\frac{dC_m}{dC_L} = \bar{x}_{cg} - \bar{x}_{ac} + \left(\frac{dC_m}{dC_L}\right)_f - \frac{a_t}{a_w}\left(1-\frac{d\varepsilon}{d\alpha}\right)\eta_t\bar{V}_1 \tag{3-37}$$

在飞机气动布局设计完成之后，焦点位置 $\bar{x}_{ac}$、机身贡献和平尾贡献基本就不再可变，因此全机的纵向静稳定度主要取决于重心位置 $\bar{x}_{cg}$。

2. 中性点

由图 3-17 中的平均气动弦可以看出：重心前移会使 $\bar{x}_{cg}$ 减小、dC_m/dC_L 降低，根据纵向静稳定准则，$dC_m/dC_L<0$ 时稳定，因此重心前移会提高纵向静稳定度；反之，重心后移会使 $\bar{x}_{cg}$ 增大，使得 dC_m/dC_L 提高，降低纵向静稳定度。

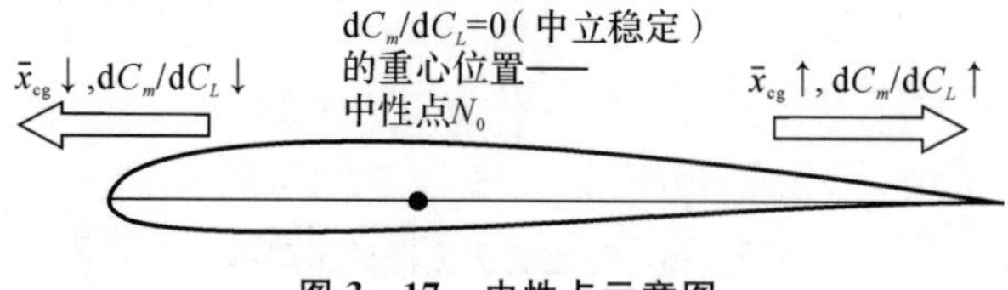

图 3-17 中性点示意图

因此，必定存在一个使 $dC_m/dC_L=0$ 的重心位置，此时飞机中立稳定。这个使飞机中立稳定的重心位置被称为中性点，用 N_0 表示。

当重心位于中性点时，全机的 $dC_m/dC_L=0$，即

$$\frac{dC_m}{dC_L} = N_0 - \bar{x}_{ac} + \left(\frac{dC_m}{dC_L}\right)_f - \frac{a_t}{a_w}\left(1-\frac{d\varepsilon}{d\alpha}\right)\eta_t\bar{V}_1 = 0 \tag{3-38}$$

将 N_0 放到方程左侧，可以得到中性点的位置

$$N_0 = \bar{x}_{ac} - \left(\frac{dC_m}{dC_L}\right)_f + \frac{a_t}{a_w}\left(1-\frac{d\varepsilon}{d\alpha}\right)\eta_t\bar{V}_1 \tag{3-39}$$

可以看出，中性点位置与机翼的焦点位置、机身和平尾的气动特性均相关。由于 a_t，a_w，$(1-\mathrm{d}\varepsilon/\mathrm{d}\alpha)$，$\bar{V}_1$ 及 η_t 均为正，式(3-39)中的最后一项为正，即平尾有使中性点后移的功能。

3. 不同重心位置下的纵向静稳定度

根据纵向静稳定准则，$\mathrm{d}C_m/\mathrm{d}C_L<0$ 时静稳定，$\mathrm{d}C_m/\mathrm{d}C_L>0$ 时静不稳定，$\mathrm{d}C_m/\mathrm{d}C_L=0$ 时中立稳定。

用 C_m-C_L 曲线描述的话，就是斜率为负时静稳定，为正时静不稳定，为 0 时中立稳定。

由图 3-18 可以看出，当重心位于中性点 N_0 时，C_m-C_L 曲线的斜率为 0，飞机中立稳定；当重心位于 x_{cg3} 时，斜率为正，飞机静不稳定；当重心位于 x_{cg2} 时，斜率为负，飞机静稳定；当重心位于 x_{cg1} 时，斜率同样为负，但斜率的绝对值更大，因此飞机比当重心位于 x_{cg2} 时更稳定。

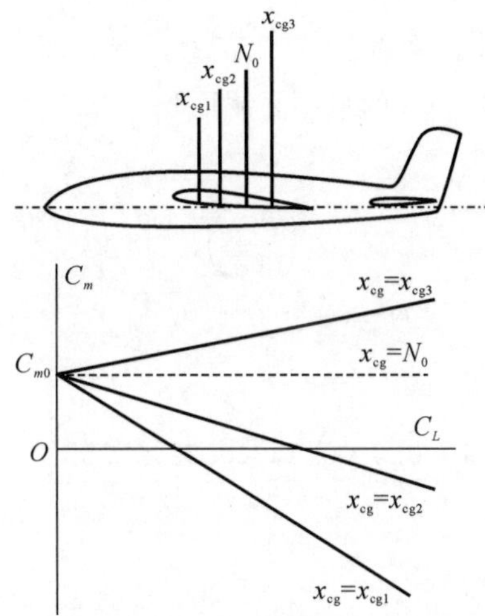

图 3-18　不同重心下的C_m-C_L 曲线

图 3-19 给出了重心位置与纵向静稳定性的关系，其中横坐标为 $\bar{x}_{cg}$，纵坐标为 $\mathrm{d}C_m/\mathrm{d}C_L$。可以看出，随着 $\bar{x}_{cg}$ 的增加，即重心后移，$\mathrm{d}C_m/\mathrm{d}C_L$ 逐渐增大，说明飞机纵向静稳定度逐渐下降，重心移动至中性点 N_0 之后，$\mathrm{d}C_m/\mathrm{d}C_L$ 为正，飞机纵向静不稳定。

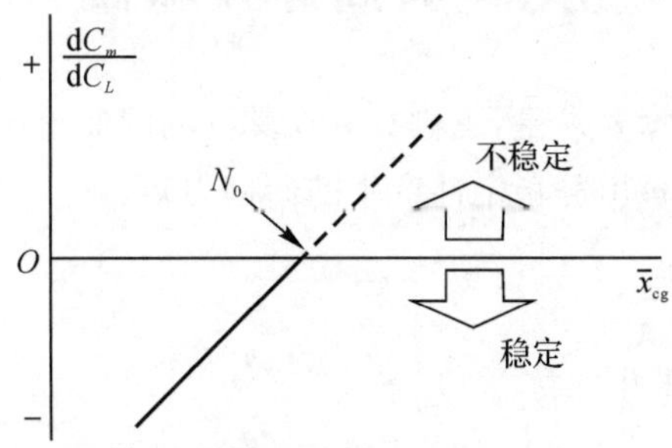

图 3-19　重心与静稳定性的关系曲线

因此任意重心位置下的纵向静稳定性可表示为

$$\frac{\mathrm{d}C_m}{\mathrm{d}C_L}=\bar{x}_{\mathrm{cg}}-N_0 \tag{3-40}$$

与机翼的贡献对比可知：迎角变化产生的机翼升力增量作用在机翼的焦点，迎角变化产生的全机升力增量作用在中性点，因此，中性点相当于全机的焦点。

可以使用静稳定裕度 H_{n} 来描述飞机的纵向握杆静稳定度：

$$H_{\mathrm{n}}=N_0-\bar{x}_{\mathrm{cg}}=-\left(\frac{\mathrm{d}C_m}{\mathrm{d}C_L}\right)_{\mathrm{fix}} \tag{3-41}$$

静稳定裕度 H_{n} 为正时，纵向静稳定。

所谓的握杆(stick-fixed)静稳定性，是指升降舵偏角保持固定时的纵向静稳定性。对于机械式操纵飞机，升降舵随驾驶杆偏转，驾驶杆位置固定，升降舵也会保持在固定偏角。

例 3-1 飞机翼身组合体的焦点 $\bar{x}_{\mathrm{ac}}=0.2$，重心 $\bar{x}_{\mathrm{cg}}=0.25$，机翼升力线斜率 $a_{\mathrm{w}}=0.1/(^\circ)$，平尾升力线斜率 $a_{\mathrm{t}}=0.08/(^\circ)$，下洗率 $\varepsilon=0.45\alpha$，$C_{m_{\mathrm{f}}}=0.1C_L$，$\eta_{\mathrm{t}}=0.95$，$S=25\ \mathrm{m}^2$，$l_{\mathrm{t}}/\bar{c}=2.5$。试确定使静稳定裕度达到 0.08 的最小平尾面积。

解 全机纵向静稳定导数

$$\begin{aligned}\frac{\mathrm{d}C_m}{\mathrm{d}C_L}&=\bar{x}_{\mathrm{cg}}-\bar{x}_{\mathrm{ac}}+\left(\frac{\mathrm{d}C_m}{\mathrm{d}C_L}\right)_{\mathrm{f}}-\frac{a_{\mathrm{t}}}{a_{\mathrm{w}}}\left(1-\frac{\partial\varepsilon}{\partial\alpha}\right)\eta_{\mathrm{t}}\frac{S_{\mathrm{t}}l_{\mathrm{t}}}{S\bar{c}}\\&=-H_{\mathrm{n}}=-0.08\end{aligned}$$

即

$$0.05+0.1-0.8\times0.55\times0.95\times2.5\frac{S_{\mathrm{t}}}{S}=-0.08$$

由此可得

$$0.15-1.045\frac{S_{\mathrm{t}}}{S}=-0.08$$

因此平尾面积

$$S_{\mathrm{t}}=\frac{0.23}{1.045}S=5.502\ 4\ \mathrm{m}^2$$

3.3 纵向静操纵性

飞机纵向操纵性的最基本要求是：飞机具有在其气动限制范围内任何迎角飞行的能力，即操纵面能平衡不同迎角下飞机由静稳定性产生的俯仰力矩。

3.3.1 纵向操纵方式

在平衡状态下，飞机的升力系数

$$C_L=\frac{-C_{m_{\mathrm{ac,w}}}-C_{m_{\mathrm{f}}}+C_{L_{\mathrm{t}}}\bar{V}_1\eta_{\mathrm{t}}}{\bar{x}_{\mathrm{cg}}-\bar{x}_{\mathrm{ac}}} \tag{3-42}$$

式中：机身俯仰力矩 $C_{m_{\mathrm{f}}}$、机翼焦点 $\bar{x}_{\mathrm{ac}}$、平尾尾容比 $\bar{V}_1$ 及平尾动压比 η_{t} 均不可控。可以改变以获得不同 C_L 的参数包括：机翼的零升俯仰力矩系数 $C_{m_{\mathrm{ac,w}}}$，取决于机翼的弯度；重心位置

$\bar{x}_{cg}$，可通过输送燃油或配重而改变；尾翼的升力系数 C_{L_t}，可通过偏转升降舵、可动水平安定面或全动平尾改变，鸭翼也具有类似的功能。

因此，飞机的纵向操纵方式可以归纳为三大类：改变机翼弯度、改变重心位置及改变局部升力。

1. 改变机翼弯度

机翼的零升俯仰力矩系数 $C_{m_{ac},w}$ 取决于机翼的弯度。如图 3－8 所示，翼型根据弯度可分为对称翼型、正弯度翼型和负弯度翼型 3 种。对于弯度线与弦线重合的对称翼型，零升俯仰力矩系数 $C_{m_{ac},w}=0$；对于弯度线在弦线之上的正弯度翼型，零升俯仰力矩系数 $C_{m_{ac},w}<0$；对于弯度线在弦线之下的负弯度翼型，零升俯仰力矩系数 $C_{m_{ac},w}>0$。

机翼的弯度可通过上下偏转机翼的前缘或后缘襟翼改变：前、后缘襟翼下偏，会增加机翼弯度，产生低头力矩；前、后缘襟翼上偏，会减小机翼弯度，产生抬头力矩。

这种操纵方式通常用于飞翼式、无尾或近耦合鸭式布局飞机，如图 3－20 所示。但这种操纵方式并不适合有尾飞机，因为襟翼，尤其是后缘襟翼的偏转会影响平尾处的下洗特性，对飞机的纵向静稳定性造成影响。

(a)　　(b)　　(c)

图 3－20　适用“改变机翼弯度”俯仰操纵方式的飞机

(a) 飞翼式飞机；(b) 无尾飞机；(c) 近耦合鸭式布局飞机

对于图 3－20(b)和图 3－20(c)中的无尾或近耦合鸭式布局战斗机，机翼后缘通常有四片操纵面，可通过不同的组合方式实现多功能操纵：两侧对称偏转时与升降舵(elevator)的功能相同，差动偏转时则与副翼(aileron)的功能相同，因此这种操纵面被称为升降副翼(elevon)。

2. 改变重心位置

重心位置的改变可以改变式(3－42)的分母，理论上也是一种有效的纵向操纵方式，李林达尔就曾经用移动双腿的方式改变重心实现对滑翔机的控制。

由式(3－42)可以看出，当重心前移($\bar{x}_{cg}$ 减小)或焦点后移($\bar{x}_{ac}$ 增加)时，飞机的纵向静稳定度会提高，但式(3－42)的分母会增大，使飞机的升力系数降低。

根据升力系数与法向过载的关系

$$n_z=\frac{L}{W}=\frac{C_L\rho V^2 S}{2W}$$

相同飞行状态下，升力系数的降低会导致法向过载 n_z 的降低，使飞机的机动性下降。这一问题对于超声速飞行尤为明显。

超声速客机“协和”就是通过改变重心位置的方式，来解决对跨声速/超声速飞行时静稳定度过高的问题，具体方式如图 3-21 所示。

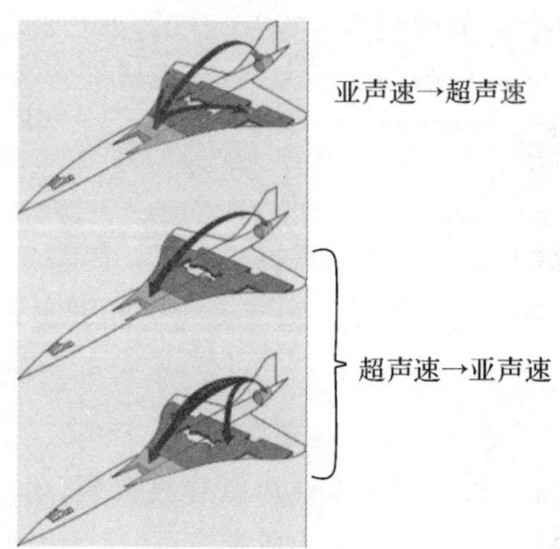

图 3-21 “协和”飞机改变重心位置的原理示意图

当飞机从亚声速加速至超声速时，机翼焦点会从 $\bar{c}/4$ 后移至 $\bar{c}/2$，此时飞机会将前油箱的燃油输送到后油箱或机翼主油箱，通过后移重心以保证飞机的纵向不过于稳定。

当飞机从超声速减速至亚声速时，机翼焦点会从 $\bar{c}/2$ 前移至 $\bar{c}/4$，此时飞机会将后油箱的燃油输送到前油箱或机翼主油箱，通过前移重心以保证飞机纵向静稳定。

这种方式可以有效缓解亚声速与超声速焦点位置移动带来的操纵性与稳定性问题，但该方法实现起来非常复杂，而且会影响飞机的纵向静稳定度和驾驶员的操纵感觉，因此并不适合作为常规俯仰操纵方式。

3. 改变局部升力

对于纵向操纵来说，最有效且最常用的方法是偏转升降舵、全动平尾或鸭翼，通过改变局部升力产生俯仰力矩。

图 3-22(a)中的公务机是通过偏转平尾后缘的升降舵，改变平尾升力实现俯仰控制；图 3-22(b)中的战斗机是将整个平尾作为俯仰操纵面；图 3-22(c)中的鸭式布局飞机则是通过偏转鸭翼的后缘襟翼来改变俯仰力矩。

(a) (b)

图 3-22 改变局部升力的俯仰操纵方式

(a) 升降舵；(b) 全动平尾

(c)

续图 3 - 22　改变局部升力的俯仰操纵方式

(c) 鸭翼

下面将以升降舵为例，对该操纵方式进行介绍。如图 3 - 23 所示，升降舵是位于平尾后缘的襟翼，可以绕铰链轴上下偏转。升降舵偏转可改变平尾的压力分布，从而改变平尾升力。

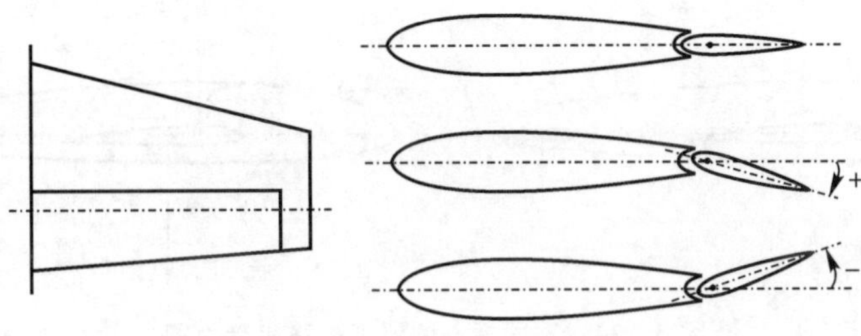

图 3 - 23　升降舵示意图

升降舵偏角用 δ_e 表示。升降舵下偏或后缘向下时，其偏角为正；升降舵上偏或后缘上偏时，其偏角为负。在允许的偏转范围内，升降舵下偏，会提高平尾升力，产生低头力矩；而升降舵上偏，则会降低平尾升力系数，产生抬头力矩。

平尾产生的俯仰力矩系数

$$C_{m_t} = -C_{L_t} \bar{V}_1 \eta_t$$

在有升降舵偏角的情况下，有

$$C_{L_t} = a_t \alpha_t = a_t (\alpha_w - i_w + i_t - \varepsilon + \tau \delta_e) \tag{3-43}$$

式中：τ 为升降舵效率因子，即单位升降舵偏角相当于的平尾迎角改变量。

将平尾俯仰力矩系数对升力系数求导，可以得到升降舵有偏角时，平尾对纵向静稳定性的贡献：

$$\frac{\mathrm{d}C_{m,t}}{\mathrm{d}C_L} = \frac{\mathrm{d}C_{m,t}}{\mathrm{d}C_{L_t}} \frac{\mathrm{d}C_{L_t}}{\mathrm{d}C_L} = -\frac{a_t}{a_w}\left(1 - \frac{\mathrm{d}\varepsilon}{\mathrm{d}\alpha}\right) \bar{V}_1 \eta_t \tag{3-44}$$

可以看出，式中并不含 δ_e 项，说明升降舵偏转并不会影响飞机的握杆静稳定度。

3.3.2　纵向配平

在飞行力学中，配平指的通过操纵面偏转使飞机平衡。对于纵向来说，配平意味着俯仰力矩为 0，升力等于重力，则有

$$\left.\begin{aligned}C_m&=C_{L_w}\bar{x}_a+C_{m_{ac},w}+C_{m_f}-C_{L_t}\eta_t\bar{V}_1=0\\C_L&=W/qS\end{aligned}\right\}\tag{3-45}$$

由此可以得到平尾的配平升力系数

$$C_{L_t}=\frac{C_{L_w}\bar{x}_a+C_{m_{ac},w}+C_{m_f}}{\bar{V}_1\eta_t}\tag{3-46}$$

式中：机翼升力系数 C_{L_w} 为正，$\bar{x}_a=\bar{x}_{cg}-\bar{x}_{ac}$ 取决于重心和焦点的位置，机身俯仰力矩系数 C_{m_f} 也为正，机翼的零升俯仰力矩系数 $C_{m_{ac},w}$ 则取决于机翼的弯度。因此，在飞机气动布局确定之后，平尾的配平升力系数完全取决于重心位置。

图 3-24 为重心处于不同位置时飞机的受力图，可以看出：当重心位于中性点之前时，平尾需要产生负升力来平衡飞机；而当重心位于中性点之后时，平尾的配平升力为正。

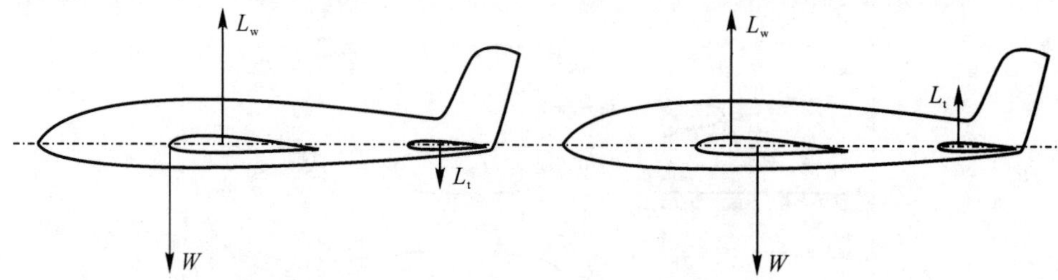

图 3-24　不同重心位置下的飞机受力图

1. 升降舵的配平偏角

将式(3-41)与式(3-43)联立，可以得到纵向配平所需的升降舵偏角

$$\delta_e=\frac{C_{L_w}\bar{x}_a+C_{m_{ac},w}+C_{m_f}-a_t(\alpha_w-i_w+i_t-\varepsilon)\bar{V}_1\eta_t}{a_t\bar{V}_1\eta_t\tau_1}\tag{3-47}$$

将上式关于 C_L 求导，可以得到配平舵偏角随升力系数的变化梯度：

$$\begin{aligned}\frac{d\delta_e}{dC_L}&=\frac{\bar{x}_a+\left(\frac{dC_m}{dC_L}\right)_f-\frac{a_t}{a_w}\left(1-\frac{\partial\varepsilon}{\partial\alpha}\right)\bar{V}_1\eta_t}{-C_{m\delta_e}}\\&=\frac{\left(\frac{dC_m}{dC_L}\right)_{fix}}{-C_{m\delta_e}}=-\frac{\bar{x}_{cg}-N_0}{C_{m\delta_e}}\end{aligned}\tag{3-48}$$

式中：

$$C_{m\delta_e}=-a_t\bar{V}_1\eta_t\tau_1\tag{3-49}$$

为单位升降舵偏角产生的俯仰力矩系数增量，又被称为升降舵的操纵导数或操纵效率。升降舵下偏为正，此时平尾升力会增加并产生低头力矩，因此 $C_{m\delta_e}<0$。

可以看出，飞机的配平舵偏角与全机的握杆静稳定度相关。对于纵向静稳定的飞机，重心位于中性点之前，$\bar{x}_{cg}-N_0<0$，因此 $d\delta_e/dC_L$ 为负，也就是为平衡更高的升力系数 C_L，升降舵应上偏。任意 C_L 下的配平升降舵偏角

$$\delta_e = \delta_{e0} + \frac{d\delta_e}{dC_L} C_L \tag{3-50}$$

式中：δ_{e0} 为零升力时的配平舵偏角。零升力时，式(3-47)中的 $C_{L_w}=0$，$C_{m_f}=C_{m_f0}$，$\varepsilon<0$，α_w 为机翼的零升力迎角 α_{w0L}，如图 3-25 示。

由此可以得到零升力配平升降舵偏角

$$\delta_{e,0} = \frac{C_{m_{ac}w} + C_{m_f0} - a_t(\alpha_{w0L} - i_w + i_t)\bar{V}_1 \eta_t}{-C_{m\delta}} \tag{3-51}$$

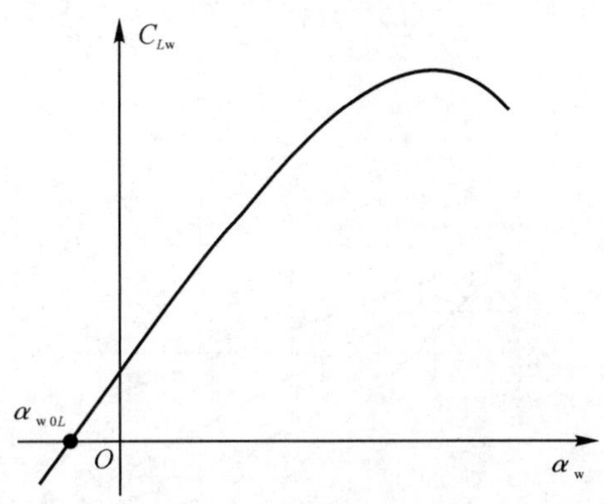

图 3-25　机翼升力系数曲线

将式(3-48)与式(3-50)联立，可以得到不同重心位置下的配平升降舵偏角

$$\delta_e = \delta_{e0} - \frac{\bar{x}_{cg} - N_0}{C_{m\delta_e}} C_L \tag{3-52}$$

2. 重心前限

图 3-26(a)中的机翼平均气动弦上给出了五个重心位置，包括重心前限 $x_{cg,f}$，中性点 N_0，位于二者之间的 x_{cg1} 和 x_{cg2}，以及位于重心前限前的 x_{cg3}。

图 3-26(b)为重心处于上述 5 个位置时的配平升降舵偏角 δ_e 随升力系数 C_L 变化的曲线。

对于同一架飞机，无论重心位于何处，零升力配平舵偏角 δ_{e0} 是相等的。

当重心位于中性点 N_0 时，δ_e 不随 C_L 变化。

当重心位于 x_{cg1} 时，随 C_L 的增加，为了配平，升降舵逐渐上偏，即 δ_e 逐渐减小；当重心位于 x_{cg2} 时，随 C_L 的增加，升降舵也是逐渐上偏，但是上偏速度要高于 x_{cg1}，对应的配平曲线具有更大的负斜率。

当升降舵最大上偏角 $\delta_{e,min}$ 刚好能够平衡 $C_{L,max}$ 产生的低头力矩时，所对应的重心位置即为重心前限 $x_{cg,f}$。由式(3-52)可以得到

$$\bar{x}_{cg,f} = N_0 - (\delta_{e,min} - \delta_{e0}) \frac{C_{m\delta_e}}{C_{L,max}} \tag{3-53}$$

当重心位于 x_{cg3}，也就是重心前限 $x_{cg,f}$ 之前时，即使升降舵满偏也无法平衡 $C_{L,max}$ 产生的低头力矩；而当重心位于 $x_{cg,f}$ 之后时，平衡 $C_{L,max}$ 所产生低头力矩需要的上偏角小于最大偏角。

此外，重心前限与升降舵的操纵效率 $C_{m\delta_e}$ 密切相关，操纵效率越高，$x_{cg,f}$ 越小，即所允许的重心前限越靠前。

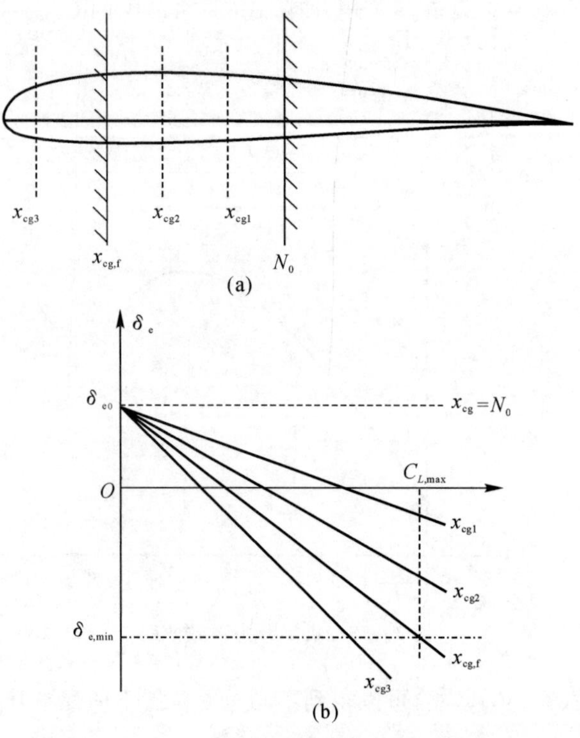

图 3-26　不同重心位置下的配平升降舵曲线

(a) 重心位置示意图；(b) 配平曲线

3. 配平偏角随速度的变化

在配平条件下，有

$$L=\frac{1}{2}C_L\rho V^2 S=W \tag{3-54}$$

可以看出，配平条件下升力系数 C_L 与速度的二次方 V^2 成反比，由此可以推导出配平升降舵偏角与速度的关系：

$$\delta_{e,trim}=\delta_{e0}-\frac{\bar{x}_{cg}-N_0}{C_{m\delta_e}}C_L=\delta_{e0}-\frac{\bar{x}_{cg}-N_0}{C_{m\delta_e}}\frac{2W/S}{\rho V^2} \tag{3-55}$$

式中：δ_{e0} 是 $L=0$，即 $V\to\infty$ 时的配平升降舵偏角。

如图 3-27 所示，在忽略空气压缩性的前提下，当 $\bar{x}_{cg}=N_0$ 时，配平升降舵偏角 $\delta_{e,trim}$ 始终等于 δ_{e0}，不随速度变化。

由于升降舵操纵效率 $C_{m\delta_e}$ 为负，当重心位于中性点之前，即 $\bar{x}_{cg}<N_0$ 时，$\delta_{e,trim}$ 随速度增加而增加(下偏)；当重心位于中性点之后，即 $\bar{x}_{cg}>N_0$ 时，$\delta_{e,trim}$ 随速度增加而减小(上偏)。

飞机的速度是通过改变油门位置从而改变推力实现。其中，增大推力需向前推油门杆，而降低推力则需向后拉油门杆。升降舵是通过驾驶杆来操纵的，其中，推杆时升降舵下偏，拉杆时升降舵上偏，根据符号定义习惯，升降舵下偏为正。

对于驾驶员来说，加速需要推油门，如果同时需要推驾驶杆以配平，则符合其操纵习惯。因此，纵向静稳定飞机的加速配平操纵是符合驾驶员习惯的。

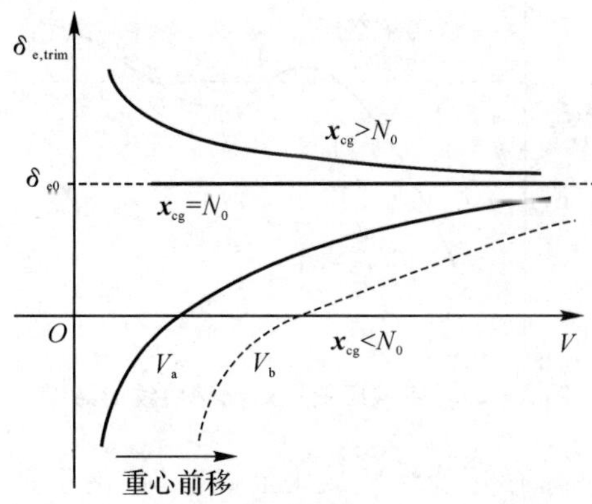

图 3-27　配平升降舵偏角随速度的变化趋势

4. *跨声速勺形区*

当飞行速度较高时，配平偏角随速度的变化曲线还需要考虑空气压缩性的影响。配平俯仰力矩系数

$$C_m = C_{m0} + \frac{\partial C_m}{\partial C_L} C_L + C_{m\delta_e}\delta_e = 0 \tag{3-56}$$

由纵向静稳定裕度 $H_n = -\mathrm{d}C_m/\mathrm{d}C_L$，可得配平升降舵偏角

$$\delta_e = \frac{1}{C_{m\delta_e}}\left(C_{m0} - H_n \frac{2W/S}{\rho}\frac{1}{V^2}\right) \tag{3-57}$$

式中：零升俯仰力矩系数 C_{m0}、静稳定裕度 H_n 及俯仰操纵效率 $C_{m\delta_e}$ 均会受空气压缩性影响，如图 3-28 所示。

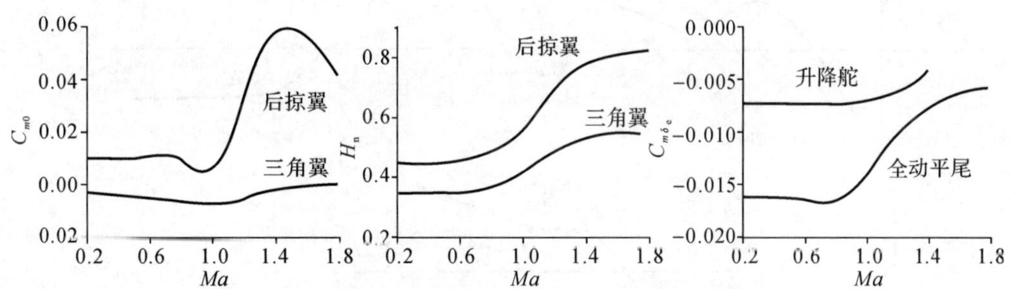

图 3-28　马赫数对飞机俯仰力矩特性的影响

(a)零升俯仰力矩系数；(b)静稳定裕度；(c)俯仰操纵面效率

可以看出：后掠翼飞机的 C_{m0} 和 H_n 随马赫数变化较为剧烈，三角翼飞机的变化相对较小；无论是升降舵还是全动平尾，其操纵效率 $C_{m\delta_e}$ 均随马赫数的增加急剧下降。

这些参数在跨声速区域的剧烈变化，会导致飞机在跨声速区域的操纵反常。

如图 3-29 所示，在忽略空气压缩性的前提下，配平舵偏角随着速度的增加呈单调增加趋势;当考虑了空气压缩性后,配平舵偏角随着速度的增加,呈先增加、再减小、再增加的趋势。

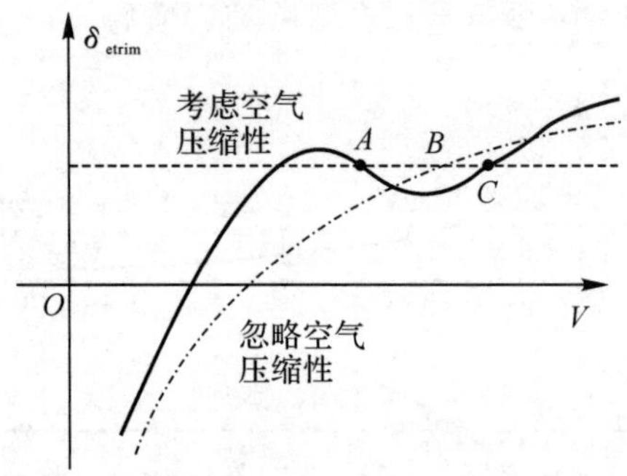

图 3-29　空气压缩性对配平曲线的影响

当飞机在 A 点配平并保持 δ_e 不变继续加速至 B 点时,由于 δ_e 比实际需要的 $\delta_{e,trim}$ 大,会产生一个低头力矩,为了平衡飞机,驾驶员需要拉杆,这与其操纵习惯是相反的。如果驾驶员继续推杆或不加干预,飞机将自动进入俯冲,使速度增加。当速度增加到 C 时,该升降舵偏角会再次成为正确的配平舵偏角,飞机恢复正常操纵。

根据配平曲线在这一区域的形状,这一现象被称为跨声速勺形区。跨声速勺形区会造成飞机自动俯冲和操纵反常,是一种非常危险的现象。

跨声速勺形区问题可以用马赫数配平来解决,即在配平升降舵偏角开始出现转折的时候自动产生一个额外的升降舵偏角,该偏角与配平升降舵偏角之差即为需要由驾驶员操纵产生的升降舵偏角。如图 3-30 所示。

由图 3-30(a)中的升降舵配平曲线可以看出,在跨声速附近 $\delta_{e,trim}$ 有转折。在转折处马赫数配平自动产生一个升降舵偏角 $\Delta\delta_e$,如图 3-30(b)所示。

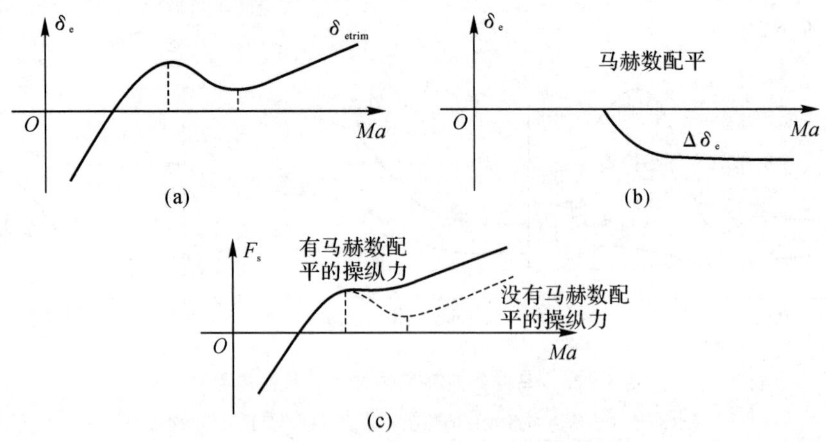

图 3-30　马赫数配平原理示意图

(a)$\delta_{e,trim}$ 随马赫数的变化趋势;(b)马赫数配平产生的δ_e;(c)驾驶员需要提供的配平杆力

在没有马赫数配平的情况下,配平杆力的斜率在跨声速区域也有转折;但在引入马赫数配平后,驾驶员操纵杆力的斜率始终为正,如图 3-30(c)所示,即在加速过程中驾驶员始终需要

推杆，这是符合驾驶员操纵习惯的。

3.3.3　地面效应及影响

在接近地面飞行时，地面的存在会显著改变流经飞机的气流，从而显著改变飞机的稳定性与操纵性。

由图 3－31 中流经机翼的气流可以看出，近地面飞行时，地面的存在相当于给下洗气流增加了一个下边界，限制了气流的下洗。因此近地面飞行时气流的上洗和下洗均比空中飞行时要小，这就是所谓的地面效应(Ground Effect)。

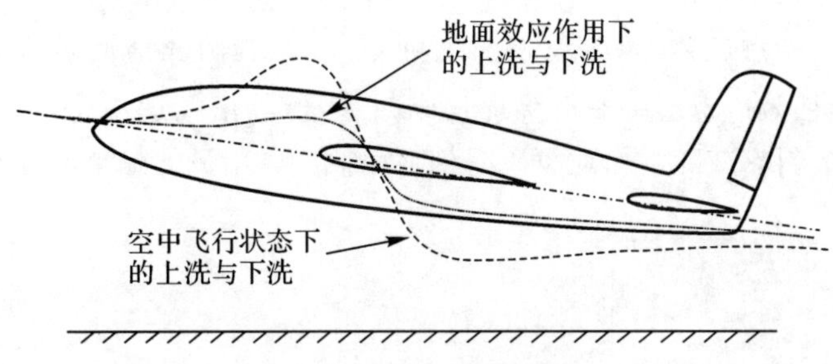

图 3－31　地面效应示意图

下洗的减小带来了 3 个主要影响：平尾处的下洗角 ε 减小，平尾升力线斜率 α_t 增加及翼身组合体升力线斜率 α_w 增加。

下洗角的降低和平尾升力线斜率的提高，使得平尾的升力系数显著提高，如图 3－32 所示。因此，平尾的操纵效率也得到了显著提高。

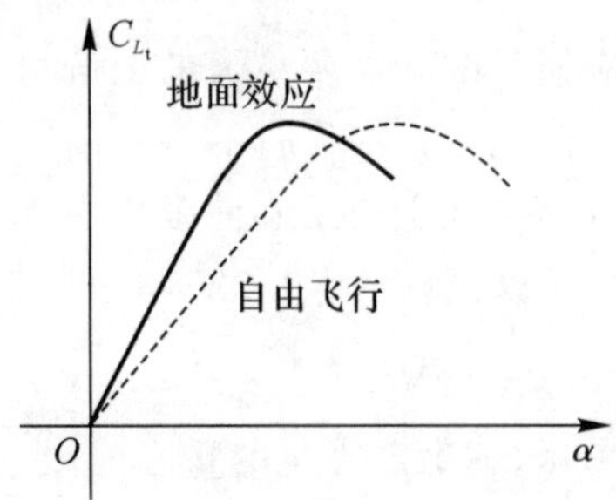

图 3－32　地面效应对平尾升力系数的影响

1. 地面效应对中性点的影响

中性点

$$N_0=\bar{x}_{ac}-\left(\frac{dC_m}{dC_L}\right)_f+\frac{a_t}{a_w}\left(1-\frac{d\varepsilon}{d\alpha}\right)\bar{V}_1\eta_t$$

地面效应会让平尾升力线斜率 α_t 和机翼升力线斜率 a_w 同时提高，但 a_w 的增幅更大，因此 α_t/α_w 会小幅降低；此外下洗角的减小，会使$(1-\partial\varepsilon/\partial\alpha)$显著提高。在这些变化的共同影响下，上式中的最后一项是增加的，因此地面效应将使中性点后移，即更高的平尾效率会使飞机变得更稳定。

2.地面效应对重心前限的影响

配平升降舵偏角

$$\delta_e=\delta_{e0}-\frac{N_0-\bar{x}_{cg}}{-C_{m\delta_e}}C_L$$

式中：
$$\delta_{e0}=\frac{C_{m_{ac},w}+C_{m_f0}-a_t(\alpha_{w,0L}-i_w+i_t)\bar{V}_1\eta_t}{-C_{m\delta_e}}=\frac{C_{m0}}{-C_{m\delta_e}}$$

地面效应对零升俯仰力矩系数 C_{m0} 影响较小，但会提高升降舵操纵效率，因此 δ_{e0} 会减小，但仍为正值。

地面效应会使中性点后移，对于稳定的飞机，$\bar{x}_{cg}<N_0$，因此地面效应会使 $(N_0-\bar{x}_{cg})$ 增大，且增幅显著。地面效应也会提高升降舵操纵效率，但其增幅远小于 $(N_0-\bar{x}_{cg})$，因此地面效应会使配平曲线的斜率变陡。由此可以得到地面效应作用下的配平曲线，如图 3-33 所示。

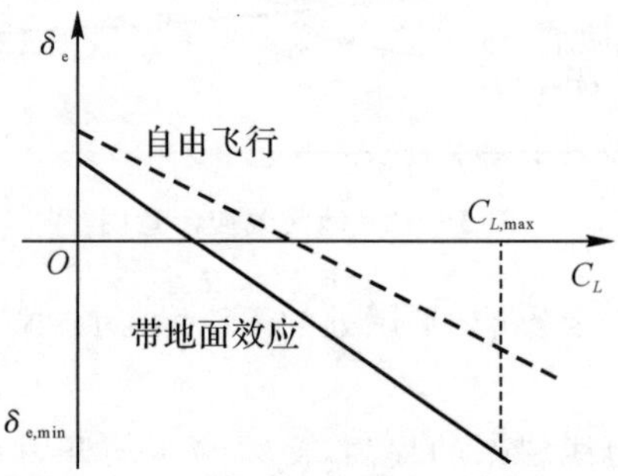

图 3-33　地面效应对配平曲线的影响

在相同升力系数下，地面效应使得配平需要更大的上偏角，使升降舵配平最大升力系数更困难，因此地面效应作用下的重心前限比自由飞行的重心前限要靠后。

综上可知，地面效应会使飞机的中性点与重心前限均向后移。

例 3-2　某轻型飞机具有以下数据：$C_L=0.085(\alpha+1.5)$，$i_w=-1°$，$C_{m_{ac},w}=-0.012$；$C_{m_f}=0.05+0.1C_L$，$C_{L,\max}=1.2$，$a_t=0.075/(°)$；$\tau=0.4$，$\bar{V}_1=0.7$，$\delta_{e,\min}=-15°$，$\eta_t=0.9$，$i_t=-2°$，假设握杆中性点 $N_0=0.35\bar{c}$，试确定飞机的重心前限。

解　升降舵操纵效率

$$\begin{aligned}C_{m\delta_e}&=-a_t\bar{V}_1\eta_t\tau\\&=-0.075\times0.7\times0.9\times0.4/(°)=-0.018\,9/(°)\end{aligned}$$

零升力配平舵偏角

$$\begin{aligned}\delta_{e0}&=\frac{C_{m_{ac},w}+C_{m_f0}-a_t\bar{V}_1\eta_t(\alpha_{w,0L}-i_w+i_t)}{-C_{m\delta_e}}\\&=\frac{-0.012+0.05-0.075\times0.7\times0.9\times(-1.5+1-2)}{0.018\,9}(°)\\&=8.26°\end{aligned}$$

重心前限

$$\bar{x}_{cg,f}=N_0-(\delta_{e,\min}-\delta_{e0L})\frac{C_{m\delta_e}}{C_{L,\max}}$$

$$=0.35-(-15-8.26)\times\frac{-0.0189}{1.2}=-0.016$$

3.4　铰链力矩与操纵力

对于驾驶员来说，其直接接触的操纵机构是驾驶杆，对操纵性的感受取决于驾驶杆的操纵力。

机械式飞机的纵向操纵系统如图 3 - 34 所示。操纵面通过连杆、滑轮、索等机构与驾驶杆相连。按照符号定义习惯：推杆为正，此时升降舵下偏，平尾升力增加，产生低头力矩；拉杆为负，此时升降舵上偏，平尾升力减小，产生抬头力矩。

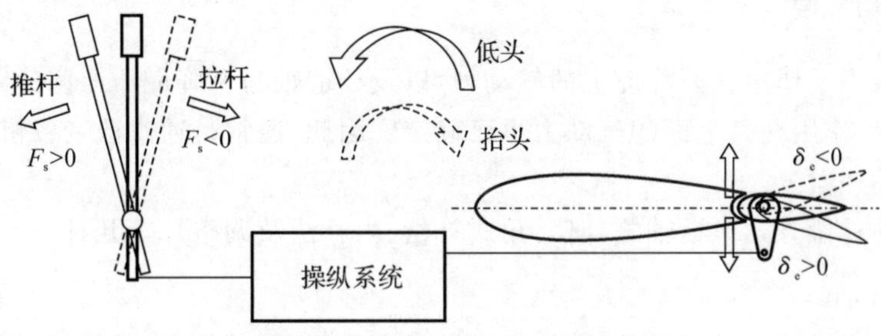

图 3 - 34　纵向操纵系统示意图

3.4.1　铰链力矩

如果升降舵安装在一个无摩擦的铰链上，在气动力的作用下，升降舵会绕铰链轴自由偏转。

由作用在升降舵上的气动力产生的、关于铰链轴的力矩被称为铰链力矩，如图 3 - 35 所示。铰链力矩取决于作用在升降舵上的气动力，以及铰链轴与升降舵压心间的距离：

$$M_h=L_e l_e\ C_h q_t S_e \bar{c}_e \tag{3-58}$$

式中：C_h 为铰链力矩系数；q_t 为平尾处的动压；S_e 为升降舵面积；$\bar{c}_e$ 为升降舵的平均气动弦长。

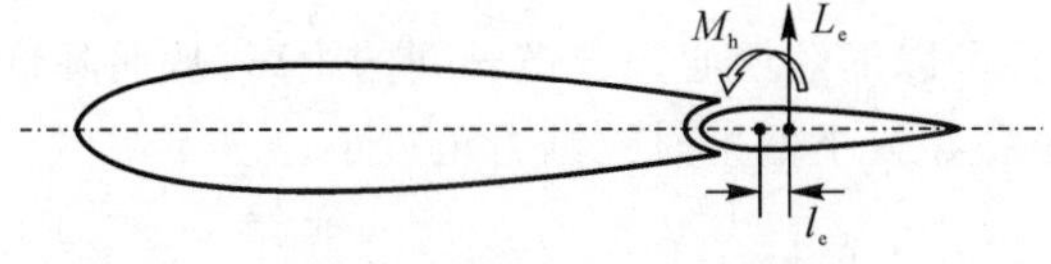

图 3 - 35　铰链力矩示意图

铰链力矩系数与迎角和升降舵偏角相关：

$$C_h=C_{h0}+C_{h\alpha}\alpha+C_{h\delta_e}\delta_e \tag{3-59}$$

式中：

$$C_{h\alpha}=\partial C_h/\partial \alpha$$
$$C_{h\delta_e}=\partial C_h/\partial \delta_e$$

对于纯机械式操纵飞机，有

$$F_s \cdot s+M_h \cdot \delta_e=0 \tag{3-60}$$

由此，可以得到驾驶杆力

$$F_s=-G_1 M_h \tag{3-61}$$

式中：G_1 为操纵系统的传动比；M_h 为操纵面的铰链力矩。

由式(3-61)可以看出，杆力取决于铰链力矩。

过低的铰链力矩会导致操纵力过小，操纵高度敏感；而过高的铰链力矩则会导致操纵力过大，操纵过于迟钝。因此，需要对铰链力矩参数 $C_{h\alpha}$ 和 $C_{h\delta_e}$ 进行精细设计，使操纵力处于合理范围内，即所谓的气动补偿。

3.4.2 气动补偿

铰链力矩取决于作用在升降舵上的气动力，以及铰链轴与升降舵压心间的距离，在升降舵外形设计好之后，作用在其上面的气动力也已确定。因此，通常是通过改变铰链轴和压心间的距离来实现气动补偿。

常见的气动补偿方式包括轴式补偿、角式补偿、内补偿及调整片等几种。

1. 轴式补偿

轴式补偿是通过将铰链轴后移，缩短铰链轴与操纵面压心距离来降低铰链力矩和操纵力，如图 3-36 所示。

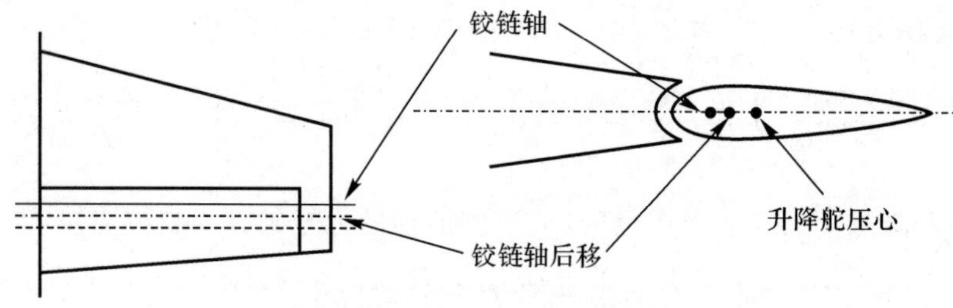

图 3-36 轴式补偿示意图

图 3-36 中，实线表示初始铰链轴，点画线为后移的铰链轴，虚线为对应的操纵面各截面的压心连线。

可以看出，铰链轴后移可以缩短压心与铰链轴间的距离，从而降低铰链力矩和操纵力。这种方式简单、有效，但是容易导致小偏角时铰链力矩过小。

2. 角式补偿

角式补偿如图 3-37 所示，是将尾翼安定面翼尖的部分作为操纵面的一部分，使得铰链轴前端的操纵面面积增加，操纵面的压心前移。

铰链轴不变，压心前移，同样能够缩短压心和铰链轴间的距离，从而降低铰链力矩和操纵力。但是与轴式补偿一样，这种方式也容易导致小偏角时操纵力过小。

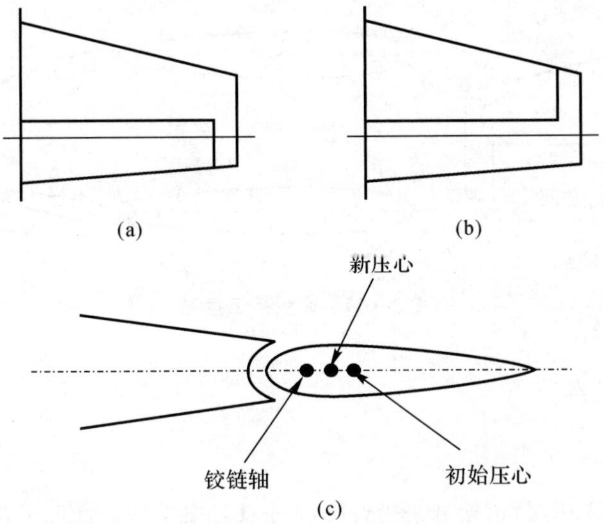

图 3－37　角式补偿示意图

(a)初始操纵面;(b)角式补偿后的操纵面;(c)角式补偿前后的压心

3. 内补偿

内补偿是轴式补偿的改进。

如图 3－38 所示,操纵面前缘与翼型结构之间有一个气室,补偿的效率可通过封闭气室得到提高。气室封闭相当于铰链轴前的操纵面面积增大,使得压心前移、压心与铰链轴间距离减小,铰链力矩降低。

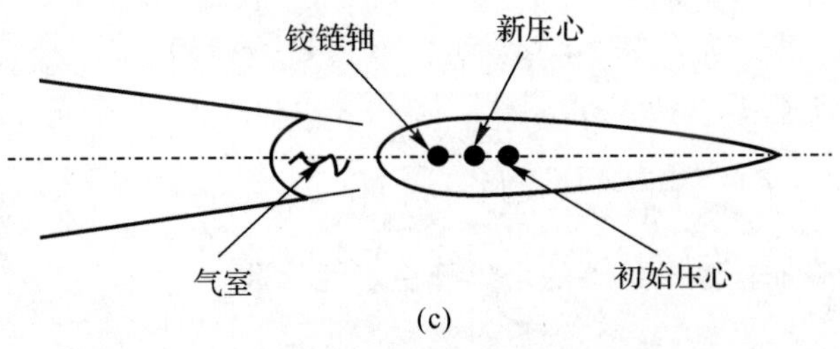

图 3－38　内补偿示意图

这种方法只在操纵面偏角较大时起作用,因此可以保证铰链力矩在小偏角时不过小,大偏角时不过大。

4. 调整片

最有效、最常用的气动补偿方式是调整片。

如图 3－39 所示,调整片是位于操纵面后缘的小襟翼。按照符号定义习惯,调整片下偏为正,上偏为负。

与操纵面相比,调整片的尺寸要小很多,通常与操纵面反向偏转。调整片压心与操纵面铰链轴间的距离 l_{tab} 远大于操纵面压心与铰链轴间距离 l_e,因此尽管调整片的尺寸远小于操纵面,其效率并不低。此外,调整片偏角是可调的,因此可以获得较为满意的操纵力。

由于调整片通常与操纵面反向偏转,因此会造成一定的操纵效率损失。

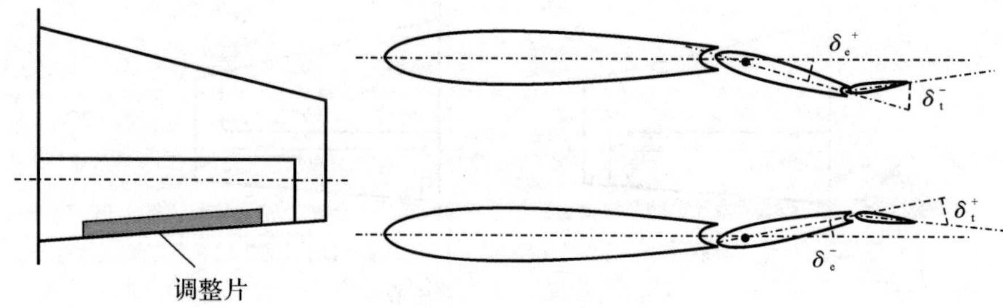

图 3－39　调整片示意图

3.4.3　松杆中性点

1. 松浮角

对于机械式操纵飞机，所谓松杆是指升降舵可以自由偏转。此时升降舵会在气动力的作用下自由浮动，并停留在一个铰链力矩为 0 的角度，这个角度被称为浮动角或松浮角。

由铰链力矩为 0，即

$$C_h = C_{h0} + C_{h\alpha}\alpha + C_{h\delta_e}\delta_e = 0 \tag{3-62}$$

可以得到升降舵的松浮角

$$\delta_{ef} = -\frac{C_{h0} + C_{h\alpha}\alpha}{C_{h\delta_e}} \tag{3-63}$$

2. 松杆中性点

将松浮角代入平尾升力系数公式

$$C_{L,t} = a_t(\alpha_w - i_w + i_t - \varepsilon + \tau_1\delta_{ef})$$

再关于全机升力系数求导，可以得到

$$\frac{dC_{L,t}}{dC_L} = \frac{a_t}{a_w}\left(1 - \frac{\partial\varepsilon}{\partial\alpha}\right)\left(1 - \tau_1\frac{C_{h\alpha}}{C_{h\delta_e}}\right)$$

由此可以得到升降舵松浮条件下的全机静稳定性导数

$$\left(\frac{dC_m}{dC_L}\right)_{free} = \bar{x}_{cg} - \bar{x}_{ac} + \left(\frac{dC_m}{dC_L}\right)_f - \frac{a_t}{a_w}\left(1 - \frac{\partial\varepsilon}{\partial\alpha}\right)\bar{V}_1\eta_t\left(1 - \tau_1\frac{C_{h\alpha}}{C_{h\delta_e}}\right) \tag{3-64}$$

对比式(3－37)中的纵向静稳定性，可以得到

$$\begin{aligned}\left(\frac{dC_m}{dC_L}\right)_{free} &= \left(\frac{dC_m}{dC_L}\right)_{fix} - \frac{-a_t\bar{V}_1\eta_t\tau_1}{a_w}\frac{C_{h\alpha}}{C_{h_\delta,e}}\left(1 - \frac{\partial\varepsilon}{\partial\alpha}\right) \\ &= \left(\frac{dC_m}{dC_L}\right)_{fix} - \frac{C_{m\delta_e}}{a_w}\frac{C_{h\alpha}}{C_{h_{\delta e}}}\left(1 - \frac{\partial\varepsilon}{\partial\alpha}\right)\end{aligned} \tag{3-65}$$

可以看出，松杆与握杆静稳定度之差与升降舵操纵效率 $C_{m\delta_e}$ 密切相关。

与握杆静稳定性一样，重心前移会提高飞机的松杆静稳定性，后移则会降低松杆静稳定性；而全机松杆中立静稳定所对应的重心位置即为飞机的松杆中性点，用 N'_0 表示，则有

$$N'_0=\bar{x}_{ac}-\left(\frac{dC_m}{dC_L}\right)_f+\frac{a_t}{a_w}\left(1-\frac{d\varepsilon}{d\alpha}\right)\bar{V}_1\eta_t\left(1-\tau_1\frac{C_{h\alpha}}{C_{h\delta_e}}\right)$$

$$=N_0+\frac{C_{m\delta_e}}{a_w}\frac{C_{h\alpha}}{C_{h\delta_e}}\left(1-\frac{d\varepsilon}{d\alpha}\right) \tag{3-66}$$

$C_{h\alpha}$,$C_{h\delta_e}$ 和 $C_{m\delta_e}$ 这3个导数通常为负,因此 $N'_0<N_0$,即松杆中性点位于握杆中性点之前,如图3-40所示。

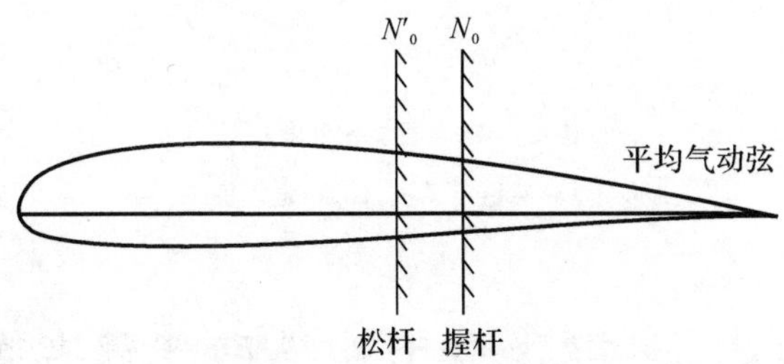

图3-40　松杆与握杆中性点

松杆静稳定裕度

$$H'_n=N'_0-\bar{x}_{cg}=-\left(\frac{dC_m}{dC_L}\right)_{free} \tag{3-67}$$

为正时稳定。可以看出,对于同一重心位置,松杆静稳定裕度 H'_n 要低于握杆静稳定裕度 H_n。也就是说,与升降舵偏角固定相比,松开驾驶杆,让升降舵在气动力作用下自由偏转,会让飞机的静稳定度降低。

3.4.4　杆力梯度

在通过调整片完成调节好杆力后,操纵杆力

$$F_s=K_1\frac{W}{S}\frac{C_{h\delta_e}}{C_{m\delta}}\left(\frac{dC_m}{dC_L}\right)_{free}\left[\left(\frac{V}{V_{trim}}\right)^2-1\right] \tag{3-68}$$

将上式关于速度求导,可得到

$$\frac{dF_s}{dV}=2K_1\frac{W}{S}\frac{C_{h\delta_e}}{C_{m\delta}}\left(\frac{dC_m}{dC_L}\right)_{free}\frac{V}{V_{trim}^2} \tag{3-69}$$

式中:$K_1=-G_1S_e\bar{c}_e\eta_t$。

对于驾驶员来说,飞机加速时需要推油门,如果同时需要推驾驶杆,则符合其操纵习惯。按照符号定义,推杆为正,因此正的杆力梯度,即 $dF_s/dV>0$ 符合驾驶员操纵习惯。

图3-41给出了两架飞机纵向操纵杆力 F_s 随速度变化的曲线,其中,曲线与 x 轴的交点为配平速度。

图3-41(a)中的曲线在配平速度处的斜率为负,说明其杆力梯度为负,为了加速,需要后拉驾驶杆,不符合驾驶员的操纵习惯,不稳定。而图3-41(b)的曲线在配平速度处的斜率为

正，说明其杆力梯度为正，为了加速，需要前推驾驶杆，符合驾驶员的操纵习惯，稳定。

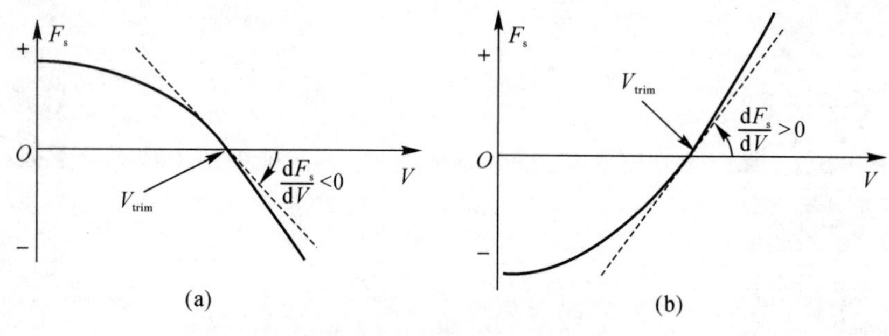

图 3-41　杆力-速度曲线

(a)不稳定飞机；(b)稳定飞机

3.5　机动飞行中的纵向静稳定性

前文中已经讨论了平飞状态下的纵向静稳定性，机动飞行中的飞机，其纵向静稳定性会有怎样的变化？

法向过载超过 1 的飞行轨迹均被称为机动，包括铅垂面内的拉升机动与水平面内的协调转弯等，如图 3-42 示。

这里将以定常拉升运动为例，通过分析保持法向过载 n_z 所需的升降舵偏角和杆力，来分析机动飞行时的静稳定性。

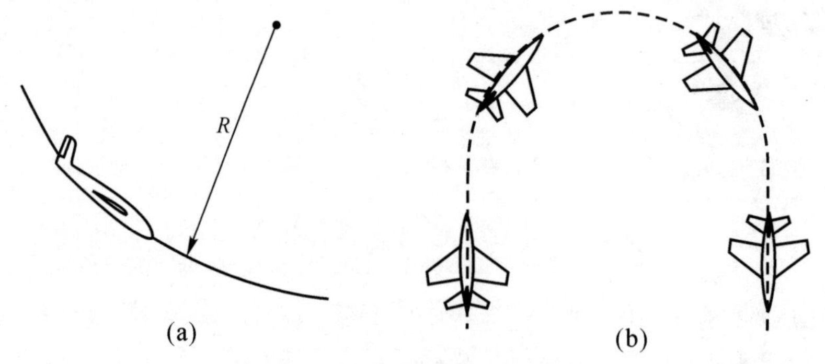

图 3-42　机动飞行示意图

(a)垂直机动；(b) 水平机动

3.5.1　定常拉升中的受力分析

图 3-43 给出了一架以速度 V、角速度 Ω 绕原点 O 做半径为 R 定常拉升运动的飞机。作用在飞机上的力包括重力 W、升力 L，则全机的合力

$$L-W=(n_z-1)W=(n_z-1)mg \tag{3-70}$$

由向心力可以得到

$$m\frac{V^2}{R}=(n_z-1)mg \tag{3-71}$$

由 $V=\Omega R$ 可以得到

$$\Omega=\frac{(n_z-1)g}{V}=\frac{\Delta n_z g}{V} \tag{3-72}$$

这个角速度 Ω 与飞机的俯仰角速度 q 相等。

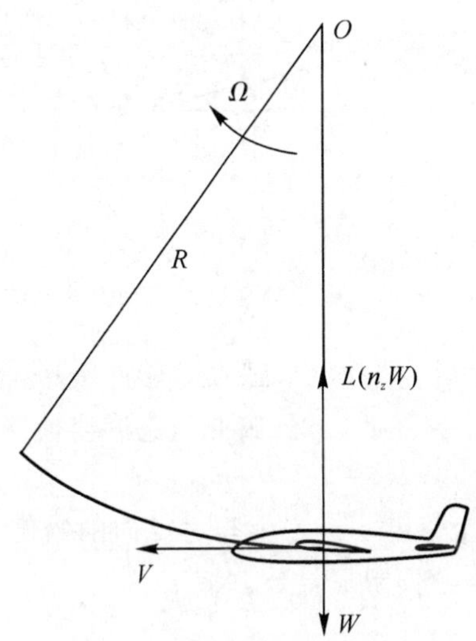

图 3-43　定常拉升运动示意图

为确定定常拉升运动中保持过载 n_z 所需的升降舵偏角和杆力，我们需要做几个假设：

(1)机动过程中，前向速度的变化很小，可忽略。

(2)飞机仅受迎角及过载扰动，且扰动量很小。

(3)飞机在给定速度与高度下水平飞行时，配平升降舵偏角与配平杆力分别为 δ_e 与 F_s。

(4)同样速度与高度下的拉升运动，升降舵偏角和杆力为 $\delta_e+\Delta\delta_e$ 与 $F_s+\Delta F_s$。

我们将使用改变单位过载需要的升降舵偏角 $\Delta\delta_e/(n_z-1)$ 和改变单位过载所需的杆力 $\Delta F_s/(n_z-1)$ 这两个参数，来衡量飞机的机动性。操纵面偏角和人能提供的杆力有限，如果这两个参数的绝对值太大会限制飞机的机动性，而如果这两个参数太小，则会使飞机对操纵的响应过于灵敏。

假设机动飞行中的 q、$\Delta\alpha$ 和 $\Delta\delta_e$ 是小量，则

$$\Delta C_L=C_{L\alpha}\Delta\alpha+C_{Lq}\bar{q}+C_{L\delta_e}\Delta\delta_e \tag{3-73}$$

$$\Delta C_m=C_{m\alpha}\Delta\alpha+C_{mq}\bar{q}+C_{m\delta_e}\Delta\delta_e \tag{3-74}$$

$$C_{mq}=\frac{\partial C_m}{\partial\bar{q}},C_{Lq}=\frac{\partial C_L}{\partial\bar{q}}$$

式中：$\bar{q}=q\bar{c}/2V$ 为无量纲化的俯仰角速度；C_{mq} 及 C_{Lq} 为俯仰力矩系数及升力系数关于俯仰角速度的导数。

如图 3-44 所示，当飞机在绕重心做俯仰角速度为 q 的俯仰运动时，飞机重心前后部位的

有效迎角与定常状态下有所不同：重心之前的迎角减小，重心之后的迎角则增加；迎角的变化量与相对重心的距离相关：

$$\Delta\alpha_l = \frac{ql_l}{V} \tag{3-75}$$

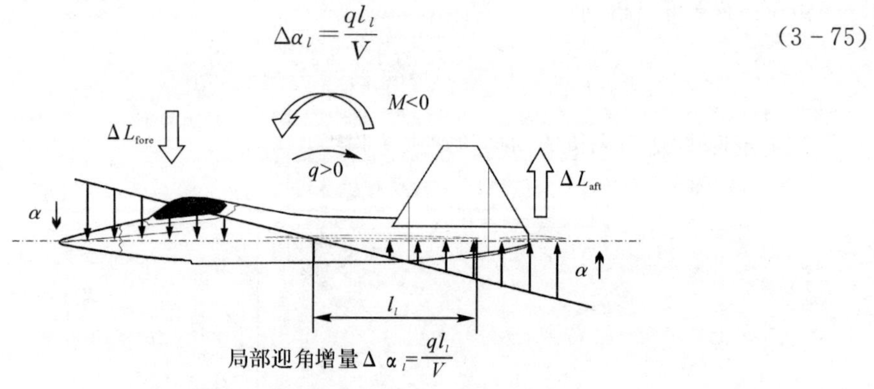

图 3-44　俯仰角速度对气动力的影响

由于迎角的变化，后机身的升力会增加，而前机身的升力会降低，且后机身升力增量 ΔL_{aft} 远大于前机身升力降低量 ΔL_{fore}。因此，正的俯仰角速度会使飞机的整体升力增加，并产生低头力矩，即 $C_{mq}<0$，$C_{Lq}>0$。

其中，$C_{mq}<0$ 意味着俯仰角速度 q 会产生与之反向的俯仰力矩 M，该俯仰力矩有使飞机俯仰运动衰减的趋势，故被称为俯仰阻尼导数。

3.5.2　机动点

定常曲线飞行也可视为定常，即角加速度为 0，因此 $C_m=0$，由此可得到飞机的平衡条件为

$$\Delta C_L = C_{L\alpha}\Delta\alpha + C_{Lq}\bar{q} + C_{L\delta_e}\Delta\delta_e \tag{3-76}$$

$$0 = C_{m\alpha}\Delta\alpha + C_{mq}\bar{q} + C_{m\delta_e}\Delta\delta_e \tag{3-77}$$

将 $C_W=W/S$ 及 $\mu=2m/\rho S\bar{c}$ 代入上式，可以得到

$$(n_z-1)C_W = C_{L\alpha}\Delta\alpha + C_{Lq}(n_z-1)\frac{C_W}{2\mu} + C_{L\delta_e}\Delta\delta_e \tag{3-78}$$

$$0 = C_{m\alpha}\Delta\alpha + C_{mq}(n_z-1)\frac{C_W}{2\mu} + C_{m\delta_e}\Delta\delta_e \tag{3-79}$$

1. 握杆机动点

由此可确定单位过载升降舵偏角

$$\frac{\Delta\delta_e}{n_z-1} = -\frac{C_W\left[C_{m\alpha} - \frac{1}{2\mu}(C_{Lq}C_{m\alpha} - C_{L\alpha}C_{mq})\right]}{C_{L\alpha}C_{m\delta_e} - C_{L\delta_e}C_{m\alpha}} \tag{3-80}$$

$\Delta\delta_e/(n_z-1)=0$ 的重心位置被称为握杆机动点，用 M_0 表示。由于 $C_W\neq 0$，$C_{L\alpha}C_{m\delta_e}-C_{L\delta_e}C_{m\alpha}$ 为有限值，因此当重心位于机动点时，有

$$C_{m\alpha} - \frac{1}{2\mu}(C_{Lq}C_{m\alpha} - C_{L\alpha}C_{mq}) = 0 \tag{3-81}$$

将 $C_{m\alpha}=C_{L\alpha}(\bar{x}_{\mathrm{cg}}-N_0)$ 代入上式，可以得到

$$C_{L\alpha}(\bar{x}_{cg}-N_0)-\frac{1}{2\mu}[C_{Lq}C_{L\alpha}(\bar{x}_{cg}-N_0)-C_{L\alpha}C_{mq}]=0 \tag{3-82}$$

方程两侧同时除以 $C_{L\alpha}$，得

$$(\bar{x}_{cg}-N_0)-\frac{1}{2\mu}[C_{Lq}(\bar{x}_{cg}-N_0)-C_{mq}]=0 \tag{3-83}$$

$$(\bar{x}_{cg}-N_0)\left(1-\frac{C_{Lq}}{2\mu}\right)+\frac{C_{mq}}{2\mu}=0 \tag{3-84}$$

此时的重心位置即为机动点，则有

$$M_0=N_0-\frac{C_{mq}}{2\mu-C_{Lq}} \tag{3-85}$$

由于 $2\mu \gg C_{Lq}>0$，$C_{mq}<0$，因此 $M_0>N_0$，即机动点位于中性点之后，俯仰阻尼导数越大，二者相距越远。

将 $C_{m\alpha}=C_{L\alpha}(\bar{x}_{cg}-N_0)$ 及式(3-85)代入式(3-80)，可以得到单位过载升降舵偏角

$$\frac{\Delta\delta_e}{n_z-1}=-\frac{C_W C_{L\alpha}(2\mu-C_{Lq})}{2\mu(C_{L\alpha}C_{m\delta_e}-C_{L\delta_e}C_{m\alpha})}(\bar{x}_{cg}-M_0) \tag{3-86}$$

由于 $|C_{L\alpha}C_{m\delta_e}| \gg |C_{L\delta_e}C_{m\alpha}|$，$2\mu \gg C_{Lq}$，因此

$$\frac{\Delta\delta_e}{n_z-1}\approx-\frac{C_W C_{L\alpha}2\mu}{2\mu C_{L\alpha}C_{m\delta_e}}(\bar{x}_{cg}-M_0)=-\frac{C_W}{C_{m\delta_e}}(\bar{x}_{cg}-M_0) \tag{3-87}$$

对于稳定的飞机，$\bar{x}_{cg}<M_0$，$\Delta\delta_e/(n_z-1)<0$，即为在机动中获得更大的过载，需要上偏升降舵。

2. 松杆机动点

若在拉升机动中升降舵处于松浮状态，则其铰链力矩增量

$$\Delta C_h=C_{h\alpha}\Delta\alpha+C_{hq}\bar{q}+C_{h\delta_e}\Delta\delta_e \tag{3-88}$$

两侧除以(n_z-1)，则可以得到

$$\frac{\Delta C_h}{n_z-1}=\frac{C_W[(2\mu-C_{Lq})C_{h\alpha}+C_{hq}C_{L\alpha}]}{2\mu C_{L\alpha}}+\frac{\Delta\delta_e}{n_z-1}\left(C_{h\delta_e}-\frac{C_{L\delta_e}C_{h\alpha}}{C_{L\alpha}}\right) \tag{3-89}$$

由铰链力矩和杆力的关系 $\Delta F_s=-G_1 q_t S_e \bar{c}_e \Delta C_h$ 可以得到飞机的单位过载杆力 $\Delta F_s/(n_z-1)$。

其中，$\Delta F_s/(n_z-1)=0$ 对应的重心位置被称为松杆机动点，用 M'_0 表示为

$$M'_0=\bar{x}_{ac}-\left(\frac{dC_m}{dC_L}\right)_f+\frac{a_t\bar{V}_1\eta_t}{a_w}\left[\left(1-\frac{d\varepsilon}{d\alpha}\right)+\frac{a_w}{2\mu}\right]\left(1-\tau\frac{C_{h\alpha}}{C_{h\delta_e}}\right) \tag{3-90}$$

与 M_0 相比，由于 $a_w/2\mu$ 非常小，且$(1-\tau C_{h\alpha}/C_{h\delta_e})<1$，因此 $M'_0<M_0$。与 N'_0 相比，$a_w/2\mu>0$，因此 $M'_0>N'_0$。

因此，松杆机动点位于握杆机动点之前，松杆中性点之后，如图 3-45 所示。单位过载杆力

$$\frac{\Delta F_s}{n_z-1}\approx G_1\frac{W}{S}\eta_t S_e\bar{c}_e\frac{C_{h\delta_e}}{C_{m\delta_e}}(\bar{x}_{cg}-M'_0) \tag{3-91}$$

对于稳定的飞机，$\bar{x}_{cg}<M'_0$，$\Delta F_s/(n_z-1)<0$，即为在机动中获得更大的过载，需要施加拉杆力，这是符合驾驶员习惯的。

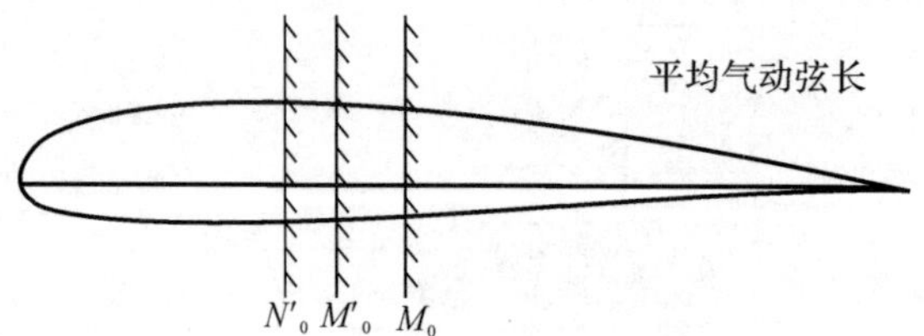

图 3-45 机动点位置示意图

3.5.3 重心与机动性

飞机的静稳定性主要取决于重心位置：重心前移，稳定性提高；重心后移，稳定性降低。那么飞机的机动性与重心间又有怎样的关系呢？

单位过载舵偏角 $\Delta\delta_e/(n_z-1)$ 和单位过载杆力 $\Delta F_s/(n_z-1)$ 是衡量机动性的尺度，值越小，机动性越高。

单位过载舵偏角

$$\frac{\Delta\delta_e}{n_z-1}\approx-\frac{C_W}{C_{m\delta_e}}(\bar{x}_{cg}-M_0)$$

单位过载杆力

$$\frac{\Delta F_s}{n_z-1}\approx G_1\frac{W}{S}\eta_t S_e\bar{c}_e\frac{C_{h\delta_e}}{C_{m\delta_e}}(\bar{x}_{cg}-M'_0)$$

可以看出，这两个参数都跟翼载荷 W/S 成正比，翼载荷越大，单位过载舵偏角和单位过载杆力越大，机动性越低。

由表 3-1 中不同类型飞机的典型翼载荷可以看出，战斗机的翼载荷约为 3 500 N/m^2，高翼载荷对于追求机动性的战斗机来说是非常不利的。

表 3-1 典型飞机翼载荷

飞机类型	典型翼载荷/($N\cdot m^{-2}$)
滑翔机	200
通用飞机	600
喷气式战斗机	3 500
喷气式运输机	5 000

由 $\Delta\delta_e/(n_z-1)$ 和 $\Delta F_s/(n_z-1)$ 的表达式可以看出，两个参数都跟重心与机动点间的距离相关，距离越小，这两个参数越小，机动性越高。因此，选择合适的重心位置，既可以保证稳定性，又能提高机动性。

如图 3-46 所示，重心后移，x_{cg} 增加，重心与握杆机动点 M_0 间的距离减小，单位过载舵偏角 $\Delta\delta_e/(n_z-1)$ 也会减小；重心与松杆机动点 M'_0 间的距离减小，单位过载杆力 $\Delta F_s/(n_z-1)$

减小。因此，放宽静稳定性可有效提高机动性。

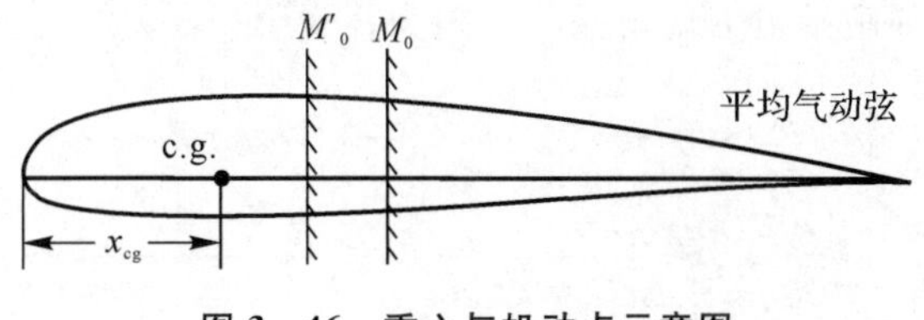

图 3-46　重心与机动点示意图

3.6　飞机的重心范围

3.6.1　放宽静稳定性

图 3-47 为稳定飞机与不稳定飞机的受力图。

可以看出，对于稳定飞机，机翼升力 L_w 产生的是低头俯仰力矩。为了平衡这一低头力矩，平尾应产生一个抬头力矩，因此平尾升力 L_t 为负。而对于不稳定飞机，升力产生的是抬头俯仰力矩，为了平衡这一抬头力矩，平尾应产生一个低头力矩，因此平尾的升力为正。

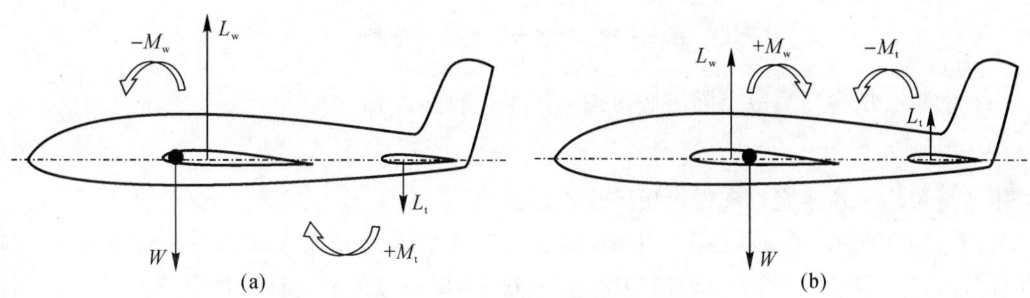

图 3-47　平尾配平升力示意图

(a)稳定飞机；(b) 不稳定飞机

对于静稳定飞机，机翼升力

$$L_w = W + L_t$$

而静不稳定飞机的机翼升力

$$L_w - W - L_t$$

由于 $C_D = C_{D_0} + kC_L^2$，因此更高的升力意味着更大的阻力。此外，更高的升力也意味着更高的机翼结构强度与更大的结构重量，这都会导致飞行性能的降低。

飞机的平尾配平升力

$$C_{L_t} = \frac{C_{L_w}\bar{x}_a + C_{m_{ac},w} + C_{m_f}}{\bar{V}_1 \eta_t}$$

式中：机翼升力系数 $C_{L_w} > 0$，正弯度翼型的 $C_{m_{ac},w} < 0$，机身俯仰力矩系数 C_{m_f} 通常为正。对于具有细长机身和大后掠机翼的高速飞机，重心位于焦点之前，$x_a < 0$。综上可以得到平尾配

平升力系数 $C_{L_t}<0$。

由负平尾升力带来的配平阻力增量被称为阻力损失

$$\Delta D=\frac{1}{2}\rho V^2 S\Delta C_D \tag{3-92}$$

式中：

$$\Delta C_D=k(C_{L_w}^2-C_L^2)$$

3.6.2 飞机的重心范围

对于飞机稳定性与操纵性来说，重心范围是设计中需要重点考虑的问题。

如图 3-48 所示：从稳定性角度来说，重心应位于中性点 N_0 之前；而从操纵性角度来说，重心应位于重心前限 $x_{cg,f}$ 之后。为同时满足稳定性与操纵性要求，重心应位于二者之间，而 Δx 即允许的重心范围。

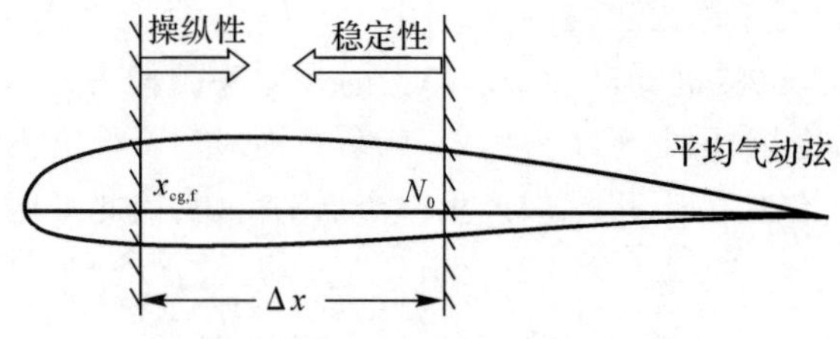

图 3-48 飞机允许的重心范围

飞机的重心前限与后限实际需要考虑的因素比较多。

1. 重心后限

重心后限由纵向稳定性和操纵敏感度确定。

如图 3-49 所示：平飞状态下，为保证握杆纵向静稳定，重心应位于握杆中性点 N_0 之前；为保证杆力梯度 $\partial F_s/\partial V$ 为正，即在松杆飞行中稳定，重心应位于松杆中性点 N'_0 之前。在机动飞行中，为保证单位过载舵偏角 $\Delta\delta_e/(n_z-1)$ 为负，即为增加过载需要上偏方向舵，重心应位于握杆机动点 M_0 之前；为保证单位过载杆力 $\Delta F_s/(n_z-1)$ 为负，即为增加过载应向后拉杆，重心应位于松杆机动点 M'_0 之前。

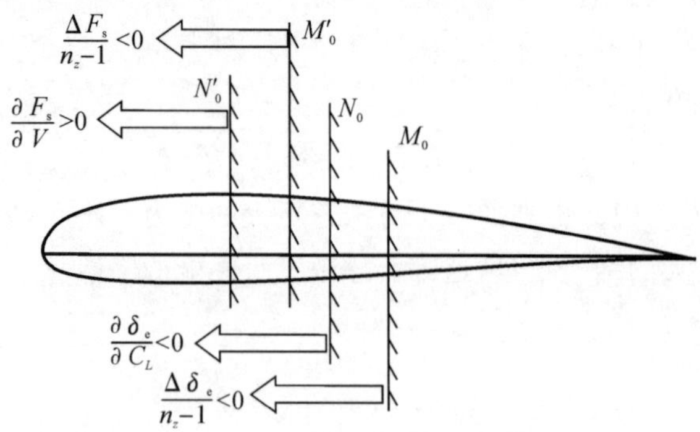

图 3-49 重心后限示意图

2. 重心前限

当重心前移时，飞机稳定性提高，配平与操纵均需要更大的操纵力和舵偏角，因此重心前限主要是出于操纵考虑。

重心前限的要求包括：

(1)最小升降舵上偏角 $\delta_{e,\min}$ 能够平衡最大升力系数 $C_{L,\max}$ 产生的俯仰力矩。

(2)单位过载杆力 $\Delta F_s/(n_z-1)$ 不应超过某一特定值。

(3)杆力梯度 $\partial F_s/\partial V$ 不应超过某一特定值。

(4)着陆所需的杆力与舵偏角不应超过某一特定值。

(5)离地速度下抬前轮所需的舵偏角不应超过最大上偏角。

例 3-3　某后掠翼飞机具有以下数据：$W/S=2\ 000\ \mathrm{N/m^2}$，$S=30\ \mathrm{m^2}$，$\bar{x}_a=-0.15$，$C_{m_{ac},w}=-0.05$；$C_{m_f}=0.05+0.08C_L$，$C_{m_{ac},t}=0$，$S_t/S=0.3$，$l_t/\bar{c}=0.3$，试确定：

1)飞机在海平面以 250 m/s 速度水平飞行时的平尾升力系数。

2)如果 $C_D=0.025+0.05C_L^2$，阻力损失是多少？

3)如果重心后移 $20\%\bar{c}$，阻力能降低多少？

解　1)配平时的升力系数

$$C_L=\frac{2W/S}{\rho V^2}=0.052\ 2$$

升力

$$L=L_w+L_t=C_{L_w}q_cS+C_{L_t}q_tS_t$$

无量纲化：

$$\begin{aligned}C_L&=C_{L_w}+C_{L_t}\eta_t\frac{S_t}{S}\\&=C_{L_w}+0.27C_{L_t}=0.052\ 2\end{aligned}$$

俯仰力矩系数

$$\begin{aligned}C_m&=C_{L_w}\bar{x}_a+C_{m_{ac},w}+C_{m_f}-C_{L_t}\eta_t\bar{V}_1\\&=-0.15C_{L_w}-0.05+0.05+0.08(C_{L_w}+0.27C_{L_t})-0.675C_{L_t}\\&=-0.07C_{L_w}-0.6534C_{L_t}=0\end{aligned}$$

联立可得机翼与平尾的升力系数

$$C_{L_t}=-0.005\ 8,C_{L_w}=0.053\ 75$$

2)阻力损失

$$\begin{aligned}\Delta D&=\Delta C_Dq_cS\\&=0.05(C_{L_w}^2-C_L^2)q_cS=9.43\ \mathrm{N}\end{aligned}$$

3)重心后移 $20\%\bar{c}$ 后，有

$$\bar{x}_a=0.05$$

$$\begin{aligned}C_m&=C_{L_w}\bar{x}_a+C_{m_{ac},w}+C_{m_f}-C_{L_t}\eta_t\bar{V}_1\\&=0.05C_{L_w}-0.05+0.05+0.08(C_{L_w}+0.27C_{L_t})-0.675C_{L_t}\\&=0.13C_{L_w}-0.6534C_{L_t}=0\end{aligned}$$

联立可得机翼与平尾的升力系数

$$C_{L_t}=0.009\ 86, C_{L_w}=0.049\ 5$$

阻力损失

$$\begin{aligned}\Delta D&=\Delta C_D q_c S\\&=0.05(C_{L_w}^2-C_L^2)q_c S=-15.77\ \text{N}\end{aligned}$$

相当于阻力减小了(9.43+15.77) N=25.2 N。

习　题

3-1　某飞机翼身组合体焦点 $\bar{x}_{ac}=0.2$，重心 $\bar{x}_{cg}=0.24$，机身俯仰力矩系数 $C_{m_f}=0.04+0.12C_L$，机翼升力线斜率 $a_w=0.1/(°)$，平尾升力线斜率 $a_t=0.085/(°)$，平尾处下洗角 $\varepsilon=0.35\alpha$，动压比 $\eta_t=0.92$，机翼面积 $S=30\ \text{m}^2$，平尾力臂 $l_t=2.5\bar{c}$，试确定静稳定裕度为10%和3%时所需的最小平尾面积。

参考答案：6.138 m^2，4.486 m^2

3-2　某飞机翼载荷 $W/S=2\ 000\ \text{N/m}^2$，机翼面积 $S=30\ \text{m}^2$，焦点位置 $\bar{x}_{ac}=0.25$，平均气动弦长 $\bar{c}=3.2\ \text{m}$，$C_{mac,w}=-0.02$，$C_{L,max}=1.6$，机翼升力系数 $C_L=0.1(\alpha+2)$，平尾升力线斜率 $a_t=0.082$，机身俯仰力矩系数 $C_{m_f}=0.04+0.12C_L$，机翼安装角 $i_w=2°$，平尾安装角 $i_t=0$，平尾处下洗角 $\varepsilon=0.35\alpha$，动压比 $\eta_t=0.92$，平尾尾容比 $\bar{V}_1=0.72$，升降舵效率因子 $\tau=0.4$，最大上偏角 $\delta_{e,min}=-20°$，试计算该飞机的重心前后限。

参考答案：$0.097\bar{c}$，$0.483\bar{c}$

3-3　对于习题3-2中的飞机，如果地面效应能使 a_t 提高10%，a_w 提高15%，平尾下洗率 ε_α 降低30%，$C_{L,max}$ 提高0.1，试计算：地面效应作用下该飞机的重心前后限。

参考答案：$0.124\bar{c}$，$0.522\ 3\bar{c}$

3-4　对于习题3-2中的飞机，如果俯仰阻尼导数 $C_{mq}=-10.5$，$C_{h\alpha}=-0.002/(°)$，$C_{h\delta_e}=-0.005/(°)$，试计算该飞机海平面高度的握杆中性点、松杆中性点、握杆机动点、松杆机动点的位置，并标注在下图的平均气动弦上。

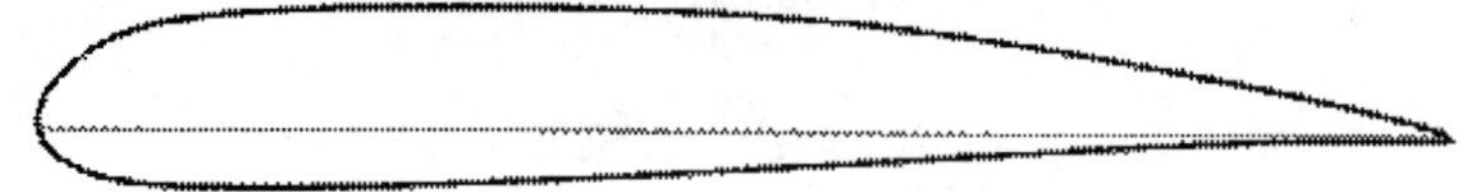

参考答案：$0.483\bar{c}$，$0.426\ 6\bar{c}$，$0.584\ 2\bar{c}$，$0.513\ 8\bar{c}$，标注略

3-5　某飞机翼载荷 $W/S=5\ 500\ \text{N/m}^2$，机翼面积 $S=360\ \text{m}^2$，$C_{mac,w}=-0.03$，$C_{mac,t}=0$，$C_{m_f}=0.0+0.1C_L$，$\eta_t=0.9$，$\varepsilon=0.3\alpha$，$S_t/S=0.2$，$l_t/\bar{c}=3.6$，发动机耗油率 $c=0.35$ N/Nh，以高度11 000 m马赫数0.82巡航的阻力系数 $C_{D_0}=0.018+0.045C_L^2$。试计算：(1)$\bar{x}_a=-0.12$时的阻力损失；(2)$\bar{x}_a=0.05$时的阻力损失；(3)忽略燃油消耗对重量的影响，巡航8 h，将重心由 $\bar{x}_a=-0.12$ 后移至 $\bar{x}_a=0.05$ 能节省多少燃油。

参考答案:(1)500 N;(2)3 529.5 N;(3)1 150 kg

3-6 某战斗机翼载荷 $W/S=3\ 200\ \text{N/m}^2$,机翼面积 $S=60\ \text{m}^2$,平均气动弦长 $\bar{c}=6.1\ \text{m}$,$C_{mac,w}=-0.03$,$C_{mac,t}=0$,采用全动平尾,机翼升力系数 $C_L=0.08(\alpha+1)$,平尾升力线斜率 $a_t=0.065$,下洗率 $\varepsilon=0.35\alpha$,$C_{m_f}=0.04+0.12C_L$,$\bar{V}_1=0.71$,$C_{mq}=-10$。试计算:该飞机在海平面以 200 m/s 速度飞行时,静稳定裕度 10% 和中立稳定时的单位过载升降舵偏角 $\Delta\delta_e/(n_z-1)$。

参考答案:0.845°,0.451 3°

第4章　横航向静稳定性与操纵性

飞机的六自由度运动可分为纵、横、航3个方向，其中对称的运动为纵向运动，包括轴向、垂直与俯仰运动；非对称运动中，滚转为横向运动，而侧向与偏航则为航向运动。本章将就飞机横向与航向的静稳定性与操纵性问题进行讨论。

4.1　航向静稳定性定义与准则

1. 定义

飞机受到正侧滑扰动后，如果能产生使机头指向来流方向的力矩，抵消侧滑，则飞机航向静稳定。

如图4-1所示，一架飞机以速度V定直平飞，此时突然出现一个速度为V_w的右侧风，受此侧风影响，飞机将会有一个大小为β的正侧滑。如果此时飞机能够产生一个右偏航力矩$+N$，使机头有指向来流方向、消除侧滑的趋势，则飞机航向静稳定。

这与风标的工作原理很相似，因此航向静稳定性又被称为风标静稳定性。

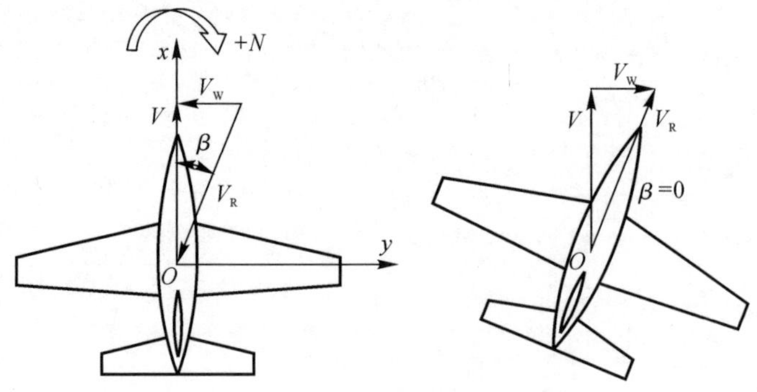

图4-1　航向静稳定性示意图

2. 准则

按照航向静稳定性的定义，对于航向静稳定的飞机，正侧滑下如果飞机能产生右偏航力矩（正），则有消除侧滑的趋势；反之，如果负侧滑下飞机能产生左偏航力矩（负），则也有消除侧滑的趋势。由此可以得到航向静稳定准则

$$N_\beta=\frac{\mathrm{d}N}{\mathrm{d}\beta}>0 \tag{4-1}$$

上式两侧除以 $q_c Sb$ 则可以得到准则的系数形式：

$$C_{n\beta}=\frac{\mathrm{d}C_n}{\mathrm{d}\beta}>0 \tag{4-2}$$

与纵向静稳定性一样，飞机的航向静稳定性也可以直接用气动导数判断：如果 $C_{n\beta}>0$，则飞机航向静稳定；如果 $C_{n\beta}<0$，则飞机航向不静稳定；如果 $C_{n\beta}=0$，则飞机航向中立静稳定。

图 4-2 给出了 3 条偏航力矩系数随侧滑角的变化曲线。对于曲线 A，C_n 随着 β 的增加而减小，因此 $C_{n\beta}<0$，飞机航向静不稳定；对于曲线 B，C_n 随着 β 增加而增加，因此 $C_{n\beta}>0$，则飞机航向静稳定；而对于曲线 C，C_n 也是随着 β 增加而增加，且梯度比 B 更大，因此，C 航向静稳定且稳定度高于 B。

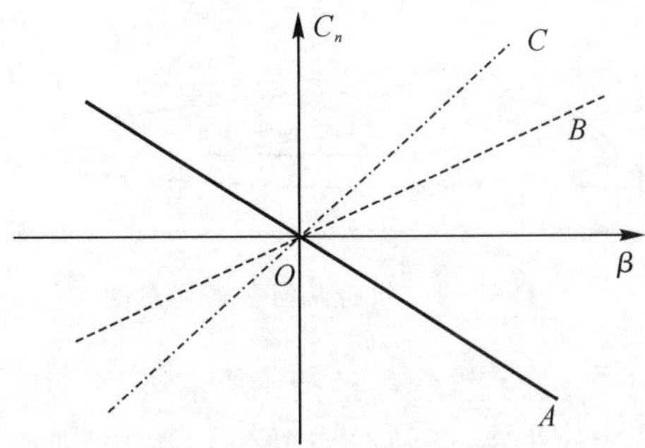

图 4-2　偏航力矩系数随侧滑角的变化曲线

4.2　各部件对航向静稳定性的贡献

与纵向一样，飞机航向静稳定性也是由机翼、机身、尾翼和动力系统等部件共同提供的。

其中，机翼的贡献由上反角和前缘后掠角提供。如图 4-3 所示，上反角就是机翼平面与水平面之间的夹角，用 Γ 表示；机翼平面在上时为上反，Γ 为正；机翼平面在下时为下反，Γ 为负。前缘后掠角则是机翼前缘与 y 轴间的夹角，用 Λ 表示，机翼后掠为正。

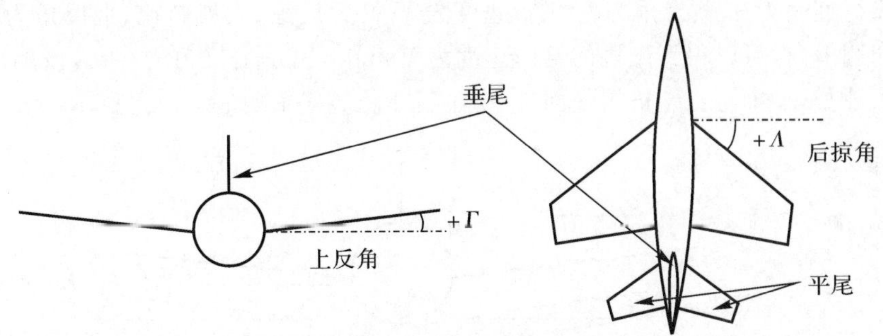

图 4-3　机翼几何参数示意图

尾翼，包括平尾和垂尾两部分。与纵向一样，推进系统的贡献也取决于推进系统类型，且包括直接贡献和间接贡献。

下面逐个分析各部件对航向静稳定性的贡献。

4.2.1 机身

机身的影响主要取决于机翼形状和机翼相对机身的位置。

根据经验公式，机身对航向静稳定性贡献

$$(C_{n\beta})_{\mathrm{f}}=-K_{\mathrm{N}}K_{\mathrm{RI}}\left(\frac{S_{B,S}}{S}\right)\left(\frac{l_{\mathrm{f}}}{b}\right) \tag{4-3}$$

式中：K_{N} 与 K_{RI} 均为经验因子。

K_{N} 为翼身干扰因子，取决于机头到重心的距离 x_m、机身高度 h、机身长度 l_{f}、机身侧面积 $S_{B,S}$ 及机身最大宽度 $b_{\mathrm{f,max}}$ 等几何参数，如图 4-4 所示，其大小约为 10^{-3} 量级。

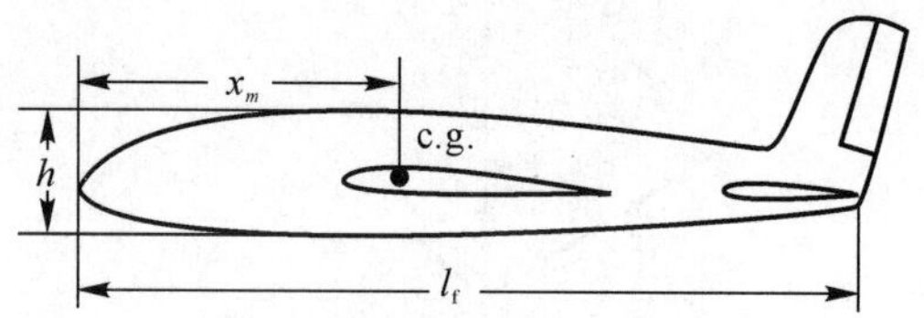

图 4-4 机身几何参数示意图

K_{RI} 为雷诺因子，取决于飞机的雷诺数，约为 10^0 量级。

由于式(4-3)中的各参数均为正，故机身贡献 $(C_{n\beta})_{\mathrm{f}}<0$，即机身会降低航向静稳定性。

4.2.2 机翼

机翼对航向静稳定性的贡献取决于其上反角和前缘后掠角。

对于带上反的后掠翼，机翼的贡献可视为上反角和后掠角的影响之和，即相当于一个无后掠、上反角为 Γ 的平直翼，和一个无上反、后掠角为 Λ 的后掠翼，二者的贡献之和：

$$(C_{n\beta})_{\mathrm{w}}=(C_{n\beta})_{\Gamma,\mathrm{w}}+(C_{n\beta})_{\Lambda,\mathrm{w}} \tag{4-4}$$

机翼对航向静稳定性的贡献很小，如果机翼无上反且后掠不大，其贡献可以忽略。

1. 上反角的影响

对于飞行迎角为 α、侧滑角为 β、飞行速度为 V 的无后掠、大展弦比、上反角为 Γ 的机翼，根据速度和侧滑角，可以得到飞机的侧向速度为 $V\sin\beta$。由于上反角的存在，该侧向速度可以分解为两个分量，一个垂直于机翼平面，一个平行于机翼平面，如图 4-5 所示。

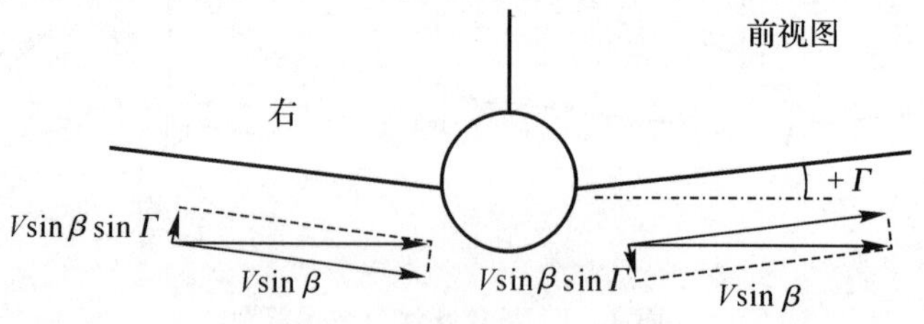

图 4-5 上反角的影响示意图

对于右侧滑，右侧机翼的垂直速度分量 $V\sin\beta\sin\Gamma$ 向上，因此右侧机翼的局部迎角会增加，使得右侧机翼的升力、阻力增加；而左侧机翼的垂直速度分量向下，因此左侧机翼的局部迎角会减小，使得左侧机翼的升力、阻力减小。

在飞行迎角为 α、侧滑角为 β、飞行速度为 V 的状态下，两侧垂直于机翼平面的法向速度分量

$$V_{\mathrm{N}}=V_0(\sin\alpha\pm\beta\sin\Gamma) \tag{4-5}$$

式中的“±”，上面对应的是右侧机翼，下面对应的是左侧机翼。由于 α,β,Γ 均为小量，因此上式可简化为

$$V_{\mathrm{N}}=V_0(\alpha\pm\beta\Gamma) \tag{4-6}$$

影响动压的弦向速度分量为

$$V_{\mathrm{c}}=V_0\cos\alpha\approx V_0 \tag{4-7}$$

由此可以得到两侧机翼的局部迎角

$$\alpha_1=\frac{V_{\mathrm{N}}}{V_{\mathrm{c}}}=\alpha\pm\beta\Gamma \tag{4-8}$$

如图 4-6 所示，将两侧机翼升力和阻力转化到体轴系，可以得到 x 方向的力

$$F_{x\mathrm{R}}=L_{\mathrm{R}}\sin\alpha_{\mathrm{R}}-D_{\mathrm{R}}\cos\alpha_{\mathrm{R}} \tag{4-9}$$

$$F_{x\mathrm{L}}=L_{\mathrm{L}}\sin\alpha_{L}-D_{\mathrm{L}}\cos\alpha_{\mathrm{L}} \tag{4-10}$$

由于迎角较小，上两式可以近似为

$$F_{x\mathrm{R}}=L_{\mathrm{R}}\alpha_{\mathrm{R}}-D_{\mathrm{R}} \tag{4-11}$$

$$F_{x\mathrm{L}}=L_{\mathrm{L}}\alpha_{\mathrm{L}}-D_{\mathrm{L}} \tag{4-12}$$

由于机翼的升力远大于阻力，且 $\alpha_{\mathrm{R}}>\alpha_{\mathrm{L}}$，因此 $F_{x\mathrm{R}}$ 略大于 $F_{x\mathrm{L}}$，会产生负偏航力矩，如图 4-7 所示。对于上反机翼，正侧滑会产生负偏航力矩，即 $C_{n\beta}<0$，因此，上反角会降低飞机的航向静稳定性；由于两侧机翼轴向力相差很小，因此上反角对航向静稳定的影响也很小。

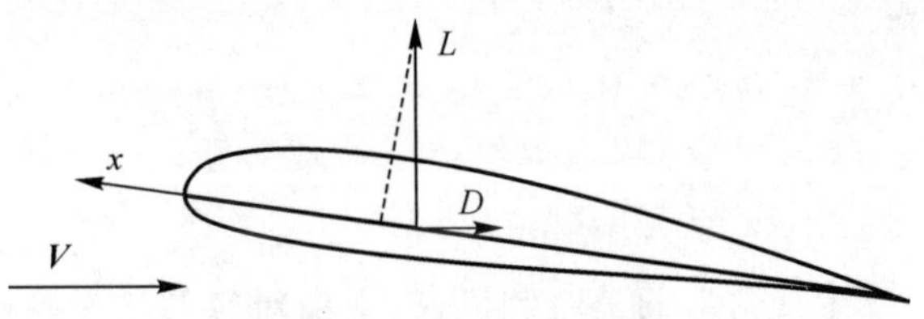

图 4-6　机翼升阻力示意图

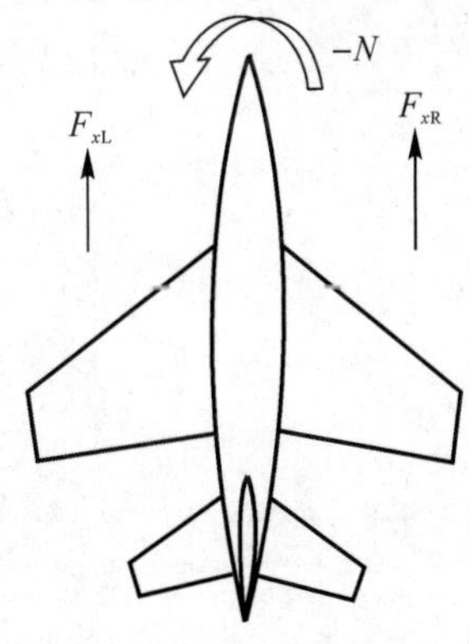

图 4-7　正侧滑下上反机翼产生的偏航力矩

2.后掠角影响

对于飞行迎角为α、侧滑角为β、飞行速度为V的无上反、大展弦比、后掠角为Λ的机翼，两侧机翼的速度均可以分解为垂直于前缘的弦向速度(chordwise velocity)V_c和平行于前缘的展向速度(spanwise velocity)V_s。

由图4-8可以看出：右侧机翼的速度可分解为弦向速度分量V_{cR}和展向速度分量V_{sR}，显然正侧滑会使右侧的弦向速度分量增大；左侧机翼的速度可分解为弦向速度分量V_{cL}和展向速度分量V_{sL}，正侧滑会使左侧弦向速度分量减小。

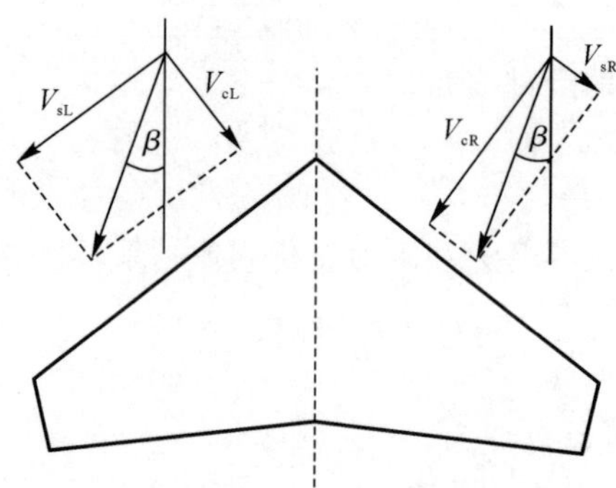

图4-8　后掠角的影响示意图

因此，正侧滑下，后掠翼的右侧弦向速度V_{cR}大于左侧弦向速度V_{cL}。飞机的动压取决于弦向速度，因此右侧机翼的动压、升阻力会增加，而左侧机翼的动压、升阻力则会减小。

在飞行迎角为α、侧滑角为β、飞行速度为V的状态下，两侧垂直于机翼平面的展向、弦向及法向速度分量分别为

$$\left.\begin{aligned}V_s&=V_0(\sin\Lambda\cos\alpha\mp\beta\cos\Lambda)\\V_c&=V_0(\cos\Lambda\cos\alpha\pm\beta\sin\Lambda)\\V_N&=V_0\sin\alpha\end{aligned}\right\}\tag{4-13}$$

式中的“$\mp$”与“$\pm$”，上面对应的是右侧机翼，下面对应的是左侧机翼。由于α，β均为小量，因此上式可简化为

$$\left.\begin{aligned}V_s&=V_0\cos\Lambda(\tan\Lambda\mp\beta)\\V_c&=V_0\cos\Lambda(1\pm\beta\tan\Lambda)\\V_N&=V_0\alpha\end{aligned}\right\}\tag{4-14}$$

局部动压

$$q_1=\frac{1}{2}\rho V_0^2\cos^2\Lambda(1\pm\beta\tan\Lambda)^2\tag{4-15}$$

由此可以得到两侧机翼的局部迎角

$$\alpha_1=\frac{V_N}{V_c}=\alpha\sec\Lambda(1\mp\beta\tan\Lambda)\tag{4-16}$$

由

$$\frac{\alpha_R q_R}{\alpha_L q_L}=\frac{1+\beta\tan\Lambda}{1-\beta\tan\Lambda}>1$$

可以看出，右侧机翼动压的增大量要大于该侧迎角的减小量，由式(4-9)可以看出，F_{xR}

$<F_{xL}$。

如图 4－9 所示，正侧滑下后掠翼会产生右偏航力矩，即 $C_{n\beta}$ 为正。因此后掠角会增加航向静稳定性，但影响也比较小。

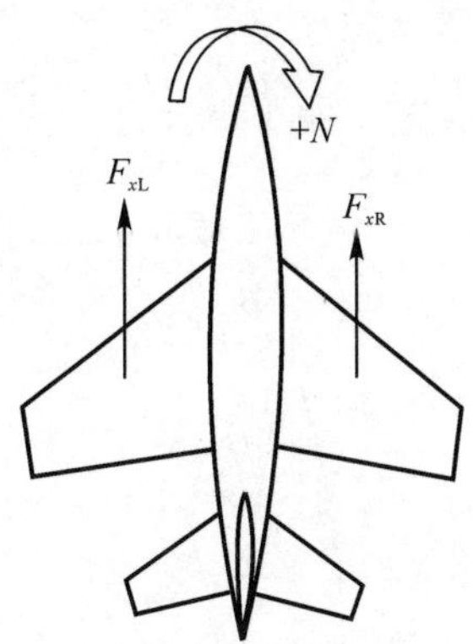

图 4－9　正侧滑下上反机翼产生的偏航力矩

4.2.3　尾翼

与纵向不同的是，对航向静稳定性有影响的尾翼除了平尾还有垂尾。

平尾对航向静稳定性的影响机理与机翼一样，均取决于其上反角 Γ_t 和后掠角 Λ_t。其中，上反角会小幅降低静稳定性，而后掠角则会小幅增稳。由于平尾尺寸远小于机翼，因此其对稳定性的影响远小于机翼，通常可以忽略。

垂尾是飞机航向静稳定性的最大来源。垂尾对航向静稳定性的贡献取决于垂尾的力臂 l_v、垂尾面积 S_v、展弦比、后掠角 Λ_v、后机身几何外形以及垂尾处的侧洗角 σ。

气流在流经升力面时都会发生转折。对于机翼，如图 4－10 所示，气流在机翼前部会发生上洗，导致局部迎角的增加；而在机翼后部则发生下洗，导致局部迎角的减小。

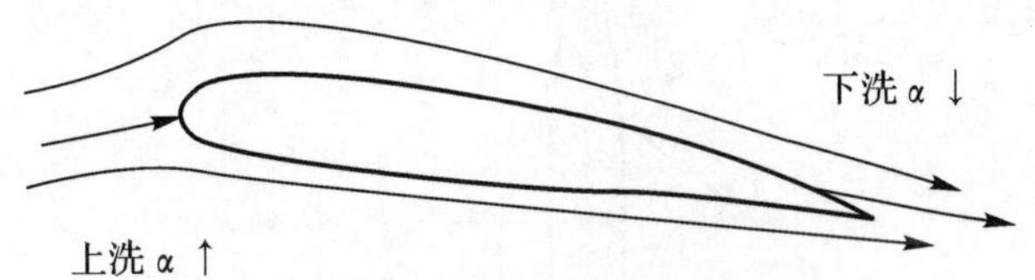

图 4－10　流经机翼的气流示意图

气流经过垂尾时也会发生类似的转折，如图 4－11 所示。假设飞机的侧滑角为 β，气流在垂尾前部会发生类似上洗的转折，导致局部侧滑角增大，即所谓的侧洗，侧洗角用 σ 表示。

如果自由流的侧向速度为 $V\sin\beta$，那么在垂尾前部的侧向速度即为 $V\sin(\beta+\sigma)$。

1. 垂尾侧力

在有侧滑的情况下，受侧滑和侧洗的影响，垂尾上会产生一个与侧滑方向相反的侧力 Y_v，如图 4－11 所示。在亚声速、方向舵处于中立位时，垂尾所产生的侧力

$$Y_v = -k\eta_v q_c a_v(\beta+\sigma)S_v \tag{4-17}$$

式中：k 为经验参数；η_v 为垂尾动压比。

将上式除以 $q_c S$ 进行无量纲化，可以得到垂尾的侧力系数

$$C_{y,\text{v}}=-ka_{\text{v}}(\beta+\sigma)\eta_{\text{v}}\left(\frac{S_{\text{v}}}{S}\right) \tag{4-18}$$

关于侧滑角求导可以得到

$$C_{y\beta,\text{v}}=-ka_{\text{v}}\left(1+\frac{\partial\sigma}{\partial\beta}\right)\eta_{\text{v}}\left(\frac{S_{\text{v}}}{S}\right) \tag{4-19}$$

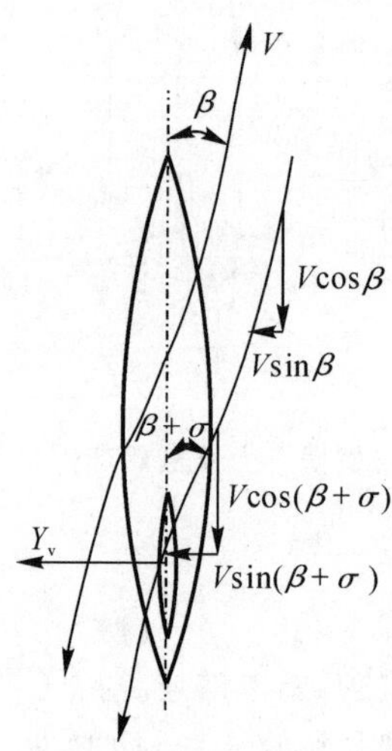

图 4-11　侧洗角示意图

2. 垂尾偏航力矩

如图 4-12 所示，在正侧滑的作用下，垂尾的侧力指向左，侧力向右为正。

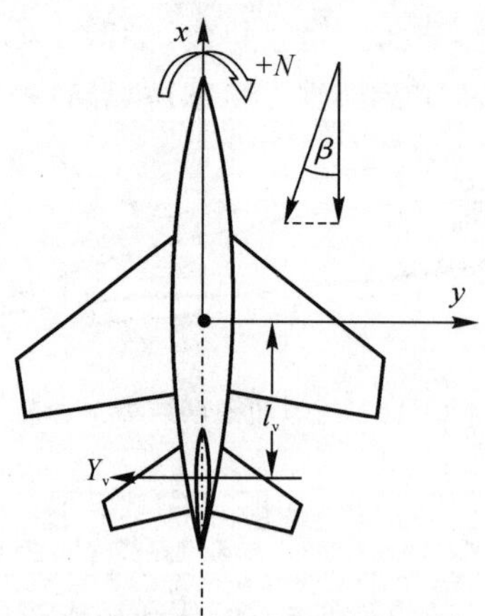

图 4-12　垂尾产生的偏航力矩示意图

由于垂尾位于重心之后，因此左侧力会产生右偏航力矩，即正偏航力矩

$$(N_{\text{v}})_{\text{fix}}=-Y_{\text{v}}l_{\text{v}} \tag{4-20}$$

将侧力展开可以得到由垂尾产生的偏航力矩为

$$(N_{\text{v}})_{\text{fix}}=kq\eta_{\text{v}}a_{\text{v}}(\beta+\sigma)S_{\text{v}}l_{\text{v}} \tag{4-21}$$

将上式两侧除以 $q_c Sb$ 进行无量纲化，可以得到垂尾的偏航力矩系数

$$(C_{n,v})_{\text{fix}} = ka_v(\beta+\sigma)\eta_v \bar{V}_2 \tag{4-22}$$

式中：$\bar{V}_2$ 为垂尾的尾容比，即

$$\bar{V}_2 = \frac{S_v l_v}{Sb}$$

将上式关于侧滑角求导，可以得到垂尾对航向静稳定的贡献

$$(C_{n\beta,v})_{\text{fix}} = ka_v\left(1+\frac{\partial\sigma}{\partial\beta}\right)\eta_v \bar{V}_2 \tag{4-23}$$

式中的各参数均为正，因此垂尾对航向静稳定性的贡献是增稳，并且是飞机航向静稳定性的最大来源。

4.2.4　推进系统

与纵向类似，推进系统对航向静稳定性的贡献也与推进系统的类型有关。

1. 螺旋桨式

对于螺旋桨式飞机，推进系统对航向静稳定性的影响也分为直接影响和间接影响两类。

首先是直接影响。按照螺旋桨的安装位置，螺旋桨式飞机可以分为拉力型和推力型两种，如图 4-13 所示。

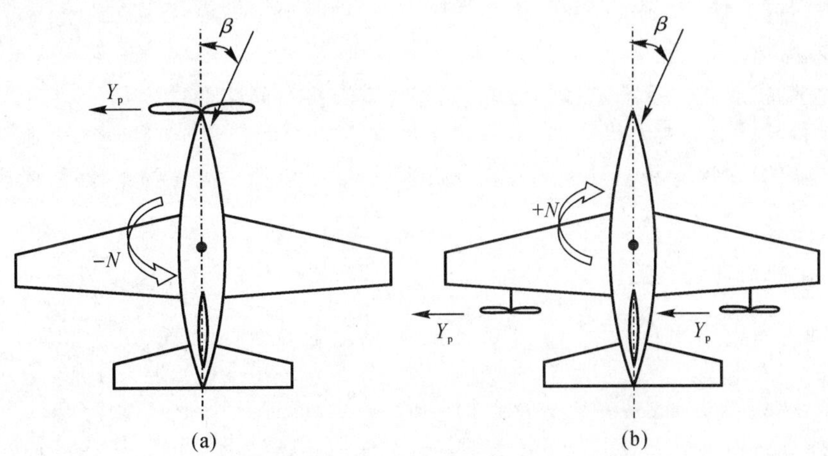

图 4-13　螺旋桨对航向静稳定性的直接影响

(a)拉力型；(b) 推力型

对于螺旋桨位于重心之前的拉力型飞机，在正侧滑作用下，螺旋桨会产生一个向左的侧力 Y_p。由于螺旋桨位于重心之前，这个向左的侧力会产生一个左偏航力矩。因此，对于拉力型飞机，正侧滑下螺旋桨产生的偏航力矩为负，会降低稳定性。

而对于螺旋桨位于重心之后的推力型飞机，在正侧滑作用下，螺旋桨同样会产生一个向左的侧力 Y_p。由于螺旋桨位于重心之后，这个向左的侧力会产生一个右偏航力矩。因此，对于推力型飞机，正侧滑下螺旋桨产生的偏航力矩为正，会增加稳定性。

与纵向一样，螺旋桨对航向静稳定性的间接影响也是来自于滑流，滑流会提高气流的速度和动压。

在没有侧滑角的情况下，两侧机翼和平尾的滑流区域对称，不会产生偏航力矩。而在有正侧滑的情况下，滑流区域会受侧滑影响向左偏，导致两侧机翼的滑流区域不等，因此两侧机翼的动压不再相等，使得两侧机翼的阻力也不相等。正侧滑使左侧机翼滑流区域增大，导致左侧机翼阻力高于右侧机翼，从而产生左偏航力矩，如图 4-14 所示。

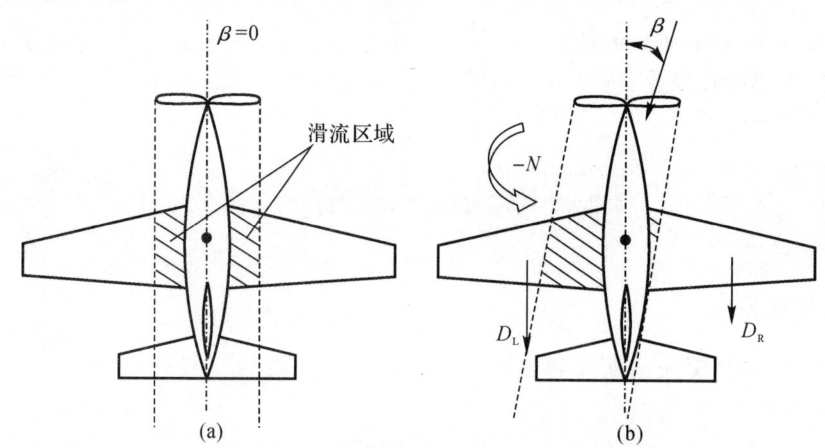

图 4-14　螺旋桨对航向静稳定性的间接影响

(a)无侧滑；(b) 有正侧滑

因此，正侧滑下，螺旋桨滑流会产生负偏航力矩，即降低航向静稳定性。

2. 喷气式

喷气式发动机对航向静稳定性的影响，同样也有直接和间接两种。

直接影响，与螺旋桨式飞机类似，由作用在进气道的侧力产生。间接影响，则主要由发动机尾喷流对垂尾的影响引起。对于尾吊式飞机来说，由于垂尾距离尾喷口较近，受尾喷流影响明显，垂尾效率会显著下降。

4.2.5　全机航向静稳定性

在忽略动力系统影响的情况下，飞机的航向静稳定导数为机翼、机身和垂尾三部分之和，即

$$C_{n\beta}=(C_{n\beta})_{\mathrm{w}}+(C_{n\beta})_{\mathrm{f}}+(C_{n\beta})_{\mathrm{v}} \tag{4-24}$$

根据航向静稳定性准则，$C_{n\beta}>0$ 时稳定。对于航向静稳定的飞机，$C_{n\beta}$ 应在期望的迎角和速度范围内，即飞行包线内为正。

通常 $C_{n\beta}$ 在 0.001～0.002 5 范围内时视为足够，$C_{n\beta}$ 过小会导致飞机航向静稳定度不足，而过高则会导致飞行的航向操纵困难，因此其上限应由航向操纵要求确定。

飞机的航向静稳定性会随迎角及马赫数的增加而快速下降：垂尾位于飞机最后部，大迎角时处于飞机的背风面，因此大迎角时，飞机的航向静稳定性会因垂尾效率下降而降低；超声速飞行时，受激波影响，垂尾效率也会下降，导致航向静稳定性下降，如图 4-15 所示。

战斗机为了保证在比较大的迎角和马赫数飞行时仍能保证航向静稳定性要求，通常会采用“双垂尾”或“单垂尾＋腹鳍”(ventral fins)布局，如图 4-16 所示。

对于双发战斗机，由于后机身足够宽，通常采用双垂尾布局；对于单发战斗机，由于后机身宽度不足以布置两个垂尾，通常采用“单垂尾＋腹鳍”的布局。

腹鳍的功能与垂尾类似，均能在正侧滑时产生左侧力及右偏航力矩，提高飞机的航向静稳定性。由于在大迎角时处于迎风面，腹鳍在大迎角时要比垂尾效率更高，因此一些对机动性要求较高的双发战斗机采用了"双垂尾＋双腹鳍"布局，如 Su27 系列、歼 20 等。

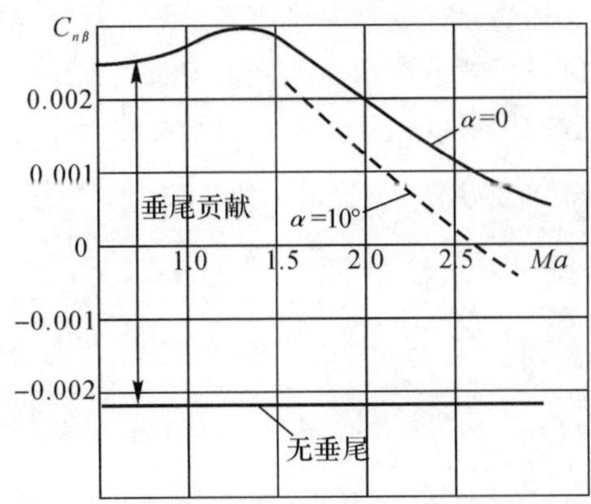

图 4－15　航向静稳定性随迎角与马赫数的变化

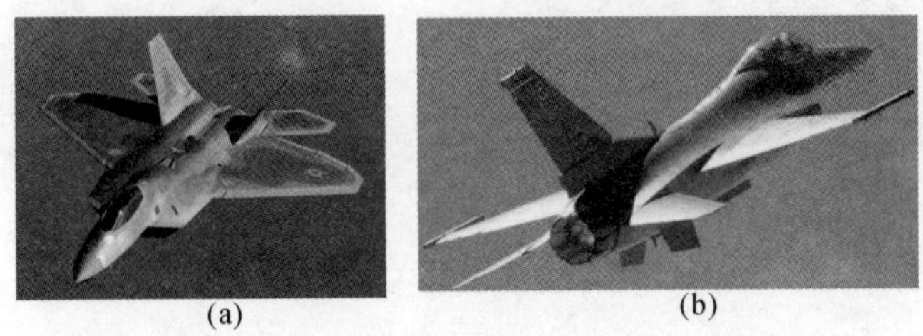

图 4－16　典型战斗机的航向安定面布局

(a)双垂尾；(b)单垂尾＋腹鳍

4.2.6　隐身性与航向静稳定

垂尾是飞机航向静稳定性的最大来源。同样，垂尾也是飞机侧向雷达反射面积(Radar Cross Section，RCS)的最大来源。RCS 是衡量飞机隐身性能的指标，RCS 越小，意味着飞机越难被雷达发现，隐身性越好。

直角结构具有很强的回波特性，因此常规垂尾是飞机侧向 RCS 的主要来源。图 4－17 为 F－15 战斗机的 RCS 图，可以看出，其 RCS 的最大值发生在±90°，即飞机的左右侧方，主要来源就是垂直尾翼。

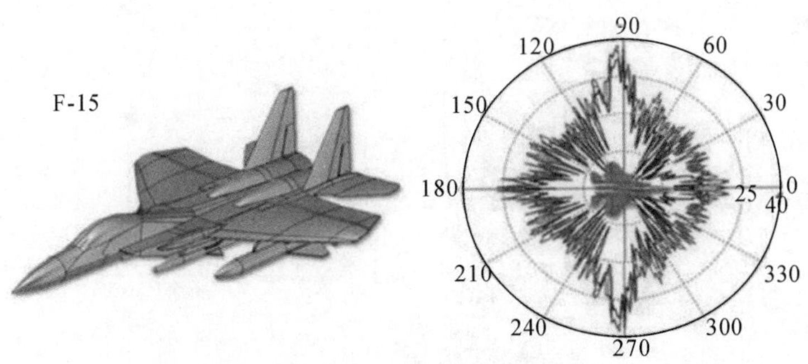

图 4－17　F－15 战斗机的 360°RCS

降低垂尾 RCS 最直接、有效的方法就是去掉垂尾，采用飞翼式布局，如 X－47B 无人机和 B－2 轰炸机等。然而，飞翼式布局飞机的航向通常是静不稳定或中立稳定，必须采用先进的飞行控制系统。此外，由于航向操纵面效率有限且一部分操纵权限要用于增稳，因此飞翼式布局飞机很难保证高机动性。因此，对机动性要求较高的战斗机通常采用一种折中的方式：将垂尾向外倾斜，通过改变雷达信号反射方向的方式降低 RCS，如图 4－18 中的战斗机。这种方式的隐身性要低于无垂尾飞机，但仍可以保证较高的机动性。

图 4－18　典型隐身战斗机尾翼示意图

(c) J－20；(b) F－22；(c) YF－23；(d) YF－117

4.3　航向操纵性

4.3.1　航向操纵面

1. 方向舵

方向舵是位于垂尾后缘的襟翼，是最常见的航向操纵面。

如图 4－19 所示，方向舵可以绕铰链轴左右偏转。按照符号定义习惯，方向舵左偏为正。

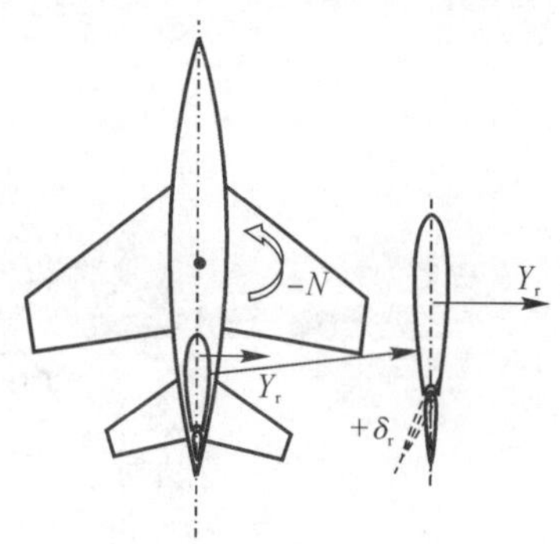

图 4－19　方向舵示意图

方向舵左偏会产生向右的侧力，由于方向舵位于重心之后，因此该右侧力会产生左偏航力矩，也就是说正方向舵偏角会产生正侧力及负偏航力矩。因此，方向舵操纵导数 $C_{n\delta_r}<0$，即单位升降舵偏角产生的偏航力矩系数为负。

驾驶员通过脚蹬对方向舵进行操纵，左脚前蹬为正，此时方向舵左偏，产生左偏航力矩；反之，右脚前蹬为负，此时方向舵右偏，产生右偏航力矩。

2. 非常规航向操纵面

偏航力矩是 Oxy 平面的力，因此能产生偏航力矩的方式有两种：一种是像方向舵那样，由侧力产生，另一种则是由两侧机翼的阻力不平衡产生。

图 4－20 所示为几种通过阻力不平衡产生偏航力矩的非常规操纵面。

其中，B－2 飞机的翼稍后缘有两组蚌壳式操纵面，如果单侧打开，可以增加该侧机翼的局部阻力，由阻力不平衡产生偏航力矩，故这种操纵面被称为开裂式阻力方向舵。除用于航向控制外，这种操纵面还可以两侧同时打开作为减速板使用。

还有一种航向操纵方式是差动偏转同侧机翼的升降副翼，偏转后该侧机翼升力几乎不变，但阻力显著增加，由两侧阻力差产生偏航力矩。

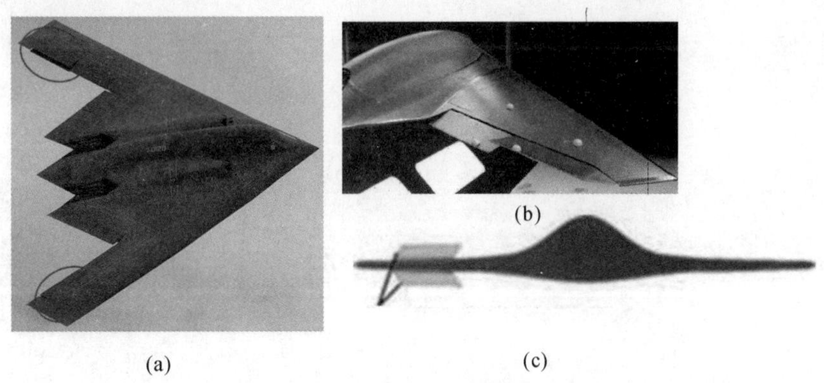

(a)　(b)　(c)

图 4－20　非常规航向操纵面示意图

(a) 阻力方向舵；(b) 单侧差动升降副翼；(c) 嵌入面

除此之外，嵌入面也是一种有效的航向操纵方式，在机翼上表面和下表面均有一个操纵面，同时打开，可以显著增加该侧机翼的阻力，产生偏航力矩。大迎角时，下表面的操纵面由于处于迎风面，因此仍有较高的操纵效率。

3. 方向舵操纵效率

当方向舵有一个正偏角 δ_r，垂尾产生的偏航力矩

$$N=-k\eta_v q_c S_v a_v(\tau_2\delta_r+\sigma)l_v \tag{4-25}$$

式中：τ_2 为单位方向舵偏角带来的垂尾侧滑角变化。

将上式除以 $q_c Sb$ 进行无量纲化可以得到偏航力矩系数

$$C_n=-k\eta_v\bar{V}_2 a_v(\tau_2\delta_r+\sigma) \tag{4-26}$$

再关于 δ_r 求导，可以得到方向舵的操纵导数

$$C_{n\delta_r}=-k\eta_v\bar{V}_2a_v\tau_2 \tag{4-27}$$

为了产生或平衡一个侧滑角，应使

$$C_{n\beta}\beta+C_{n\delta_r}\delta_r=0 \tag{4-28}$$

因此，平衡或产生给定侧滑所需的方向舵偏角

$$\delta_r=-\frac{C_{n\beta}\cdot\beta}{C_{n\delta_r}} \tag{4-29}$$

可以看出，飞机的航向静稳定度越高，平衡给定侧滑角带来的偏航力矩所需的方向舵偏角越大，因此航向静稳定度是有上限的，该上限取决于飞机的航向操纵能力。

4.3.2 航向操纵面的临界设计条件

方向舵的设计应保证能够为一些临界状况提供足够的操纵权限，典型航向操纵临界条件包括不利偏航、侧风起飞/着陆、不对称推力及尾旋改出等。

1. 不利偏航

假设一架飞机以速度V绕着O点做角速度为Ω、半径为R的逆时针水平转弯，如图4-21所示。

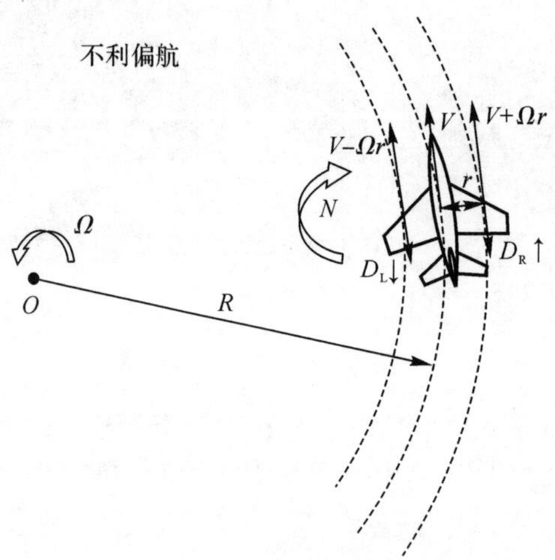

图4-21 不利偏航示意图

图4-21中，两侧机翼的焦点到飞机重心的距离均为r，按照线速度与角速度间的关系，外侧机翼的线速度为$V+\Omega r$，而内侧机翼的为$V-\Omega r$。因此，外侧机翼的速度、动压及阻力均大于内侧机翼。阻力不平衡会产生一个与转弯方向相反、阻止飞机转弯的偏航力矩，故称为不利偏航。

展弦比越大、转弯半径越小的飞机，不利偏航问题越严重。方向舵的操纵效率应能够平衡飞机的极限不利偏航力矩。

2. 侧风起降

在起飞着陆阶段，如图4-22所示，由于前向速度小，侧风造成的侧滑角较大，因此侧风起

降也是一个临界状况，方向舵应能够平衡由大侧滑产生的偏航力矩。

下面通过一个例子来介绍如何确定方向舵的操纵要求。

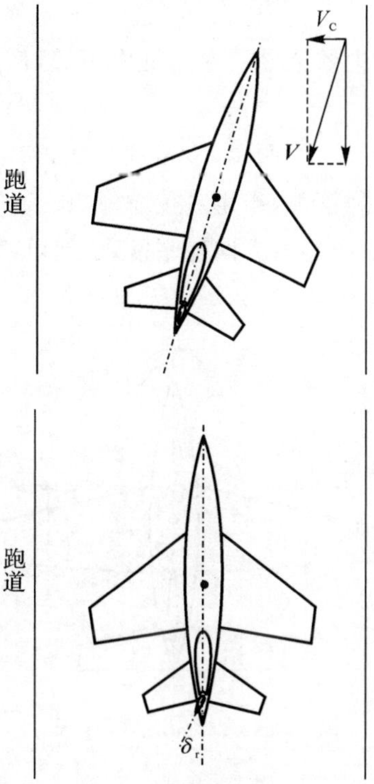

图 4-22　侧风起降

例 4-1　一架翼载荷 $W/S=2\ 500\ \text{N/m}^2$、机翼面积 $S=70\ \text{m}^2$，翼展 $b=25\ \text{m}$ 的飞机准备在 8 m/s 的侧风下起飞。试用下列数据确定离地速度下保持稳定航向所需的方向舵偏角。$C_{L,\max}=1.85$，离地速度 $V_{\text{unstick}}=1.2V_{\text{stall}}$，垂尾升力线斜率 $a_{\text{v}}=0.08/°$，垂尾尾容比 $\bar{V}_2=0.25$，经验参数 $k=1$，飞机航向静稳定导数 $C_{n\beta}=0.012/°$，垂尾动压比 $\eta_{\text{v}}=0.9$，方向舵效率 $\tau_2=0.4$，大气密度 $\rho=1.225\ \text{kg/m}^3$。

解　根据最大升力系数确定飞机的失速速度

$$V_{\text{stall}}=\sqrt{\frac{2W}{\rho SC_{L,\max}}}=46.97\text{m/s}$$

由失速速度确定离地速度

$$V_{\text{unstick}}=1.2V_{\text{stall}}=56.365\ \text{m/s}$$

根据侧风速度和离地速度，确定侧滑角

$$\beta=\arctan\frac{8}{56.365}=8.08°$$

根据给定数据计算方向舵的操纵导数

$$C_{n\delta_{\text{r}}}=-ka_{\text{v}}\bar{V}_2\eta_{\text{v}}\tau_2=-0.007\ 2/(°)$$

由此得到平衡侧滑所需的方向舵偏角

$$\delta_r = -\frac{\beta C_{n\beta}}{C_{n\delta_r}} = 13.47°$$

3. 不对称推力

对于多发飞机，部分发动机失效会导致左右推力不等，产生偏航力矩，方向舵应能平衡由不对称推力产生的偏航力矩。

假设有一架双发飞机，如图 4－23 所示，发动机推力线距飞机中心线的距离为 l_T。如果右侧发动机失效，则该发动机推力消失，产生右偏航力矩。

由单发失效产生的偏航力矩应能由方向舵平衡，由此可确定方向舵的操纵效率

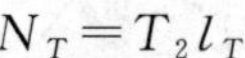

$$N_T = T_2 l_T$$

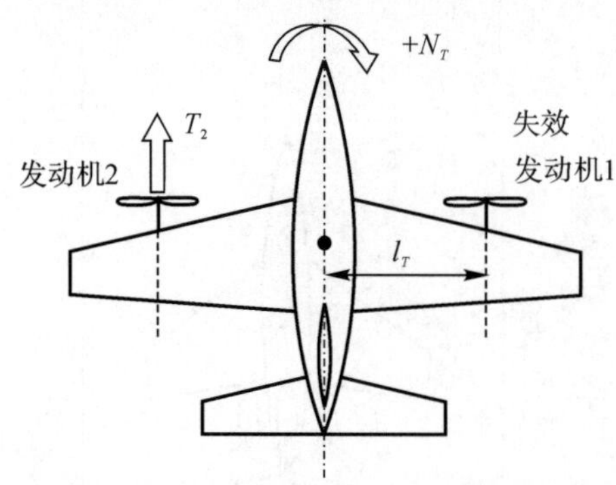

图 4－23　不对称推力示意图

例 4－2　某双发飞机的单发推力 $T=20\ 000$ N，两台发动机的展向距离为 10 m。机翼面积 $S=60\ \text{m}^2$，翼展 $b=15$ m，假设方向舵最大偏角为 $\delta_{r,\max}=\pm 25°$。试确定飞机在海平面以 75 m/s 速度单发失效时保持 0 侧滑飞行所需的最低方向舵操纵效能 $C_{n\delta_r}$。

解　单发失效产生的偏航力矩

$$N_T = Tl_T = 20\ 000 \times 10/2\ \text{N}\cdot\text{m} = 10^5\ \text{N}\cdot\text{m}$$

力矩平衡方程

$$|C_{n\delta_r}|_{\min} \cdot \delta_{r,\max} q_c S = N_T$$

最低方向舵操纵效能

$$|C_{n\delta_r}|_{\min} = \frac{N_T}{\delta_{r,\max} q_c S}$$

$$= \frac{10^5}{0.5 \times 1.225 \times 75^2 \times 60 \times 15 \times 25} = 0.001\ 3$$

由于 $C_{n\delta_r} < 0$，因此 $C_{n\delta_r} = -0.001\ 3$。

4. 尾旋改出

如图 4－24 所示，尾旋是一种绕垂直轴自动旋转、下降的特殊失速现象。

在尾旋中，机翼与平尾均已完全失速，因此升降舵和副翼均丧失操纵性，方向舵是唯一还有操纵效率的操纵面。

为了能够改出尾旋，方向舵必须能够产生足够的偏航力矩使飞机的旋转角速度降下来，然

后再推油门、加速以降低迎角，从而改出尾旋。

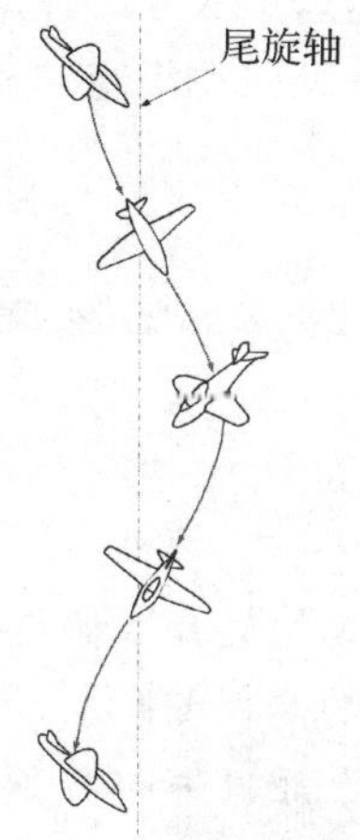

图 4-24　尾旋示意图

图 4-25 所示为某飞机从进入尾旋到改出的时间历程。

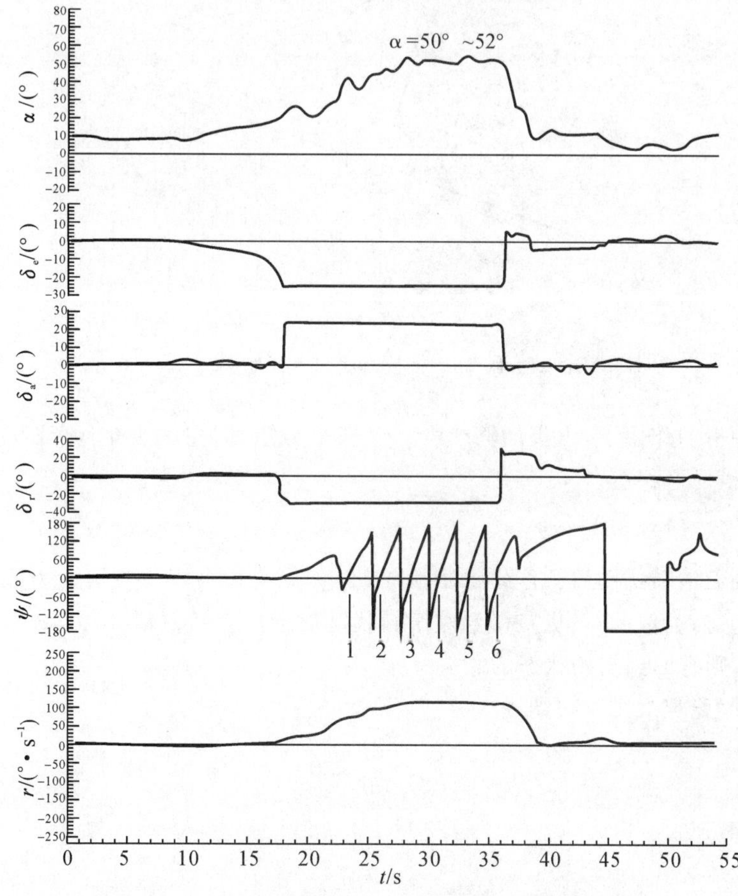

图 4-25　某飞机进入及改出尾旋的时间历程

驾驶员从第 9 s 开始逐渐将升降舵拉至最大上偏角，在第 17 s 升降舵上偏至最大角、接近失速迎角后，左压杆同时右蹬舵，飞机迅速进入顺时针尾旋。

在第 35 s，驾驶员向尾旋的反方向，即向左满蹬舵，在旋转角速度显著下降后，推油门加速以降低迎角，从而改出尾旋。

4.4 横向静稳定性定义与准则

1. 定义

横向所对应的运动是滚转，其扰动是滚转角。假设飞机受到一个右滚转角，即正滚转角的扰动，飞机会向右滚转。如图 4-26 中的前视图所示，作用在飞机上的重力 W 依然垂直向下，但可以分解为两个分量：垂直于机翼平面的法向分量 $W\cos\phi$ 和平行于机翼平面的展向分量 $W\sin\phi$。

重心的展向分量会使飞机向右下方运动，产生一个右侧滑角，按照符号定义习惯，右侧滑为正。

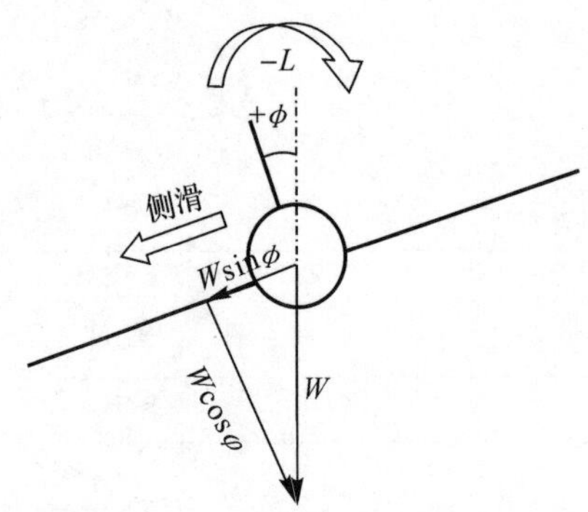

图 4-26 横向静稳定性示意图

如果在该侧滑的作用下，飞机能够产生一个恢复力矩，即左滚力矩，则飞机有回到初始状态的趋势，飞机横向静稳定。

2. 准则

飞机在受到右滚转扰动后会产生正侧滑 $+\Delta\beta$，如果飞机会产生左滚转力矩 $-\Delta L$，则有回到初始状态的趋势；类似的，飞机在受到左滚转扰动后会产生负侧滑 $-\Delta\beta$，如果飞机能产生右滚转力矩 $+\Delta L$，则有回到初始状态的趋势。

因此，横向静稳定准则可归纳为

$$L_{\beta}=\frac{\mathrm{d}L}{\mathrm{d}\beta}<0 \tag{4-30}$$

或除以 $q_{c}Sb$ 系数形式

$$C_{l\beta}=\frac{\mathrm{d}C_{l}}{\mathrm{d}\beta}<0 \tag{4-31}$$

飞机的横向静稳定性可通过气动导数直接判断：如果 $C_{l\beta}<0$，则飞机横向静不稳定；如果

$C_{l\beta}>0$，则飞机横向静不稳定；如果 $C_{l\beta}=0$，则飞机横向中立静稳定。

图 4 - 27 给出了 3 条滚转力矩系数 C_l 随侧滑角 β 变化的曲线。

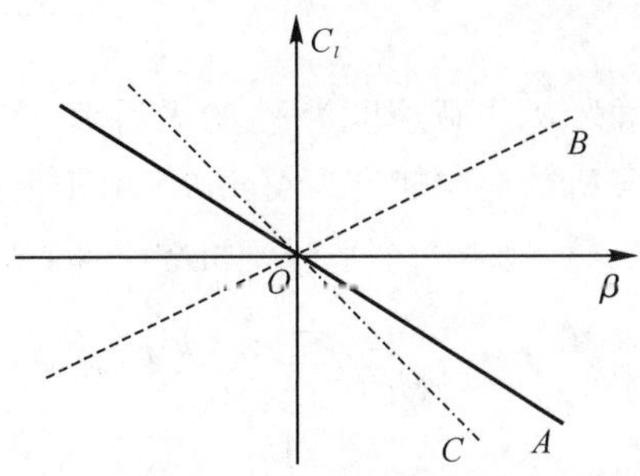

图 4 - 27　滚转力矩系数随侧滑角的变化曲线

对于曲线 A，C_l 随着 β 的增加而减小，因此 $C_{l\beta}<0$，飞机横向静稳定；对于曲线 B，C_l 随着 β 增加而增大，因此 $C_{l\beta}>0$，飞机横向静不稳定；而对于曲线 C，C_l 也是随着 β 增加而减小，且降幅比曲线 A 大，因此飞机不仅横向静稳定，而且稳定度高于曲线 A。

4.5　各部件对横向静稳定性的贡献

与纵向和航向一样，飞机的横向静稳定性也可以视为各部件的贡献之和。由于发动机推力与滚转轴平行，因此常规推进系统对滚转力矩基本无影响，横向静稳定性可视为机翼、机身和尾翼的贡献之和。

机翼的贡献取决于其上反角、后掠角及机翼与机身的相对垂直位置。如图 4 - 28 所示：上反角是机翼平面与水平面的夹角，机翼平面在水平面之上为上反，在水平面之下为下反；后掠角就是机翼前缘与 Oy 轴间的夹角，后掠为正，前掠为负；安装在机身上部的机翼被称为上单翼，安装在机身下部为下单翼，安装在机身中部的则为中单翼。

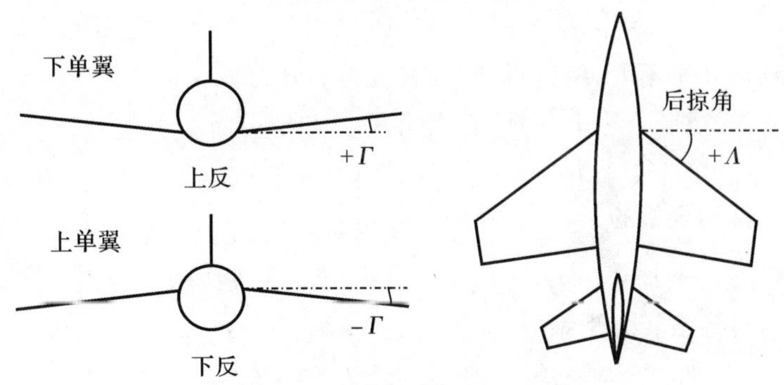

图 4 - 28　机翼几何参数示意图

机身的贡献包括直接影响与间接影响。其中，由于机身接近圆柱体，其本身对滚转力矩几乎无影响，因此直接影响可以忽略。间接影响则来自翼身干扰，主要取决于机翼的安装位置。

尾翼的贡献则包括平尾和垂尾的贡献。

4.5.1 机翼

1. 上反角的影响

对于飞行迎角为 α、侧滑角为 β、飞行速度为 V 的无后掠、大展弦比、上反角为 Γ 的机翼，根据速度和侧滑角，可以得到飞机的侧向速度为 $V\sin\beta$。由于上反角的存在，该侧向速度可以分解为两个分量，一个垂直于机翼平面，一个平行于机翼平面，如图 4-29 所示。

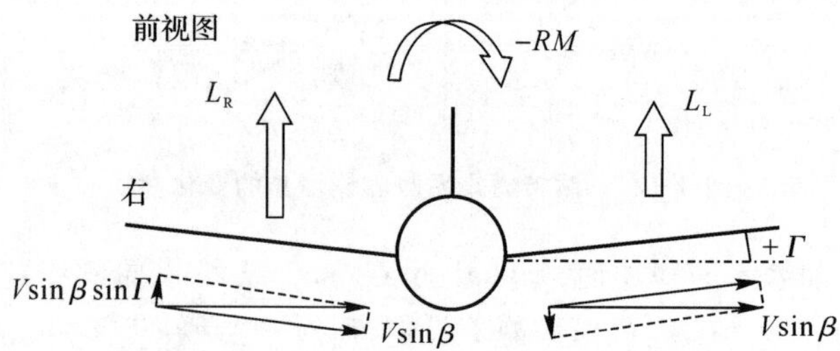

图 4-29 上反角对横向静稳定性的影响

对于右侧机翼，垂直速度分量 $V\sin\beta\sin\Gamma$ 向上，因此右侧机翼的局部迎角增大；而左侧机翼的垂直速度分量向下，因此左侧机翼的局部迎角减小。因此对于右侧滑，上反角会使右侧机翼升力增大、左侧机翼升力减小，右侧机翼升力大于左侧机翼会产生左滚力矩。按照符号定义习惯，左滚转为负，即 $C_{l\beta}<0$，因此上反角对横向静稳定性的贡献是增稳。

横向静稳定性又名“上反效应”(dihedral effect)。

两侧机翼的垂直速度

$$V_N=V_0(\sin\alpha\pm\beta\sin\Gamma)\approx V_0(\alpha\pm\beta\Gamma) \tag{4-32}$$

局部迎角

$$\alpha_1=\frac{V_N}{V_c}=\alpha\pm\beta\Gamma \tag{4-33}$$

弦向速度与动压几乎不变，可以得到左、右机翼的升力

$$L_L=[C_{L0}+C_{L\alpha}(\alpha-\beta\Gamma)]q_cS \tag{4-34}$$

$$L_R=[C_{L0}+C_{L\alpha}(\alpha+\beta\Gamma)]q_cS \tag{4-35}$$

由此可以近似得到全机的滚转力矩

$$L=-(L_R-L_L)\cdot l_y=-C_{L\alpha}\cdot 2\beta\Gamma\cdot q_cS\cdot l_y \tag{4-36}$$

无量纲化可以得到滚转力矩系数

$$C_l=-C_{L\alpha}\cdot 2\beta\Gamma\cdot l_y/b \tag{4-37}$$

再关于 β 求导，可以得到机翼上反角对横向静稳定性的贡献

$$(C_{l\beta})_\Gamma=-C_{L\alpha}\cdot 2\Gamma\cdot l_y/b \tag{4-38}$$

式中：$C_{L\alpha}$，l_y 及 b 均为正，因此上反角的贡献取决于机翼的上反角。机翼上反时，$(C_{l\beta})_\Gamma<0$；机翼下反时，$(C_{l\beta})_\Gamma>0$。因此，机翼上反角对横向静稳定性起到的是增稳作用，其贡献直接与上反角的值成正比。

在实际飞行时，受气动弹性影响，机翼的上反角是变化的，因此其对横向静稳定性的影响

也会变化。

2. 后掠角

对于迎角为 α、侧滑角为 β、飞行速度为 V 的无上反、大展弦比、后掠角为 Λ 的机翼，由图 4-30 可以看出：右侧机翼的速度可分解为垂直于前缘的弦向速度分量 V_{cR} 和平行于前缘的展向速度分量 V_{sR}，其中正侧滑导致右侧弦向速度分量增加；左侧机翼的速度可分解为垂直于前缘的弦向速度分量 V_{cL} 和平行于前缘的展向速度分量 V_{sL}，正侧滑导致左侧弦向速度分量减小。

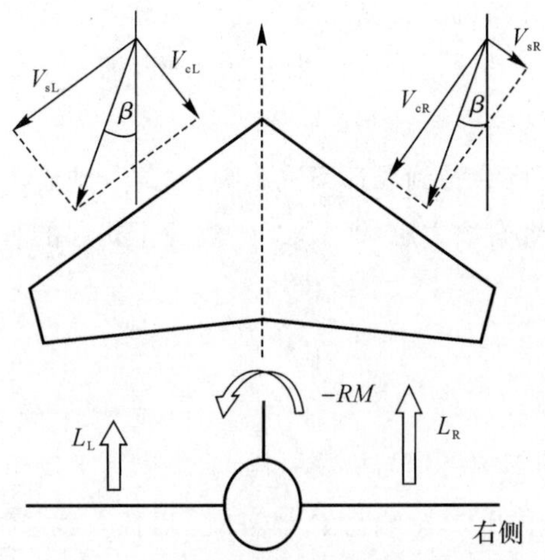

图 4-30　后掠角对横向静稳定性的影响

由于飞机的动压取决于弦向速度，因此右侧机翼动压增大，升力也增大，左侧机翼动压减小，升力也减小，从而产生左滚力矩。因此后掠角对横向静稳定性的贡献是增稳。

根据片条理论（strip theory），可以得到左、右机翼的滚转力矩

$$L_L = -\frac{1}{2}\rho V_0^2 \cos^2\Lambda (1-\beta\tan\Lambda)\alpha \int_0^{b\cdot\sec\Lambda/2} a_0 c(y_h) y_h \mathrm{d}y_h \tag{4-39}$$

$$L_R = -\frac{1}{2}\rho V_0^2 \cos^2\Lambda (1+\beta\tan\Lambda)\alpha \int_0^{b\cdot\sec\Lambda/2} a_0 c(y_h) y_h \mathrm{d}y_h \tag{4-40}$$

二者相加可以得到整个机翼的滚转力矩

$$L = -\rho V_0^2 \alpha\beta\cos^2\Lambda\tan\Lambda \int_0^{b\cdot\sec\Lambda/2} a_0 c(y_h) y_h \mathrm{d}y_h \tag{4-41}$$

通过无量纲化、关于 β 求导可以得到机翼后掠角对横向静稳定性的贡献

$$C_{l\beta} = -\frac{2\sin\Lambda C_L}{Sb}\int_0^{b\cdot\sec\Lambda/2} c(y_h) y_h \mathrm{d}y_h \tag{4-42}$$

可以看出 $C_{l\beta}$ 与 $\sin\Lambda C_L$ 成正比，因此机翼后掠角对横向静稳定的贡献与前缘后掠角及升力系数相关。

3. 机翼垂直位置

图 4-31 为一架上单翼和一架下单翼飞机的前视图。

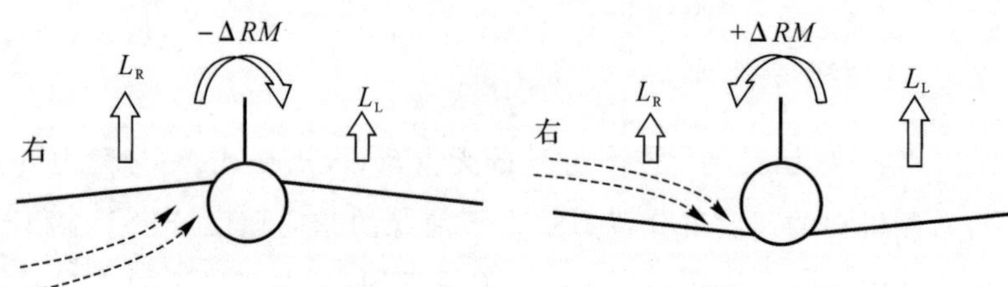

图 4-31　正侧滑中的翼身干扰示意图

(a)上单翼;(b) 下单翼

在正侧滑作用下,上单翼飞机的右侧机翼会受到局部上洗影响,局部上洗使上单翼飞机的右翼迎角增大,右翼升力大于左翼升力,产生左滚力矩,即 $C_{l\beta}<0$,因此上单翼起的是增稳作用。

下单翼飞机的右侧机翼则会受到局部下洗影响,局部下洗使下单翼飞机的右翼迎角减小,右翼升力小于左翼升力,产生右滚力矩,即 $C_{l\beta}>0$,翼身干扰起的是降低稳定性作用。

4.5.2　尾翼

1. 平尾

平尾对横向静稳定性的影响机理与机翼一样,取决于其上反角 Γ_t、后掠角 Λ_t 和垂直安装位置。其中,上反角起增稳作用,其影响与 Γ_t 成正比;后掠角也起增稳作用,其影响与 $\sin\Lambda_t \cdot C_{Lt}$ 成正比;平尾安装在机身上半部会增加横向静稳定性。

由于平尾尺寸远小于机翼,因此平尾的影响通常可以忽略。

2. 垂尾

图 4-32 为小迎角及大迎角下的飞机侧视图,在正侧滑作用下,垂尾产生向左的侧力,该侧力作用在垂尾焦点上。

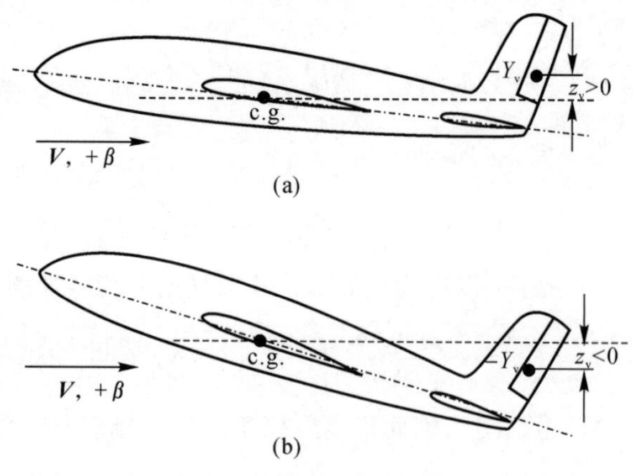

图 4-32　垂尾对横向静稳定性的影响示意图

(a) 小迎角;(b) 小迎角

在小迎角状态下,垂尾的焦点位于重心之上,二者的垂直距离 $z_v>0$,因此垂尾侧力产生的是左滚力矩。正侧滑产生负滚转力矩,因此小迎角下垂尾起的是增稳作用。

在大迎角状态下,垂尾的焦点位于重心之下,二者的垂直距离 $z_v<0$,因此垂尾侧力产生的是右滚力矩。正侧滑产生正滚转力矩,因此大迎角下垂尾起的是降低稳定性的作用。

由此可见,垂尾产生的横向力矩和横向静稳定性均与迎角密切相关。

4.5.3　全机横向静稳定性

与纵向和航向静稳定性一样,横向静稳定性不能过低,也不能过高。

机翼是横向静稳定性的最大来源,其上反角、后掠角及垂直位置都对横向静稳定性有显著影响。

机翼的后掠角主要由飞机的飞行速度确定;垂直安装位置主要取决于其用途,如军用运输机通常采用上单翼布局,商用运输机通常采用下单翼布局。在确定机翼后掠角及垂直安装位置后,再通过调节上反角将全机的横向静稳定性调节到一个合适的值。

4.6　横向操纵面

飞机产生滚转力矩的方式有机翼升力不平衡和垂尾侧力等两种。由于垂尾产生的滚转力矩受迎角影响较大,不适合用于横向操纵,因此,机翼升力不平衡是横向操纵的首选。

4.6.1　副翼

对于大部分飞机,副翼是主要的横向操纵面。如图 4-33 所示,副翼是位于机翼外侧后缘的襟翼。

副翼是通过差动偏转,也就是两侧副翼偏转方向相反,产生滚转力矩的。按照符号定义习惯,右副翼下偏、左副翼上偏为正,如图 4-34 中的飞机后视图所示。当右副翼下偏时,右侧机翼外段的弯度增加,升力增加;同时左侧副翼上偏,左侧机翼外段弯度减小,升力降低,右翼升力 L_R 大于左翼升力 L_L,因此会产生左滚力矩。

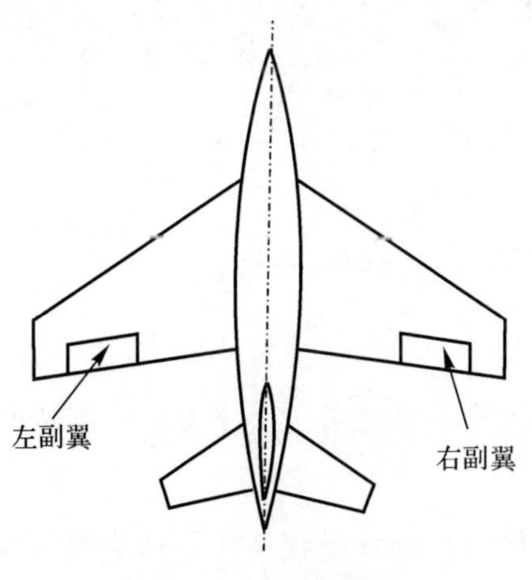

图 4-33　副翼示意图

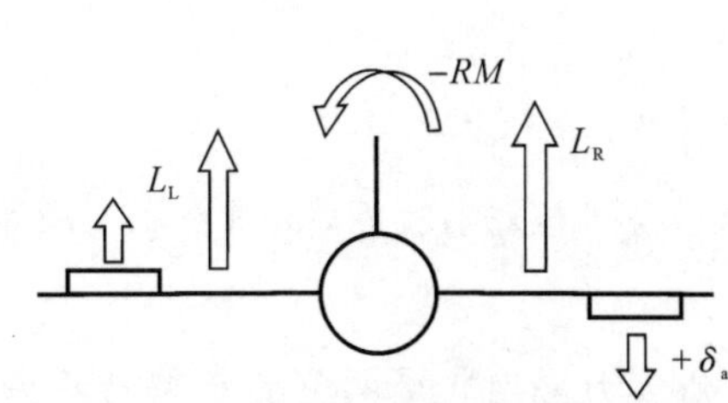

图 4-34　副翼操纵机理

副翼的操纵效率可用单位副翼偏角产生的滚转力矩系数 $C_{l\delta_a}$ 衡量。由于正副翼偏角产生负滚转力矩，因此 $C_{l\delta_a}<0$。

4.6.2 非常规横向操纵面

除副翼外，还有一些通过升力不平衡产生滚转力矩的操纵面。比较常见的有升降副翼和扰流板。

1.升降副翼

升降副翼，如图 4-35 所示，是位于机翼后缘的四片襟翼，包括两片内升降副翼和两片外升降副翼。

按照符号定义习惯，右升降副翼下偏、左升降副翼上偏为正，此时右侧机翼升力增加，左侧机翼升力减少，产生左滚力矩，如图 4-36 所示。

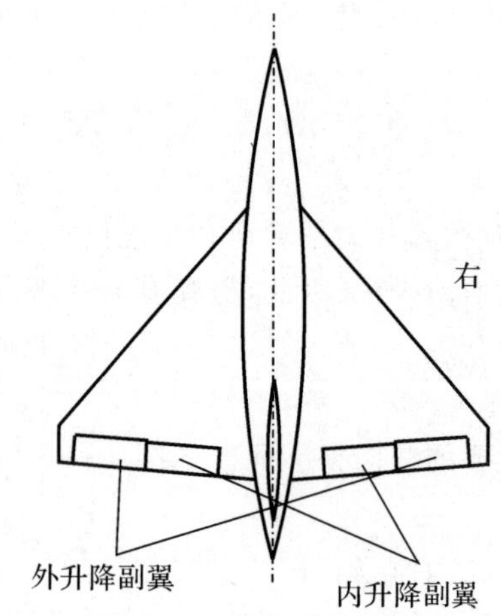

图 4-35 升降副翼示意图

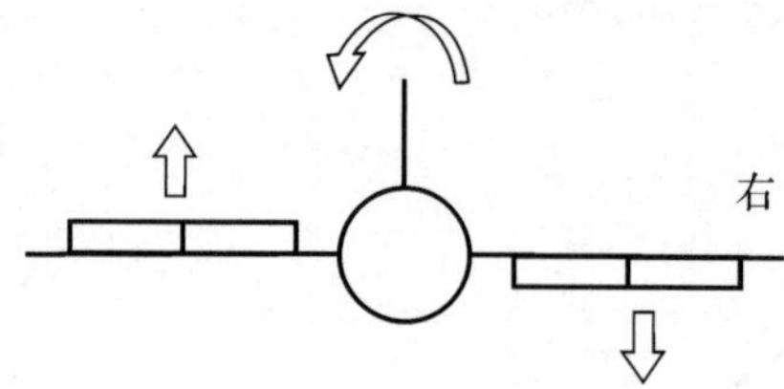

图 4-36 升降副翼的滚转操纵示意图

2.扰流板

扰流板位于机翼上表面，如图 4-37 所示，也是一种通过升力不平衡产生滚转力矩的操纵面。

与副翼及升降副翼是两侧差动偏转不同，扰流板在进行滚转操纵时是单侧打开。如图 4-38 所示，当单侧扰流板打开时，该侧上表面的气流会被破坏，导致该侧机翼升力下降，产生向该侧滚转的力矩。

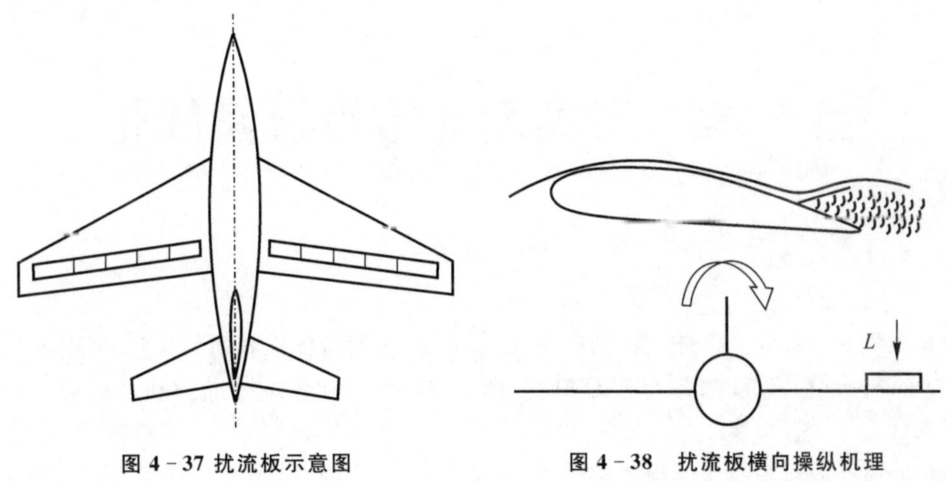

图 4-37 扰流板示意图　　图 4-38 扰流板横向操纵机理

习　题

4-1　航向静稳定的飞机在右侧风着陆时应该如何蹬舵以平衡偏航力矩。

参考答案:左脚前蹬

4-2　某双发飞机的翼载荷 $W/S=5\ 500\ \mathrm{N/m^2}$,翼展 $b=60$ m,机翼面积 $S=350\ \mathrm{m^2}$,垂尾升力线斜率 $a_v=0.075/(°)$,动压比 $\eta_v=0.92$,侧洗角 $\sigma=0.1\beta$,力臂 $l_v=25$ m,$C_{L,\max}=1.8$,方向舵偏角范围为±25°,单发推力 $T=150$ kN,在忽略机翼、机身航向静稳定性贡献的前提下,试计算:(1)该飞机航向静稳定导数 $C_{n\beta}=0.004\ 5$ 时所需的垂尾面积;(2)在第(1)问基础上,要保证飞机能够在 8 m/s 侧风下正常起飞,其方向舵效率因子 τ_2;(3)在第(2)问基础上,要保证飞机能够平衡 70 m/s 单发失效时的偏航力矩,双发最大间距。

参考答案:(1)51 $\mathrm{m^2}$;(2)0.241 5;(3)21 m

4-3　某飞机的翼载荷 $W/S=3\ 200\ \mathrm{N/m^2}$,机翼面积 $S=60\ \mathrm{m^2}$,翼展 $b=15$ m,垂尾升力线斜率 $a_v=0.075/(°)$,动压比 $\eta_v=0.92$,侧洗角 $\sigma=0.1\beta$,垂尾尾容比 $\bar{V}_2=0.28$,$C_{L,\max}=1.6$,方向舵偏角范围为±25°,效率因子 $\tau_2=0.35$,经验参数 $k=0.95$。试计算:该飞机海平面起飞能够允许的最大侧风。

参考答案:11.5 m/s

4-4　试解释军用运输机与民用运输机机翼上反角的区别及其原因。

参考答案:略

4-5　对于稳定飞机,要实现顺时针协调盘旋,驾驶员应如何对驾驶杆和脚蹬进行操纵?

参考答案:右压杆,左蹬舵

第 5 章　飞机运动方程及其线化

如果飞机在平衡状态下受到扰动后，其响应收敛，并最终能回到初始状态，则飞机动稳定。因此，为了评价动稳定性，需要确定其随时间的响应特性，为此需要建立飞机的运动方程，并对其进行求解。

飞机的运动方程是基于牛顿运动定律和坐标轴系建立的，因此为了建立飞机运动方程，首先需要对用到的坐标轴系进行定义。

5.1　坐标轴系与坐标变换

5.1.1　坐标轴系

坐标轴系主要用来确定飞机的位置、速度和作用在其上的力与力矩等。飞机飞行动力学中常用的轴系有六种，包括惯性轴系、地球轴系、航迹轴系、体轴系、稳定轴系和风轴系。之所以会用到那么多轴系，是因为没有任何一个轴系能定义所有的变量。

1. 惯性轴系

牛顿运动方程是相对于惯性参考系定义的，因此首先需要指定一个惯性参考系（Inertia Axes System）。

绝对的惯性参考系是在宇宙中绝对静止的，显然要找到这样一个轴系是极其困难的。但对于大多数飞机飞行动力学问题，原点位于地心的非旋转参考系 $Ox_iy_iz_i$ 就是个很好的近似。如图 5－1 所示，Ox_i 轴与 Oy_i 轴位于赤道平面上，根据右手系统可以得到 Oz_i 轴指向北极。

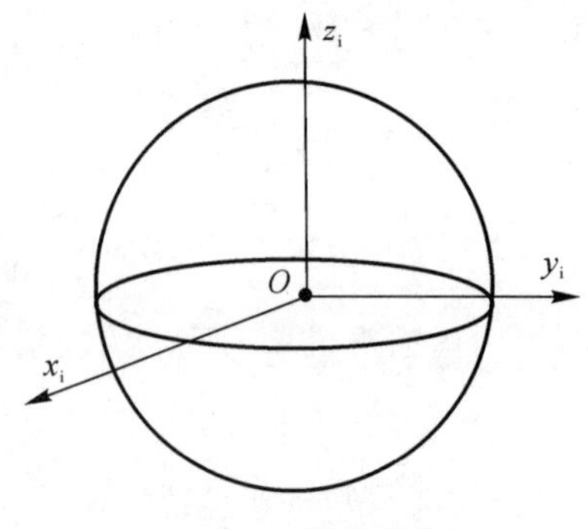

图 5－1　惯性轴系

惯性轴系不随地球自转。图 5－2 为地球绕太阳公转的轨道示意图。t_1 时刻的地球位置和惯性轴系如图所示；t_2 时刻，地球的位置移动了，但惯性轴系的方向并没有变；t_3 时刻，地球移动到了另一位置，惯性轴系的方向仍没有变。

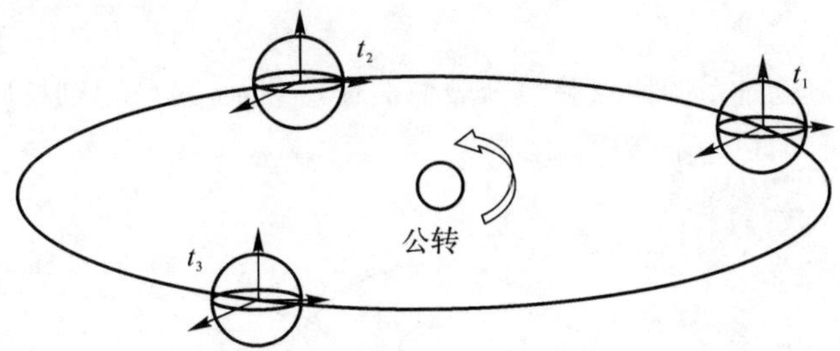

图 5－2　惯性轴系示意图

与绝对的惯性参考系相比，惯性轴系 $Ox_iy_iz_i$ 忽略了地球公转。

2. 地球轴系

与惯性轴系一样，地球轴系 $Ox_Ey_Ez_E$(Earth-fixed Axes System)的原点也位于地心。

Ox_E 轴与 Oy_E 轴位于赤道平面上，根据右手系统，Oz_E 轴指向北极，与 Oz_i 轴重合，如图 5－3 所示。地球轴系与惯性轴系的区别是地球轴系不仅绕太阳公转，也绕 Oz_E 轴随地球自转，其旋转速度即为地球自转速度 Ω_e。

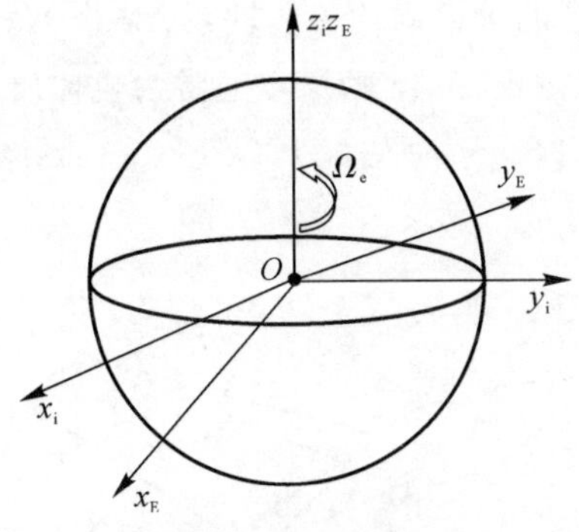

图 5－3　地球轴系

图 5－4 为地球绕太阳公转的轨道示意图。t_1 时刻的地球位置和地轴系如图所示；t_2 时刻，地球的位置移动了，地轴系的方向也发生了变化；t_3 时刻，地球移动到了另一位置，地轴系的方向也发生了变化。

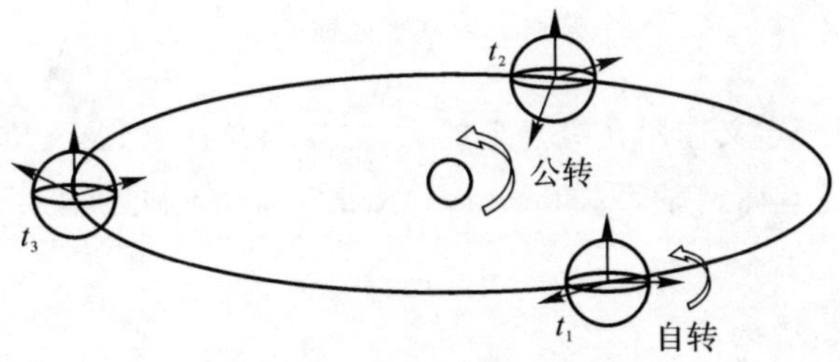

图 5－4　地球轴系示意图

地球轴系主要用于描述飞行器相对地球的位置与速度。

3. 航迹轴系

航迹轴系 $Ox_ey_ez_e$(Navigational Axes System)主要用来描述飞行器相对起飞点的位置与速度。

如图 5-5 所示,航迹轴系的原点为地球表面的任意一点,其 Ox_e 轴指向正北,Oy_e 轴指向正东,根据右手系统可知,Oz_e 轴指向地心。

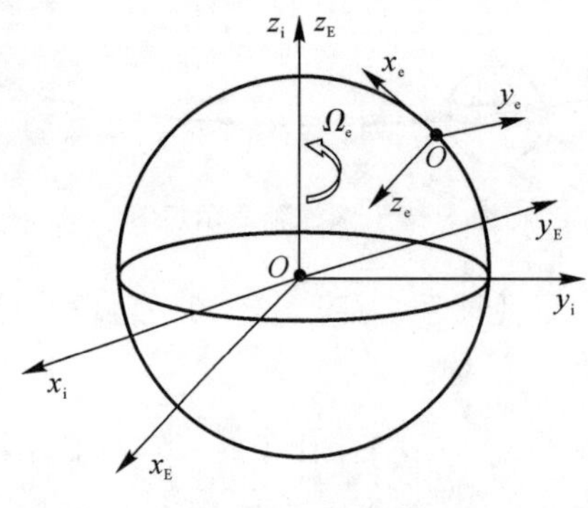

图 5-5 航迹轴系

4. 体轴系

任何固连在机体并随其运动的轴系均称为体轴系(Body Axes System)。

如图 5-6 所示,基本体轴系 $Ox_by_bz_b$ 的原点通常为机体质心,Ox_b 轴通常由重心沿纵向中心线或零升力线指向机头方向,Oy_b 轴垂直于 Ox_bz_b 平面并指向右,Oz_b 轴位于飞机的对称面并指向下,构成右手系统。

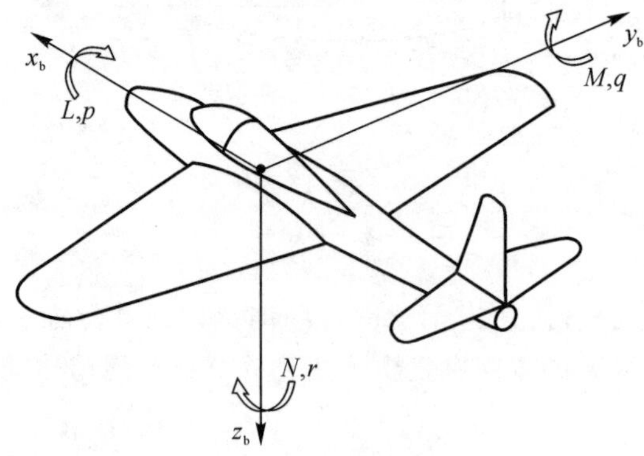

图 5-6 基本体轴系

基本体轴系主要用于定义作用在机身上的力、力矩与角速度,及飞机的惯性矩与惯性积。

除基本体轴系外,还有稳定轴系(Stability Axes System)和风轴系(Wind Axes System)这两个特殊的体轴系。

5. 稳定轴系

稳定轴系 $Ox_sy_sz_s$ 见图 1-9,其原点位于机体质心,其 Ox_s 轴位于飞机对称面内。如果侧滑角为 0，Ox_s 轴指向与来流相反的方向；如果侧滑角不为 0，Ox_s 轴则与来流在对称面内的投影重合。Oy_s 轴垂直于飞机的对称面并指向右，与 Oy_b 轴重合；由右手系统可知 Oz_s 轴在对称面内并指向下。

可以看出，稳定轴系与基本体轴系相差了一个迎角。

6. 风轴系

风轴系 $Ox_wy_wz_w$ 见图 1-9，其原点位于机体质心，Ox_w 轴指向与来流相反的方向，当侧滑角不为 0 时，Ox_w 轴并不在飞机的对称面内；Oz_w 轴在飞机对称面内并指向下，与 Oz_s 轴重合；Oy_w 轴垂直于 Ox_wz_w 平面并指向右。

可以看出，风轴系与稳定轴系间相差了一个侧滑角，与基本体轴系则相差了一个侧滑角和一个迎角。

5.1.2　坐标变换

任何一个坐标系能独立定义的参数都有限，要将各坐标系下的参数联系起来，需要进行坐标变换。

1. 欧拉变换

一个坐标系相对于另一个坐标系的位置关系可以用 3 个角度表示，分别为偏航角 ψ、俯仰角 θ、滚转角 ϕ，这 3 个角被称为为欧拉角(Euler Angles)。

如图 5-7 所示，假设初始坐标轴系为 $Ox_1y_1z_1$。首先，绕 Oz_1 轴旋转 ψ 角度，可以得到坐标轴系 $Ox_1'y_1'z_1'$；然后，绕 Oy'_1 轴旋转 θ 角度，可以得到另一个坐标轴系 $Ox_1''y_1''z_1''$；最后，绕 Ox_1''轴旋转 ϕ 角度，可以得到 $Ox_1'''y_1'''z_1'''$，即 $Ox_2y_2z_2$，坐标变换完成。旋转顺序很重要，因为不同的旋转顺序将得到不同的新坐标。

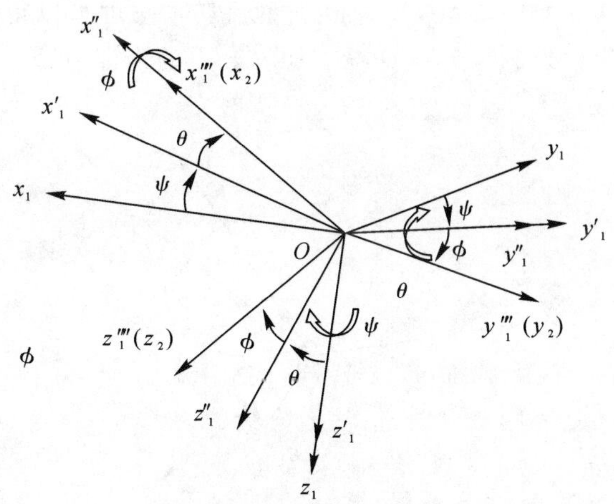

图 5-7　欧拉变换示意图

2. 变换矩阵

下面来确定坐标变换的数学关系。

首先是二维坐标变换。

图 5-8 中给出了两个二维坐标系 Oxy 与 $Ox'y'$，二者之间的夹角为 α，设点 A 在 Oxy 下的坐标为 (x_1, y_1)，在 $Ox'y'$ 下的坐标为 (x_2, y_2)。

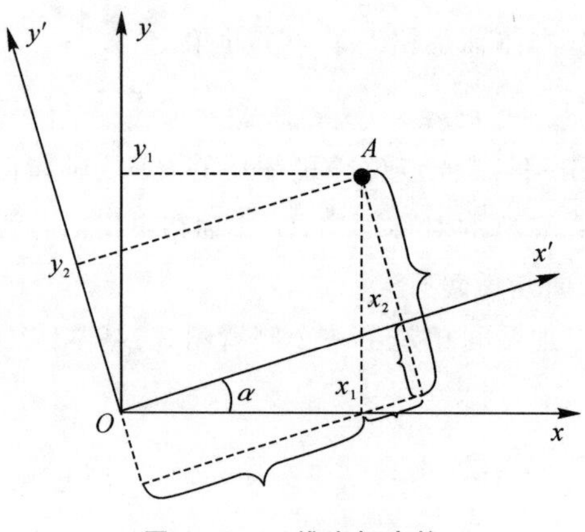

图 5-8　二维坐标变换

将 x_2 向右下方平移，可以看出 x_2 可视为两段之和，即

$$x_2 = x_1 \cos\alpha + y_1 \sin\alpha$$

而 y_2 可视为两段之差，即

$$y_2 = -x_1 \sin\alpha + y_1 \cos\alpha$$

由此可以得到同一点在不同坐标系下的变换关系：

$$\begin{bmatrix} x_2 \\ y_2 \end{bmatrix} = \begin{bmatrix} \cos\alpha & \sin\alpha \\ -\sin\alpha & \cos\alpha \end{bmatrix} \begin{bmatrix} x_1 \\ y_1 \end{bmatrix} \tag{5-1}$$

将上述二维变换扩展到三维，如图 5-9 所示，即相当于绕 Oz 轴逆时针旋转 α 角度。

这里给出了原始坐标系 $Oxyz$，绕 Oz 轴逆时针旋转 α 角度可以得到新坐标系 $Ox'y'z'$。假设某点在 $Oxyz$ 下的坐标为 (x_1, y_1, z_1)，在 $Ox'y'z'$ 下的坐标为 (x_2, y_2, z_2)，由于是绕 Oz 轴旋转，因此 Oz 轴的坐标不变，$z_1 = z_2$。

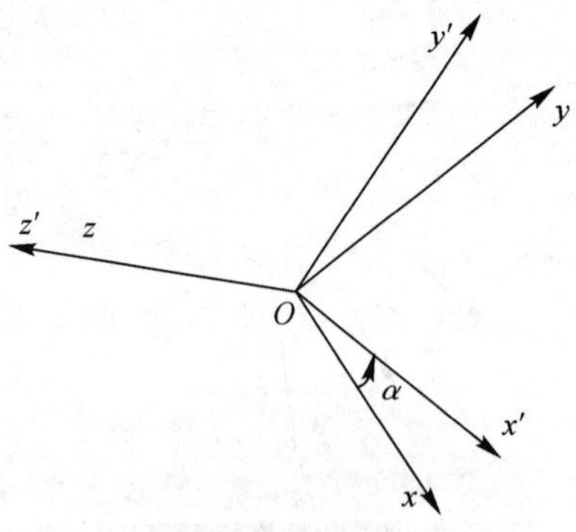

图 5-9　绕 Oz 轴三维变换示意图

基于式(5-1)中的二维变换结果，可以得到三维变换的关系

$$\left.\begin{aligned} x_2 &= x_1\cos\alpha + y_1\sin\alpha \\ y_2 &= y_1\cos\alpha - x_1\sin\alpha \\ z_2 &= z_1 \end{aligned}\right\} \tag{5-2}$$

表示成矩阵形式，即为

$$\begin{bmatrix} x_2 \\ y_2 \\ z_2 \end{bmatrix} = \begin{bmatrix} \cos\alpha & \sin\alpha & 0 \\ -\sin\alpha & \cos\alpha & 0 \\ 0 & 0 & 1 \end{bmatrix} \begin{bmatrix} x_1 \\ y_1 \\ z_1 \end{bmatrix} \tag{5-3}$$

因此绕 Oz 轴的变换矩阵

$$\boldsymbol{L}_3 = \begin{bmatrix} \cos\alpha & \sin\alpha & 0 \\ -\sin\alpha & \cos\alpha & 0 \\ 0 & 0 & 1 \end{bmatrix} \tag{5-4}$$

类似的，绕 Ox 轴和 Oy 轴的三维变换如图 5-10 所示。

因此可以得到绕 Ox 轴的变换矩阵

$$\boldsymbol{L}_1 = \begin{bmatrix} 1 & 0 & 0 \\ 0 & \cos\alpha & \sin\alpha \\ 0 & -\sin\alpha & \cos\alpha \end{bmatrix} \tag{5-5}$$

绕 Oy 轴的变换矩阵

$$\boldsymbol{L}_2 = \begin{bmatrix} \cos\alpha & 0 & -\sin\alpha \\ 0 & 1 & 0 \\ \sin\alpha & 0 & \cos\alpha \end{bmatrix} \tag{5-6}$$

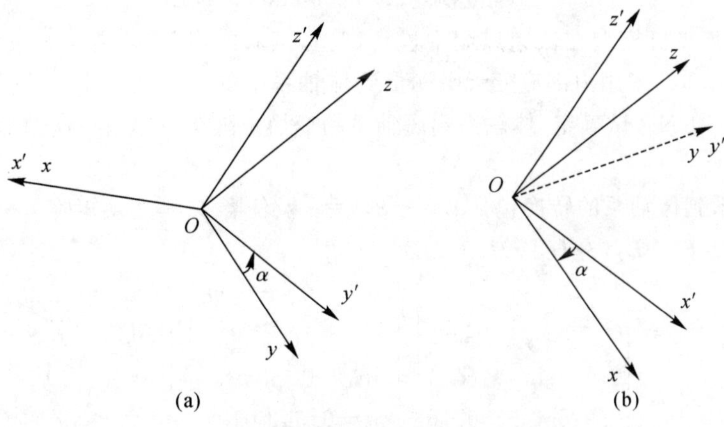

图 5-10　绕 *Ox* 轴及 *Oy* 轴旋转示意图

(a)绕 Ox 轴；(b) 绕 Oy 轴

变换顺序为先绕 z 轴，接着是 y 轴，最后是 x 轴，由于矩阵为左乘，因此完整的转换矩阵为 $\boldsymbol{L}_1\boldsymbol{L}_2\boldsymbol{L}_3$。对于坐标变换来说，旋转顺序很重要，不同的旋转顺序将得到不同的新坐标。

以航迹轴系到体轴系的变换为例，两坐标系间相差了 ψ,θ,ϕ 三个欧拉角，因此其转换矩阵为

$$\boldsymbol{T}_{\mathrm{e}}^{\mathrm{b}}=\boldsymbol{L}_1(\phi)\boldsymbol{L}_2(\theta)\boldsymbol{L}_3(\psi)$$

式中:$\boldsymbol{T}$ 表示变换矩阵,下标表示初始坐标系,上标表示目标坐标系。

将三轴变换矩阵代入,可以得到

$$\begin{aligned}\boldsymbol{T}_{\mathrm{e}}^{\mathrm{b}}&=\boldsymbol{L}_1(\phi)\boldsymbol{L}_2(\theta)\boldsymbol{L}_3(\psi)\\&=\begin{bmatrix}1&0&0\\0&\cos\phi&\sin\phi\\0&-\sin\phi&\cos\phi\end{bmatrix}\begin{bmatrix}\cos\theta&0&-\sin\theta\\0&1&0\\\sin\theta&0&\cos\theta\end{bmatrix}\begin{bmatrix}\cos\psi&\sin\psi&0\\-\sin\psi&\cos\psi&0\\0&0&1\end{bmatrix}\\&=\begin{bmatrix}\cos\theta\cos\psi&\cos\theta\sin\psi&-\sin\theta\\-\cos\phi\sin\psi+\sin\phi\sin\theta\cos\psi&\cos\phi\cos\psi+\sin\phi\sin\theta\sin\psi&\sin\phi\cos\theta\\\sin\phi\sin\psi+\cos\phi\sin\theta\cos\psi&-\sin\phi\cos\psi+\cos\phi\sin\theta\sin\psi&\cos\phi\cos\theta\end{bmatrix}\end{aligned}$$

风轴系与体轴系之间相差了一个迎角和一个侧滑角,由于飞机的有效迎角与有效侧滑角会随滚转角 ϕ 相互转化,因此这两个坐标系实际包含了 3 个角度:$\psi=-\beta$,$\theta=\alpha$ 及任意的 ϕ。其转换矩阵为

$$T_{\mathrm{w}}^{\mathrm{b}}=\boldsymbol{L}_1(\phi)\boldsymbol{L}_2(\alpha)\boldsymbol{L}_3(-\beta)$$

当 $\phi=0$ 时,有

$$\begin{aligned}\boldsymbol{T}_{\mathrm{w}}^{\mathrm{b}}&=\boldsymbol{L}_2(\alpha)\boldsymbol{L}_3(-\beta)\\&=\begin{bmatrix}\cos\alpha&0&-\sin\alpha\\0&1&0\\\sin\alpha&0&\cos\alpha\end{bmatrix}\begin{bmatrix}\cos\beta&-\sin\beta&0\\\sin\beta&\cos\beta&0\\0&0&1\end{bmatrix}\\&=\begin{bmatrix}\cos\alpha\cos\beta&-\cos\alpha\sin\beta&-\sin\alpha\\\sin\beta&\cos\beta&0\\\sin\alpha\cos\beta&-\sin\alpha\sin\beta&\cos\alpha\end{bmatrix}\end{aligned}$$

例 5-1 某飞机模型在低速风洞中进行试验,试验的迎角、侧滑角及滚转角分别为 $\alpha=20^\circ$,$\beta=10^\circ$,$\phi=30^\circ$。采用内部应变天平测量到体轴系下的气动力分别为 $F_x=21.7\ \mathrm{N}$,$F_y=-33\ \mathrm{N}$,$F_z=-91\ \mathrm{N}$。试确定:体轴系到风轴系的变换矩阵 $\boldsymbol{T}_{\mathrm{b}}^{\mathrm{w}}$;作用在模型上的升力、阻力及侧力。

解 风轴系到体轴系的转换包括 $\psi=-\beta$,$\theta=\alpha$ 及任意 ϕ,其变换矩阵

$$\begin{aligned}\boldsymbol{T}_{\mathrm{w}}^{\mathrm{b}}&=\boldsymbol{L}_1(\phi)\boldsymbol{L}_2(\alpha)\boldsymbol{L}_3(-\beta)\\&=\begin{bmatrix}1&0&0\\0&\cos\phi&\sin\phi\\0&-\sin\phi&\cos\phi\end{bmatrix}\begin{bmatrix}\cos\alpha&0&-\sin\alpha\\0&1&0\\\sin\alpha&0&\cos\alpha\end{bmatrix}\begin{bmatrix}\cos\beta&-\sin\beta&0\\\sin\beta&\cos\beta&0\\0&0&1\end{bmatrix}\\&=\begin{bmatrix}0.925\,4&-0.163\,2&-0.342\,0\\0.318\,8&0.823\,2&0.469\,8\\0.204\,9&-0.543\,8&0.813\,8\end{bmatrix}\end{aligned}$$

体轴系到风轴系的变换矩阵

$$\begin{aligned}\boldsymbol{T}_{\mathrm{b}}^{\mathrm{w}}&=(\boldsymbol{T}_{\mathrm{w}}^{\mathrm{b}})^{-1}\\&=\begin{bmatrix}0.925\,4&0.318\,8&0.204\,9\\-0.163\,2&0.823\,2&-0.543\,8\\-0.342\,0&0.469\,8&0.813\,8\end{bmatrix}\end{aligned}$$

模型在风轴系下的受力

$$\begin{bmatrix} F_{xw} \\ F_{yw} \\ F_{zw} \end{bmatrix} = T_b^w \begin{bmatrix} F_{xb} \\ F_{yb} \\ F_{zb} \end{bmatrix} = \begin{bmatrix} -9.0809 \\ 18.7795 \\ -96.9833 \end{bmatrix}$$

F_x 朝前为正，F_z 朝下为正，因此升力 $L=96.9833$ N，阻力 $D=9.0809$ N，侧力 $Y=18.7795$ N。

5.2　运动方程

运动方程是飞行器运动计算、仿真及分析的基础。

飞行中的飞机是非常复杂的动态系统，除气动力与力矩、重力及推力外，还会受气动弹性、旋转部件的陀螺效应等影响。为了建立运动方程，需要作一些简化假设，包括将飞行器视为六自由度的独立刚体，并忽略地球的曲率和自转，这一假设对于飞行高度 30 km 以下、$Ma<3$ 的飞行器适用。

运动方程是基于牛顿运动定律，包括力方程和力矩方程：

$$\boldsymbol{F}=m\left(\frac{\mathrm{d}\boldsymbol{V}}{\mathrm{d}t}\right)_{\mathrm{i}} \tag{5-7}$$

$$\boldsymbol{M}=\left(\frac{\mathrm{d}\boldsymbol{H}}{\mathrm{d}t}\right)_{\mathrm{i}} \tag{5-8}$$

式中：下标 i 表示惯性轴系。

由 $\boldsymbol{H}=\boldsymbol{I\omega}$ 可以得到展开的力矩方程

$$\boldsymbol{M}=\left(\frac{\mathrm{d}\boldsymbol{I}}{\mathrm{d}t}\right)_{\mathrm{i}}\boldsymbol{\omega}+\boldsymbol{I}\left(\frac{\mathrm{d}\boldsymbol{\omega}}{\mathrm{d}t}\right)_{\mathrm{i}} \tag{5-9}$$

式中：$\boldsymbol{H}$ 为动量矩；$\boldsymbol{\omega}$ 为机体相对惯性轴系的角速度；$\boldsymbol{I}$ 为机体的惯性矩阵，并有

$$\boldsymbol{I}=\begin{bmatrix} I_{xx} & I_{xy} & I_{xz} \\ I_{yx} & I_{yy} & I_{yz} \\ I_{zx} & I_{zy} & I_{zz} \end{bmatrix} \tag{5-10}$$

对角元素为惯性矩，有

$$I_{xx}=\int(y^2+z^2)\mathrm{d}m$$

$$I_{yy}=\int(x^2+z^2)\mathrm{d}m$$

$$I_{zz}=\int(x^2+y^2)\mathrm{d}m$$

其他元素为惯性积，有

$$I_{xy}=I_{yx}=\int xy\,\mathrm{d}m$$

$$I_{yz}=I_{zy}=\int yz\,\mathrm{d}m$$

$$I_{xz}=I_{zx}=\int xz\,\mathrm{d}m$$

对于具有对称面的飞机，$I_{xy}=I_{yx}=I_{yz}=I_{zy}=0$。

5.2.1 力方程

在忽略地球自转的情况下，由式(5－7)中的惯性轴系牛顿力方程可以得到

$$\boldsymbol{F}=m\left(\frac{\mathrm{d}\boldsymbol{V}}{\mathrm{d}t}\right)_{\mathrm{e}} \tag{5-11}$$

基于移轴定律，可以得到地轴系下方程与体轴系下方程间的关系为

$$\left(\frac{\mathrm{d}\boldsymbol{V}_0}{\mathrm{d}t}\right)_{\mathrm{e}}=\left(\frac{\mathrm{d}\boldsymbol{V}_0}{\mathrm{d}t}\right)_{\mathrm{b}}+\boldsymbol{\omega}_{\mathrm{e,b}}^{\mathrm{b}}\times\boldsymbol{V}_0 \tag{5-12}$$

式中：

$$\boldsymbol{V}_0=\hat{\boldsymbol{i}}_{\mathrm{b}}u+\hat{\boldsymbol{j}}_{\mathrm{b}}v+\hat{\boldsymbol{k}}_{\mathrm{b}}w$$

$$\boldsymbol{\omega}_{\mathrm{e,b}}^{\mathrm{b}}=\boldsymbol{\omega}_{\mathrm{i,b}}^{b}=\hat{\boldsymbol{i}}_{\mathrm{b}}p+\hat{\boldsymbol{j}}_{\mathrm{b}}q+\hat{\boldsymbol{k}}_{\mathrm{b}}r$$

$$\boldsymbol{F}=\hat{\boldsymbol{i}}_{\mathrm{b}}F_x+\hat{\boldsymbol{j}}_{b}F_y+\hat{\boldsymbol{k}}_{\mathrm{b}}F_z$$

将上述参数代入式(5－12)并展开，可以得到地轴系下各方向的加速度

$$\begin{aligned}\left(\frac{\mathrm{d}\boldsymbol{V}_0}{\mathrm{d}t}\right)_{\mathrm{e}}&=\hat{\boldsymbol{i}}_{\mathrm{b}}\dot{u}+\hat{\boldsymbol{j}}_{\mathrm{b}}\dot{v}+\hat{\boldsymbol{k}}_{\mathrm{b}}\dot{w}+\begin{vmatrix}\hat{\boldsymbol{i}}_{\mathrm{b}} & \hat{\boldsymbol{j}}_{\mathrm{b}} & \hat{\boldsymbol{k}}_{\mathrm{b}}\\ p & q & r\\ u & v & w\end{vmatrix}\\&=\hat{\boldsymbol{i}}_{\mathrm{b}}(\dot{u}+wq-vr)+\hat{\boldsymbol{j}}_{\mathrm{b}}(\dot{v}+ur-wp)+\hat{\boldsymbol{k}}_{\mathrm{b}}(\dot{w}+vp-uq)\end{aligned} \tag{5-13}$$

由此可以得到飞机的力方程：

$$\left.\begin{aligned}F_x&=m(\dot{u}+wq-vr)\\F_y&=m(\dot{v}+ur-wp)\\F_z&=m(\dot{w}+vp-uq)\end{aligned}\right\} \tag{5-14}$$

5.2.2 力矩方程

刚体运动的几何关系如图 5－11 所示。

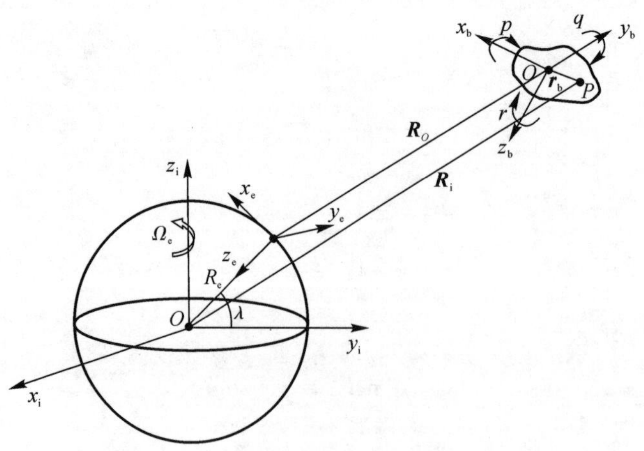

图 5－11 刚体运动的几何关系示意图

其中，$Ox_iy_iz_i$ 为固连于地心的且不随地球自转的惯性轴系，$Ox_by_bz_b$ 是固连于物体并随

物体运动的体轴系，$Ox_ey_ez_e$ 为固连于地球表面的航迹轴系，在 $t=0$ 时刻位于物体的正下方。航迹轴系 $Ox_ey_ez_e$ 随地球相对于惯性轴系 $Ox_iy_iz_i$ 以角速度 Ω_e 转动。

设 R_e 是地球半径，$\boldsymbol{R}_i$ 为刚体上的质点 P 相对于惯性系的位置矢量。$\boldsymbol{R}_O$ 是体轴系的原点相对于航迹轴系的位置矢量。$\boldsymbol{r}_b$ 是质点 P 相对于体轴系原点的位置矢量，$\boldsymbol{\omega}_{ib}^b$ 是刚体相对于惯性系的角速度在体轴系下的投影。

假设质点 P 相对惯性轴系的动量矩

$$\delta\boldsymbol{h}_i-\boldsymbol{R}_i\times\delta m\boldsymbol{V}_i \tag{5-15}$$

式中：$\boldsymbol{V}_i=\dot{\boldsymbol{R}}_i=(\dot{\boldsymbol{R}}_O+\dot{\boldsymbol{r}}_b)$。

对该动量矩关于时间 t 求导，可以得到

$$\frac{\mathrm{d}(\delta\boldsymbol{h}_i)}{\mathrm{d}t}=\dot{\boldsymbol{R}}_i\times\delta m\boldsymbol{V}_i+\boldsymbol{R}_i\times\delta m\dot{\boldsymbol{V}}_i \tag{5-16}$$

由于$\boldsymbol{V}_i=\dot{\boldsymbol{R}}_i$，因此$\dot{\boldsymbol{R}}_i\times\delta m\ \boldsymbol{V}_i=\boldsymbol{0}$，则有

$$\frac{\mathrm{d}(\delta\boldsymbol{h}_i)}{\mathrm{d}t}=\boldsymbol{R}_i\times\delta m\dot{\boldsymbol{V}}_i=\boldsymbol{R}_i\times\delta\boldsymbol{F}_i=\delta\boldsymbol{G}_i \tag{5-17}$$

对于全机，有

$$\begin{aligned}\boldsymbol{G}_i&=\sum\delta\boldsymbol{G}_i=\sum\boldsymbol{R}_i\times\delta\boldsymbol{F}_i\\&=\sum\frac{\mathrm{d}}{\mathrm{d}t}(\delta\boldsymbol{H}_i)=\frac{\mathrm{d}}{\mathrm{d}t}\sum\delta\boldsymbol{h}_i\end{aligned} \tag{5-18}$$

全机动量矩等于各质点动量矩之和，即$\boldsymbol{H}_i=\sum\delta\boldsymbol{h}_i$，因此

$$\boldsymbol{G}_i=\frac{\mathrm{d}\boldsymbol{H}_i}{\mathrm{d}t} \tag{5-19}$$

将$\boldsymbol{G}_i$ 展开，得

$$\sum\boldsymbol{R}_i\times\delta\boldsymbol{F}_i=\frac{\mathrm{d}}{\mathrm{d}t}\sum\boldsymbol{R}_i\times\delta m\boldsymbol{V}_i \tag{5-20}$$

将$\boldsymbol{R}_i=\boldsymbol{R}_O+\boldsymbol{r}_b$ 代入，可以得到

$$\sum(\boldsymbol{R}_O+\boldsymbol{r}_b)\times\delta\boldsymbol{F}_i=\frac{\mathrm{d}}{\mathrm{d}t}\sum(\boldsymbol{R}_O+\boldsymbol{r}_b)\times\delta m\boldsymbol{V}_i \tag{5-21}$$

展开可以得到

$$\begin{aligned}&\boldsymbol{R}_O\times\sum\delta\boldsymbol{F}_i+\boldsymbol{r}_b\times\sum\delta\boldsymbol{F}_i\\&=\frac{\mathrm{d}}{\mathrm{d}t}\sum\boldsymbol{R}_O\times\delta m\boldsymbol{V}_i+\frac{\mathrm{d}}{\mathrm{d}t}\sum\boldsymbol{r}_b\times\delta m\boldsymbol{V}_i\end{aligned} \tag{5-22}$$

将方程右侧第一项展开，得

$$\begin{aligned}&\boldsymbol{R}_O\times\sum\delta\boldsymbol{F}_i+\boldsymbol{r}_b\times\sum\delta\boldsymbol{F}_i\\&=\dot{\boldsymbol{R}}_O\times\sum\delta m\boldsymbol{V}_i+\boldsymbol{R}_O\times\sum\delta m\dot{\boldsymbol{V}}_i+\frac{\mathrm{d}}{\mathrm{d}t}\sum\boldsymbol{r}_b\times\delta m\boldsymbol{V}_i\end{aligned} \tag{5-23}$$

将$\boldsymbol{V}_i=\dot{\boldsymbol{R}}_O+\dot{\boldsymbol{r}}_b$ 代入，可以得到

$$\begin{aligned}
&\boldsymbol{R}_O \times \sum \delta \boldsymbol{F}_{\mathrm{i}} + \boldsymbol{r}_{\mathrm{b}} \times \sum \delta \boldsymbol{F}_{\mathrm{i}} \\
&= \dot{\boldsymbol{R}}_O \times \sum \delta m \dot{\boldsymbol{R}}_O + \dot{\boldsymbol{R}}_O \times \sum \delta m \dot{\boldsymbol{r}}_{\mathrm{b}} + \\
&\boldsymbol{R}_O \times \sum \delta m \dot{\boldsymbol{V}}_{\mathrm{i}} + \frac{\mathrm{d}}{\mathrm{d}t} \sum \boldsymbol{r}_{\mathrm{b}} \times \delta m \boldsymbol{V}_{\mathrm{i}}
\end{aligned} \tag{5-24}$$

由$\dot{\boldsymbol{R}}_O \times \dot{\boldsymbol{R}}_O = \boldsymbol{0}$，刚体的$\dot{\boldsymbol{r}}_{\mathrm{b}} = \boldsymbol{0}$，$\boldsymbol{F}_{\mathrm{i}} = m\dot{\boldsymbol{V}}_{\mathrm{i}}$，$\sum \boldsymbol{r}_{\mathrm{b}} \times \delta m \boldsymbol{V}_{\mathrm{i}} = \boldsymbol{H}_{\mathrm{b}}$，以及$\boldsymbol{r}_{\mathrm{b}} \times \sum \delta \boldsymbol{F}_{\mathrm{i}} = \boldsymbol{G}_{\mathrm{b}}$，可以得到

$$\boldsymbol{G}_{\mathrm{b}} = \left(\frac{\mathrm{d}\boldsymbol{H}_{\mathrm{b}}}{\mathrm{d}t}\right)_{\mathrm{i}} \tag{5-25}$$

根据移轴定理，有

$$\boldsymbol{G}_{\mathrm{b}} = \left(\frac{\mathrm{d}\boldsymbol{H}_{\mathrm{b}}}{\mathrm{d}t}\right)_{\mathrm{i}} = \left(\frac{\mathrm{d}\boldsymbol{H}_{\mathrm{b}}}{\mathrm{d}t}\right)_{\mathrm{b}} + \boldsymbol{\omega}_{\mathrm{ib}}^{\mathrm{b}} \times \boldsymbol{H}_{\mathrm{b}} \tag{5-26}$$

展开可以得到

$$\begin{aligned}
\boldsymbol{G}_{\mathrm{b}} = &\hat{\boldsymbol{i}}_{\mathrm{b}}(\dot{H}_{x\mathrm{b}} + qH_{z\mathrm{b}} - rH_{y\mathrm{b}}) + \\
&\hat{\boldsymbol{j}}_{\mathrm{b}}(\dot{H}_{y\mathrm{b}} + rH_{x\mathrm{b}} - pH_{z\mathrm{b}}) + \\
&\hat{\boldsymbol{k}}_{\mathrm{b}}(\dot{H}_{z\mathrm{b}} + pH_{y\mathrm{b}} - qH_{x\mathrm{b}})
\end{aligned} \tag{5-27}$$

体轴系下的动量矩

$$\boldsymbol{H}_{\mathrm{b}} = \sum \boldsymbol{r}_{\mathrm{b}} \times \delta m \boldsymbol{V}_{\mathrm{i}} = \sum \boldsymbol{r}_{\mathrm{b}} \times \delta m (\dot{\boldsymbol{R}}_O + \dot{\boldsymbol{r}}_{\mathrm{b}}) \tag{5-28}$$

根据移轴定理，有

$$\boldsymbol{H}_{\mathrm{b}} = \sum \boldsymbol{r}_{\mathrm{b}} \times \delta m [(\dot{\boldsymbol{R}}_O + \dot{\boldsymbol{r}}_{\mathrm{b}}) + \omega_{\mathrm{ib}}^{\mathrm{b}} \times (\boldsymbol{R}_O + \boldsymbol{r}_{\mathrm{b}})] \tag{5-29}$$

对于刚体$\dot{\boldsymbol{r}}_{\mathrm{b}} = \boldsymbol{0}$，将上式展开，有

$$\begin{aligned}
\boldsymbol{H}_{\mathrm{b}} = &(\sum \delta m \boldsymbol{r}_{\mathrm{b}}) \times (\dot{\boldsymbol{R}}_O + (\sum \delta m \boldsymbol{r}_{\mathrm{b}}) \times \boldsymbol{\omega}_{\mathrm{ib}}^{\mathrm{b}} \times \dot{\boldsymbol{R}}_O + \\
&\sum \delta m \boldsymbol{r}_{\mathrm{b}} \times \boldsymbol{\omega}_{\mathrm{ib}}^{\mathrm{b}} \times \boldsymbol{r}_{\mathrm{b}}
\end{aligned} \tag{5-30}$$

由于刚体以重心为原点，因此$\sum \delta m \boldsymbol{r}_{\mathrm{b}} = \boldsymbol{0}$，由此得到体轴系下的动量矩

$$\boldsymbol{H}_{\mathrm{b}} = \sum (\delta m \boldsymbol{r}_{\mathrm{b}} \times \boldsymbol{\omega}_{\mathrm{ib}}^{\mathrm{b}} \times \boldsymbol{r}_{\mathrm{b}}) \tag{5-31}$$

将上式展开，得

$$\boldsymbol{H}_{\mathrm{b}} = \sum [\boldsymbol{\omega}_{\mathrm{ib}}^{\mathrm{i}} (\boldsymbol{r}_{\mathrm{b}} \cdot \boldsymbol{r}_{\mathrm{b}}) - \boldsymbol{r}_{\mathrm{b}} (\boldsymbol{\omega}_{\mathrm{ib}}^{\mathrm{i}} \cdot \boldsymbol{r}_b)] \delta m \tag{5-32}$$

式中：$\boldsymbol{\omega}_{\mathrm{ib}}^{\mathrm{b}} = \hat{\boldsymbol{i}}_{\mathrm{b}} p + \hat{\boldsymbol{j}}_{\mathrm{b}} q + \hat{\boldsymbol{k}}_{\mathrm{b}} r$，$\boldsymbol{r}_{\mathrm{b}} = \hat{\boldsymbol{i}}_{\mathrm{b}} \boldsymbol{x}_{\mathrm{b}} + \hat{\boldsymbol{j}}_{\mathrm{b}} \boldsymbol{y}_{\mathrm{b}} + \hat{\boldsymbol{k}}_{\mathrm{b}} z_{\mathrm{b}}$。将上式展开可得

$$\begin{aligned}
\boldsymbol{H}_{\mathrm{b}} = &\hat{\boldsymbol{i}}_{\mathrm{b}} \left[\sum p\delta m (x_{\mathrm{b}}^2 + y_{\mathrm{b}}^2 + z_{\mathrm{b}}^2) - \sum \delta m (px_{\mathrm{b}}^2 + qx_{\mathrm{b}} y_{\mathrm{b}} + rx_{\mathrm{b}} z_{\mathrm{b}})\right] + \\
&\hat{\boldsymbol{j}}_{\mathrm{b}} \left[\sum q\delta m (x_{\mathrm{b}}^2 + y_{\mathrm{b}}^2 + z_{\mathrm{b}}^2) - \sum \delta m (px_{\mathrm{b}} y_{\mathrm{b}} + qy_{\mathrm{b}}^2 + ry_{\mathrm{b}} z_{\mathrm{b}})\right] + \\
&\hat{\boldsymbol{k}}_{\mathrm{b}} \left[\sum r\delta m (x_{\mathrm{b}}^2 + y_{\mathrm{b}}^2 + z_{\mathrm{b}}^2) - \sum \delta m (px_{\mathrm{b}} z_{\mathrm{b}} + qy_{\mathrm{b}} z_{\mathrm{b}} + rz_{\mathrm{b}}^2)\right]
\end{aligned}$$

即

$$\boldsymbol{H}_{\mathrm{b}}=\hat{\boldsymbol{i}}_{\mathrm{b}}[pI_x-qI_{xy}-rI_{xz}]+\hat{\boldsymbol{j}}_{\mathrm{b}}[qI_y-rI_{yz}-pI_{yx}]+\hat{\boldsymbol{k}}_{\mathrm{b}}[rI_z-pI_{xz}-qI_{zy}] \tag{5-33}$$

将式(5－27)与式(5-33)联立，并将$\boldsymbol{G}_{\mathrm{b}}=\hat{\boldsymbol{i}}_{\mathrm{b}}L+\hat{\boldsymbol{j}}_{\mathrm{b}}M+\hat{\boldsymbol{k}}_{\mathrm{b}}N$ 代入，可以得到飞机的力矩方程为

$$\left.\begin{aligned}L&=\dot{p}I_x-\dot{q}I_{yx}-\dot{r}I_{xz}+qr(I_z-I_y)-pqI_{zx}+\\&\quad(r^2-q^2)I_{yz}+prI_{yx}\\M&=\dot{q}I_y-\dot{r}I_{yz}-\dot{p}I_{yx}+rp(I_x-I_z)-qrI_{xy}+\\&\quad(p^2-r^2)I_{zx}+pqI_{zy}\\N&=\dot{r}I_z-\dot{p}I_{zx}-\dot{q}I_{zy}+pq(I_y-I_x)-rpI_{yz}+\\&\quad(q^2-p^2)I_{xy}+qrI_{xz}\end{aligned}\right\} \tag{5-34}$$

对于具有对称面的飞机，$I_{xy}=I_{yx}=I_{yz}=I_{zy}=0$，因此上式可以简化为

$$\left.\begin{aligned}L&=\dot{p}I_x+qr(I_z-I_y)-I_{xz}(pq+\dot{r})\\M&=\dot{q}I_y+rp(I_x-I_z)+I_{zx}(p^2-r^2)\\N&=\dot{r}I_z+pq(I_y-I_x)-I_{xz}(\dot{p}-qr)\end{aligned}\right\} \tag{5-35}$$

5.2.3　角速度方程

欧拉角速度 $\dot{\phi},\dot{\theta},\dot{\psi}$ 是无法直接测量的。能够测量的角速度是体轴系下的速度 p,q,r，通过角速度陀螺测量。角速度方程就是给定体轴角速度 p,q,r，确定欧拉角速度 $\dot{\phi},\dot{\theta},\dot{\psi}$。

偏航角速度与欧拉角速度 $\dot{\psi}$ 间的关系：

$$r=\dot{\psi}_{\mathrm{b}}=L_1(\phi)L_2(\theta)\begin{bmatrix}0\\0\\\dot{\psi}_{\mathrm{i}}\end{bmatrix} \tag{5-36}$$

俯仰角速度与欧拉角速度 $\dot{\theta}$ 间的关系：

$$q=\dot{\theta}_{\mathrm{b}}=L_1(\phi)\begin{bmatrix}0\\\dot{\theta}_{\mathrm{i}}\\0\end{bmatrix} \tag{5-37}$$

滚转角速度与欧拉角速度 $\dot{\phi}$ 间的关系：

$$p=\dot{\phi}_{\mathrm{b}}=\begin{bmatrix}\dot{\phi}_{\mathrm{i}}\\0\\0\end{bmatrix} \tag{5-38}$$

由此可以确定角速度与欧拉角速度间的关系如下：

$$\begin{bmatrix}p\\q\\r\end{bmatrix}=\begin{bmatrix}\cos\theta&0&-\sin\theta\\\sin\phi\sin\theta&\cos\phi&\sin\phi\cos\theta\\\cos\phi\sin\theta&-\sin\phi&\cos\phi\cos\theta\end{bmatrix}\begin{bmatrix}0\\0\\\dot{\psi}\end{bmatrix}+$$

$$\begin{bmatrix}1 & 0 & 0\\0 & \cos\phi & \sin\phi\\0 & -\sin\phi & \cos\phi\end{bmatrix}\begin{bmatrix}0\\\dot{\theta}\\0\end{bmatrix}+\begin{bmatrix}\dot{\phi}\\0\\0\end{bmatrix}$$

表示成矩阵形式即为

$$\begin{bmatrix}p\\q\\r\end{bmatrix}=\begin{bmatrix}1 & 0 & -\sin\theta\\0 & \cos\phi & \sin\phi\cos\theta\\0 & -\sin\phi & \cos\phi\cos\theta\end{bmatrix}\begin{bmatrix}\dot{\phi}\\\dot{\theta}\\\dot{\psi}\end{bmatrix}$$

用$\boldsymbol{L}_\omega$表示转换矩阵，可以得到

$$\begin{bmatrix}\dot{\phi}\\\dot{\theta}\\\dot{\psi}\end{bmatrix}=\boldsymbol{L}_\omega^{-1}\begin{bmatrix}p\\q\\r\end{bmatrix}$$

式中

$$\boldsymbol{L}_\omega^{-1}=\begin{bmatrix}1 & \tan\theta\sin\phi & \cos\phi\tan\theta\\0 & \cos\phi & -\sin\phi\\0 & \sec\theta\sin\phi & \sec\theta\cos\phi\end{bmatrix}$$

由此得到角速度方程

$$\left.\begin{aligned}\dot{\phi}&=p+\tan\theta(q\sin\phi+r\cos\phi)\\\dot{\theta}&=q\cos\phi-r\sin\phi\\\dot{\psi}&=\sec\theta(q\sin\phi+r\cos\phi)\end{aligned}\right\}\tag{5-39}$$

5.2.4 速度方程

与角速度方程类似，速度方程也是给定体轴速度 u,v,w，确定地轴系下的位移变化率 $\dot{x}_E,\dot{y}_E,\dot{z}_E$。

根据体轴系与地轴系下的变换关系

$$\begin{bmatrix}\dot{x}_b\\\dot{y}_b\\\dot{z}_b\end{bmatrix}=T_e^b\begin{bmatrix}\dot{x}_E\\\dot{y}_E\\\dot{z}_E\end{bmatrix}$$

可以得到地轴系下的速度

$$\begin{bmatrix}\dot{x}_E\\\dot{y}_E\\\dot{z}_E\end{bmatrix}=T_b^e\begin{bmatrix}\dot{x}_b\\\dot{y}_b\\\dot{z}_b\end{bmatrix}=T_b^e\begin{bmatrix}u\\v\\w\end{bmatrix}$$

根据转换关系可以得到飞机的速度方程

$$\left.\begin{aligned}\dot{x}_E=&u\cos\theta\cos\psi+v(\sin\phi\sin\theta\cos\psi-\cos\phi\sin\psi)+\\&w(\cos\phi\sin\theta\cos\psi+\sin\phi\sin\psi)\\\dot{y}_E=&u\cos\theta\sin\psi+v(\sin\phi\sin\theta\sin\psi+\cos\phi\cos\psi)+\\&w(\cos\phi\sin\theta\sin\psi-\sin\phi\cos\psi)\\\dot{z}_E=&-u\sin\theta+v\sin\phi\cos\theta+w\cos\phi\cos\theta\end{aligned}\right\}\tag{5-40}$$

5.2.5　运动方程的求解

飞机的运动方程共有 12 个，包括式(5-14)的 3 个力方程，式(5-35)的 3 个力矩方程，式(5-39)的 3 个角速度方程和式(5-40)的 3 个速度方程。变量则有 18 个，包括 3 个力 F_x，F_y，F_z，3 个力矩 L，M，N，3 个速度 u，v，w，3 个角速度 p，q，r，3 个欧拉角 θ，ϕ，ψ 和 3 个位移 x_E，y_E，z_E。变量的数量大于方程的数量，因此方程存在无穷多解。

由于 x_E，y_E，ψ 并不会影响运动方程中的其他参数，因此可以忽略相关的方程和变量。在去除 3 个方程和 3 个变量后，还有 9 个方程和 15 个变量，变量的数量仍大于方程的数量，仍存在无穷多解。

飞机的气动力和力矩取决于飞行状态和操纵面偏角，推力取决于飞行状态和油门位置，因此可以再加入与操纵面偏角和发动机油门相关的 6 个力/力矩方程：

$$\begin{bmatrix} F_x, F_y, F_z \\ L, M, N \end{bmatrix} = f\begin{pmatrix} u, v, w, p, q, r, \theta, \phi, z_E, \\ \delta_a, \delta_e, \delta_r, \delta_p \end{pmatrix}$$

同时也引入了 4 个变量 δ_a，δ_e，δ_r，δ_p，分别为飞机的横向、纵向和航向操纵面及发动机油门。这样就有了 15 个方程和 19 个变量，变量的数量依然大于方程数量，仍存在无穷多解。

但是新加入的四个变量是可控的，$\boldsymbol{u}=[\delta_a \quad \delta_e \quad \delta_r \quad \delta_p]^T$ 为操纵向量，一旦 $\boldsymbol{u}$ 给定，变量数将与方程数相等，方程有唯一解。

给定初始速度 u_0，v_0，w_0，初始角速度 p_0，q_0，r_0 和操纵力矩，如图 5-12 所示，经由力矩方程解算可以得到角加速度 $\dot{p}$，$\dot{q}$，$\dot{r}$，再经过数值积分即可得到下一时间步长的角速度 p_1，q_1，r_1。

类似的，给定初始俯仰角 θ_0，滚转角 ϕ_0，速度 u_0，v_0，w_0，操纵力及刚求解出的角速度 p_1，q_1，r_1，经由力方程解算可以得到加速度 $\dot{u}$，$\dot{v}$，$\dot{w}$，经过数值积分则可得到下一时间步长的速度 u_1，v_1，w_1。

同样，给定初始俯仰角 θ_0、滚转角 ϕ_0，以及刚求解得到的角速度 p_1，q_1，r_1，可由角速度方程解算得到欧拉角速度 $\dot{\phi}$，$\dot{\theta}$，$\dot{\psi}$，经过数值积分可以得到下一时间步长的欧拉角 ϕ_1，θ_1，ψ_1。

给定速度 u_1，v_1，w_1 和欧拉角 ϕ_1，θ_1，ψ_1，可由速度方程解算得到位移变化率 $\dot{x}_E$，$\dot{y}_E$，$\dot{z}_E$，经过数值积分可以得到下一时间步长的位移 x_{E1}，y_{E1}，z_{E1}。

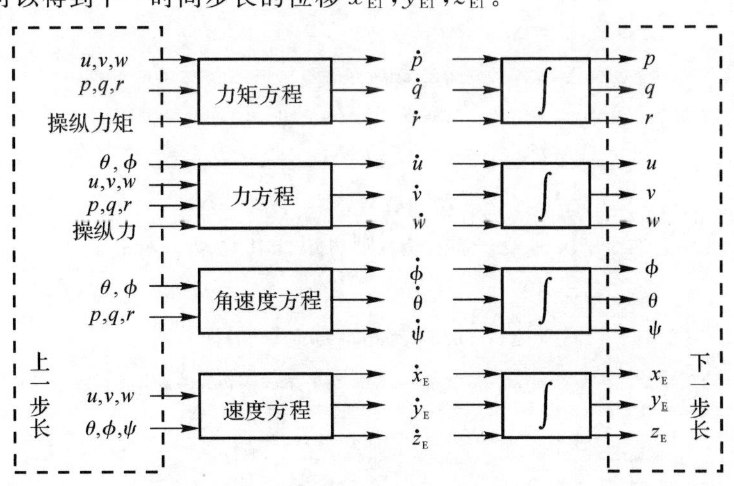

图 5-12　运动方程数值解

图 5-12 中，左侧的变量为上一时间步长的数据，右侧的变量为新时间步长的数据，这种方法得到的是数值解。

运动方程的解分自由响应和强迫响应两种。其中：自由响应，是指扰动量 $x_0 \neq 0$ 而操纵量 $u=0$ 时的解，反映的是系统瞬态特性和动稳定性；强迫响应，指的则是 $x_0=0$ 而 $u \neq 0$ 时的解，反映的是飞机的稳态响应特性。

5.3 运动方程的线化

通过数值积分可以得到运动方程的数值解，体现为飞机的时域响应，尽管可以根据时域响应的特性对飞机的动稳定性进行判断，但计算量大，时间成本高，且很难找到影响规律。

因此，对于飞机设计和评估来说，解析解是非常必要的，由于飞机的运动方程高阶、耦合且非线性，为了获得解析解，必须对运动方程进行线化和解耦。

5.3.1 小扰动原理

下面基于小扰动理论对运动方程进行线性化和解耦。所谓小扰动就是假设飞机受扰动后，所有参数均等于基准状态量与小扰动量之和，即 $x=x_0+\Delta x$。

小扰动理论已被证明能在实际使用中得到很好的结果，对于工程应用来说具有足够的精度，但是这种方法不适合大扰动问题，比如急剧机动等。

将运动方程中所有变量表示成基准量加扰动量的形式，有

$$
\begin{aligned}
&u=u_0+\Delta u, && v=v_0+\Delta v, && w=w_0+\Delta w \\
&p=p_0+\Delta p, && q=q_0+\Delta q, && r=r_0+\Delta r \\
&\phi=\phi_0+\Delta\phi, && \theta=\theta_0+\Delta\theta, && \psi=\psi_0+\Delta\psi \\
&F_x=F_{x0}+\Delta F_x, && F_y=F_{y0}+\Delta F_y, && F_z=F_{z0}+\Delta F \\
&L=L_0+\Delta L, && M=M_0+\Delta M, && N=N_0+\Delta N
\end{aligned}
$$

其中基准量用下标 0 表示，小扰动量则用前缀 Δ 表示。如果基准量为 0，则前缀 Δ 可省略。若基准状态是定直平飞，除前向速度和俯仰角外，其他参数的基准均为 0，因此

$$
\begin{aligned}
&u=u_0+\Delta u, && v=\Delta v, && w=\Delta w \\
&p=\Delta p, && q=\Delta q, && r=\Delta r \\
&\phi=\Delta\phi, && \theta=\theta_0+\Delta\theta, && \psi=\Delta\psi \\
&F_x=\Delta F_x, && F_y=\Delta F_y, && F_z=F_{z0}+\Delta F \\
&L=\Delta L, && M=\Delta M, && N=\Delta N
\end{aligned}
$$

将参数代入运动方程，并仅保留一阶小量，则可以简化运动方程：

$$
\left.
\begin{aligned}
X_0+\Delta X-mg(\sin\theta_0+\Delta\theta\cos\theta_0)&=m\Delta\dot{u} \\
Y_0+\Delta Y-mg\phi\cos\theta_0&=m(\dot{v}+u_0 r) \\
Z_0+\Delta Z+mg(\cos\theta_0-\Delta\theta\sin\theta_0)&=m(\dot{w}-u_0 q)
\end{aligned}
\right\}
\tag{5-41}
$$

$$
\left.
\begin{aligned}
L_0+\Delta L&=I_x\dot{p}-I_{zx}\dot{r} \\
M_0+\Delta M&=I_y\dot{q} \\
N_0+\Delta N&=-I_{zx}\dot{p}+I_z\dot{r}
\end{aligned}
\right\}
\tag{5-42}
$$

$$\left.\begin{aligned}\Delta\dot{\theta}&=q\\\dot{\phi}&=p+r\tan\theta_0\\\dot{\psi}&=r\sec\theta_0\end{aligned}\right\}\tag{5-43}$$

$$\left.\begin{aligned}\dot{x}_E&=(u_0+\Delta u)\cos\theta_0-u_0\Delta\theta\sin\theta_0+w\sin\theta_0\\\dot{y}_E&=u_0\psi\cos\theta_0+v\\\dot{z}_E&=-(u_0+\Delta u)\sin\theta_0-u_0\Delta\theta\cos\theta_0+w\cos\theta_0\end{aligned}\right\}\tag{5-44}$$

将基准状态下的力、力矩和速度代入，可得简化及线化的运动方程：

$$\left.\begin{aligned}\Delta\dot{u}&=\Delta X/m-g\Delta\theta\cos\theta_0\\\dot{v}&=\Delta Y/m+g\phi\cos\theta_0-u_0r\\\dot{w}&=\Delta Z/m-g\Delta\theta\sin\theta_0+u_0q\end{aligned}\right\}\tag{5-45}$$

$$\left.\begin{aligned}\dot{p}&=(I_x\Delta L+I_{zx}\Delta L)/(I_xI_z-I_{zx}^2)\\\dot{q}&=\Delta M/I_y\\\dot{r}&=(I_x\Delta N+I_{zx}\Delta N)(I_xI_z-I_{zx}^2)\end{aligned}\right\}\tag{5-46}$$

$$\left.\begin{aligned}\Delta\dot{\theta}&=q\\\dot{\phi}&=p+r\tan\theta_0\\\dot{\psi}&=r\sec\theta_0\end{aligned}\right\}\tag{5-47}$$

$$\left.\begin{aligned}\Delta\dot{x}_E&=\Delta u\cos\theta_0-u_0\Delta\theta\sin\theta_0+w\sin\theta_0\\\Delta\dot{y}_E&=u_0\psi\cos\theta_0+v\\\Delta\dot{z}_E&=-\Delta u\sin\theta_0-u_0\Delta\theta\cos\theta_0+w\cos\theta_0\end{aligned}\right\}\tag{5-48}$$

5.3.2　气动力模型

为了获得气动参数对动稳定性的影响，还需对飞机的气动力与力矩进行估算，为此需要作以下假设：

(1)作用在飞机上的瞬时气动力/力矩仅与当时的瞬时运动参数有关。

(2)气动力/力矩随运动参数线性变化。

(3)纵向气动力与力矩仅与纵向变量相关。

(4)横航向气动力与力矩仅与横航向变量相关。

这些假设仅适用于小迎角及小侧滑角情况，当 α 或 β 较高时，气动力与力矩呈非线性，无法满足上述假设。

将扰动条件下的气动力与力矩系数用一阶泰勒级数展开，可以得到

$$\begin{aligned}\Delta C_x=&\frac{\partial C_x}{\partial u}\Delta u+\frac{\partial C_x}{\partial\alpha}\Delta\alpha+\frac{\partial C_x}{\partial\theta}\Delta\theta+\frac{\partial C_x}{\partial\dot{\alpha}}\Delta\dot{\alpha}+\frac{\partial C_x}{\partial q}\Delta q+\\&\frac{\partial C_x}{\partial\delta_e}\Delta\delta_e+\frac{\partial C_x}{\partial\delta_t}\Delta\delta_t+\cdots\end{aligned}\tag{5-49}$$

$$\Delta C_z=\frac{\partial C_z}{\partial u}\Delta u+\frac{\partial C_z}{\partial \alpha}\Delta\alpha+\frac{\partial C_z}{\partial \theta}\Delta\theta+\frac{\partial C_z}{\partial \dot{\alpha}}\Delta\dot{\alpha}+\frac{\partial C_z}{\partial q}\Delta q+\frac{\partial C_z}{\partial \delta_e}\Delta\delta_e+\frac{\partial C_z}{\partial \delta_t}\Delta\delta_t+\cdots \tag{5-50}$$

$$\Delta C_m=\frac{\partial C_m}{\partial u}\Delta u+\frac{\partial C_m}{\partial \alpha}\Delta\alpha+\frac{\partial C_m}{\partial \theta}\Delta\theta+\frac{\partial C_m}{\partial \dot{\alpha}}\Delta\dot{\alpha}+\frac{\partial C_m}{\partial q}\Delta q+\frac{\partial C_m}{\partial \delta_e}\Delta\delta_e+\frac{\partial C_m}{\partial \delta_t}\Delta\delta_t+\cdots \tag{5-51}$$

$$\Delta C_y=\frac{\partial C_y}{\partial \beta}\Delta\beta+\frac{\partial C_y}{\partial \dot{\beta}}\Delta\dot{\beta}+\frac{\partial C_y}{\partial \phi}\Delta\phi+\frac{\partial C_y}{\partial p}\Delta p+\frac{\partial C_y}{\partial r}\Delta r+\frac{\partial C_y}{\partial \delta_a}\Delta\delta_a+\frac{\partial C_y}{\partial \delta_r}\Delta\delta_r+\cdots \tag{5-52}$$

$$\Delta C_l=\frac{\partial C_l}{\partial \beta}\Delta\beta+\frac{\partial C_l}{\partial \dot{\beta}}\Delta\dot{\beta}+\frac{\partial C_l}{\partial \phi}\Delta\phi+\frac{\partial C_l}{\partial p}\Delta p+\frac{\partial C_l}{\partial r}\Delta r+\frac{\partial C_l}{\partial \delta_a}\Delta\delta_a+\frac{\partial C_l}{\partial \delta_r}\Delta\delta_r+\cdots \tag{5-53}$$

$$\Delta C_n=\frac{\partial C_n}{\partial \beta}\Delta\beta+\frac{\partial C_n}{\partial \dot{\beta}}\Delta\dot{\beta}+\frac{\partial C_n}{\partial \phi}\Delta\phi+\frac{\partial C_n}{\partial p}\Delta p+\frac{\partial C_n}{\partial r}\Delta r+\frac{\partial C_n}{\partial \delta_a}\Delta\delta_a+\frac{\partial C_n}{\partial \delta_r}\Delta\delta_r+\cdots \tag{5-54}$$

关于角度及前向速度的导数被称为静导数，关于操纵面偏角的导数被称为操纵导数。这些导数均是在平衡状态下得到的。关于角速度，包括 $\dot{\alpha}$，$\dot{\beta}$ 和 p，q，r 的导数则被称为动导数。

这些导数均可以表示成简写形式，静稳定性及静操纵导数可直接表示，例如：

$$C_{xu}=\frac{\partial C_x}{\partial u},C_{x\alpha}=\frac{\partial C_x}{\partial \alpha},C_{m\alpha}=\frac{\partial C_m}{\partial \alpha}$$

$$C_{y\beta}=\frac{\partial C_y}{\partial \beta},C_{l\beta}=\frac{\partial C_l}{\partial \beta},C_{n\beta}=\frac{\partial C_n}{\partial \beta}$$

动导数则需要进行无量纲化，即

$$C_{L\dot{\alpha}}=\frac{\partial C_L}{\partial\left(\frac{\dot{\alpha}\bar{c}}{2U_0}\right)},C_{Lq}=\frac{\partial C_L}{\partial\left(\frac{q\bar{c}}{2U_0}\right)},C_{m\dot{\alpha}}=\frac{\partial C_m}{\partial\left(\frac{\dot{\alpha}\bar{c}}{2U_0}\right)},C_{mq}=\frac{\partial C_m}{\partial\left(\frac{q\bar{c}}{2U_0}\right)}$$

$$C_{y\dot{\beta}}=\frac{\partial C_y}{\partial\left(\frac{\dot{\beta}b}{2U_0}\right)},C_{l\dot{\beta}}=\frac{\partial C_l}{\partial\left(\frac{\dot{\beta}b}{2U_0}\right)},C_{n\dot{\beta}}=\frac{\partial C_n}{\partial\left(\frac{\dot{\beta}b}{2U_0}\right)}$$

$$C_{yp}=\frac{\partial C_y}{\partial\left(\frac{pb}{2U_0}\right)},C_{lp}=\frac{\partial C_l}{\partial\left(\frac{pb}{2U_0}\right)},C_{np}=\frac{\partial C_n}{\partial\left(\frac{pb}{2U_0}\right)}$$

$$C_{yr}=\frac{\partial C_y}{\partial\left(\frac{rb}{2U_0}\right)},C_{lr}=\frac{\partial C_l}{\partial\left(\frac{rb}{2U_0}\right)},C_{nr}=\frac{\partial C_n}{\partial\left(\frac{rb}{2U_0}\right)}$$

由此可以得到简化形式的气动力与力矩系数：

$$\Delta C_x=C_{xu}\Delta u+C_{x\alpha}\Delta\alpha+C_{x\theta}\Delta\theta+C_{x\dot{\alpha}}\frac{\Delta\dot{\alpha}\bar{c}}{2U_0}+C_{xq}\frac{\Delta q\bar{c}}{2U_0}+C_{x\delta_e}\Delta\delta_e+C_{x\delta_t}\Delta\delta_t+\cdots \tag{5-55}$$

$$\Delta C_z=C_{zu}\Delta u+C_{z\alpha}\Delta\alpha+C_{z\theta}\Delta\theta+C_{z\dot{\alpha}}\frac{\Delta\dot{\alpha}\bar{c}}{2U_0}+C_{zq}\frac{\Delta q\bar{c}}{2U_0}+C_{z\delta_e}\Delta\delta_e+C_{z\delta_t}\Delta\delta_t+\cdots \tag{5-56}$$

$$\Delta C_m=C_{mu}\Delta u+C_{m\alpha}\Delta\alpha+C_{m\theta}\Delta\theta+C_{m\dot{\alpha}}\frac{\Delta\dot{\alpha}\bar{c}}{2U_0}+C_{mq}\frac{\Delta q\bar{c}}{2U_0}+C_{m\delta_e}\Delta\delta_e+C_{m\delta_t}\Delta\delta_t+\cdots \tag{5-57}$$

$$\Delta C_y=C_{y\beta}\Delta\beta+C_{y\dot{\beta}}\frac{\Delta\dot{\beta}b}{2U_0}+C_{y\phi}\Delta\phi+C_{yp}\frac{\Delta pb}{2U_0}+C_{yr}\frac{\Delta rb}{2U_0}+C_{y\delta_a}\Delta\delta_a+C_{y\delta_r}\Delta\delta_r+\cdots \tag{5-58}$$

$$\Delta C_l=C_{l\beta}\Delta\beta+C_{l\dot{\beta}}\frac{\Delta\dot{\beta}b}{2U_0}+C_{l\phi}\Delta\phi+C_{lp}\frac{\Delta pb}{2U_0}+C_{lr}\frac{\Delta rb}{2U_0}+C_{l\delta_a}\Delta\delta_a+C_{l\delta_r}\Delta\delta_r+\cdots \tag{5-59}$$

$$\Delta C_n=C_{n\beta}\Delta\beta+C_{n\dot{\beta}}\frac{\Delta\dot{\beta}b}{2U_0}+C_{n\phi}\Delta\phi+C_{np}\frac{\Delta pb}{2U_0}+C_{nr}\frac{\Delta rb}{2U_0}+C_{n\delta_a}\Delta\delta_a+C_{n\delta_r}\Delta\delta_r+\cdots \tag{5-60}$$

通常习惯将 C_x 和 C_z 表示成 C_L，C_D 和 C_T 的形式，即

$$C_x=C_T+C_L\sin\alpha-C_D\cos\alpha \tag{5-61}$$

$$C_z=-(C_L+C_D\alpha) \tag{5-62}$$

式中：$C_T=T/q_c S$。

在迎角较小时，$\cos\alpha\approx1$，$\sin\alpha\approx\alpha$，上两式可简化为

$$C_x=C_T+C_L\alpha-C_D \tag{5-63}$$

$$C_z=-(C_L+C_D\alpha) \tag{5-64}$$

5.3.3　典型气动导数

1. α 导数

α 导数描述了力与力矩随迎角增加的变化特性。

将式(5-63)关于 α 求导，可以得到

$$\frac{\partial C_x}{\partial\alpha}=\frac{\partial C_T}{\partial\alpha}+C_L+\alpha\frac{\partial C_L}{\partial\alpha}-\frac{\partial C_D}{\partial\alpha} \tag{5-65}$$

由于推力与迎角无关,因此$\partial C_T/\partial\alpha=0$。对于基准状态,$\alpha$ 为 0,因此

$$C_{x\alpha}=\left(\frac{\partial C_x}{\partial\alpha}\right)_0=C_{L0}-\left(\frac{\partial C_D}{\partial\alpha}\right)_0 \tag{5-66}$$

式中:下标“0”表示基准状态。由式(2-17)和式(2-19)可以得到

$$C_D=C_{D_0}+\frac{C_L^2}{\pi Ae} \tag{5-67}$$

关于 α 求导,可得

$$\left(\frac{\partial C_D}{\partial\alpha}\right)_0=\frac{2C_{L_0}}{\pi Ae}C_{L\alpha} \tag{5-68}$$

类似地,由式(5-64)可得

$$\frac{\partial C_z}{\partial\alpha}=-\left(C_{L\alpha}+C_D+\alpha\frac{\partial C_D}{\partial\alpha}\right) \tag{5-69}$$

对于基准状态,有

$$C_{z\alpha}=\left(\frac{\partial C_z}{\partial\alpha}\right)_0=-(C_{L\alpha}+C_{D_0}) \tag{5-70}$$

由于 $C_{D_0}\ll C_{L\alpha}$,因此

$$C_{z\alpha}\approx -C_{L\alpha} \tag{5-71}$$

2. u 导数

u 导数给出了其他参数固定的情况下,前向速度 u 增加对力/力矩的影响,速度的影响还体现在马赫数上。

将式(5-63)关于 u 求导,可以得到

$$\begin{aligned}C_{xu}&=\left(\frac{\partial C_x}{\partial\bar{u}}\right)_0\\&=\left(\frac{\partial C_x}{\partial Ma}\frac{\partial Ma}{\partial\bar{u}}\right)_0+\left(\frac{\partial C_x}{\partial q_c}\frac{\partial q_c}{\partial\bar{u}}\right)_0+\left(\frac{\partial C_x}{\partial C_T}\frac{\partial C_T}{\partial\bar{u}}\right)_0\end{aligned} \tag{5-72}$$

式中:$\bar{u}=u/U_0$,马赫数 $Ma=V/a$,$V^2=u^2+v^2+w^2$。可以得到

$$\frac{\partial Ma}{\partial\bar{u}}=U_0\frac{\partial Ma}{\partial u}=\frac{U_0}{a}\frac{\partial V}{\partial u}=Ma_0\frac{\partial V}{\partial u} \tag{5-73}$$

基准状态下,有

$$\left(\frac{\partial V}{\partial u}\right)_0=1 \tag{5-74}$$

代入式(5-73),则可以得到

$$\frac{\partial Ma}{\partial\bar{u}}=Ma_0\left(\frac{\partial V}{\partial u}\right)_0=Ma_0 \tag{5-75}$$

由动压 $q_c=\rho(u^2+v^2+w^2)/2$,可得

$$\frac{\partial q_c}{\partial u}=\rho u \tag{5-76}$$

基准状态下,有

$$\left(\frac{\partial q_c}{\partial \bar{u}}\right)_0=\left(u_0\frac{\partial q_c}{\partial u}\right)_0=\rho u_0^2 \tag{5-77}$$

将式(5-73)、式(5-77)代入式(5-72),可以得到

$$C_{xu}=Ma_0\left(\frac{\partial C_x}{\partial Ma}\right)_0+\rho u_0^2\left(\frac{\partial C_x}{\partial q_c}\right)_0+C_{Tu}\left(\frac{\partial C_x}{\partial C_T}\right)_0 \tag{5-78}$$

类似地,还可以得到 C_{zu} 和 C_{mu}。

3. q 导数

q 导数描述了迎角不变、飞机绕俯仰轴以角速度 q 旋转,对力与力矩的影响,则有

$$C_{zq}=\left(\frac{\partial C_z}{\partial \bar{q}}\right)_0=\frac{2U_0}{\bar{c}}\left(\frac{\partial C_z}{\partial q}\right)_0=-\frac{2U_0}{\bar{c}}\left(\frac{\partial C_L}{\partial q}\right)_0 \tag{5-79}$$

当飞机在绕重心做俯仰角速度为 q 的抬头俯仰运动时,根据相对运动原理:重心之前的部分相当于受到向下的气流,迎角减小;重心之后的部分相当于受到向上的气流扰动,迎角增加。基准状态下,迎角的变化量为

$$\Delta\alpha_l=\frac{ql_l}{U_0} \tag{5-80}$$

机翼部分距离重心近,迎角变化量较小;平尾由于距离重心远,迎角变化量大,贡献了绝大部分的升力和俯仰力矩增量:

$$\Delta L_t=a_t\Delta\alpha_t q_t S_t=a_t\frac{ql_t}{U_0}q_t S_t \tag{5-81}$$

$$\begin{aligned}\Delta M_t&=-\Delta L_t l_t=-a_t\Delta\alpha_t q_t S_t l_t\\&=-a_t\frac{ql_t}{U_0}q_t S_t l_t\end{aligned} \tag{5-82}$$

无量纲化:

$$C_{Lt}=\frac{a_t q\bar{c}}{U_0}\eta_t\bar{V}_1 \tag{5-83}$$

$$C_{mt}=-\frac{a_t ql_t}{U_0}\eta_t\bar{V}_1 \tag{5-84}$$

关于 $\bar{q}$ 求导,有

$$C_{Lqt}=2a_t\eta_t\bar{V}_1 \tag{5-85}$$

$$C_{mqt}=-2a_t\eta_t\bar{V}_1\frac{l_t}{\bar{c}} \tag{5-86}$$

平尾对俯仰阻尼的贡献占全机的 90%,全机俯仰阻尼约为平尾的 1.1 倍:

$$C_{Lq}=1.1C_{Lqt} \tag{5-87}$$

$$C_{mq}=1.1C_{mqt} \tag{5-88}$$

$$C_{zq}=-1.1C_{Lqt} \tag{5-89}$$

由于俯仰角速度与其所产生的俯仰力矩方向相反,故 C_{mq} 被称为俯仰阻尼导数。

类似地,还可以得到飞机的 p 导数和 r 导数。

4. p 导数

p 导数描述了飞机绕滚转轴以角速度 p 旋转，对力与力矩的影响，包括 C_{yp}，C_{lp} 和 C_{np}。如图 5－13 所示，滚转角速度会改变垂尾的局部侧滑角和机翼的局部迎角：

$$\Delta\beta_l=\frac{pz_v}{U_0}=2\bar{p}\ \frac{z_v}{b} \tag{5-90}$$

$$\Delta\alpha_l=\frac{py}{U_0} \tag{5-91}$$

在不考虑侧洗的情况下，垂尾侧滑角的变化会使垂尾侧力发生变化，即

$$C_{yv}=-a_v\Delta\beta_v=-2a_v\bar{p}\ \frac{z_v}{b} \tag{5-92}$$

转化为全机侧力系数，有

$$\Delta C_y=\frac{S_v}{S}\eta_v\Delta C_{yv}=-2a_v\eta_v\bar{p}\ \frac{S_vz_v}{Sb} \tag{5-93}$$

关于 $\bar{p}$ 求导，得

$$(C_{yp})_v=-2a_v\eta_v\ \frac{S_vz_v}{Sb} \tag{5-94}$$

该侧力还会产生偏航力矩，则有

$$C_{nv}=-\Delta C_{yv}\ \frac{S_vl_v}{Sb}=2a_v\eta_v\bar{p}\ \frac{z_v}{b}\bar{V}_2 \tag{5-95}$$

关于 $\bar{p}$ 求导，得

$$(C_{np})_v=2\ \frac{a_v\eta_vz_v}{b}\bar{V}_2 \tag{5-96}$$

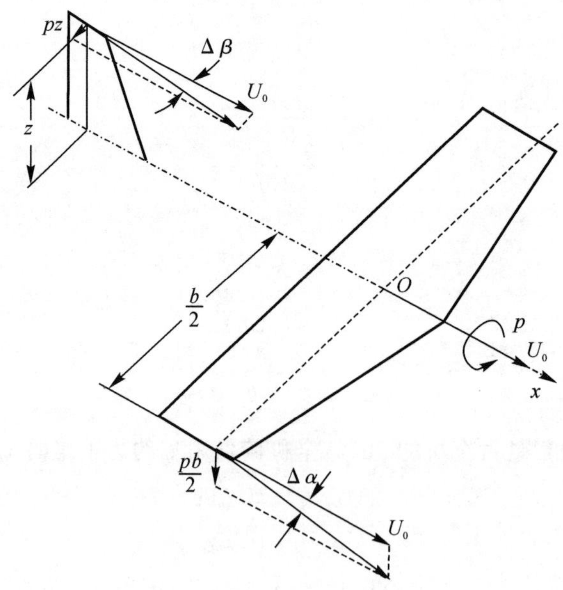

图 5－13　滚转角速度的影响

机翼迎角的变化会使两侧机翼的升力和阻力不平衡，从而产生滚转力矩和偏航力矩。

滚转角速度产生的滚转力矩更多来自于机翼：飞机滚转时，下沉侧机翼的迎角增加，另一侧机翼的迎角则减小。在失速迎角前，该迎角差会产生与滚转角速度方向相反的滚转力矩，故 C_{lp} 被称为滚转阻尼导数。

滚转角速度产生的迎角差也导致阻力不平衡，从而产生偏航力矩。滚转角速度产生的垂尾侧力增量和机翼阻力不平衡均会产生与滚转角速度同向的偏航力矩，C_{np} 被称为交叉阻尼导数。

5. r 导数

r 导数描述了飞机绕偏航轴以角速度 r 旋转，对力与力矩的影响，包括 C_{yr}，C_{nr} 和 C_{lr}。

如图 5-14 所示，偏航角速度主要会改变垂尾的侧滑角：

$$\Delta\beta_l=\frac{rl_v}{U_0}=2\bar{r}\ \frac{l_v}{b} \tag{5-97}$$

由此带来的垂尾侧力系数

$$C_{yv}=a_v\Delta\beta_v=2a_v\bar{r}\ \frac{l_v}{b} \tag{5-98}$$

转化为全机侧力系数

$$\Delta C_y=C_{yv}\eta_v\ \frac{S_v}{S}=2a_v\eta_v\bar{r}\ \frac{S_vl_v}{Sb}=2a_v\eta_v\bar{r}\bar{V}_2 \tag{5-99}$$

关于 $\bar{r}$ 求导，得

$$(C_{yr})_v=2a_v\eta_v\bar{V}_2 \tag{5-100}$$

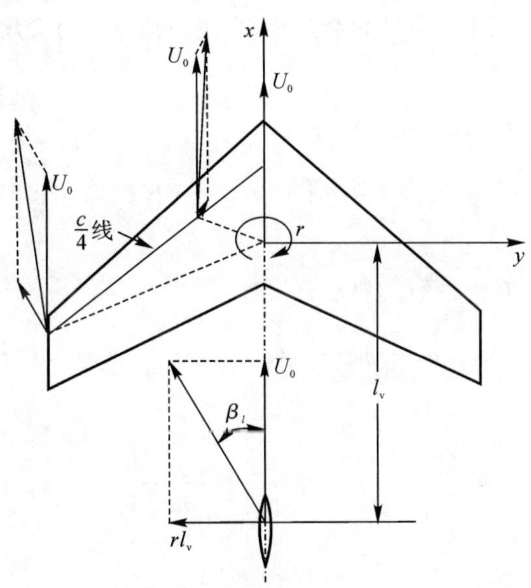

图 5-14　偏航角速度的影响

该垂尾侧力会产生偏航力矩

$$(C_{nr})_v=-(C_{yr})_v\ \frac{l_v}{b}=-2a_v\eta_v\bar{V}_2\ \frac{l_v}{b} \tag{5-101}$$

与滚转力矩

$$(C_{lr})_{\mathrm{v}}=(C_{yr})_{\mathrm{v}}\frac{z_{\mathrm{v}}}{b}=2a_{\mathrm{v}}\eta_{\mathrm{v}}\bar{V}_2\frac{z_{\mathrm{v}}}{b} \tag{5-102}$$

偏航角速度所产生的偏航力矩与其方向相反，故 C_{nr} 被称为偏航阻尼导数。

偏航角速度所产生的滚转力矩与其方向相同，C_{lr} 被称为交叉阻尼导数。

6. $\dot{\alpha}$ 导数

$\dot{\alpha}$ 导数描述了迎角突然改变时，尾翼因无法立即感受到迎角变化而产生的力与力矩影响。

平飞时的平尾迎角

$$\alpha_{\mathrm{t}}=\alpha+i_{\mathrm{t}}-\varepsilon \tag{5-103}$$

机动飞行时的平尾迎角

$$\alpha_{\mathrm{t}}(t)=\alpha(t)+i_{\mathrm{t}}-\varepsilon(t) \tag{5-104}$$

气流从机翼到达尾翼的时间

$$\Delta t=\frac{l_{\mathrm{t}}}{U_0} \tag{5-105}$$

因此平尾下洗角

$$\varepsilon(t)=\frac{\partial\varepsilon}{\partial\alpha}\alpha(t-\Delta t) \tag{5-106}$$

将 $\alpha(t-\Delta t)$ 泰勒展开，得

$$\alpha(t-\Delta t)\approx\alpha(t)-\dot{\alpha}\Delta t \tag{5-107}$$

因此平尾迎角

$$\alpha_{\mathrm{t}}(t)=\alpha(t)+i_{\mathrm{t}}-\frac{\partial\varepsilon}{\partial\alpha}(\alpha(t)-\dot{\alpha}\Delta t) \tag{5-108}$$

当迎角变化率 $\dot{\alpha}>0$ 时，平尾下洗角会减小，平尾迎角及升力会增大，产生低头力矩，因此 $C_{m\dot{\alpha}}<0$，$C_{L\dot{\alpha}}>0$，则有

$$\begin{aligned}C_{L\mathrm{t}}(t)&=\alpha(t)\frac{S_{\mathrm{t}}}{S}\eta_{\mathrm{t}}a_{\mathrm{t}}\\&=a_{\mathrm{t}}\frac{S_{\mathrm{t}}}{S}\eta_{\mathrm{t}}\left[\alpha(t)+i_{\mathrm{t}}-\frac{\partial\varepsilon}{\partial\alpha}(\alpha(t)-\dot{\alpha}\Delta t)\right]\end{aligned} \tag{5-109}$$

$$\begin{aligned}C_{m\mathrm{t}}&=-C_{L\mathrm{t}}(t)\frac{l_{\mathrm{t}}}{}\\&=a_{\mathrm{t}}\frac{S_{\mathrm{t}}}{S}\eta_{\mathrm{t}}\frac{l_{\mathrm{t}}}{}\left[\alpha(t)+i_{\mathrm{t}}-\frac{\partial\varepsilon}{\partial\alpha}(\alpha(t)-\dot{\alpha}\Delta t)\right]\end{aligned} \tag{5-110}$$

关于 $\bar{\dot{\alpha}}$ 求导，得

$$\begin{aligned}C_{L\dot{\alpha}\mathrm{t}}&=\frac{\partial C_{L\mathrm{t}}}{\partial\bar{\dot{\alpha}}}=\frac{\partial C_{L\mathrm{t}}}{\partial\dot{\alpha}}\frac{2U_0}{\bar{c}}\\&=2a_{\mathrm{t}}\eta_{\mathrm{t}}\bar{V}_1\frac{\partial\varepsilon}{\partial\alpha}\end{aligned} \tag{5-111}$$

$$\begin{aligned}C_{m\dot{\alpha}\mathrm{t}}&=\frac{\partial C_{m\mathrm{t}}}{\partial\bar{\dot{\alpha}}}=\frac{\partial C_{m\mathrm{t}}}{\partial\dot{\alpha}}\frac{2U_0}{\bar{c}}\\&=-2a_{\mathrm{t}}\eta_{\mathrm{t}}\bar{V}_1\frac{\partial\varepsilon}{\partial\alpha}\frac{l_{\mathrm{t}}}{\bar{c}}\end{aligned} \tag{5-112}$$

$C_{L\dot{\alpha}t}$ 与 $C_{m\dot{\alpha}t}$ 由气流从机翼到平尾的时间差对平尾下洗角的影响产生，故称洗流时差导数。由于尾翼距离重心远、时差大，因此贡献了 90% 的洗流时差导数。对比式(5-99)与式(5-89)可以发现，俯仰阻尼导数与洗流时差导数是成比例的，二者之比为 $\partial\varepsilon/\partial\alpha$。

类似的，还可以得到飞机的 $\dot{\beta}$ 导数。

5.3.4　线化运动方程

由式(5-49)～式(5-51)和式(5-55)～式(5-57)可以看出，纵向的力与力矩仅取决于纵向的扰动量和操纵量；而从式(5-52)～式(5-54)和式(5-58)～式(5-60)可以看出，横航向的气动力与力矩仅取决于横航向的扰动量和操纵量。因此，飞机的运动方程可以分解为纵向和横航向两组独立、解耦的运动方程。

将小扰动线化运动方程与扰动条件下的气动力与力矩联立，可以得到两组四阶方程。其中，纵向方程为

$$\dot{\boldsymbol{x}}_{\text{lon}}=\boldsymbol{A}_{\text{lon}}\boldsymbol{x}_{\text{lon}}+\boldsymbol{B}_{\text{lon}}\boldsymbol{u}_{\text{lon}} \tag{5-113}$$

式中：

$$\boldsymbol{x}_{\text{lon}}=[\Delta u\quad \alpha\quad q\quad \Delta\theta]^{\mathrm{T}},u_{\text{lon}}=\delta_{\mathrm{e}}$$

$$\boldsymbol{A}_{\text{lon}}=\begin{bmatrix}\dfrac{C_{xu}+\xi_1C_{zu}}{m_1} & \dfrac{C_{x\alpha}+\xi_1C_{z\alpha}}{m_1} & \dfrac{C_{xq}+\xi_1(m_1+C_{zq}c_1)}{m_1} & \dfrac{C_{x\theta}+\xi_1C_{z\theta}}{m_1}\\ \dfrac{C_{zu}}{m_1} & \dfrac{C_{z\alpha}}{m_1} & \dfrac{m_1+C_{zq}c_1}{m_1} & \dfrac{C_{z\theta}}{m_1}\\ \dfrac{C_{mu}+\xi_2C_{zu}}{I_{y1}} & \dfrac{C_{m\alpha}+\xi_2C_{z\alpha}}{I_{y1}} & \dfrac{C_{mq}c_1+\xi_2(m_1+C_{zq}c_1)}{I_{y1}} & \dfrac{\xi_2C_{z\theta}}{I_{y1}}\\ 0 & 0 & 1 & 0\end{bmatrix}$$

$$\boldsymbol{B}_{\text{lon}}=\begin{bmatrix}\dfrac{C_{x\delta_{\mathrm{e}}}+\xi_1C_{z\delta_{\mathrm{e}}}}{m_1} & \dfrac{C_{z\delta_{\mathrm{e}}}}{m_1} & \dfrac{C_{m\delta_{\mathrm{e}}}+\xi_2C_{z\delta_{\mathrm{e}}}}{I_{y1}} & 0\end{bmatrix}^{\mathrm{T}}$$

其中

$$m_1=\frac{2m}{\rho VS},c_1=\frac{\bar{c}}{2V},I_{y1}=\frac{I_y}{q_cS\bar{c}},\xi_1=\frac{C_{x\dot{\alpha}}c_1}{m_1},\xi_2=\frac{C_{m\dot{\alpha}}c_1}{m_1}$$

横航向方程为

$$\dot{\boldsymbol{x}}_{\text{lat}}=\boldsymbol{A}_{\text{lat}}\boldsymbol{x}_{\text{lat}}+\boldsymbol{B}_{\text{lat}}\boldsymbol{u}_{\text{lat}} \tag{5-114}$$

式中：

$$\boldsymbol{x}_{\text{lat}}=[\beta\quad \phi\quad p\quad r]^{\mathrm{T}},\boldsymbol{u}_{\text{lat}}=[\delta_{\mathrm{a}}\quad \delta_{\mathrm{r}}]^{\mathrm{T}}$$

$$\boldsymbol{A}_{\text{lat}}=\begin{bmatrix}\dfrac{C_{y\beta}}{m_1} & \dfrac{C_{y\phi}}{m_1} & \dfrac{C_{yp}b_1}{m_1} & -\dfrac{m_1-b_1C_{yr}}{m_1}\\ 0 & 0 & 1 & 0\\ a_{31} & a_{32} & a_{33} & a_{34}\\ a_{41} & a_{42} & a_{43} & a_{44}\end{bmatrix},\boldsymbol{B}_{\text{lat}}=\begin{bmatrix}\dfrac{C_{y\delta_{\mathrm{a}}}}{m_1} & \dfrac{C_{y\delta_{\mathrm{r}}}}{m_1}\\ 0 & 0\\ b_{31} & b_{32}\\ b_{41} & b_{42}\end{bmatrix}$$

其中

$$a_{31}=C_{l\beta}I'_{z1}+C_{n\beta}I'_{xz1}+b_1\xi_3a_{11}$$
$$a_{32}=\xi_3b_1a_{12}$$
$$a_{33}=b_1(C_{lp}I'_{z1}+C_{np}I'_{xz1}+\xi_3a_{13})$$
$$a_{34}=b_1(C_{lr}I'_{z1}+C_{nr}I'_{xz1}+\xi_3a_{14})$$
$$a_{41}=I'_{x1}C_{n\beta}+I'_{xz1}C_{l\beta}+b_1\xi_4a_{11}$$
$$a_{42}=\xi_4b_1a_{12}$$
$$a_{43}=b_1(C_{np}I'_{x1}+C_{lp}I'_{xz1}+\xi_4a_{13})$$
$$a_{44}=b_1(I'_{x1}C_{nr}+I'_{xz1}C_{lr}+\xi_4a_{14})$$
$$b_{31}=C_{l\delta_\text{a}}I'_{z1}+C_{n\delta_\text{a}}I'_{xz1}+\xi_3b_1b_{11}$$
$$b_{32}=C_{l\delta_\text{a}}I'_{z1}+C_{n\delta_\text{r}}I'_{xz1}+\xi_3b_1b_{12}$$
$$b_{41}=C_{n\delta_\text{a}}I'_{x1}+C_{l\delta_\text{a}}I'_{xz1}+\xi_4b_1b_{11}$$
$$b_{42}=C_{n\delta_\text{r}}I'_{x1}+C_{l\delta_\text{r}}I'_{xz1}+\xi_4b_1b_{12}$$
$$C_{y\phi}=\frac{Y_\phi}{qS}=\frac{G\cos\phi}{qS},b_1=\frac{b}{2U_0}$$
$$I_{x1}=\frac{I_x}{q_\text{c}Sb},I_{z1}=\frac{I_z}{q_\text{c}Sb},I_{xz1}=\frac{I_{xz}}{q_\text{c}Sb}$$
$$\xi_3=I'_{z1}C_{l\beta},\xi_4=I'_{x1}C_{n\beta}$$
$$I'_{x1}=\frac{I_{x1}}{I_{x1}I_{z1}-I^2_{xz1}},I'_{z1}=\frac{I_{z1}}{I_{x1}I_{z1}-I^2_{xz1}},I'_{xz1}=\frac{I_{xz1}}{I_{x1}I_{z1}-I^2_{xz1}}$$

显然，纵向与横航向方程均为一阶状态空间方程形式：

$$\dot{\boldsymbol{x}}=\boldsymbol{Ax}+\boldsymbol{Bu} \tag{5-115}$$

式中：$\boldsymbol{x}$ 为状态向量；$\boldsymbol{u}$ 为控制向量；$\boldsymbol{A}$ 为系统矩阵；$\boldsymbol{B}$ 为操纵效能矩阵；$\boldsymbol{A}$ 与 $\boldsymbol{B}$ 均取决于飞机的气动数据和飞行状态。

习　题

5-1　一个机翼面积 $S=0.8\ \text{m}^2$ 的飞机模型水平放置在海平面速度 $V=60$ m/s 的风洞中，在迎角 $\alpha=15°$，侧滑角 $\beta=5°$。经数据处理后该状态下飞机的升力系数 $C_L=1.2$，侧力系数 $C_y=0.06$，阻力系数 $C_D=0.134$，试计算测量天平的三轴测量结果。

参考答案：329.3 N，－126 N，－2 103.2 N

5-2　试根据式(5-35)推导飞机急滚，也就是滚转角速度 p 较大时的小扰动力矩方程。

参考答案：略

5-3　某飞机在做定常旋转运动，体轴系下角速度 $p=15(°)/\text{s}$，$q=2(°)/\text{s}$，$r=20(°)/\text{s}$，试求欧拉角 $\psi=-30°$，$\theta=-20°$，$\phi=15°$瞬间的欧拉角速度。

参考答案：7.780 8 (°)/s，-3.244 1(°)/s，21.1091 (°)/s

第 6 章　飞机的动稳定性

为了评价动稳定性，建立了飞机的运动方程，本章将基于飞机的运动方程对动稳定性进行分析。

6.1　运动方程与特征根

纵向和横航向的小扰动运动方程都可表示成状态空间方程形式

$$\dot{\boldsymbol{x}}=\boldsymbol{A}\boldsymbol{x}+\boldsymbol{B}\boldsymbol{u} \tag{6-1}$$

式中：$\boldsymbol{x}$ 为状态向量；$\boldsymbol{u}$ 为控制向量；$\boldsymbol{A}$ 为系统矩阵；$\boldsymbol{B}$ 为操纵效能矩阵。

动稳定性考虑的是飞机受扰动后运动随时间变化的趋势，即 $\boldsymbol{x}_0\neq\boldsymbol{0},\boldsymbol{u}=\boldsymbol{0}$。因此，运动方程可简化为

$$\dot{\boldsymbol{x}}=\boldsymbol{A}\boldsymbol{x} \tag{6-2}$$

对于此类一阶微分方程，有解 $\boldsymbol{x}=\boldsymbol{x}_0\mathrm{e}^{\lambda t}$，代入式(6-2)，可以得到

$$\lambda\boldsymbol{x}_0\mathrm{e}^{\lambda t}=\boldsymbol{A}\boldsymbol{x}_0\mathrm{e}^{\lambda t} \tag{6-3}$$

将方程的右侧放到左侧则可得到

$$(\lambda\boldsymbol{I}-\boldsymbol{A})\boldsymbol{x}_0\mathrm{e}^{\lambda t}=\boldsymbol{0} \tag{6-4}$$

式中：$\boldsymbol{I}$ 为单位矩阵。

当 $|\lambda\boldsymbol{I}-\boldsymbol{A}|=0$ 时，方程有非零解。将行列式

$$\begin{vmatrix} \lambda-a_{11} & -a_{12} & -a_{13} & -a_{14} \\ -a_{21} & \lambda-a_{22} & -a_{23} & -a_{24} \\ -a_{31} & -a_{32} & \lambda-a_{33} & -a_{34} \\ -a_{41} & -a_{42} & -a_{43} & \lambda-a_{44} \end{vmatrix}=0$$

展开，可以得到一个四阶多项式方程：

$$A_\delta\lambda^4+B_\delta\lambda^3+C_\delta\lambda^2+D_\delta\lambda+E_\delta=0$$

该多项式方程被称为特征方程，特征方程的根被称为特征根。特征根可以是一个实根，也可以是一对共轭复根。

6.2　动稳定性

动稳定性取决于特征根，下面来分析特征根与动稳定性间的关系。

6.2.1 特征根与动稳定性

1. 实根

特征根为实根时，对应的解为 $x=x_0\mathrm{e}^{\lambda t}$。

如图 6-1 所示：当 λ 为负时，x 随 t 的增加单调减小，响应稳态收敛，动稳定；当 λ 为正时，x 随 t 的增加单调增加，响应稳态发散，动不稳定；当 λ 为 0 时，x 的响应不随 t 变化，响应幅值不变，中立动稳定。

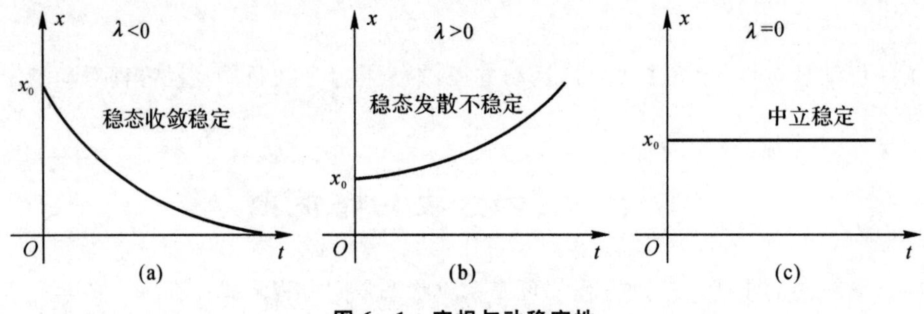

图 6-1 实根与动稳定性

(a) 负实根；(b) 正实根；(c) 零根

当特征根为实数时，通常使用响应的倍幅时 T_2 或半衰时 $T_{1/2}$ 作为参数表征其动稳定性，如图 6-2 所示。

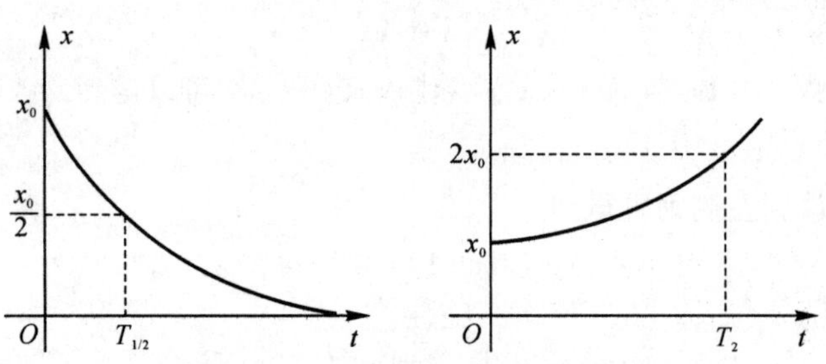

图 6-2 半衰时与倍幅时示意图

对于负实根，幅值衰减到初始扰动一半，即

$$x=x_0\mathrm{e}^{\lambda T_{1/2}}=\frac{x_0}{2} \tag{6-5}$$

所对应的时间为半衰时

$$T_{1/2}=-\frac{\ln 2}{\lambda} \tag{6-6}$$

对于正实根，倍幅时就是幅值发散到初始扰动 2 倍，即

$$x=x_0\mathrm{e}^{\lambda T_2}=2x_0 \tag{6-7}$$

所对应的时间为倍幅时

$$T_2=\frac{\ln 2}{\lambda} \tag{6-8}$$

由此可见，特征根为实根时，负值动稳定，正值动不稳定，0 中立动稳定。

2. 复根

特征根为复根时，对应的是一对共轭复根，所对应的解为 $\lambda_{1,2}=n\pm \mathrm{i}\omega$。对应的响应

$$\begin{aligned} x &= a_1 \mathrm{e}^{\lambda_1 t} + a_2 \mathrm{e}^{\lambda_2 t} \\ &= a_1 \mathrm{e}^{(n+\mathrm{i}\omega)t} + a_2 \mathrm{e}^{(n-\mathrm{i}\omega)t} \\ &= 2\mathrm{e}^{nt}(a\cos\omega t - b\sin\omega t) \\ &= 2\sqrt{a^2+b^2}\,\mathrm{e}^{nt}\cos(\omega t+\phi) \end{aligned}$$

式中：$2\sqrt{a^2+b^2}\,\mathrm{e}^{nt}$ 为响应的单调部分，$\cos(\omega t+\phi)$ 为振荡部分，响应是这两部分的乘积。其中，单调部分相当于响应的包线，如图 6-3 中的虚线所示。

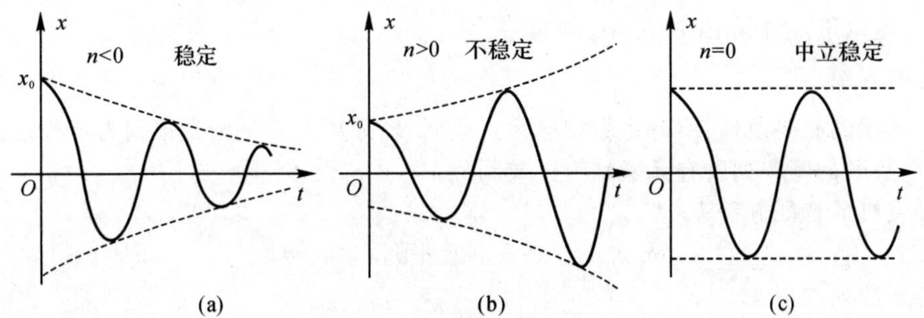

图 6-3　复根与动稳定性

(a) 实部为负；(b) 实部为正；(c) 实部为 0

如图 6-3 所示，当特征根的实部为负时，响应包线单调收敛，响应振荡收敛，动稳定；当特征根的实部为正时，响应包线单调发散，响应振荡发散，动不稳定；当特征根的实部为 0 时，响应包线为常值，响应为等幅振荡，中立动稳定。

当特征根为复根时，响应的倍幅时或半衰时并不唯一，故通常使用响应包线的倍幅时 T_2 或半衰时 $T_{1/2}$ 表征其动稳定性，如图 6-4 所示。

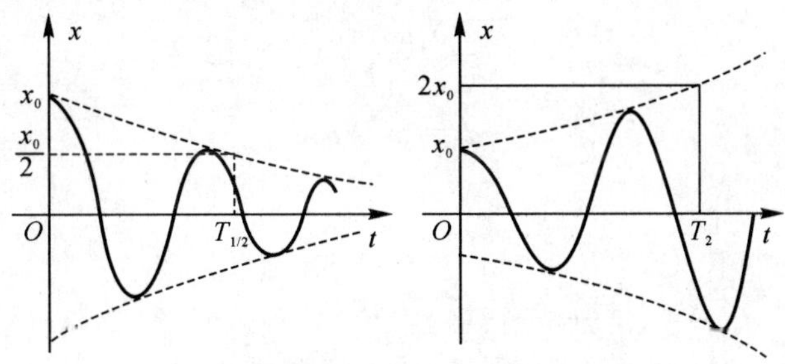

图 6-4　复根的半衰时与倍幅时示意图

当特征根实部为负时，包线幅值衰减到初始扰动一半，即

$$x = x_0 \mathrm{e}^{nT_{1/2}} = \frac{1}{2}x_0 \tag{6-9}$$

所对应的时间为半衰时

$$T_{1/2} = -\frac{\ln 2}{n} \tag{6-10}$$

当特征根实部为正时，包线幅值发散到初始扰动 2 倍，即

$$x = x_0 e^{nT_2} = 2x_0 \tag{6-11}$$

所对应的时间为倍幅时

$$T_2 = \frac{\ln 2}{n} \tag{6-12}$$

可以看出，特征根为复根时，负实部动稳定。

6.2.2 动稳定性判据

动稳定性除了可以用特征根或其实部的正负判断外，还可以使用稳定性判据，在不求解特征根的情况下判断。常用的判据有劳斯(Routh)判据、霍尔维茨(Hurwitz)判据，以及二者结合的劳斯-霍尔维茨(Routh-Hurwitz)判据。

1. 劳斯判据

劳斯判据的必要条件：所有系数均应为正或同号，如果不满足则直接判为不稳定。其充分条件：劳斯数列的第一列所有元素均为正或同号。

假设飞机的特征方程为

$$a_0\lambda^4 + a_1\lambda^3 + a_2\lambda^2 + a_3\lambda + a_4 = 0$$

其劳斯数列如下：

$$\begin{array}{llll} s^4: & a_0 & a_2 & a_4 \\ s^3: & a_1 & a_3 & 0 \\ s^2: & b_1 & b_2 & \\ s^1: & c_1 & & \\ s^0: & d_1 & & \end{array}$$

其中

$$b_1 = \frac{a_1a_2 - a_0a_3}{a_1}, b_2 = \frac{a_1a_4 - a_0 \cdot 0}{a_1} = a_4$$

$$c_1 = \frac{b_1a_3 - a_1b_2}{b_1}$$

$$d_1 = b_2 = a_4$$

2. 霍尔维茨判据

对于特征方程

$$\Delta(\lambda) = a_0\lambda^n + a_1\lambda^{n-1} + \cdots + a_{n-1}\lambda + a_n = 0$$

有霍尔维茨矩阵：

$$\begin{vmatrix} a_1 & a_0 & 0 & 0 & 0 & 0 & \cdots & 0 \\ a_3 & a_2 & a_1 & a_0 & 0 & 0 & \cdots & 0 \\ a_5 & a_4 & a_3 & a_2 & a_1 & a_0 & \cdots & 0 \\ a_7 & a_6 & a_5 & a_4 & a_3 & a_2 & \cdots & 0 \\ \vdots & \vdots & \vdots & \vdots & \vdots & \vdots & & \vdots \\ 0 & \cdots & 0 & 0 & 0 & a_n & a_{n-1} & a_{n-2} \\ 0 & \cdots & 0 & 0 & 0 & 0 & 0 & a_n \end{vmatrix}$$

特征根为负或具有负实部的充要条件为

$$\begin{cases} a_0>0 \\ \Delta_1=a_1>0 \\ \Delta_2=\begin{vmatrix} a_1 & a_0 \\ a_3 & a_2 \end{vmatrix}>0 \\ \cdots \\ \Delta_n>0 \end{cases}$$

飞机的纵向与横航向运动方程均为四阶，其霍尔维茨矩阵为

$$\begin{vmatrix} a_1 & a_0 & 0 & 0 \\ a_3 & a_2 & a_1 & a_0 \\ 0 & a_4 & a_3 & a_2 \\ 0 & 0 & 0 & a_4 \end{vmatrix}$$

因此，飞机动稳定的充要条件为

$$\begin{cases} a_0>0 \\ \Delta_1=a_1>0 \\ \Delta_2=\begin{vmatrix} a_1 & a_0 \\ a_3 & a_2 \end{vmatrix}=a_1a_2-a_0a_3>0 \\ \Delta_3=\begin{vmatrix} a_1 & a_0 & 0 \\ a_3 & a_2 & a_1 \\ 0 & a_4 & a_3 \end{vmatrix}=a_1a_2a_3-a_1^2a_4-a_3^2a_0>0 \\ \Delta_4=\Delta_3a_4>0 \end{cases}$$

3. 劳斯-霍尔维茨判据

将劳斯判据和霍尔维茨判据相结合，可以得到评估飞机动稳定性的劳斯-霍尔维茨判据：

$$\left.\begin{aligned} & a_0,a_1,a_2,a_3,a_4>0 \\ & R=\Delta_3=a_1a_2a_3-a_1^2a_4-a_0a_3^2>0 \end{aligned}\right\} \tag{6-13}$$

6.3　典型特征根与模态

状态空间方程的解为 $\boldsymbol{x}_0\mathrm{e}^{\lambda t}$，其中 λ 是特征根，$\boldsymbol{x}_0$ 是特征向量。每一个实特征根对应一个实特征向量，而每一对共轭复根则对应一对共轭特征向量。

飞行力学中将运动方程的特征根及其对应的响应特性称为模态。飞机的响应是每个模态之和，飞机的纵向与横航向运动方程均为四阶，因此纵向与横航向响应均可表示成

$$\begin{aligned} x(t) &= \sum_i x_{0i}\mathrm{e}^{\lambda_i t} \\ &= x_{01}\mathrm{e}^{\lambda_1 t}+x_{02}\mathrm{e}^{\lambda_2 t}+x_{03}\mathrm{e}^{\lambda_3 t}+x_{04}\mathrm{e}^{\lambda_4 t} \end{aligned} \tag{6-14}$$

6.3.1　一阶环节与二阶环节

特征根可以是一个实根或一对共轭复根，分别对应一阶环节与二阶环节。

1. 一阶环节

实特征根对应一阶环节，其传递函数标准形式为

$$\frac{1}{Ts+1} \tag{6-15}$$

式中：T 为时间常数。若特征根为 λ，则

$$T=-\frac{1}{\lambda} \tag{6-16}$$

特征根 $\lambda<0$ 时，一阶系统稳定，λ 的绝对值越大，T 越小，响应收敛得越快。

2. 二阶环节

共轭复根对应二阶环节，其传递函数标准形式为

$$\frac{\omega_n^2}{s^2+2\zeta\omega_n s+\omega_n^2} \tag{6-17}$$

式中：ζ 为阻尼比；ω_n 为自然频率。

若特征根为 $a\pm jb$，如图 6-5 所示，则有

$$\omega_n=\sqrt{a^2+b^2} \tag{6-18}$$

$$\zeta=-\frac{a}{\omega_n}=\cos\theta \tag{6-19}$$

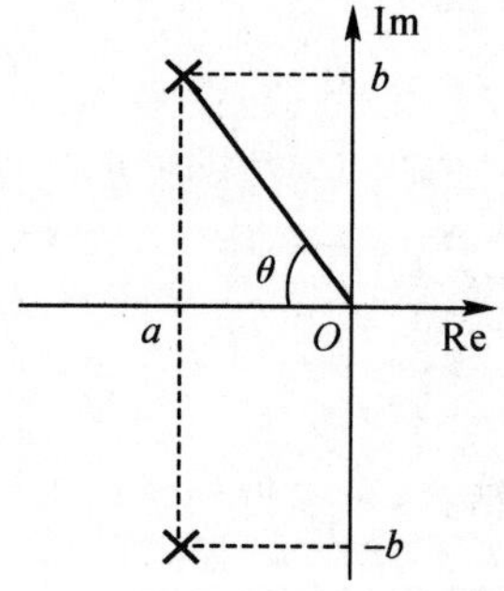

图 6-5　二阶环节参数示意图

图 6-6 所示为相同频率、不同阻尼比下的二阶环节对单位阶跃输入的响应。

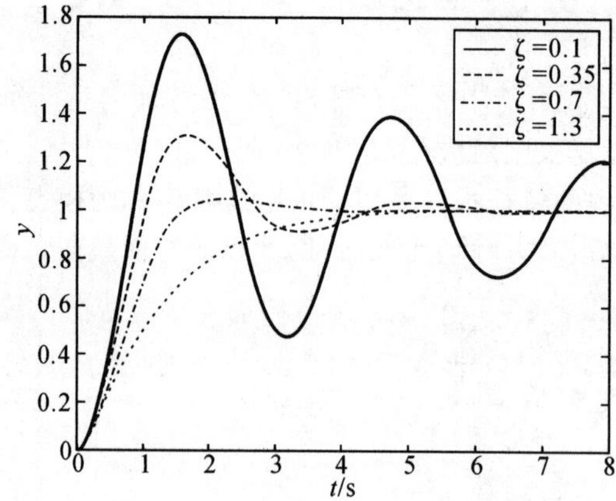

图 6-6　二阶环节单位阶跃响应

当阻尼比 $\zeta<1$ 时，响应有超调和峰值。

假设响应的峰值为 $y_{\max}$，稳态值为 y_{ss}，峰值时间为 T_p，则响应的超调量

$$O_s=\frac{y_{\max}-y_{ss}}{y_{ss}}=e^{\frac{-\pi\zeta}{\sqrt{1-\zeta^2}}} \tag{6-20}$$

可以看出，超调量完全取决于阻尼比，阻尼比越小，超调量越大，响应振荡越剧烈。而峰值时间

$$T_p=\frac{\pi}{\omega_n\sqrt{1-\zeta^2}} \tag{6-21}$$

则与阻尼比和频率都相关，频率越高、阻尼比越小，峰值时间越短，响应越快。

二阶环节的响应精度由超调量描述，响应速度则由峰值时间描述。从精度角度来说，二阶环节的阻尼比不能太小；而从速度角度来说，阻尼比则不能太大。

6.3.2　典型纵向特征根

某通用飞机纵向运动方程的系统矩阵为

$$\boldsymbol{A}=\begin{bmatrix} -0.045\,3 & 0.036\,3 & 0 & -0.185\,9 \\ -0.371\,7 & -2.035\,4 & 0.972\,3 & 0 \\ 0.339\,8 & -7.030\,1 & -2.976\,7 & 0 \\ 0 & 0 & 1 & 0 \end{bmatrix}$$

可以得到其特征根为两对共轭复根：

$$\lambda_{1,2}=-2.511\,8\pm j2.570\,6$$

$$\lambda_{3,4}=-0.016\,9\pm j0.217\,4$$

每一对特征根都描述了一个纵向模态，飞机纵向的响应由这两个模态的运动叠加而成。可以看出，两对共轭复根的实部均为负，即两个模态均稳定，因此飞机的纵向运动是稳定的。

由式(6-18)和式(6-19)可得到两组特征根的阻尼比与频率为

$$\zeta_{1,2}=0.698\,9,\quad \omega_{1,2}=3.594\,1$$

$$\zeta_{3,4}=0.077\,5,\quad \omega_{3,4}=0.218\,1$$

第一对特征根对应的模态具有较大的阻尼和较高的频率，即较短的周期，故被称为短周期模态(short period mode)；第二对特征根对应的模态阻尼较小、频率较低，即具有较长的周期，故被称为长周期模态(long period mode)。

对于短周期模态，由于时间短，飞行员来不及对该模态进行干预，主要运动参数包括迎角 α、俯仰角速度 q 及俯仰角 θ。

对于长周期模态，由于飞机在该模态运动呈缓慢起伏状，故又被称为沉浮模态(phugoid① mode)。飞行员可轻易对该模态进行干预，主要参数包括前向速度 u 和俯仰角 θ。

飞机响应由两个明显的振荡模态叠加而成，如图 6-7 所示。显然，前面 5 s 快速收敛的振荡运动对应短周期模态，短周期之后的缓慢振荡收敛运动则对应长周期模态。

① phugoid 一词来自于希腊语“φυγη”，意为 flight-mode(像飞行一样)。

6.3.3 典型横航向特征根

下面给出一架通用飞机的横航向运动方程。

$$\begin{bmatrix}\Delta\dot{\beta}\\ \Delta\dot{\phi}\\ \dot{p}\\ \dot{r}\end{bmatrix}=\begin{bmatrix}-0.2557 & 0.1820 & 0 & -1\\ 0 & 0 & 1 & 0\\ -16.1572 & 0 & -8.4481 & 2.2048\\ 4.5440 & 0 & -0.3517 & -0.7647\end{bmatrix}\begin{bmatrix}\Delta\beta\\ \Delta\phi\\ p\\ r\end{bmatrix}+\begin{bmatrix}0 & 0.0712\\ 0 & 0\\ 29.3013 & 2.5764\\ -0.2243 & -4.6477\end{bmatrix}\begin{bmatrix}\Delta\delta_a\\ \Delta\delta_r\end{bmatrix}$$

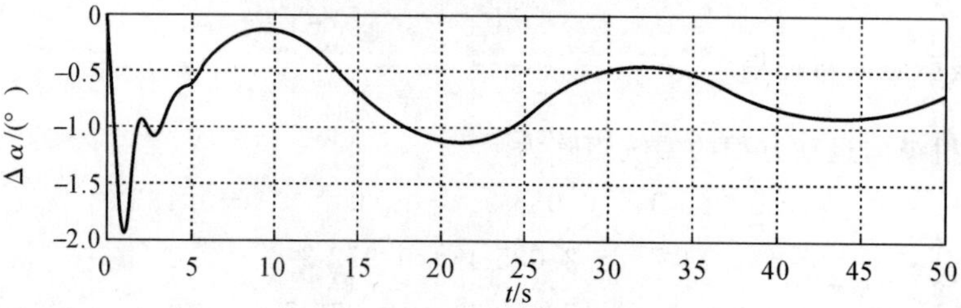

图 6-7 典型纵向响应曲线

方程共有 4 个特征根,包括一个很小的负实根、一个很大的负实根和一对中等共轭复根:

$$\lambda_1=-0.0087$$

$$\lambda_2=-8.4804$$

$$\lambda_{3,4}=-0.4897\pm i2.3468$$

其中:小负实根对应一个缓慢的单调收敛模态,主要参数为 ϕ 和 r,被称为螺旋模态(spiral mode);大负实根对应一个快速的单调收敛模态,主要参数为 p,被称为滚转收敛模态(roll-subsidence mode);中等共轭复根对应一个中等速度振荡收敛模态,主要参数为 β,ϕ 和 r,被称为荷兰滚模态(dutch roll mode)。

图 6-8 所示为典型的横航向响应曲线。

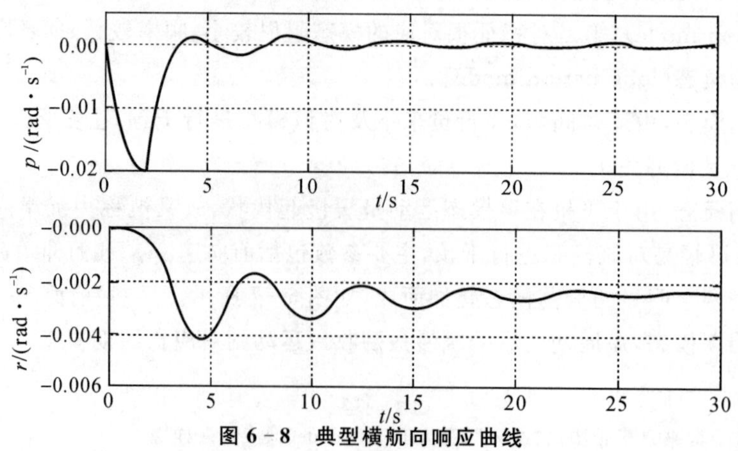

图 6-8 典型横航向响应曲线

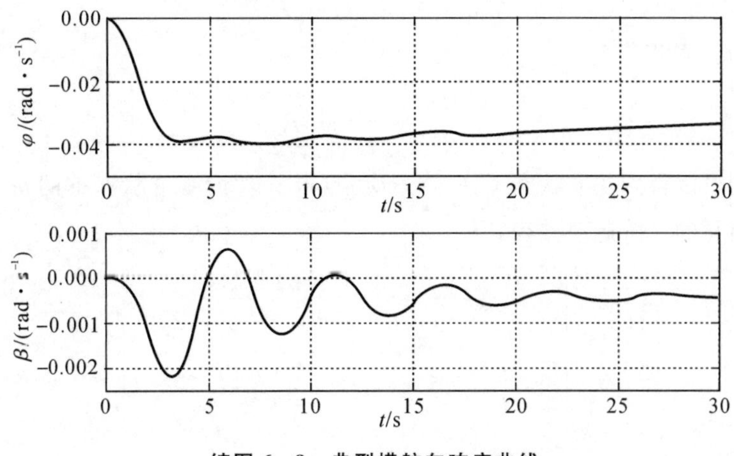

续图 6-8　典型横航向响应曲线

可以看出，p 与 ϕ 曲线中 0～4 s 的快速收敛运动为滚转收敛模态，r 与 β 曲线中 3～27 s 的中等阻尼振荡运动为荷兰滚模态，而 ϕ 曲线中 15～30 s 的缓慢收敛运动为螺旋模态。

6.4　典型模态与品质要求

由 6.3 节可知，飞机的纵向有短周期与长周期两个模态，横航向则有滚转收敛、荷兰滚及螺旋三个模态。模态特性参数是飞行品质规范的最基础、最重要的要求，下面对这些模态的机理、主要影响参数及飞行品质要求进行介绍与分析。

6.4.1　短周期模态

1. 短周期近似

短周期模态通常仅持续数秒，迎角 α、俯仰角速度 q 和俯仰角 θ 迅速变化，但前向速度 u 几乎不变。因此可假设 $\Delta u=0$，$\Delta\dot{u}=0$，四阶纵向运动方程中与 Δu 相关的项均可以消除，从而得到一个三阶运动方程：

$$\begin{bmatrix}\Delta\dot{\alpha}\\ \Delta\dot{q}\\ \Delta\dot{\theta}\end{bmatrix}=\begin{bmatrix}\dfrac{C_{z\alpha}}{m_1-C_{z\dot{\alpha}}c_1} & \dfrac{m_1+C_{zq}c_1}{m_1-C_{z\dot{\alpha}}c_1} & \dfrac{C_{z\theta}}{m_1-C_{z\dot{\alpha}}c_1}\\ \dfrac{C_{m\alpha}+\xi_2C_{z\alpha}}{I_{y1}} & \dfrac{C_{mq}c_1+\xi_2(m_1+C_{zq}c_1)}{I_{y1}} & \dfrac{\xi_2C_{z\theta}}{I_{y1}}\\ 0 & 1 & 0\end{bmatrix}\begin{bmatrix}\Delta\alpha\\ \Delta q\\ \Delta\theta\end{bmatrix}+\begin{bmatrix}\dfrac{C_{z\delta_e}}{m_1-C_{z\dot{\alpha}}c_1}\\ \dfrac{C_{m\delta_e}+\xi_2C_{z\delta_e}}{I_{y1}}\\ 0\end{bmatrix}\Delta\delta_e \tag{6-22}$$

在小扰动条件下，有

$$F_z = W\cos(\theta_0 + \Delta\theta) - (L_0 + \Delta L)$$

关于 $\Delta\theta$ 求导，可以得到

$$\frac{\partial F_z}{\partial\theta} = -W\sin\theta_0$$

无量纲化则可以得到基准状态下，$C_{z\theta} = -C_L\sin\theta_0$。假设基准状态下的 θ_0 较小，则 $C_{z\theta} \approx 0$，由此可得到简化的二阶运动方程：

$$\begin{bmatrix}\Delta\dot{\alpha}\\ \Delta\dot{q}\end{bmatrix} = \begin{bmatrix}\dfrac{C_{z\alpha}}{m_1 - C_{z\dot{\alpha}}c_1} & \dfrac{m_1 + C_{zq}c_1}{m_1 - C_{z\dot{\alpha}}c_1}\\ \dfrac{C_{m\alpha} + \xi_2 C_{z\alpha}}{I_{y1}} & \dfrac{C_{mq}c_1 + \xi_2(m_1 + C_{zq}c_1)}{I_{y1}}\end{bmatrix}\begin{bmatrix}\Delta\alpha\\ \Delta q\end{bmatrix} + \begin{bmatrix}\dfrac{C_{z\delta_e}}{m_1 - C_{z\dot{\alpha}}c_1}\\ \dfrac{C_{m\delta_e} + \xi_2 C_{z\delta_e}}{I_{y1}}\end{bmatrix}\Delta\delta_e \tag{6-23}$$

假设 C_{zq} 和 $C_{z\dot{\alpha}}$ 约等于 0，方程可以进一步简化为

$$\begin{bmatrix}\Delta\dot{\alpha}\\ \Delta\dot{q}\end{bmatrix} = \begin{bmatrix}\dfrac{C_{z\alpha}}{m_1} & 1\\ \dfrac{C_{m\alpha} + \xi_2 C_{z\alpha}}{I_{y1}} & \dfrac{C_{mq}c_1 + \xi_2 m_1}{I_{y1}}\end{bmatrix}\begin{bmatrix}\Delta\alpha\\ \Delta q\end{bmatrix} + \begin{bmatrix}\dfrac{C_{z\delta_e}}{m_1}\\ \dfrac{C_{m\delta_e} + \xi_2 C_{z\delta_e}}{I_{y1}}\end{bmatrix}\Delta\delta_e \tag{6-24}$$

最终可以得到短周期频率与阻尼比的表达式：

$$\omega_{\text{nsp}} = \sqrt{\frac{C_{z\alpha}c_1 C_{mq}}{m_1 I_{y1}} - \frac{C_{m\alpha}}{I_{y1}}} \tag{6-25}$$

$$\zeta_{\text{sp}} = \frac{-\left(\dfrac{C_{z\alpha}}{m_1} + \dfrac{c_1}{I_{y1}}(C_{mq} + C_{m\dot{\alpha}})\right)}{2\omega_{\text{nsp}}} \tag{6-26}$$

可以看出，短周期频率 ω_{nsp} 直接取决于纵向静稳定导数 $C_{m\alpha}$，短周期阻尼比 ζ_{sp} 直接取决于俯仰阻尼导数 C_{mq} 及洗流时差导数 $C_{m\dot{\alpha}}$。

综上可以看出，短周期模态特性取决于重心位置和平尾尾容比 $\bar{V}_1$：重心前移，飞机静稳定度提高，$C_{m\alpha}$ 绝对值提高，短周期频率 ω_{nsp} 增加；反之，重心后移，飞机的静稳定度降低，短周期频率 ω_{nsp} 减小，如图 6-9 所示。尾容比增加，C_{mq} 及 $C_{m\dot{\alpha}}$ 绝对值增大，短周期阻尼比 ζ_{sp} 增加。

2. 短周期模态机理

如图 6-10 所示，假设飞机受到正的迎角扰动，对于静稳定飞机，$C_{m\alpha}$ 为负，飞机会产生低

头恢复力矩，惯性会使飞机在回到初始状态后继续低头，直到所产生的抬头力矩使俯仰角速度为正；同样，惯性使得飞机在回到初始状态后继续抬头，直到所产生的低头力矩使俯仰角速度为负，如此循环。

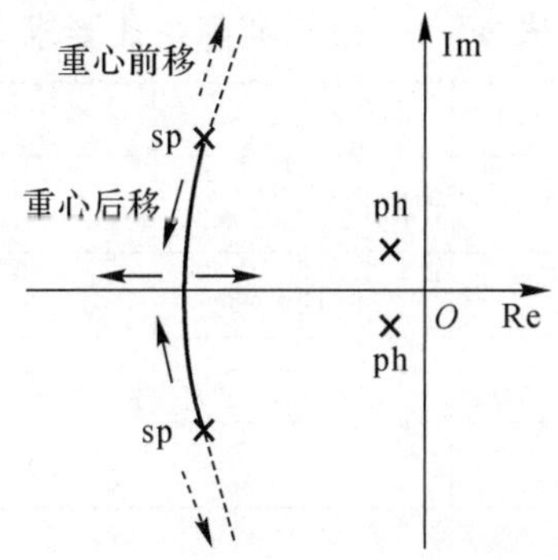

图 6－9　重心位置与短周期特征根的关系

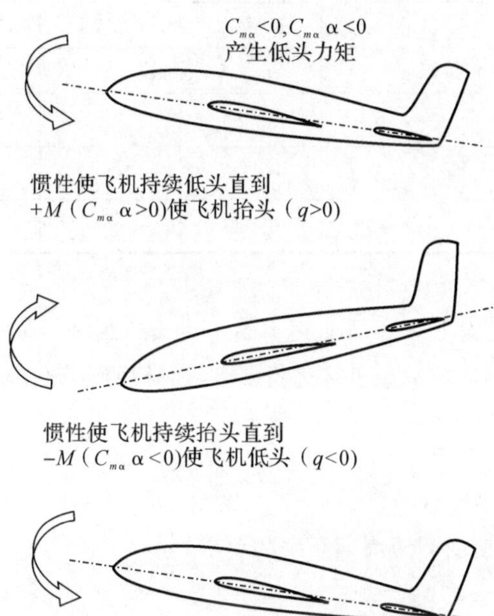

图 6－10　短周期模态机理示意图

振荡过程中，在俯仰阻尼导数 C_{mq} 作用下，俯仰振荡的幅值在不断减小。

综上可以看出，纵向静稳定导数 $C_{m\alpha}$ 决定了短周期的频率，$C_{m\alpha}$ 绝对值越大，运动方向改变得越快，频率越高；而俯仰阻尼导数 C_{mq} 则决定了短周期的阻尼比，C_{mq} 绝对值越大，收敛得越快，阻尼比越高。

3. 短周期模态品质

对于短周期模态，决定精度的超调量取决于阻尼比，阻尼比越高，超调量越小，越精确；而决定速度的峰值时间取决于频率和阻尼比，频率越低、阻尼比越高，峰值时间越高，响应越慢。

不同飞行阶段对精度和速度的要求不同，其中 A 种飞行阶段要求快速、精确的响应，B 种飞行阶段对速度和精度要求都不高，C 种飞行阶段则要求和缓、精确的操纵。

因此，A 种和 C 种阶段对阻尼比的要求高于 B 种阶段，见表 6－1。而频率要求则是 A 种最高，C 种次之，B 种最低，见表 6－2。

表 6－1　短周期阻尼比要求

品质等级	$\zeta_{sp,min}$	$\zeta_{sp,max}$	$\zeta_{sp,min}$	$\zeta_{sp,max}$
	A 和 C 种阶段		B 种阶段	
Ⅰ	0.35	1.3	0.3	2.0
Ⅱ	0.25	2.0	0.2	2.0
Ⅲ	0.15	—	0.15	—

表 6－2　短周期 CAP 要求

品质等级	CAP_{min}	CAP_{max}	CAP_{min}	CAP_{max}	CAP_{min}	CAP_{max}
	A 种阶段		C 种阶段		B 种阶段	
Ⅰ	0.28	3.6	0.085	3.6	0.16	3.6
Ⅱ	0.16	10.0	0.038	10.0	0.096	10.0
Ⅲ	0.16	—	0.038	—	0.096	—

需要注意的是，不同速度下对短周期频率 ω_{nsp} 的要求并不一样，速度越高要求的 ω_{nsp} 也越高，因此飞行品质里并不是对 ω_{nsp} 直接进行要求，而是用操纵期望参数(Control Anticipated Parameter，CAP)代替：

$$CAP=\frac{\omega_{nsp}^2}{n/\alpha} \tag{6-27}$$

该参数能够体现不同速度下短周期频率的要求。

4.飞行状态的影响

飞机的短周期阻尼比 ζ_{sp} 主要取决于俯仰阻尼导数 C_{mq}，由 5.3.3 节可知，该导数由俯仰角速度带来的局部迎角和升力变化产生，90％左右由平尾贡献。

随着飞行高度 H 的增加，大气密度 ρ 会显著下降，俯仰角速度带来的局部升力变化也随之降低。由式(6－24)和式(6－25)可知，随着 H 的增加，ρ、m_1 和 I_{y1} 都会减小，短周期阻尼比 ζ_{sp} 和频率 ω_{nsp} 均会下降。

由式(5－86)可以看出，C_{mq} 正比于平尾的升力线斜率 a_t。当迎角较大时，升力线斜率会显著下降，因此大迎角飞行时短周期阻尼比会由于平尾升力线斜率下降而降低。

飞机的短周期频率主要取决于纵向静稳定导数 $C_{m\alpha}$。飞机从亚声速加速至超声速时，机翼焦点会从 $\bar{c}/4$ 后移至 $\bar{c}/2$，使飞机的纵向静裕度显著提高，$C_{m\alpha}$ 显著下降，使短周期频率 ω_{nsp} 迅速增加，这也会使得阻尼比有小幅下降。

6.4.2　长周期模态

1. 长周期近似

迎角扰动在短周期振荡中会迅速衰减，并保持为 0，因此可假设长周期过程中 $\Delta\alpha=0$，$\Delta\dot{\alpha}=0$。此外，由于长周期运动缓慢，还可以假设 $\dot{q}=0$。因此运动方程中与 α，q 相关的项可消去，得到二阶运动方程：

$$\begin{bmatrix}\dot{u}\\ \Delta\dot{\theta}\end{bmatrix}=\begin{bmatrix}\dfrac{C_{xu}-\xi_3 C_{zu}}{m_1} & \dfrac{C_{x\theta}-\xi_3 C_{z\theta}}{m_1}\\ \dfrac{-C_{zu}}{m_1+C_{zq}c_1} & \dfrac{C_{z\theta}}{m_1+C_{zq}c_1}\end{bmatrix}\begin{bmatrix}u\\ \Delta\theta\end{bmatrix}+\begin{bmatrix}\dfrac{C_{x\delta_e}-\xi_3 C_{z\delta_e}}{m_1}\\ \dfrac{-C_{z\delta_e}}{m_1+C_{zq}c_1}\end{bmatrix}\Delta\delta_e \tag{6-28}$$

假设基准状态下的俯仰角速度 θ_0 接近于 0，则 $C_{z\theta}\approx 0$，运动方程可以进一步简化成一个二阶特征方程：

$$s^2-\frac{C_{xu}}{m_1}s+\frac{C_{x\theta}C_{zu}}{m_1^2}=0 \tag{6-29}$$

由此可以得到飞机的长周期频率与阻尼比

$$\left.\begin{aligned}\omega_n&=\frac{1}{m_1}\sqrt{C_{x\theta}C_{zu}}\\ \zeta&=-\frac{C_{xu}}{2m_1\omega_n}\end{aligned}\right\} \tag{6-30}$$

在低速条件下，导数 C_{Lu} 与 C_{Du}，即升力系数与阻力系数随速度的变化量，均约等于 0。而在平飞条件下，俯仰角约等于 0，由此可以得到

$$\omega_{np}=\frac{\sqrt{2}g}{U_0} \tag{6-31}$$

$$\zeta_p=\frac{1}{\sqrt{2}}\left(\frac{C_D}{C_L}\right)=\frac{1}{\sqrt{2}E} \tag{6-32}$$

可以看出，长周期频率 ω_{np} 随前向速度的增加而减小，而长周期阻尼比 ζ_p 与飞机的气动效率，即升阻比成反比。

2. 长周期模态机理

整个长周期过程中迎角几乎不变，因此升力系数也几乎不变，飞机的升力取决于其飞行速度，即

$$L=\frac{1}{2}C_L\rho V^2 S$$

如图 6－11 所示，假设飞机初始位置在长周期轨迹的最低点，由于长周期过程中迎角恒定，因此此时飞机速度最高，升力最大；由于升力大于重力，飞机开始爬升，俯仰角与高度同时

增加，速度逐渐减小。速度的减小会导致升力和俯仰角的下降，当飞机爬升至长周期轨迹最高点时，俯仰角为0，速度降到最低，升力达到最小。此时飞机开始下降，俯仰角为负，速度增加；当飞机下滑至长周期轨迹最低点时，速度达到最大，开始新一轮的循环。

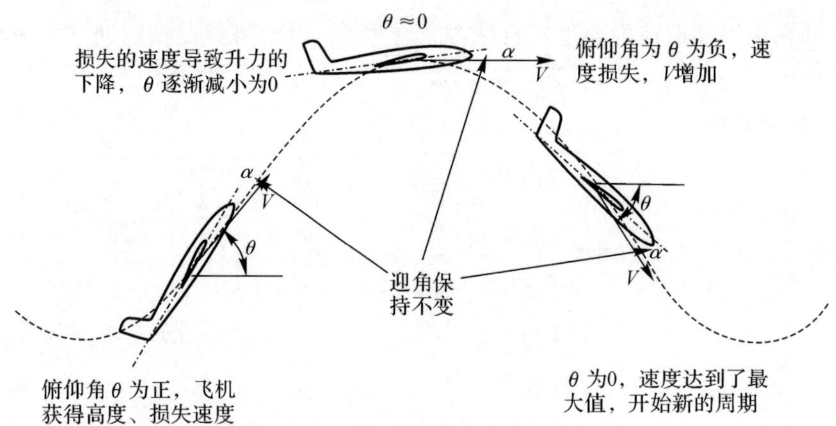

图 6-11　长周期模态机理示意图

长周期模态其实就是一个势能与动能此消彼长的过程。

3. 长周期模态品质要求

长周期模态的持续时间长，飞行员可轻易对该模态进行干预，因此不稳定是可接受的。

图 6-12 所示为不稳定长周期模态的响应曲线。可以看出，实线对应的倍幅时间较小，说明发散得较快；而虚线对应的倍幅时间较大，说明发散得较慢。倍幅时间越大，发散得越慢，飞行品质越好。

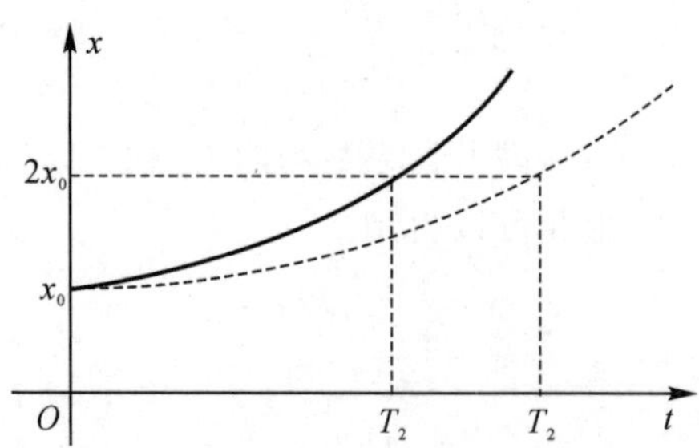

图 6-12　不稳定长周期模态响应

如表 6-3 所示，长周期模态的飞行品质要求比较简单：长周期阻尼比 ζ_p 大于 0.04 即为Ⅰ级飞行品质；如果 ζ_p 小于 0.04 但大于 0，则为Ⅱ级飞行品质。正的阻尼比意味着长周期模态稳定；如果长周期模态不稳定，但倍幅时间大于 55s，则为Ⅲ级飞行品质。

表 6-3　长周期模态品质要求

品质等级	要求
Ⅰ	$\zeta_p > 0.04$
Ⅱ	$0 < \zeta_p < 0.04$
Ⅲ	$T_2 > 55s$

6.4.3　滚转收敛模态

1. 滚转收敛模态近似

横航向扰动之后首先体现的是重阻尼的滚转收敛模态，其间飞机主要关于 x 轴滚转，其他参数变化缓慢。

可以假设侧滑角 β、侧滑角变化率 $\dot{\beta}$、滚转角速度 p 及滚转角加速度 $\dot{p}$ 均为 0，即忽略侧力及偏航力矩方程，运动方程可简化为一阶方程：

$$I_{x1}\dot{p}-C_{lp}b_1 p=C_{l\delta_a}\Delta\delta_a+C_{l\delta_r}\Delta\delta_r \tag{6-33}$$

对于自由响应，副翼与方向舵偏角均为 0，因此可以得到

$$I_{x1}\dot{p}-C_{lp}b_1 p=0 \tag{6-34}$$

由此可以得到滚转模态的特征根

$$\lambda_r=\frac{C_{lp}b_1}{I_{x1}} \tag{6-35}$$

在失速迎角之前，滚转阻尼导数 $C_{lp}<0$，λ_r 为一个大的负实根。在飞机达到失速迎角时，飞机滚转时，向下侧的机翼迎角依然会增大，但升力会因为失速而减小，导致飞机产生与滚转方向一致的力矩，此时飞机响应发散，动不稳定。

2. 滚转收敛模态机理

滚转收敛模态对应的是一个大的负实根，因此其响应是快速收敛的。

如图 6-13 所示，如果飞机受到正滚转力矩扰动，会产生一个正的滚转角速度 p。在向右滚转过程中，机翼会承受一个垂直于机翼的速度分量 py，其中 y 是由 Ox 轴开始测量的展向坐标，右翼的向下，左翼的向上。这使得向下的右翼迎角略有增大，而向上的左翼迎角略有减小。

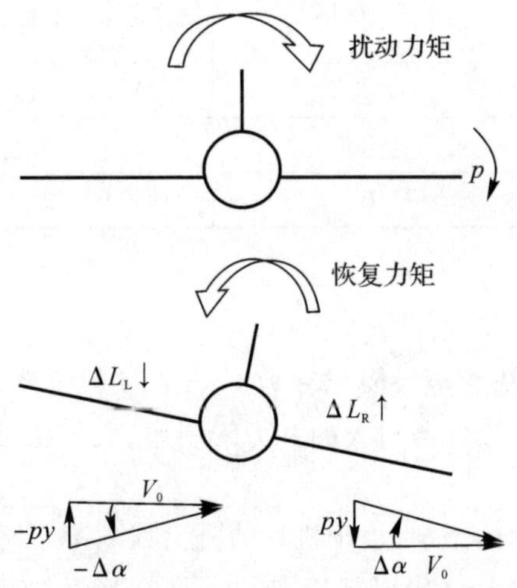

图 6-13　滚转收敛模态机理示意图

当飞机滚转时，向下一侧的机翼迎角增大、升力增大；另一侧机翼迎角减小、升力减小。这一升力不平衡会产生一个使飞机恢复平衡的力矩，滚转角速度呈指数收敛，建立稳定的滚转。

3. 滚转收敛模态品质要求

滚转收敛模态的品质主要通过时间常数 $T_R=-1/\lambda_r$ 评估。

由于 λ_r 为一个大的负实根，因此滚转收敛模态的时间常数 T_R 是一个小的正实数。图 6-14 给出了滚转收敛模态的响应曲线。可以看出，实线的时间常数较小，说明收敛得较快；而虚线的时间常数较大，说明收敛得较慢。时间常数越小，收敛得越快，飞行品质越好。

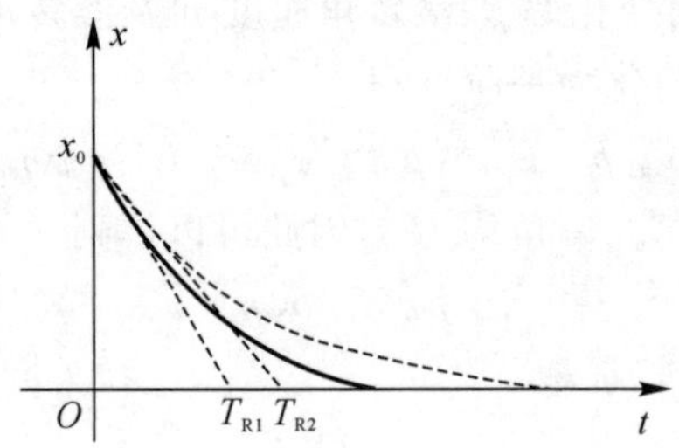

图 6-14　滚转模态响应

不同类型飞机和不同飞行阶段有不同的飞行品质要求。

A 种飞行阶段要求快速、精确的响应，B 种飞行阶段对速度和精度要求都不高，C 种飞行阶段则要求和缓、精确的操纵。

Ⅰ类和Ⅳ类飞机是轻型、高机动飞机，因此对响应速度要求较高。Ⅱ类和Ⅲ类飞机是中等到重型、中低机动性飞机，因此对响应速度要求较低。

由表 6-4 可以看出，对滚转模态时间常数，Ⅰ类与Ⅳ类飞机在 A 种及 C 种飞行阶段下的要求最高，Ⅱ类与Ⅲ类飞机在 A 种及 C 种飞行阶段下的要求次之，B 种飞行阶段的要求最低。

表 6-4　滚转模态时间常数要求

飞机类型	飞行阶段	T_R		
		Ⅰ	Ⅱ	Ⅲ
Ⅰ，Ⅳ	A 和 C	1.0	1.4	10.0
Ⅱ，Ⅲ	A 和 C	1.4	3.0	10.0
ALL	B	1.4	3.0	10.0

4. 飞行状态的影响

滚转模态的特性主要取决于滚转阻尼导数 C_{lp}，该导数主要由滚转角速度带来的两侧机翼局部迎角差和升力差产生，因此与机翼的升力线斜率、大气密度和滚转力矩的力臂（即展弦比）相关。

大迎角飞行时，随着迎角的增加，由于机翼的升力线斜率下降，C_{lp} 绝对值会减小，从而导致滚转收敛变慢，飞行品质变差，如图 6-15 所示。而在接近失速迎角时，C_{lp} 甚至会异号，导致滚转模态不稳定。

随着高度的增加，大气密度明显降低，由局部迎角差带来的升力差也随之减小，导致 C_{lp} 绝对值减小，滚转收敛变慢，飞行品质变差。

此外，小展弦比会由于滚转力臂短导致 C_{lp} 绝对值较小，因此小展弦比或三角翼飞机的滚转阻尼会较小。

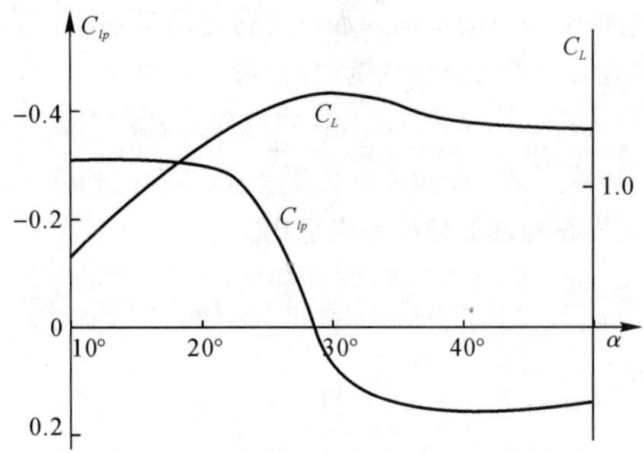

图 6-15　滚转阻尼导数随迎角变化趋势

6.4.4　荷兰滚模态

紧随滚转收敛模态的振荡运动被称为荷兰滚(Dutch Roll)模态，其运动姿态及轨迹如图 6-16 所示。该模态因与一种叫荷兰滚的滑冰动作相似而得名，该动作是用冰刀的外刃交替向左和向右滑行，形成如图 6-17 所示的轨迹。

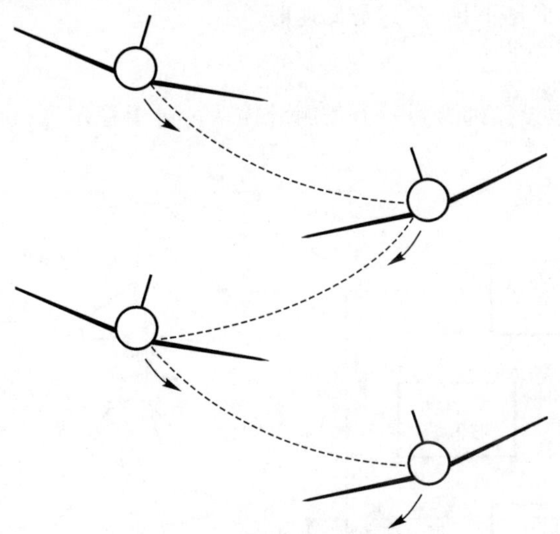

图 6-16　飞机的荷兰滚姿态与轨迹示意图

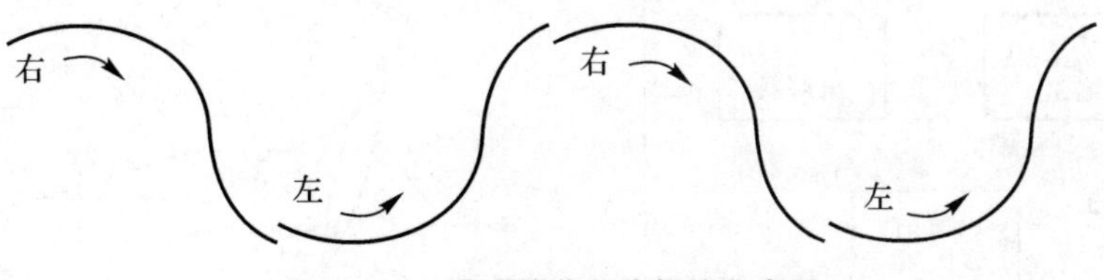

图 6-17　滑冰的荷兰滚轨迹示意图

荷兰滚这个名称于 1916 年由 Jerome Hunsaker 从滑冰领域引入航空领域。

1. 荷兰滚模态近似

荷兰滚模态主要包括侧滑与航向运动。如果滚转运动足够小，则可假设认为 $\Delta\phi = p = 0$，并忽略滚转力矩方程，则运动方程可以简化为二阶，即

$$\begin{bmatrix} \Delta\dot{\beta} \\ \dot{r} \end{bmatrix} = \begin{bmatrix} a_{11} & a_{12} \\ a_{21} & a_{22} \end{bmatrix} \begin{bmatrix} \Delta\beta \\ r \end{bmatrix} + \begin{bmatrix} b_{11} & b_{12} \\ b_{21} & b_{22} \end{bmatrix} \begin{bmatrix} \Delta\delta_a \\ \Delta\delta_r \end{bmatrix} \tag{6-36}$$

由此可以得到荷兰滚模态的近似频率和阻尼比为

$$\omega_{nd} = \sqrt{\frac{1}{m_1 I_{z1}}\left[C_{y\beta}C_{nr}b_1 + C_{n\beta}(m_1 - b_1 C_{yr})\right]} \tag{6-37}$$

$$\zeta_d = -\left(\frac{1}{2\omega_n}\right)\left(\frac{C_{y\beta}}{m_1} + \frac{b_1 C_{nr}}{I_{z1}}\right) \tag{6-38}$$

可以看出，荷兰滚频率 ω_{nd} 主要取决于航向静稳定导数 $C_{n\beta}$，而荷兰滚阻尼比 ζ_d 则主要取决于偏航阻尼导数 C_{nr}，这两个导数均取决于垂尾的尾容比与效率。

除上述方法外，还可以通过从四阶特征方程中消去实根项的方式，得到荷兰滚模态的近似解，即

$$2\omega_{nd}\zeta_d = -\left(\frac{C_{y\beta}}{m_1} + \frac{b_1 C_{nr}}{I_{z1}}\right) + \frac{C_{l\beta} I_z}{C_{n\beta} I_x}\left(-\frac{C_{np} b_1}{I_{z1}} + \frac{g}{V}\right) \tag{6-39}$$

式中：第二项的系数$(C_{l\beta}I_z)/(C_{n\beta}I_x)$被称为 κ 值。可以看出，荷兰滚阻尼比与 κ 值相关，过高的 κ 值会导致荷兰滚阻尼比不足，尤其是低速时。

2. 荷兰滚模态机理

如图 6-18 所示，假设飞机受到一个正侧滑扰动。对于稳定飞机，横向静稳定导数为负，航向静稳定导数为正。

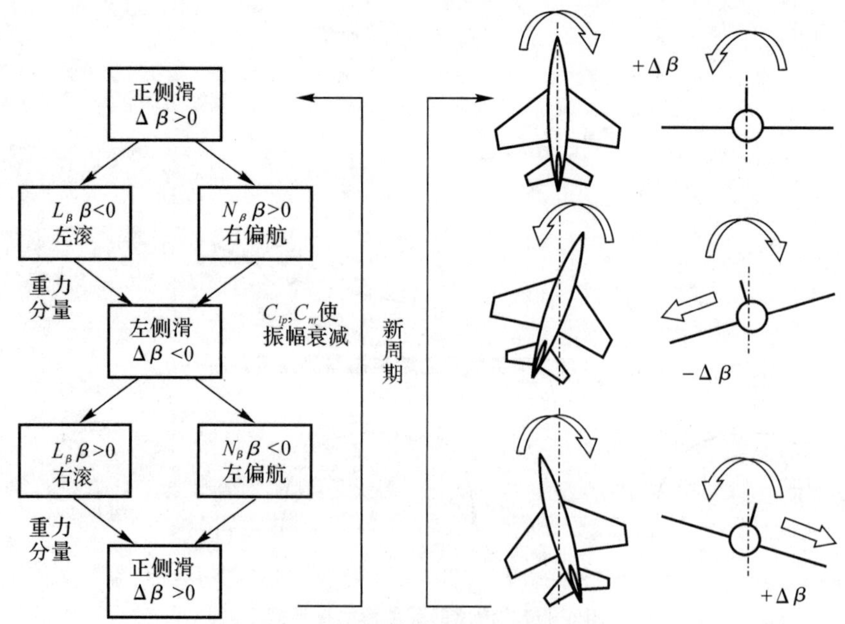

图 6-18　荷兰滚模态机理示意图

在正侧滑作用下，飞机会产生右偏航力矩及左滚转力矩。在右偏航力矩作用下，飞机会向右偏航以消除侧滑；在左滚力矩作用下，飞机会向左滚转，并在展向重力分量的作用下，产生左侧滑。左侧滑会使飞机产生左偏航力矩及右滚转力矩。在左偏航力矩作用下，飞机会向左偏航以消除侧滑；在右滚力矩作用下，飞机会向右滚转，并在展向重力分量的作用下，产生右侧滑，然后开始新的振荡周期。

振荡过程中，在偏航阻尼导数 C_{nr} 和滚转阻尼导数 C_{lp} 的作用下，振荡幅值会不断衰减。

3. 荷兰滚品质要求

荷兰滚是个振荡模态，决定精度的超调量取决于阻尼比，阻尼比越高，响应的超调量越小，越精确；决定响应速度的峰值时间取决于频率和阻尼比，频率越高、阻尼比越小，峰值时间越小，响应越快。

不同类型飞机和不同飞行阶段对飞行品质的要求也不同。

A 种飞行阶段要求快速、精确的响应，B 种飞行阶段对速度和精度要求都不高，C 种飞行阶段则要求和缓、精确的操纵。Ⅰ类和Ⅳ类飞机对响应速度要求较高，Ⅱ类和Ⅲ类飞机则对响应速度要求较低。

表 6-5 给出了飞行品质规范对荷兰滚模态的要求。

表 6-5　荷兰滚品质要求

品质等级	飞行阶段	飞机类型	$\zeta_{d,min}$	$(\zeta_d\omega_{nd})_{min}$	$\omega_{nd,min}$
Ⅰ	A	Ⅰ，Ⅳ	0.19	0.35	1.0
Ⅰ	A	Ⅱ，Ⅲ	0.19	0.35	0.4
Ⅰ	B	AⅡ	0.08	0.15	0.4
Ⅰ	C	Ⅰ，Ⅱ-C[b]，Ⅳ	0.08	0.15	1.0
Ⅰ	C	Ⅱ-L[b]，Ⅲ	0.08	0.15	0.4
Ⅱ	AⅡ	AⅡ	0.02	0.05	0.4
Ⅲ	AⅡ	AⅡ	0.02	—	0.4

注：C[b] 表示舰载飞机；L[b] 表示陆基飞机。

可以看出，A 种飞行阶段下，Ⅰ类与Ⅳ类飞机对阻尼比和频率要求均最高，Ⅱ类与Ⅲ类飞机由于对响应速度要求不高，因此对荷兰滚频率要求较低，但对阻尼比的要求是一样的。

B 种飞行阶段，所有类型飞机的阻尼比和频率要求都不高。

C 种飞行阶段，Ⅰ类、Ⅳ类及舰载型的Ⅱ类飞机对荷兰滚频率均有较高的要求；而Ⅲ类飞机和陆基型Ⅱ类飞机对荷兰滚频率的要求较低。舰载机和陆基飞机要求不一致，主要是因为航母的跑道短小，且航母本身是在运动的，因此对舰载机的响应速度有更高的要求。

与短周期模态不同，荷兰滚模态并没有对阻尼比与频率的上限进行要求。这是因为纵向静稳定度、阻尼比和频率均与重心位置密切相关，随着重心的移动，短周期频率和阻尼比可以达到很高的值；而荷兰滚模态则主要取决于垂尾，受垂尾尾容比限制，荷兰滚阻尼比与频率并不会很高。

4. 飞行状态的影响

荷兰滚频率主要取决于航向静稳定导数 $C_{n\beta}$，荷兰滚阻尼比则主要取决于偏航阻尼导数 C_{nr}，二者的主要产生部件均为垂尾，后者主要由偏航角速度带来的垂尾侧滑角及侧力变化产生。

大迎角时垂尾位于背风面，垂尾效率会急剧下降；超声速区，随着马赫数的增加，垂尾效率会因激波而下降；高空飞行时，由于空气密度下降，垂尾效率也会下降。

此外，后掠角对横向静稳定度的贡献与 $\sin\Lambda \cdot C_L$ 成正比，随着速度的降低，飞机的横向静稳定度会提高。随着速度的减小，g/V 及 κ 值均会增加，由式(6-38)可知，荷兰滚阻尼比会随速度的减小而下降。

荷兰滚阻尼比不足是大部分飞机都会面临的问题。

6.4.5 螺旋模态

1. 螺旋模态机理

如图 6-19 所示，假设飞机受到一个很小的正滚转扰动，飞机会产生一个很小的正滚转角。受重力分量的影响，这个滚转角会使飞机向右下方移动，并产生一个很小的正侧滑角。

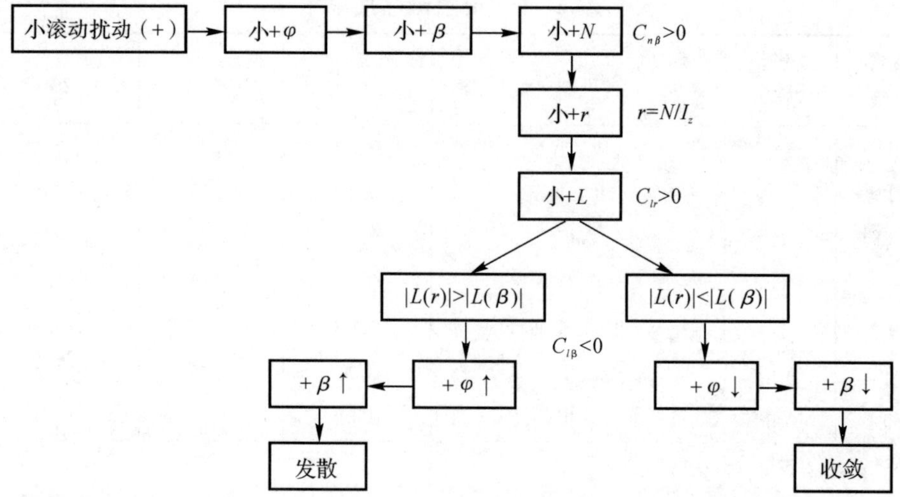

图 6-19 螺旋模态机理示意图

在航向静稳定性的作用下，这个很小的正侧滑会产生一个很小的正偏航力矩，从而产生一个很小的正偏航角速度。正偏航角速度会产生正垂尾侧力，在小迎角下，该垂尾侧力会产生一个很小的正滚转力矩。

如果这个正滚转力矩大于由横向静稳定性产生的恢复力矩，则飞机的滚转角会继续增大，产生更大的侧滑角，响应发散；如果这个滚转力矩小于横向静稳定性产生的恢复力矩，则飞机的滚转角减小，响应收敛。

2. 螺旋模态近似

在缓慢的螺旋运动中，由于侧滑变化缓慢，因此可假设 $\Delta\beta\approx0$，并忽略侧力方程。滚转角速度也几乎为 0，因此滚转力矩也为 0，运动方程可简化为一阶方程，有

$$\left.\begin{aligned} C_{l\beta}\Delta\beta+C_{lr}b_1 r+C_{l\delta_a}\Delta\delta_a+C_{l\delta_r}\Delta\delta_r=0 \\ I_{z1}\dot{r}=C_{n\beta}\Delta\beta+C_{nr}b_1 r+C_{n\delta_a}\Delta\delta_a+C_{n\delta_r}\Delta\delta_r \end{aligned}\right\} \tag{6-40}$$

对于自由响应，副翼与方向舵偏角均为 0，有

$$\left.\begin{aligned} C_{l\beta}\Delta\beta+C_{lr}b_1 r=0 \\ I_{z1}\dot{r}=C_{n\beta}\Delta\beta+C_{nr}b_1 r \end{aligned}\right\} \tag{6-41}$$

由此可以得到

$$\dot{r}=\frac{(-C_{n\beta}C_{lr}+C_{nr}C_{l\beta})b_1}{I_{z1}C_{l\beta}}r \tag{6-42}$$

螺旋模态的特征根

$$\lambda_s=\frac{b_1(C_{nr}C_{l\beta}-C_{n\beta}C_{lr})}{I_{z1}C_{l\beta}} \tag{6-43}$$

通常，飞机横向静稳定导数 $C_{l\beta}<0$，偏航阻尼导数 $C_{nr}<0$，因此分子的第一项为正；航向静稳定导数 $C_{n\beta}>0$；偏航角速率产生的滚转力矩系数 $C_{lr}>0$，因此分子的第二项也为正。

如果 $C_{nr}C_{l\beta}>C_{n\beta}C_{lr}$，则 $\lambda_s<0$，螺旋模态稳定；反之，则螺旋模态不稳定。

3. 螺旋品质要求

螺旋模态非常缓慢，飞行员可轻易对该模态进行干预，因此不稳定是可接受的。

如果螺旋模态不稳定，倍幅时间越大，发散得越慢，飞行品质越好。

不同飞机类型和飞行阶段对螺旋模态的要求也不相同。

Ⅱ类与Ⅲ类飞机的整体响应缓慢，因此不同飞行状态下的螺旋要求一致。

而对于Ⅰ类与Ⅳ类飞机，由于 A 种飞行阶段要求快速机动，驾驶员始终参与操纵，随时可以对螺旋模态进行修正，因此要求比和缓操纵的 B 种和 C 种飞行阶段低。

螺旋模态倍幅时间要求见表 6-6。

表 6-6　螺旋模态倍幅时间要求

飞机类型	飞行阶段	倍幅时间/s		
		一级	二级	三级
Ⅰ，Ⅳ	A	12	8	4
Ⅰ，Ⅳ	B，C	20	12	4
Ⅱ，Ⅲ	AⅡ	20	12	4

此外，若螺旋模态稳定，其飞行品质显然要好于不稳定，因此属于一级飞行品质。

习　题

6-1　某翼载荷 $W/S=3\ 500\ \mathrm{N/m^2}$，升力线斜率 $C_{L\alpha}=0.081$ 的战斗机在高度 5 000 m，马赫数 0.8 状态下的本体纵向特征方程为

$$s^4+5.112s^3+5.496s^2+0.183s+0.108=0$$

试：(1)利用标准大气模型计算大气密度与声速；(2)利用劳斯判据判断其动稳定性；(3)保

留特征方程前三项近似求解短周期频率与阻尼，并评估其A种飞行阶段的短周期飞行品质。

参考答案：(1)0.736 1 kg/m^3，320 m/s；(2)稳定；(3)2.344 4 rad/s，1.09，二级

6-2　某战斗机在某飞行状态下的横航向特征方程为

$$s^4+2.16s^3+2.43s^2+3.45s-0.18=0$$

试：(1)利用劳斯-霍尔维茨判据判断其动稳定性；(2)评估其横航向各模态在A种飞行阶段的飞行品质。

参考答案：(1)不稳定；(2)滚转一级，螺旋一级，荷兰滚二级

6-3　某战斗机质量 $m=7\ 000$ kg，机翼面积 $S=28\ m^2$，翼展 $b=7.9$ m，平均气动弦长 $\bar{c}=4.4$ m，三轴惯性矩 $I_x=6\ 848\ kg\cdot m^2$，$I_y=69\ 380\ kg\cdot m^2$，$I_z=76\ 820\ kg\cdot m^2$，在高度10 000 m(大气密度 $\rho=0.412\ 7\ kg/m^3$，声速 $a=299.5$ m/s)、马赫数为0.8时具有以下数据：

$C_{m\alpha}=-0.516$，$C_{L\alpha}=4.01$，$C_{m\delta_e}=-0.533$，$C_{L\delta_e}=0.447$

$C_{mq}=-4.923$，$C_{m\dot{\alpha}}=-1.353$，$C_{m0}=-0.007$

$C_{y\beta}=-0.8413$，$C_{l\beta}=-0.072$，$C_{n\beta}=0.0296$

$C_{y\delta r}=0.072$，$C_{l\delta r}=-0.012$，$C_{n\delta r}=-0.055$

$C_{y\delta_a}=0.0064$，$C_{l\delta_a}=-0.092$，$C_{n\delta_a}=-0.0112$

$C_{lp}=-0.28$，$C_{nr}=-0.814$，$C_{np}=-0.028$，$C_{lr}=-0.031$

其余未标注导数可取为0。

试：(1)建立其纵向与横航向四阶状态空间方程；(2)求解特征根，判断动稳定性；(3)计算该状态下的短周期阻尼比与频率，滚转收敛时间常数，荷兰滚频率与阻尼比；(4)评估上述三模态的A种飞行阶段飞行品质。

参考答案：略

第7章　飞机的操纵响应

运动方程的解分自由响应和强迫响应两种。其中：自由响应，是指有扰动而无操纵的解，反映的是系统瞬态特性和动稳定性；强迫响应，指的则是无扰动但有操纵时的解，反映的是飞机的稳态响应特性。

本章将分析飞机本体对主要操纵面(包括升降舵、副翼和方向舵)的强迫响应。

7.1　开环与闭环操纵

驾驶员操纵飞机的方式有开环与闭环操纵两种。

开环操纵如图7-1所示，驾驶员的操纵力经操纵系统转变为操纵面偏角，飞机的运动参数由此产生相应的变化。

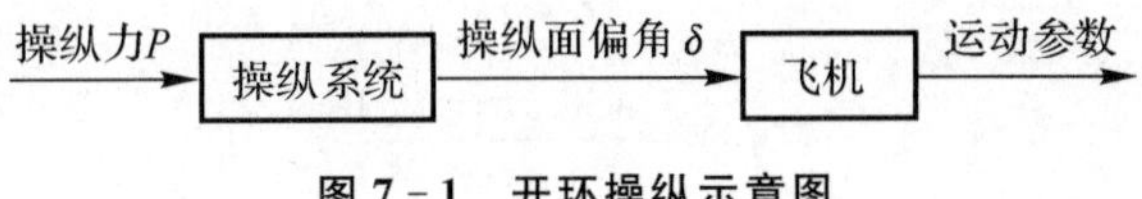

图7-1　开环操纵示意图

对于不需要精确控制飞机运动参数的状态或任务，通常采用开环操纵。在开环操纵中，运动参数的变化并不会及时影响驾驶员的操纵。

闭环操纵如图7-2所示，驾驶员、操纵系统和飞机本体构成了一个闭环回路，驾驶员根据操纵指令及飞机运动参数进行判断，并施加操纵力，再经操纵系统转变为操纵面偏角，改变飞机的运动参数。在闭环操纵中，驾驶员会时刻关注飞机运动参数的变化，并根据飞行任务需求对操纵进行调整。闭环操纵通常用于需要精确控制运动参数的状态或任务。

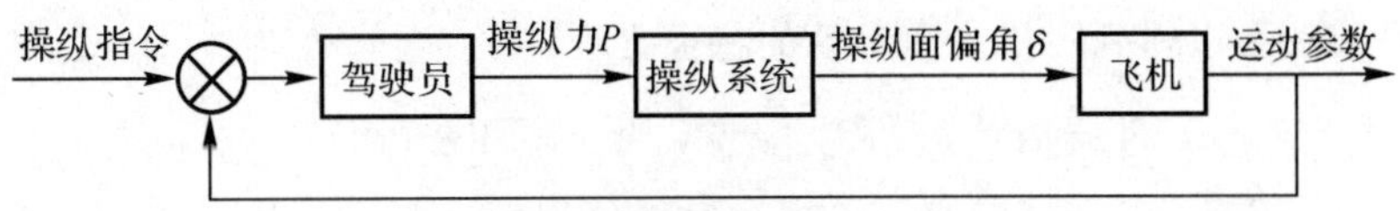

图7-2　闭环操纵示意图

严格地说，整个飞行过程中，驾驶员总是按照飞行任务要求和飞机实际运动情况来调整飞机的运动参数，也就是采用闭环操纵方式。但是对于不需要精确操纵的飞行阶段，可近似使用开环操纵方式进行分析。

本章主要对飞机的开环操纵特性进行分析。

7.2 传递函数

响应分析的核心概念是传递函数。对于线性系统,传递函数的定义是:在全部初始条件为0的假设下,输出量与输入量的拉氏变换之比,通常用$G(s)$表示。

具有n个状态变量x_i和m个控制量u_j的系统,将具有$n\times m$个传递函数$G_{ij}(s)$。

将状态空间形式的运动方程进行拉氏变换,可以得到

$$s\boldsymbol{x}=\boldsymbol{A}\boldsymbol{x}+\boldsymbol{B}\boldsymbol{u} \tag{7-1}$$

$$(s\boldsymbol{I}-\boldsymbol{A})\boldsymbol{x}=\boldsymbol{B}\boldsymbol{u} \tag{7-2}$$

$\boldsymbol{G}(s)$为输出与输入之比,对于运动方程来说,其输入为操纵面偏角,若输出取为状态变量信号,则有

$$\boldsymbol{G}(s)=\frac{\boldsymbol{x}}{\boldsymbol{u}} \tag{7-3}$$

$$\boldsymbol{x}=\boldsymbol{G}(s)\boldsymbol{u} \tag{7-4}$$

将上式代入式(7-2),可以得到

$$\boldsymbol{G}(s)=(s\boldsymbol{I}-\boldsymbol{A})^{-1}\boldsymbol{B} \tag{7-5}$$

矩阵的逆等于其伴随矩阵与行列式之比

$$(s\boldsymbol{I}-\boldsymbol{A})^{-1}=\frac{\mathrm{adj}(s\boldsymbol{I}-\boldsymbol{A})}{\det(s\boldsymbol{I}-\boldsymbol{A})} \tag{7-6}$$

因此,有

$$\boldsymbol{G}(s)=\frac{\mathrm{adj}(s\boldsymbol{I}-\boldsymbol{A})\boldsymbol{B}}{\det(s\boldsymbol{I}-\boldsymbol{A})} \tag{7-7}$$

$\boldsymbol{G}$矩阵的各元素为

$$G_{ij}(s)=\frac{N_{ij}(s)}{\det(s\boldsymbol{I}-\boldsymbol{A})} \tag{7-8}$$

式中:$\det(s\boldsymbol{I}-\boldsymbol{A})$为特征方程;$N_{ij}(s)$表示传递函数的分子(Numerator),由Cramer法则确定:用$\boldsymbol{B}$的第j列代替$\boldsymbol{A}$的第i列,所得矩阵的行列式即为$N_{ij}(s)$。

7.2.1 纵向传递函数

由式(5-113)可以得到飞机纵向运动的特征方程:

$$\Delta_{\mathrm{lon}}(s)=a_0 s^4+a_1 s^3+a_2 s^2+a_3 s+a_4 \tag{7-9}$$

式中:

$$a_0=m_1 I_{y1}(m_1-C_{z\dot{\alpha}}c_1)$$

$$a_1=m_1[-I_{y1}C_{z\alpha}-C_{mq}c_1(m_1-C_{z\dot{\alpha}}c_1)-C_{m\dot{\alpha}}c_1(m_1+C_{zq}c_1)]-C_{xu}I_{y1}(m_1-C_{z\dot{\alpha}}c_1)-C_{x\dot{\alpha}}c_1C_{zu}I_{y1}$$

$$a_2=m_1[C_{z\alpha}C_{mq}c_1-C_{m\alpha}(m_1+C_{zq}c_1)-C_{z\theta}C_{m\dot{\alpha}}c_1]+C_{xu}[I_{y1}C_{z\alpha}+C_{mq}c_1(m_1-C_{z\dot{\alpha}}c_1)+C_{m\dot{\alpha}}c_1(m_1+C_{zq}c_1)]-C_{x\alpha}C_{zu}I_{y1}+C_{x\dot{\alpha}}c_1[C_{zu}C_{mq}c_1-C_{mu}(m_1+C_{zq}c_1)]-$$

$$C_{xq}c_1[C_{zu}C_{m\dot{\alpha}}c_1+C_{mu}(m_1-C_{z\dot{\alpha}}c_1)]$$

$$\begin{aligned}a_3=&-C_{xu}[C_{z\alpha}C_{mq}c_1-C_{m\alpha}(m_1+C_{zq}c_1)-C_{z\theta}C_{m\dot{\alpha}}c_1]-\\&m_1C_{m\alpha}C_{z\theta}+C_{x\alpha}[C_{zu}C_{mq}c_1-C_{mu}(m_1+C_{zq}c_1)]-\\&C_{x\dot{\alpha}}c_1C_{mu}C_{z\theta}-C_{xq}c_1(C_{zu}C_{m\alpha}-C_{z\alpha}C_{mu})-\\&C_{x\theta}[C_{zu}C_{m\dot{\alpha}}c_1+C_{mu}(m_1-C_{z\dot{\alpha}}c_1)]\end{aligned}$$

$$a_4=C_{xu}C_{m\alpha}C_{z\theta}-C_{x\alpha}C_{mu}C_{z\theta}-C_{x\theta}(C_{zu}C_{m\alpha}-C_{z\alpha}C_{mu})$$

常规飞机的纵向操纵面为升降舵，将式(5-113)中的系统矩阵 $\boldsymbol{A}$ 的第 i 列($i=1,2,3,4$)用 $\boldsymbol{B}$ 代替并展开，可以得到相应的分子多项式及传递函数。

1. 全量传递函数

速度的传递函数

$$\frac{\Delta u(s)}{\Delta\delta_e(s)}=\frac{N_{1,\mathrm{lon}}(s)}{\Delta_{\mathrm{lon}}(s)} \tag{7-10}$$

$N_{1,\mathrm{lon}}(s)$是速度传递函数的分子行列式，根据 Cramer 法则，有

$$N_{1,\mathrm{lon}}(s)=\begin{vmatrix}C_{x\delta_e} & -(C_{x\alpha}+C_{x\dot{\alpha}}c_1s) & -(C_{xq}c_1s+C_{x\theta})\\ C_{z\delta_e} & m_1s-C_{z\dot{\alpha}}c_1s-C_{z\alpha} & -(m_1s+C_{zq}c_1s+C_{z\theta})\\ C_{m\delta_e} & -(C_{m\dot{\alpha}}c_1s+C_{m\alpha}) & s(I_{y1}s-C_{mq}c_1)\end{vmatrix} \tag{7-11}$$

展开分子行列式，则有

$$N_{1,\mathrm{lon}}(s)=A_us^3+B_us^2+C_us+D_u \tag{7-12}$$

式中：

$$A_u=I_{y1}(C_{x\delta_e}m_1-C_{x\delta_e}C_{z\dot{\alpha}}c_1+C_{x\dot{\alpha}}c_1C_{z\delta_e})$$

$$\begin{aligned}B_u=&-C_{z\delta_e}C_{x\dot{\alpha}}c_1^2C_{mq}+C_{z\delta_e}I_{y1}C_{x\alpha}+C_{x\dot{\alpha}}c_1C_{m\delta_e}(m_1+C_{zq}c_1)-\\&C_{x\delta_e}(C_{z\alpha}I_{y1}+m_1C_{mq}c_1-C_{z\dot{\alpha}}C_{mq}c_1^2+m_1C_{m\dot{\alpha}}c_1+C_{zq}C_{m\dot{\alpha}}c_1^2)+\\&C_{xq}c_1^2C_{z\delta_e}C_{m\dot{\alpha}}+C_{xq}c_1C_{m\delta_e}(m_1-C_{z\dot{\alpha}}c_1)\end{aligned}$$

$$\begin{aligned}C_u=&C_{x\delta_e}(C_{z\alpha}C_{mq}c_1-m_1C_{m\alpha}-C_{zq}c_1C_{m\alpha}-C_{z\theta}C_{m\dot{\alpha}}c_1)-\\&C_{mq}C_{z\delta_e}C_{x\alpha}c_1+C_{x\alpha}C_{m\delta_e}(m_1+C_{zq}c_1)+C_{x\dot{\alpha}}c_1C_{z\theta}C_{m\delta_e}+\\&C_{xq}c_1C_{z\delta_e}C_{m\alpha}-C_{xq}c_1C_{m\delta_e}C_{z\alpha}+C_{x\theta}C_{z\delta_e}C_{m\dot{\alpha}}c_1+\\&C_{x\theta}C_{m\delta_e}(m_1-C_{z\dot{\alpha}}c_1)\end{aligned}$$

$$D_u=C_{z\theta}(C_{x\alpha}C_{m\delta_e}-C_{m\alpha}C_{x\delta_e})+C_{x\theta}(C_{z\delta_e}C_{m\alpha}-C_{m\delta_e}C_{z\alpha})$$

迎角的传递函数

$$\frac{\Delta\alpha(s)}{\Delta\delta_e(s)}=\frac{N_{2,\mathrm{lon}}(s)}{\Delta_{\mathrm{lon}}(s)} \tag{7-13}$$

$N_{2,\mathrm{lon}}(s)$是迎角传递函数的分子行列式，根据 Cramer 法则，有

$$N_{2,\mathrm{lon}}(s)=\begin{vmatrix}m_1s-C_{xu} & C_{x\delta_e} & -(C_{xq}c_1s+C_{x\theta})\\ -C_{zu} & C_{z\delta_e} & -(m_1s+C_{zq}c_1s+C_{z\theta})\\ -C_{mu} & C_{m\delta_e} & s(I_{y1}s-C_{mq}c_1)\end{vmatrix} \tag{7-14}$$

展开分子多项式，有

$$N_{2,\mathrm{lon}}=A_{\alpha}s^{3}+B_{\alpha}s^{2}+C_{\alpha}s+D_{\alpha} \tag{7-15}$$

式中：

$$A_{\alpha}=m_{1}I_{y1}C_{z\delta_{e}}$$

$$B_{\alpha}=m_{1}(-C_{z\delta_{e}}C_{mq}c_{1}+C_{m\delta_{e}}m_{1}+C_{m\delta_{e}}C_{zq}c_{1})-C_{xu}C_{z\delta_{e}}I_{y1}+C_{x\delta_{e}}C_{zu}I_{y1}$$

$$C_{\alpha}=C_{xu}(C_{z\delta_{e}}C_{mq}c_{1}-C_{m\delta_{e}}m_{1}-C_{m\delta_{e}}C_{zq}c_{1})+m_{1}C_{m\delta_{e}}C_{z\theta}-C_{x\delta_{e}}C_{zu}C_{mq}c_{1}+m_{1}C_{x\delta_{e}}C_{mu}+C_{x\delta_{e}}C_{mu}C_{zq}c_{1}+C_{xq}c_{1}C_{zu}C_{m\delta_{e}}-C_{xq}c_{1}C_{mu}C_{z\delta_{e}}$$

$$D_{\alpha}=C_{x\theta}(C_{zu}C_{m\delta_{e}}-C_{mu}C_{z\delta_{e}})+C_{z\theta}(C_{x\delta_{e}}C_{mu}-C_{m\delta_{e}}C_{xu})$$

俯仰角的传递函数

$$\frac{\Delta\theta(s)}{\Delta\delta_{e}(s)}=\frac{N_{3,\mathrm{lon}}(s)}{\Delta_{\mathrm{lon}}(s)} \tag{7-16}$$

$N_{3,\mathrm{lon}}(s)$是俯仰角传递函数的分子行列式，根据 Cramer 法则，有

$$N_{3,\mathrm{lon}}(s)=\begin{vmatrix} m_{1}s-C_{xu} & -(C_{x\alpha}+C_{x\dot{\alpha}}c_{1}s) & C_{x\delta_{e}} \\ -C_{zu} & (m_{1}s-C_{z\dot{\alpha}}c_{1}s-C_{x\alpha}) & C_{z\delta_{e}} \\ -C_{mu} & -(C_{m\dot{\alpha}}c_{1}s+C_{m\alpha}) & C_{m\delta_{e}} \end{vmatrix} \tag{7-17}$$

展开分子行列式，有

$$N_{3,\mathrm{lon}}=A_{\theta}s^{2}+B_{\theta}s+C_{\theta} \tag{7-18}$$

式中：

$$A_{\theta}=m_{1}(m_{1}C_{m\delta_{e}}-C_{z\dot{\alpha}}c_{1}C_{m\delta_{e}}+C_{z\delta_{e}}C_{m\dot{\alpha}}c_{1})$$

$$B_{\theta}=m_{1}(C_{z\delta_{e}}C_{m\alpha}-C_{z\alpha}C_{m\delta_{e}})+c_{1}C_{x\dot{\alpha}}(-C_{zu}C_{m\delta_{e}}+C_{mu}C_{z\delta_{e}})-C_{xu}(m_{1}C_{m\delta_{e}}-C_{z\dot{\alpha}}c_{1}C_{m\delta_{e}}+C_{z\delta_{e}}C_{m\dot{\alpha}}c_{1})+C_{x\delta_{e}}C_{zu}C_{m\dot{\alpha}}c_{1}+C_{x\delta_{e}}C_{mu}m_{1}-C_{x\delta_{e}}C_{mu}C_{z\dot{\alpha}}c_{1}$$

$$C_{\theta}=-C_{xu}(C_{z\delta_{e}}C_{m\alpha}-C_{z\alpha}C_{m\delta_{e}})+C_{x\delta_{e}}(C_{m\alpha}C_{zu}-C_{mu}C_{z\alpha})+C_{x\alpha}(-C_{zu}C_{m\delta_{e}}+C_{mu}C_{z\delta_{e}})$$

由 $q=\dot{\theta}$ 可知，俯仰角速度的传递函数相当于俯仰角传递函数的微分，即

$$\frac{q(s)}{\Delta\delta_{e}(s)}=\frac{s\Delta\theta(s)}{\Delta\delta_{e}(s)}=\frac{sN_{3,\mathrm{lon}}(s)}{\Delta_{\mathrm{lon}}(s)} \tag{7-19}$$

2. 近似传递函数

对式(6-22)中的短周期近似进行拉氏变换，可以得到迎角、俯仰角及俯仰角速度的传递函数：

$$\frac{\Delta\alpha(s)}{\Delta\delta_{e}(s)}=\frac{N_{\alpha}(s)}{\Delta_{\mathrm{sp}}(s)}=\frac{A_{\alpha}s^{2}+B_{\alpha}s+C_{\alpha}}{a_{0}s^{3}+a_{1}s^{2}+a_{2}s+a_{3}} \tag{7-20}$$

$$\frac{\Delta\theta(s)}{\Delta\delta_{e}(s)}=\frac{N_{\theta}(s)}{\Delta_{\mathrm{sp}}(s)}=\frac{A_{\theta}s+B_{\theta}}{a_{0}s^{3}+a_{1}s^{2}+a_{2}s+a_{3}} \tag{7-21}$$

$$\frac{q(s)}{\Delta\delta_e(s)}=\frac{N_q(s)}{\Delta_{sp}(s)}=\frac{s(A_\theta s+B_\theta)}{a_0 s^3+a_1 s^2+a_2 s+a_3} \tag{7-22}$$

式中：

$$a_0=(m_1-C_{z\dot{\alpha}}c_1)I_{y1}$$
$$a_1=-[C_{z\alpha}I_{y1}+C_{mq}c_1(m_1-C_{z\dot{\alpha}}c_1)+(m_1+C_{zq}c_1)C_{m\dot{\alpha}}c_1]$$
$$a_2=C_{z\alpha}C_{mq}c_1-[(m_1+C_{zq}c_1)C_{m\alpha}+C_{z\theta}C_{m\dot{\alpha}}c_1]$$
$$a_3=-C_{z\theta}C_{m\alpha}$$
$$A_\alpha=C_{z\delta_e}I_{y1}$$
$$B_\alpha=C_{m\delta_e}(m_1+C_{zq}c_1)-C_{z\delta_e}C_{mq}c_1$$
$$C_\alpha=C_{m\delta_e}C_{z\theta}$$
$$A_\theta=C_{m\delta_e}(m_1-C_{z\dot{\alpha}}c_1)+C_{m\dot{\alpha}}c_1C_{z\delta_e}$$
$$B_\theta=C_{m\alpha}C_{z\delta_e}-C_{z\alpha}C_{m\delta_e}$$

对式(6-28)中的长周期近似进行拉氏变换，可以得到速度的传递函数：

$$\frac{\Delta u(s)}{\Delta\delta_e(s)}=\frac{N_u(s)}{\Delta_{ph}(s)}=\frac{A_u s+B_u}{a'_0 s^2+a'_1 s+a'_2} \tag{7-23}$$

式中：

$$a'_0=-m_1(m_1+C_{zq}c_1)$$
$$a'_1=-m_1C_{z\theta}+C_{xu}(m_1+C_{zq}c_1)-C_{zu}C_{xq}c_1$$
$$a'_2=C_{xu}C_{z\theta}-C_{zu}C_{x\theta}$$
$$A_u=-[C_{x\delta_e}(m1+C_{zq}c_1)-C_{z\delta_e}C_{xq}c_1]$$
$$B_u=C_{z\delta_e}C_{x\theta}-C_{x\delta_e}C_{z\theta}$$

7.2.2　横航向传递函数

由式(5-114)可以得到飞机横航向运动的特征方程：

$$\Delta_{lat}(s)=a_0 s^4+a_1 s^3+a_2 s^2+a_3 s+a_4 \tag{7-24}$$

式中：

$$a_0=(m_1-b_1C_{y\dot{\beta}})(I_{x1}I_{z1}-I_{xz1}^2)$$
$$\begin{aligned}a_1=&-C_{y\beta}(I_{x1}I_{z1}-I_{xz1}^2)-b_1C_{yp}(I_{z1}C_{l\dot{\beta}}b_1+C_{n\dot{\beta}}b_1I_{xz1})-\\&(m_1-b_1C_{y\dot{\beta}})(I_{x1}C_{nr}b_1+I_{z1}C_{lp}b_1+I_{xz1}C_{lr}b_1+I_{xz1}C_{np}b_1)-\\&(m_1-b_1C_{yr})(C_{l\dot{\beta}}b_1I_{xz1}+C_{n\dot{\beta}}b_1I_{x1})\end{aligned}$$
$$\begin{aligned}a_2=&b_1^2(m_1-b_1C_{y\dot{\beta}})(C_{lp}C_{nr}-C_{lr}C_{np})-C_{y\phi}b_1(C_{l\dot{\beta}}I_{z1}+C_{n\dot{\beta}}I_{xz1})+\\&b_1C_{y\beta}(I_{x1}C_{nr}+I_{z1}C_{lp}+I_{xz1}C_{lr}+C_{xz1}C_{np})+\\&b_1C_{yp}(C_{l\dot{\beta}}C_{nr}b_1^2-C_{l\beta}I_{z1}-I_{xz1}C_{n\beta}-C_{lr}C_{n\dot{\beta}}b_1^2)-\\&(m_1-b_1C_{yr})(C_{l\beta}I_{xz1}+C_{l\dot{\beta}}C_{np}b_1^2-C_{lp}C_{n\dot{\beta}}b_1^2+I_{x1}C_{n\beta})\end{aligned}$$
$$\begin{aligned}a_3=&-C_{y\beta}b_1^2(C_{lp}C_{nr}-C_{lr}C_{np})+b_1^2C_{yp}(C_{l\beta}C_{nr}-C_{lr}C_{n\beta})+\\&C_{y\phi}(C_{l\dot{\beta}}C_{nr}b_1^2-C_{l\beta}I_{z1}-I_{xz1}C_{n\beta}-C_{lr}C_{n\dot{\beta}}b_1^2)+\end{aligned}$$

$$b_1(m_1-b_1C_{yr})(C_{l\beta}C_{np}-C_{lp}C_{n\beta})$$

$$a_4=C_{y\phi}b_1(C_{l\beta}C_{nr}-C_{n\beta}C_{lr})$$

1. 全量传递函数

横航向有副翼和方向舵两组操纵面，要确定各参数对副翼偏角的传递函数，需要将 **A** 的第 i 列用 **B** 的第 1 列代替；同样，要确定各参数对方向舵的传递函数，需要将 **A** 的第 i 列用 **B** 的第 2 列代替。

侧滑角对副翼的传递函数为

$$\frac{\Delta\beta(s)}{\Delta\delta_a(s)}=\frac{N_{1,\mathrm{lat}}(s)}{\Delta_{\mathrm{lat}}(s)} \tag{7-25}$$

$N_{1,\mathrm{lat}}(s)$是侧滑角对副翼偏角传递函数的分子行列式，根据 Cramer 法则，将 **A** 的第 1 列用 **B** 的第 1 列代替，并展开行列式，可以得到

$$N_{1,\mathrm{lat}}(s)=A_{\beta,\delta_a}s^3+B_{\beta,\delta_a}s^2+C_{\beta,\delta_a}s+D_{\beta,\delta_a} \tag{7-26}$$

式中：

$$\begin{aligned}
A_{\beta,\delta_a}&=C_{y\delta_a}(I_{x1}I_{z1}-I_{xz1}^2)\\
B_{\beta,\delta_a}&=-b_1C_{y\delta_a}(I_{x1}C_{nr}+C_{lp}I_{z1}+C_{lr}I_{xz1}+C_{np}I_{xz1})+\\
&\quad b_1C_{yp}(I_{z1}C_{l\delta_a}+C_{n\delta_a}I_{xz1})-(m_1-b_1C_{yr})(C_{l\delta_a}I_{xz1}+C_{n\delta_a}I_{x1})\\
C_{\beta,\delta_a}&=b_1^2C_{y\delta_a}(C_{lp}C_{nr}-C_{lr}C_{np})+C_{y\phi}(C_{l\delta_a}I_{z1}+C_{n\delta_a}I_{xz1})+\\
&\quad b_1(m_1-b_1C_{yr})(C_{n\delta_a}C_{lp}-C_{l\delta_a}C_{np})-\\
&\quad b_1^2C_{yp}(C_{l\delta_a}C_{nr}-C_{n\delta_a}C_{lr})\\
D_{\beta,\delta_a}&=-b_1C_{y\phi}(C_{l\delta_a}C_{nr}-C_{n\delta_a}C_{lr})
\end{aligned}$$

滚转角对副翼的传递函数为

$$\frac{\Delta\phi(s)}{\Delta\delta_a(s)}=\frac{N_{2,\mathrm{lat}}(s)}{\Delta_{\mathrm{lat}}(s)} \tag{7-27}$$

$N_{2,\mathrm{lat}}(s)$是滚转角对副翼偏角传递函数的分子行列式，根据 Cramer 法则，将 **A** 的第 2 列用 **B** 的第 1 列代替，并展开行列式，可以得到

$$N_{2,\mathrm{lat}}(s)=A_{\phi,\delta_a}s^2+B_{\phi,\delta_a}s+C_{\phi,\delta_a} \tag{7-28}$$

式中：

$$\begin{aligned}
A_{\phi,\delta_a}&=(m_1-b_1C_{y\dot{\beta}})(I_{xz1}C_{n\delta_a}+I_{z1}C_{l\delta_a})+C_{y\delta_a}(I_{xz1}C_{n\dot{\beta}}b_1+I_{z1}C_{l\dot{\beta}}b_1)\\
B_{\phi,\delta_a}&=-C_{y\beta}(I_{xz1}C_{n\delta_a}+I_{z1}C_{l\delta_a})+(m_1-b_1C_{y\dot{\beta}})(C_{n\delta_a}C_{lr}-C_{l\delta_a}C_{nr})b_1-\\
&\quad C_{y\delta_a}(C_{l\dot{\beta}}C_{nr}b_1^2-C_{l\beta}I_{z1}-C_{n\beta}I_{xz1}-C_{n\dot{\beta}}C_{lr}b_1^2)+\\
&\quad (m_1-b_1C_{yr})(C_{l\delta_a}C_{n\dot{\beta}}b_1-C_{n\delta_a}C_{l\dot{\beta}}b_1)\\
C_{\phi,\delta_a}&=(m_1-b_1C_{yr})(C_{l\delta_a}C_{n\beta}-C_{n\delta_a}C_{l\beta})+b_1C_{y\beta}(C_{l\delta_a}C_{nr}-C_{n\delta_a}C_{lr})+\\
&\quad b_1C_{y\delta_a}(C_{n\beta}C_{lr}-C_{l\beta}C_{nr})
\end{aligned}$$

由 $p=\dot{\phi}$ 可知，滚转角速度的传递函数相当于滚转角传递函数的微分，即

$$\frac{\Delta p(s)}{\Delta\delta_a(s)}=\frac{\Delta\dot{\phi}(s)}{\Delta\delta_a(s)}=\frac{sN_{2,\mathrm{lat}}(s)}{\Delta_{\mathrm{lat}}(s)} \tag{7-29}$$

偏航角速度对副翼的传递函数为

$$\frac{\Delta r(s)}{\Delta\delta_{\mathrm{a}}(s)}=\frac{N_{4,\mathrm{lat}}(s)}{\Delta_{\mathrm{lat}}(s)} \tag{7-30}$$

$N_{4,\mathrm{lat}}(s)$是偏航角速度对副翼偏角传递函数的分子行列式，根据 Cramer 法则，将 $\boldsymbol{A}$ 的第 4 列用 $\boldsymbol{B}$ 的第 1 列代替，并展开行列式，可以得到

$$N_{4,\mathrm{lat}}(s)=A_{r,\delta_{\mathrm{a}}}s^3+B_{r,\delta_{\mathrm{a}}}s^2+C_{r,\delta_{\mathrm{a}}}s+D_{r,\delta_{\mathrm{a}}} \tag{7-31}$$

式中：

$$A_{r,\delta_{\mathrm{a}}}=(m_1-b_1C_{y\dot{\beta}})(I_{x1}C_{n\delta_{\mathrm{a}}}+I_{xz1}C_{l\delta_{\mathrm{a}}})+C_{y\delta_{\mathrm{a}}}(I_{xz1}C_{l\dot{\beta}}b_1+I_{x1}C_{n\dot{\beta}}b_1)$$

$$\begin{aligned}B_{r,\delta_{\mathrm{a}}}=&-C_{y\beta}(I_{xz1}C_{n\delta_{\mathrm{a}}}+I_{xz1}C_{l\delta_{\mathrm{a}}})+C_{yp}b_1(-C_{n\delta_{\mathrm{a}}}C_{l\dot{\beta}}b_1+C_{l\delta_{\mathrm{a}}}C_{n\dot{\beta}}b_1)+\\&(m_1-b_1C_{y\dot{\beta}})(C_{l\delta_{\mathrm{a}}}C_{np}b_1-C_{n\delta_{\mathrm{a}}}C_{lp}b_1)+\\&C_{y\delta_{\mathrm{a}}}(I_{xz1}C_{l\beta}+C_{l\dot{\beta}}C_{np}b_1^2-C_{n\dot{\beta}}C_{lp}b_1^2+I_{x1}C_{n\beta})\end{aligned}$$

$$\begin{aligned}C_{r,\delta_{\mathrm{a}}}=&-C_{y\beta}b_1(C_{l\delta_{\mathrm{a}}}C_{np}-C_{n\delta_{\mathrm{a}}}C_{lp})+b_1C_{yp}(C_{n\beta}C_{l\delta_{\mathrm{a}}}-C_{l\beta}C_{n\delta_{\mathrm{a}}})+\\&C_{y\phi}(-C_{n\delta_{\mathrm{a}}}C_{l\dot{\beta}}b_1+C_{l\delta_{\mathrm{a}}}C_{n\dot{\beta}}b_1)+b_1C_{y\delta_{\mathrm{a}}}(C_{l\beta}C_{np}-C_{lp}C_{n\beta})\end{aligned}$$

$$D_{r,\delta_{\mathrm{a}}}=-C_{y\phi}(C_{n\beta}C_{l\delta_{\mathrm{a}}}-C_{l\beta}C_{n\delta_{\mathrm{a}}})$$

将上述各参数对副翼传递函数中的 $\Delta\delta_{\mathrm{a}}$，$C_{y\delta_{\mathrm{a}}}$，$C_{l\delta_{\mathrm{a}}}$ 及 $C_{n\delta_{\mathrm{a}}}$ 分别用 $\Delta\delta_{\mathrm{r}}$，$C_{y\delta\mathrm{r}}$，$C_{l\delta\mathrm{r}}$ 及 $C_{n\delta\mathrm{r}}$ 代替，即可获得这些参数相对方向舵的传递函数。

2. 近似传递函数

在方向舵固定的情况下，对式(6-33)的滚转收敛模态近似进行拉氏变换，可以得到

$$\frac{\Delta\phi(s)}{\Delta\delta_{\mathrm{a}}(s)}=\frac{C_{l\delta_{\mathrm{a}}}}{s(I_{x1}s-C_{lp}b_1)} \tag{7-32}$$

由 $p=\Delta\dot{\phi}$ 可以得到

$$\frac{p(s)}{\Delta\delta_{\mathrm{a}}(s)}=\frac{s\Delta\phi(s)}{\Delta\delta_{\mathrm{a}}(s)}=\frac{C_{l\delta_{\mathrm{a}}}}{I_{x1}s-C_{lp}b_1} \tag{7-33}$$

对式(6-36)进行拉氏变换，并使用 Cramer 法则，可以得到荷兰滚模态近似的传递函数

$$\frac{\Delta\beta(s)}{\Delta\delta_{\mathrm{a}}(s)}=\frac{N_{\beta,dr}(s)}{\Delta_{dr}(s)} \tag{7-34}$$

$$\frac{r(s)}{\Delta\delta_{\mathrm{a}}(s)}=\frac{N_{r,dr}(s)}{\Delta_{dr}(s)} \tag{7-35}$$

式中：

$$\begin{aligned}\Delta_{dr}(s)=&I_{z1}(m_1-b_1C_{y\dot{\beta}})s^2-\\&[C_{y\beta}I_{z1}+C_{nr}b_1(m1-b_1C_{y\dot{\beta}})+C_{n\dot{\beta}}(m_1-b_1C_{yr})]s+\\&[C_{y\beta}C_{nr}b_1+C_{n\beta}(m_1-b_1C_{yr})]\end{aligned}$$

$$N_{\beta,dr}(s)=I_{z1}C_{y\delta_{\mathrm{a}}}s+(b_1C_{n\delta_{\mathrm{a}}}C_{yr}-C_{y\delta_{\mathrm{a}}}C_{nr}b_1-m1C_{n\delta_{\mathrm{a}}})$$

$$N_{r,dr}(s)=[C_{n\delta_{\mathrm{a}}}(m_1-b_1C_{y\dot{\beta}})+C_{y\delta_{\mathrm{a}}}C_{n\dot{\beta}}b_1]s+(C_{y\delta_{\mathrm{a}}}C_{n\beta}-C_{n\delta_{\mathrm{a}}}C_{y\beta})$$

对式(6-40)进行拉氏变换，并使用 Cramer 法则，可以得到螺旋模态近似的传递函数

$$\frac{\Delta\beta(s)}{\Delta\delta_a(s)}=\frac{N_{\beta,s}(s)}{\Delta_s(s)} \tag{7-36}$$

$$\frac{r(s)}{\Delta\delta_a(s)}=\frac{N_{r,s}(s)}{\Delta_s(s)} \tag{7-37}$$

式中：

$$\Delta_s(s)=-C_{l\beta}I_{z1}s+b_1(C_{l\beta}C_{nr}-C_{n\beta}C_{lr})$$

$$N_{\beta,s}(s)=C_{l\delta_a}I_{z1}s+b_1(C_{n\delta_a}C_{lr}-C_{l\delta_a}C_{nr})$$

$$N_{r,s}(s)=C_{n\beta}C_{l\delta_a}-C_{l\beta}C_{n\delta_a}$$

7.3 操纵响应

对于第 i 个状态变量，其操纵响应为

$$x_i(s)=\sum_j G_{ij}(s)u_j(s) \tag{7-38}$$

7.3.1 系统响应

常用的操纵输入包括脉冲、阶跃和谐波 3 种，其中前两者体现的是时域响应特性，后者则体现了频域响应特性。真实飞行主要关注的是时域响应，因此这里仅对脉冲及阶跃输入的响应进行讨论。

1. 脉冲响应

假设系统初始为静态，在 $t=0$ 时刻受到一个单位脉冲输入，有

$$u_j(t)=\delta(t) \tag{7-39}$$

$$x_i(s)=G_{ij}(s)\delta(s) \tag{7-40}$$

对于单位脉冲输入，$\delta(t)$的拉氏变换 $\delta(s)=1$，因此

$$x_i(s)=G_{ij}(s) \tag{7-41}$$

可以看出，单位脉冲响应相当于扰动量 $x_0=1$ 的自由响应。

对于一阶系统，有

$$G(s)=\frac{1}{Ts+1} \tag{7-42}$$

单位脉冲输入的响应为

$$x(s)=\frac{1}{Ts+1}=\frac{1}{T}\frac{1}{s+1/T} \tag{7-43}$$

经过拉氏反变换，可得到时域响应为

$$x(t)=\frac{1}{T}e^{-t/T} \tag{7-44}$$

对于二阶系统，有

$$G(s)=\frac{\omega_n^2}{s^2+2\zeta\omega_n s+\omega_n^2} \tag{7-45}$$

特征根为 $\lambda=n\pm i\omega$，其中

$$n=-\zeta\omega_n$$

$$\omega=\sqrt{1-\zeta^2}$$

单位脉冲输入的响应为

$$x(s)=\frac{\omega_n^2}{(s-n-i\omega)(s-n+i\omega)}$$

$$=\frac{\omega_n^2}{(s-n)^2+\omega^2}=\frac{\omega_n^2}{\omega}\frac{\omega}{(s-n)^2+\omega^2} \tag{7-46}$$

经过拉氏反变换可得到时域响应为

$$x(t)=\frac{\omega_n^2}{\omega}e^{nt}\sin\omega t \tag{7-47}$$

这里的二阶系统指的是 $\zeta<1$ 的欠阻尼系统。对于 $\zeta=1$ 的临界阻尼系统和 $\zeta>1$ 的过阻尼系统，均可视为两个一阶系统的乘积，其时域响应可视为两个一阶系统之和。

2. 阶跃响应

单位阶跃输入的拉氏变换为 $1/s$，响应为

$$x_i(s)=\frac{1}{s}G_{ij}(s) \tag{7-48}$$

对于式(7-43)中的一阶系统，其单位阶跃响应为

$$x(s)=\frac{1}{Ts+1}\frac{1}{s}=\frac{1}{s}-\frac{1}{s+1/T} \tag{7-49}$$

经过拉氏反变换可得到时域响应为

$$x(t)=1-e^{-t/T} \tag{7-50}$$

式中：等号右边第一项为强迫响应；第二项为自由响应。

对于式(7-45)中的二阶系统，其单位阶跃响应为

$$x(s)=\frac{\omega_n^2}{s^2+2\zeta\omega_n s+\omega_n^2}\frac{1}{s}$$

$$=\frac{1}{s}-\frac{s+\zeta\omega_n}{s^2+2\zeta\omega_n s+\omega_n^2}-\frac{\zeta\omega_n}{s^2+2\zeta\omega_n s+\omega_n^2}$$

$$=\frac{1}{s}-\frac{s-n}{(s-n)^2+\omega^2}+\frac{n}{(s-n)^2+\omega^2} \tag{7-51}$$

经拉氏反变换可以得到时域响应为

$$x(t)=1-e^{nt}\sin\omega t-\frac{n}{\omega}e^{nt}\cos\omega t \tag{7-52}$$

式中：等号右边第一项为强迫响应；第二、三项为自由响应。

综上可以看出，系统的脉冲响应与自由响应一致，阶跃响应则由强迫响应和自由响应两部分组成。强迫响应体现的是系统的稳态特性，自由响应体现的则是瞬态特性，即动稳定性。

7.3.2　飞机的操纵响应

飞机纵向操纵主要是对速度和航迹角进行控制，其中战斗机还需要对法向过载进行控制。

速度控制主要通过推力或阻力控制实现，而航迹角或法向过载则通过偏转升降舵，从而改变俯仰姿态、迎角及升力实现。由于推力控制过程较长，且通常为闭环操纵，因此这里只讨论升降舵操纵的飞机响应。

横航向运动的操纵面通常为副翼和方向舵，其中副翼为飞机横向运动的主要操纵面，方向舵通常起协调操纵作用，因此这里只讨论副翼操纵的飞机响应。

无论是升降舵还是副翼，这里仅分析小操纵面偏角的情况，即“小扰动”情况。

1. 纵向

当对升降舵做偏角为 $\Delta\delta_e$ 的阶跃操纵时，其操纵输入的拉氏变换为

$$\Delta\delta_e(s)=\frac{1}{s}(\Delta\delta_e)_0 \tag{7-53}$$

式中，$(\Delta\delta_e)_0$ 为升降舵的操纵幅值，将其代入式(7-10)、式(7-13)和式(7-16)，有

$$\frac{\Delta u(s)}{(\Delta\delta_e)_0}=\frac{N_{1,\mathrm{lon}}(s)}{\Delta_{\mathrm{lon}}(s)}\frac{1}{s} \tag{7-54}$$

$$\frac{\Delta\alpha(s)}{(\Delta\delta_e)_0}=\frac{N_{2,\mathrm{lon}}(s)}{\Delta_{\mathrm{lon}}(s)}\frac{1}{s} \tag{7-55}$$

$$\frac{\Delta\theta(s)}{(\Delta\delta_e)_0}=\frac{N_{3,\mathrm{lon}}(s)}{\Delta_{\mathrm{lon}}(s)}\frac{1}{s} \tag{7-56}$$

由式(3-72)中的法向过载与俯仰角速度关系可以得到

$$\frac{\Delta n_z(s)}{(\Delta\delta_e)_0}=\frac{U_0}{g}\frac{\Delta q(s)}{(\Delta\delta_e)_0}=\frac{U_0}{g}\frac{s\Delta\theta(s)}{(\Delta\delta_e)_0}=\frac{U_0}{g}\frac{N_{3,\mathrm{lon}}(s)}{\Delta_{\mathrm{lon}}(s)} \tag{7-57}$$

由海维赛(Heaviside)展开式可得

$$\frac{\Delta u(t)}{(\Delta\delta_e)_0}=\frac{D_u}{a_4}+\sum_{i=1}^{4}\left[\frac{(s-\lambda_i)N_{1,\mathrm{lon}}(s)}{\Delta_{\mathrm{lon}}(s)}\right]_{s=\lambda_i}\cdot \mathrm{e}^{\lambda_i t} \tag{7-58}$$

$$\frac{\Delta\alpha(t)}{(\Delta\delta_e)_0}=\frac{D_\alpha}{a_4}+\sum_{i=1}^{4}\left[\frac{(s-\lambda_i)N_{2,\mathrm{lon}}(s)}{\Delta_{\mathrm{lon}}(s)}\right]_{s=\lambda_i}\cdot \mathrm{e}^{\lambda_i t} \tag{7-59}$$

$$\frac{\Delta\theta(t)}{(\Delta\delta_e)_0}=\frac{C_\theta}{a_4}+\sum_{i=1}^{4}\left[\frac{(s-\lambda_i)N_{3,\mathrm{lon}}(s)}{\Delta_{\mathrm{lon}}(s)}\right]_{s=\lambda_i}\cdot \mathrm{e}^{\lambda_i t} \tag{7-60}$$

可以看出，飞机对升降舵阶跃输入的响应由两部分组成，其中等式右侧的第一项为强迫响应，其他项为自由响应。如果飞机动稳定，自由响应部分将随时间增加而衰减，飞机的运动最终由强迫响应部分体现。对于阶跃输入，强迫响应部分为常值，故又被称为稳态值。

单位阶跃输入所对应的稳态值又称为静增益 K。显然 K 等于各参数传递函数分子的常数项与所有特征根的乘积 a_4 之比；常数项越大、特征根乘积 a_4 越小，静增益越大。由式(7-12)、式(7-15)和式(7-18)可以看出，各参数传递函数分子的常数项均取决于升降舵的操纵导数，操纵导数的绝对值越大，K 越大。

而 a_4 与 K 的关系一定程度上也体现了动稳定性与动操纵性间的关系：特征根越大，动稳定度越高，飞机的响应越迟钝。

2. 横航向

当对副翼做偏角为 $\Delta\delta_a$ 的阶跃操纵时，其操纵输入的拉氏变换为

$$\Delta\delta_a(s)=\frac{1}{s}(\Delta\delta_a)_0 \tag{7-61}$$

式中：$(\Delta\delta_a)_0$ 为副翼的操纵幅值，将其代入式(7－25)、式(7－27)和式(7－30)，则有

$$\frac{\Delta\beta(s)}{(\Delta\delta_a)_0}=\frac{N_{1,lat}(s)}{\Delta_{lat}(s)}\frac{1}{s} \tag{7-62}$$

$$\frac{\Delta\phi(s)}{(\Delta\delta_a)_0}=\frac{N_{2,lat}(s)}{\Delta_{lat}(s)}\frac{1}{s} \tag{7-63}$$

$$\frac{\Delta p(s)}{(\Delta\delta_a)_0}=\frac{s\Delta\phi(s)}{(\Delta\delta_a)_0}=\frac{N_{2,lat}(s)}{\Delta_{lat}(s)} \tag{7-64}$$

$$\frac{\Delta r(s)}{(\Delta\delta_a)_0}=\frac{N_{4,lat}(s)}{\Delta_{lat}(s)}\frac{1}{s} \tag{7-65}$$

同样，由海维赛(Heaviside)展开式可得

$$\frac{\Delta\beta(t)}{(\Delta\delta_a)_0}=\frac{D_{\beta,\delta_a}}{a_4}+\sum_{i=1}^{4}\left[\frac{(s-\lambda_i)N_{1,lat}(s)}{\Delta_{lat}(s)}\right]_{s=\lambda_i}\cdot e^{\lambda_i t} \tag{7-66}$$

$$\frac{\Delta\phi(t)}{(\Delta\delta_e)_0}=\frac{C_{\phi,\delta_a}}{a_4}+\sum_{i=1}^{4}\left[\frac{(s-\lambda_i)N_{2,lat}(s)}{\Delta_{lat}(s)}\right]_{s=\lambda_i}\cdot e^{\lambda_i t} \tag{7-67}$$

$$\frac{\Delta r(t)}{(\Delta\delta_a)_0}=\frac{D_{r,\delta_a}}{a_4}+\sum_{i=1}^{4}\left[\frac{(s-\lambda_i)N_{3,lat}(s)}{\Delta_{lat}(s)}\right]_{s=\lambda_i}\cdot e^{\lambda_i t} \tag{7-68}$$

飞机对副翼阶跃输入的响应同样由强迫响应与自由响应两部分组成，其中前者对应等式右侧第一项，后者对应等式右侧其他项。对于动稳定飞机，自由响应部分将随时间增加而衰减；而飞机的运动最终由强迫响应部分体现，对于阶跃输入，强迫响应又被称为稳态值。稳态值与操纵导数和飞机特征根相关，特征根越大，飞机越稳定，但同时稳态值也越小。

习　题

7－1　试使用习题(6－3)中的数据确定升降舵到俯仰角速度和迎角的传递函数。

7－2　试使用习题(6－3)中的数据确定副翼到滚转角速度和方向舵到侧滑角的传递函数。

第 8 章　带控制器飞机的飞行动力学

飞机本体的动稳定性与操纵性取决于其系统矩阵 $\boldsymbol{A}$ 和操纵效能矩阵 $\boldsymbol{B}$，这两个矩阵取决于飞机的气动布局与重心位置，因此飞机本体的飞行品质取决于其气动布局与重心位置。

事实上，仅靠气动布局很难让飞机在全包线范围内都获得满意的飞行品质。

(1)因为飞行包线的扩大。现代超声速战斗机的飞行高度约为 18～20 km，马赫数可以达到 2 左右。高度的变化会带来大气密度的变化，而速度的变化不仅会导致动压的变化，也会对飞机的纵向静稳定性造成显著影响。此外，由于作战任务要求，超声速战斗机的迎角范围也在不断增加，三代机的特点之一是能在失速迎角之前做无忧虑飞行，四代机更是可以在过失速迎角区做机动飞行。如此大的飞行包线，仅靠飞机本体不可能保证所有飞行状态都具有满意的飞行品质。

(2)为了提高飞行性能和隐身性。现代战斗机普遍采用了放宽静稳定性布局；一些先进民用飞机为了提高性能，也采用了放宽静稳定性布局。

因此，为了完成预定任务和改善飞行品质，现代飞机通常都装有各种类型的飞行控制系统。

本章从分析飞机的本体特性入手，对飞机需要采用的飞控系统及带飞控系统飞机的飞行品质进行分析讨论。

8.1　纵向控制增稳系统

8.1.1　现代飞机的纵向本体特性

常规飞机的包线如图 8-1 所示，通常由最大升力系数确定的气动边界、发动机特性确定的推力边界、气动热边界和结构边界确定。

从低空到高空，大气密度会显著下降，11 km 及 20 km 高度的大气密度分别为海平面的 29.7%和 7.2%，大气密度的下降最直接的影响就是会导致飞机的阻尼降低，使飞机的振荡响应难以收敛。

从亚声速到超声速，飞机的焦点会后移约 1/4 平均气动弦长，操纵面效率也会急剧下降，给飞机的稳定性及操纵性带来剧烈影响。纵向静稳定性及操纵面效率的变化，会使飞机的配平曲线在跨声速时发生转折，导致飞机在这一区域速度不稳定，这一区域俗称跨声速勺形区。

而当飞机从超声速迅速向亚声速减速飞行时，会产生很大的抬头力矩，导致飞机的法向过载急剧增加。

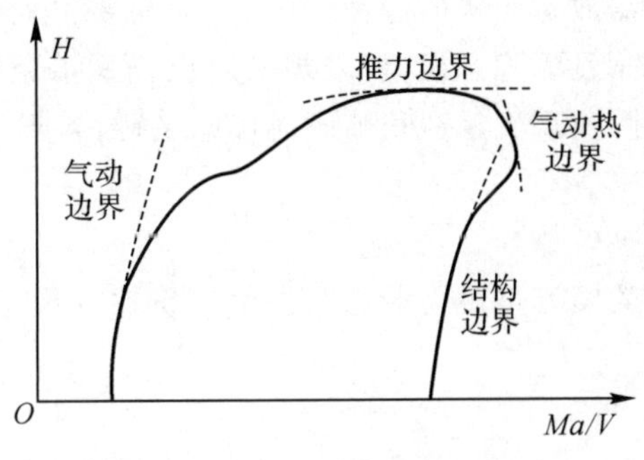

图 8-1　常规飞行包线

对于现代战斗机来说，飞行包线还包括迎角范围。战斗机的机动性主要取决于推重比 T/W 与法向过载 n_z，其中

$$n_z=\frac{L}{W}=\frac{C_{L\alpha}\rho V^2}{2W/S}\alpha$$

迎角越大、法向过载越高，飞机改变飞行方向的能力越强。三代机强调高机动性，能够在失速迎角前做无忧虑飞行，而四代机能够在失速迎角区做机动飞行。

现代战斗机，为了提高升力系数，通常都采用了涡升力布局。在不大迎角下，尖前缘、大后掠翼面的前缘处会产生无总压损失的自由涡分离，在翼面上方形成一对稳定旋涡，增大上翼面的负压，并在主翼上翼面诱导强旋涡，产生涡升力。但在接近失速迎角时，旋涡会破裂，使升力突然大幅下降。旋涡的不对称破裂，会导致飞机的振荡，包括机翼摇晃、机头侧偏等。

此外，在过失速机动中，还会出现一种叫作气动力滞环的特殊现象，如图 8-2 所示。

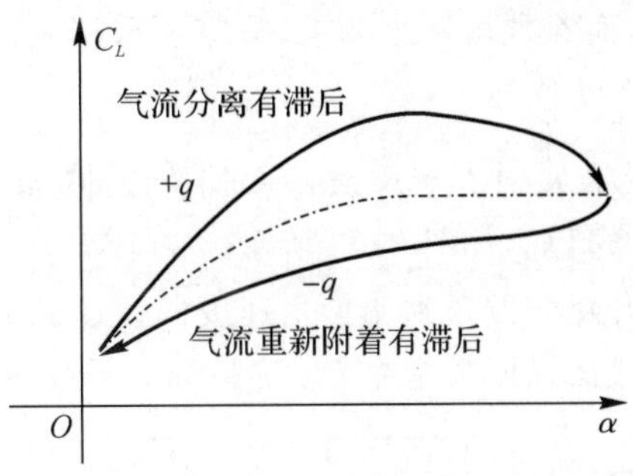

图 8-2　气动力滞环

图 8-2 中的点画线为俯仰角速度为 0 时的静态升力系数曲线。当飞机快速进入大迎角状态时，由于气流分离的速度赶不上机翼的上仰速度，气流分离会有滞后，升力系数会高于静态时的数据。而当飞机减小迎角时，由于气流的重新附着也有滞后，升力系数会低于静态时的数据。滞环的宽度取决于俯仰角速度，俯仰角速度越大，滞环越宽。

综上可以发现，在包括高度、马赫数及迎角的整个飞行包线范围内，纵向的气动力与力矩变化非常剧烈，仅靠飞机气动布局不可能满足全包线范围内所有飞行状态的飞行品质要求，必须根据飞机本体的特性，采用相应的飞行控制系统，使之与飞机本体组合得到满意的飞行品质。

为解决大迎角及高空俯仰阻尼不足的问题，需要引入俯仰阻尼器；为了解决超声速焦点后移导致的配平升阻比下降，需放宽飞机的静稳定性，这就需要引入纵向增稳器；为了使飞机动态响应特性是驾驶员满意的，且无稳态误差，需要采用积分式指令控制增稳系统；为避免失速迎角前的非线性及振荡特性，实现失速迎角前的无忧虑飞行，需要引入迎角限制器。

8.1.2 俯仰阻尼器

对于纵向来说，最重要的模态是短周期这么一个二阶振荡模态。二阶振荡系统具有以下标准形式：

$$\frac{\omega_{\mathrm{n}}^2}{s^2+2\zeta\omega_{\mathrm{n}}s+\omega_{\mathrm{n}}^2}$$

式中：ζ 为阻尼比；ω_{n} 为自然频率。

二阶系统阶跃响应的精度与速度可以用超调量 O_{s} 和峰值时间 T_{p} 描述，如图 6-6 所示。其中，超调量体现的是响应精度，峰值时间体现的则是响应速度；超调量越小，响应精度越高；峰值时间越短，响应越快。由式(6-20)、式(6-21)可以看出，超调量仅取决于阻尼比，阻尼比越小，超调量越大，精度越低；峰值时间取决于频率和阻尼比，频率越高、阻尼比越小，响应越快。

因此，从响应精度的角度来说，阻尼比不能太小；而从响应速度的角度来说，阻尼比不能太大。

由式(6-26)可知，飞机的短周期阻尼比主要取决于俯仰阻尼导数 C_{mq}，该导数由俯仰角速度带来的局部迎角和升力差产生，是个负数，90%左右由平尾贡献。高空飞行时大气密度的下降，及大迎角飞行时平尾升力线斜率的下降，都会使 $|C_{mq}|$ 下降，并使短周期阻尼比减小。

俯仰阻尼不足会导致短周期阻尼比过小，使得纵向响应的超调量过大，难以收敛。如果飞机只有短周期阻尼比偏低，其他参数均满足要求，只需要采用俯仰阻尼器补偿俯仰阻尼即可。

1. 控制原理

ζ_{sp} 主要取决于 C_{mq}，因此需要引入 q 反馈，通过偏转升降舵产生额外的、与俯仰角速度方向相反的俯仰力矩来补偿俯仰阻尼，如图 8-3 所示。

飞机的本体纵向特性由升降舵偏角到俯仰角速度的传递函数 $q/\delta_{\mathrm{e}}(s)$ 表示；K_q 为反馈增益；由于是电传操纵系统，因此操纵面的指令 δ_{ec} 需要由执行机构转换为操纵面偏角 δ_{e}。

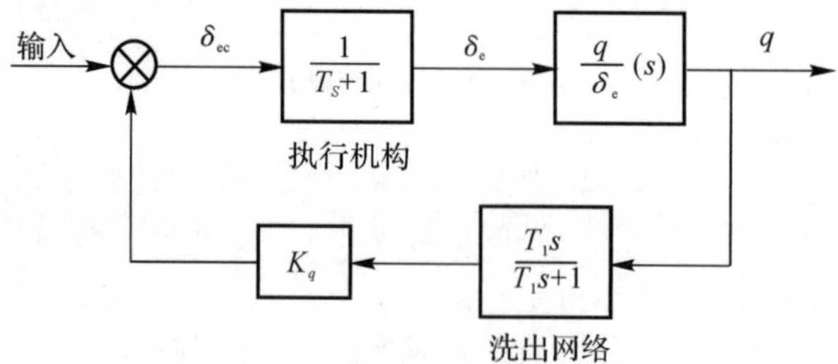

图 8-3 俯仰阻尼器结构框图

在忽略执行机构和洗出网络的情况下，俯仰阻尼器的控制律为

$$\delta_e = K_q \cdot q \tag{8-1}$$

式中：K_q 为正。当飞机受到扰动产生 $+q$ 时，在阻尼器作用下，升降舵会有一个额外的正偏角 $+\delta_e$，即向下的偏角，这会导致平尾升力增加、产生低头力矩。由于 C_{mq} 本身是负数，因此 q 反馈的引入相当于提高了 C_{mq} 的绝对值，即提高了俯仰阻尼。

2. 控制效果

下面以一个例子来解释俯仰阻尼器反馈增益的确定方法，以及能取得的效果。某飞机本体从升降舵到俯仰角速度的传递函数为

$$\frac{q}{\delta_e} = -\frac{2.06s + 1.275}{s^2 + 1.76s + 29.49}$$

可以得到飞机的短周期阻尼比 $\zeta_{sp} = 0.16$，频率 $\omega_{nsp} = 5.34$。根据飞行品质规范，ω_{nsp} 满足一级品质要求，但是 ζ_{sp} 仅满足三级品质要求。

根据图 8-3，在忽略执行机构及洗出网络的前提下，系统闭环特征方程等于

$$1 + K_q \cdot \frac{2.06s + 1.275}{s^2 + 1.76s + 29.49} = 0$$

展开可以得到

$$s^2 + (1.76 + 2.06K_q)s + 29.49 + 1.275K_q = 0$$

显然，K_q 对 ω_{nsp} 影响不大，对 ζ_{sp} 的影响较为明显。图 8-4 给出了俯仰阻尼器的根轨迹。可以发现，随着反馈增益的增加，特征根有向实轴移动的趋势，说明阻尼比在增加。

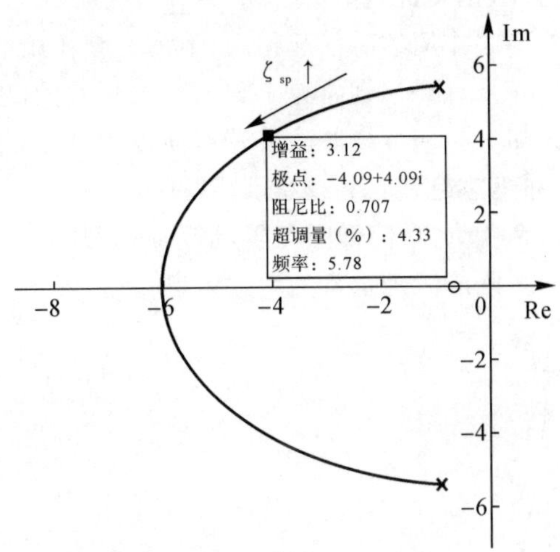

图 8-4　俯仰阻尼器的根轨迹

当 $K_q = 3.12$ 时，可得 $\zeta_{sp} = 0.707$，$\omega_{nsp} = 5.78$。与初始的阻尼比和频率相比可以看出，俯仰阻尼器可以显著提高短周期阻尼比，而对短周期频率影响很小。

图 8-5 所示为飞机本体与带俯仰阻尼器飞机对升降舵单位阶跃输入的俯仰角速度响应，其中虚线对应的是飞机本体，实线对应的是飞机本体＋俯仰阻尼器。

可以看出，飞机本体响应的超调很大，需要振荡至少 4 个周期才能收敛到稳态值；而引入俯仰阻尼器后，超调很小，峰值仅为飞机本体的一半，只需要振荡一个周期就能收敛到稳态值，说明俯仰阻尼器能起到很好的作用。

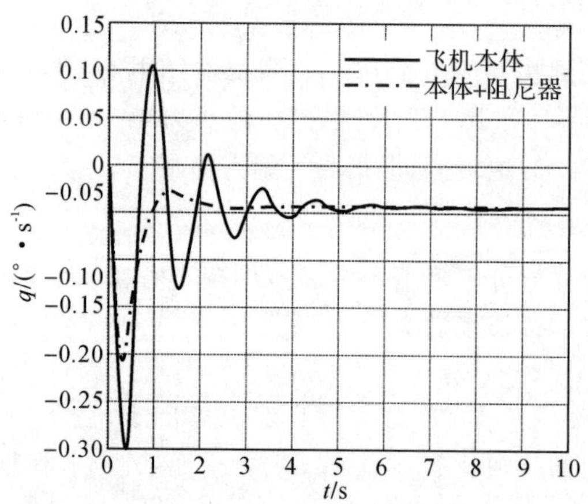

图 8-5 飞机本体与带俯仰阻尼器飞机的响应曲线($\boldsymbol{\delta}_e=1°$)

3. 洗出网络

俯仰阻尼器的控制律为 $\delta_e=K_q\cdot q$，只要有俯仰角速度，就会产生一个附加升降舵偏角，并产生与俯仰角速度方向相反的俯仰力矩，即俯仰阻尼器有使俯仰角速度为 0 的趋势。

这一趋势对于平飞是期望的，但会影响飞机俯仰机动：假设飞机在做定常拉升机动，整个机动过程中飞机始终有一个正的俯仰角速度，而俯仰阻尼器会始终产生一个正的升降舵偏角，产生低头力矩，该低头力矩会阻止飞机做抬头机动。

为了让俯仰阻尼器在需要起作用的时候起作用，不需要起作用的时不起作用，可以在反馈回路中引入洗出网络(washout circuit)，通常是 $\tau s/(\tau s+1)$形式的高通滤波器。

图 8-6 给出了 $\tau=0.3$ 和 $\tau=1$ 时，高通滤波器对阶跃输入的响应。可以看出，响应的幅值均随时间的增加而减小，并迅速趋于 0；τ 越小，收敛速度越快。如果将高通滤波器放到俯仰阻尼器的反馈回路中，在定常机动中，俯仰阻尼器的反馈信号只在一两秒内有较大的值。因此，只要 τ 选得合适，洗出网络既能满足正常的增加阻尼作用，也不会阻止飞机机动。

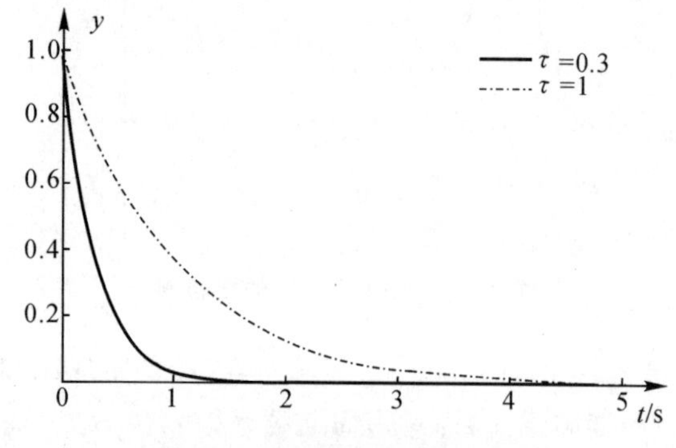

图 8-6 高通滤波器的阶跃响应

8.1.3 纵向增稳器

与静不稳定飞机相比，静稳定飞机的机翼升力更高、阻力更大，对结构强度也有更高的要求，因此为了提高飞机的飞行性能，需要放宽纵向静稳定性。

在气动外形已经确定的情况下，飞机的纵向静稳定性取决于重心位置：重心前移，纵向静稳定度提高；重心后移，纵向静稳定度降低。

纵向的动稳定性同样与重心位置密切相关，由式(6-24)和图 6-9 可以看出，短周期频率 ω_{nsp} 取决于 $C_{m\alpha}$，重心前移，$C_{m\alpha}$ 变得更负，ω_{nsp} 增加；随着重心后移，短周期特征根有向实轴移动的趋势，短周期模态的共轭复根在实轴相遇后，会变成一个向左、一个向右的两个实根，当其中的一个实根穿越虚轴时飞机会变得动不稳定。

不稳定的飞机即便可控，也需要驾驶员付出极大的努力，因此为了获得满意的飞行品质，需要对飞机进行纵向增稳。

1. 控制原理

ω_{nsp} 主要取决于 $C_{m\alpha}$，因此纵向增稳需要引入 α 反馈，通过偏转升降舵产生额外的、与迎角方向相反的俯仰力矩，如图 8-7 所示。

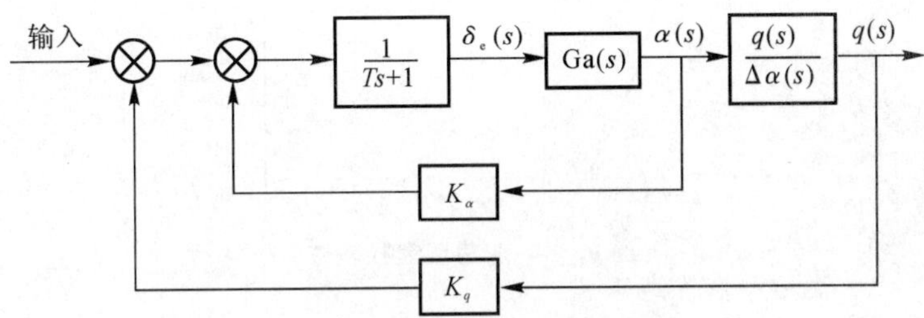

图 8-7　纵向增稳器结构框图

其中，迎角反馈的功能是增稳，俯仰角速度反馈的功能是改善短周期阻尼比。

迎角反馈的控制律为

$$\delta_e = K_\alpha \cdot \Delta\alpha \tag{8-2}$$

式中：K_α 为正。当飞机受到正的迎角扰动时，迎角反馈会使升降舵产生一个额外的正偏角，此时平尾升力为正，产生低头力矩，相当于 $C_{m\alpha}$ 为负，飞机有回到初始状态的趋势，实现了纵向增稳。由于 ω_{nsp} 与 $C_{m\alpha}$ 密切相关，因此迎角反馈可以对 ω_{nsp} 进行调节。

早期飞机通常会用法向过载代替迎角作为纵向增稳器的反馈信号。这主要是因为早期迎角传感器的精度与可靠性没有法向过载传感器高，且易受局部流场影响；而给定飞行状态下，法向过载与迎角成正比。

2. 控制效果

现在以一个例子来解释纵向增稳器反馈增益的确定方法，以及能取得的效果。某飞机从升降舵到迎角及俯仰角速度的传递函数为

$$\frac{\Delta\alpha(s)}{\Delta\delta_e(s)} = \frac{-(0.060\,2s^3 + 4.432\,6s^2 + 0.200\,8s + 0.310\,3)}{0.373\,9s^4 + 1.334\,3s^3 + 0.528\,0s^2 + 0.038\,1s - 0.023\,5}$$

$$\frac{\Delta q(s)}{\Delta\delta_e(s)} = \frac{-s(4.464\,2s^2 + 9.399\,4s + 0.477\,5)}{0.373\,9s^4 + 1.334\,3s^3 + 0.528\,0s^2 + 0.038\,1s - 0.023\,5}$$

可以看出特征方程的最后一项为负，不满足稳定性判据的必要条件，飞机纵向动不稳定。可以得到纵向特征根：$\lambda_1 = -3.129\,9$，$\lambda_2 = 0.154\,1$，$\lambda_{3,4} = -0.294\,1 \pm i0.206\,1$，其中 $\lambda_{3,4}$ 对应的模态被称为第三模态。

由于纵向增稳器有两个反馈信号，如果用经典的根轨迹法确定反馈增益，需要通过两步来完成：

(1)确定迎角反馈的增益 K_α，实现纵向稳定。由图 8－8 中的根轨迹图可以看出，随着增益的增加，短周期频率增加，但阻尼比会降低。

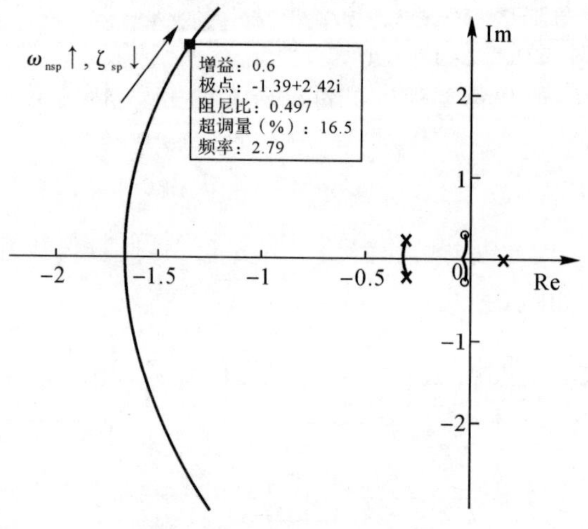

图 8－8　迎角反馈根轨迹

(2)在已确定 K_α 的基础上，确定 K_q，改善短周期阻尼比。由图 8－9 中的根轨迹图可以看出，随着增益的增加，短周期的阻尼比显著增加，频率有小幅上升。

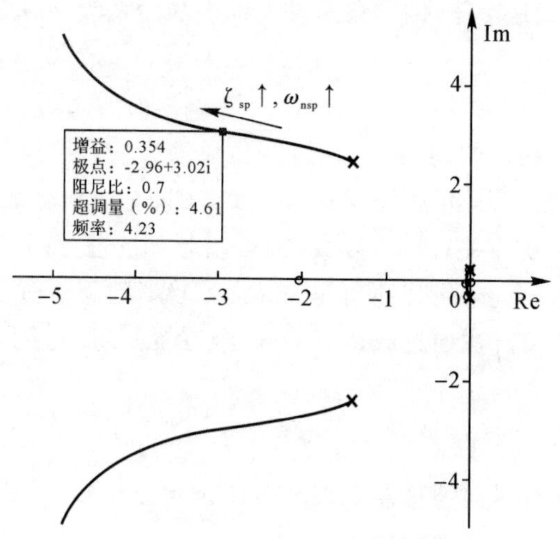

图 8－9　俯仰角速度反馈根轨迹

通过选择合适的反馈增益，就可以将原本静不稳定或稳定性不足的飞机调节成具有合适阻尼比、频率及满意飞行品质的飞机。

图 8－10 所示为飞机本体及带纵向增稳器飞机的迎角与俯仰角速度响应曲线，输入信号为单位幅值的升降舵脉冲信号。

可以看出，飞机本体的响应呈发散趋势，没有常规的长、短周期模态特性。引入纵向增稳器后，响应是收敛的，呈现出良好的短周期模态特性，说明纵向增稳器能够起到很好的改善飞行品质的作用。

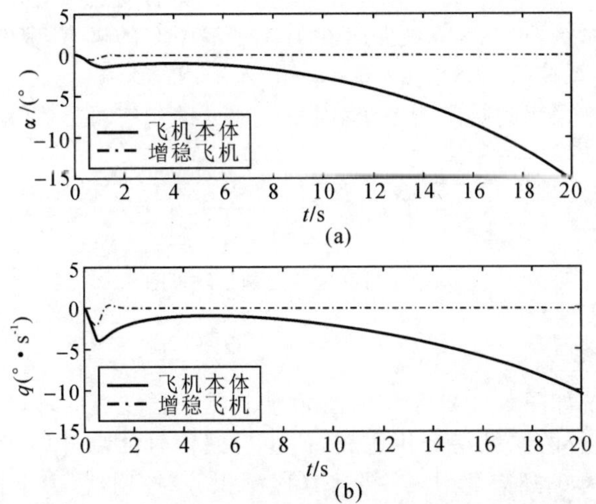

图 8-10　飞机本体与带纵向增稳器飞机的响应曲线

(a)迎角响应；(b) 俯仰角速度响应

8.1.4　指令控制增稳系统

对于多数飞机来说，俯仰阻尼器和纵向增稳器就可以将短周期模态特性调节得足够好。但是对于高性能战斗机来说，驾驶员需要操纵飞机进行机动完成空战等任务；而对于先进轰运类飞机来说，驾驶员也希望能够对飞机进行精确的姿态操纵。对于此类飞机需要使用指令控制增稳系统。

1. 指令控制系统

图 8-11 是一个指令控制系统的框图，系统的开环传递函数为 $G(s)$，输入信号为 $r(s)$，输出信号为 $y(s)$，误差信号为输入信号与输出信号之差，即

$$e(t)=r(t)-y(t) \tag{8-3}$$

通过拉氏变换，可以得到

$$e(s)=r(s)-y(s) \tag{8-4}$$

由于 $y(s)=G(s)e(s)$，则有

$$e(s)=\frac{1}{1+G(s)} \tag{8-5}$$

当 $t\to\infty$，即 $s\to 0$ 时，响应达到稳态，可以得到系统的稳态误差

$$e(\infty)=\lim_{s\to 0}[se(s)]=\lim_{s\to 0}\left[s\,\frac{r(s)}{1+G(s)}\right] \tag{8-6}$$

可以看出，稳态误差取决于开环系统传递函数 $G(s)$与输入信号 $r(s)$。如果输入为单位阶跃信号

$$e(\infty)=\frac{1}{1+\lim\limits_{s\to 0}G(s)} \tag{8-7}$$

$G(s)$的稳态值

$$\lim_{s\to 0}G(s)=\frac{z_1z_2\cdots z_m}{p_1p_2\cdots p_n} \tag{8-8}$$

如果 $G(s)$中存在 k 个等于 0 的极点，即 k 个积分环节，则被称为 k 型系统。

对于Ⅰ型或更高系统，也就是系统里至少有 1 个等于 0 的极点，其稳态值会因为分母为 0 而趋向于无穷，从而使系统的稳态误差 $e(\infty)\to 0$。

飞行控制系统通常采用的是Ⅰ型系统，对阶跃输入的稳态误差为 0。

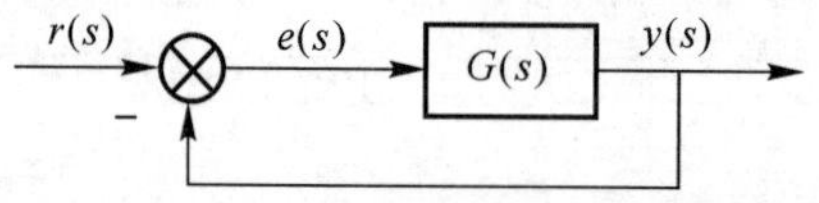

图 8-11　指令控制系统框图

2. 指令控制增稳系统

指令控制增稳系统如图 8-12 所示，就是在俯仰阻尼器及纵向增稳器基础上，引入一个主反馈信号，将其与驾驶员的操纵指令相比较，使主反馈信号的响应始终跟随驾驶员的操纵指令。为了使稳态误差为 0，还需要引入一个 PI(比例积分)控制器，由于控制器中带积分环节，因此被称为积分式指令控制增稳系统。如果控制器中不带积分环节，则被称为比例式指令控制增稳系统。

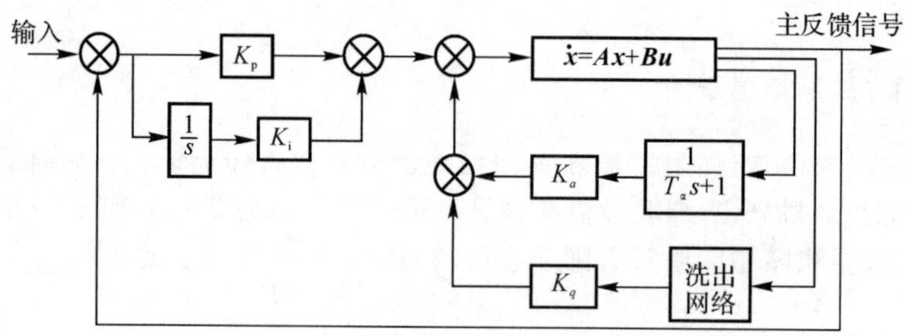

图 8-12　积分式指令控制增稳系统

对于指令控制增稳系统，驾驶员操纵指令与主反馈信号是一一对应的，主反馈信号是什么参数，该参数的响应就会与驾驶员的操纵指令相对应。

常用的主反馈信号包括法向过载 n_z、俯仰角速度 q 和法向过载与俯仰角速度的组合信号 C^*。飞机采用哪个信号作为主反馈信号，飞机纵向杆力/杆位移就与哪个信号的响应稳态值一一对应。

对于积分式指令控制增稳系统，如果驾驶员不对驾驶杆进行操纵，也就是驾驶杆处于中立位，指令信号为 0，飞机会在积分器的作用下自动偏转升降舵，以保持单位过载或 0 俯仰角速度。可以看出，此类系统的驾驶杆位移与升降舵偏角并不对应，也就是所谓的“杆舵不一致”。

3. 主反馈信号

主反馈信号的选择取决于飞机的任务及飞行状态。

主反馈信号为俯仰角速度时，操纵指令与俯仰角速度对应，适用于需要精确控制姿态的飞机。此外，中低动压阶段法向过载偏小，通常也采用俯仰角速度作为主反馈信号。

主反馈信号为法向过载时，操纵指令与法向过载对应，适用于需要精确控制过载的高机动飞机及中高动压阶段。

如果驾驶员希望飞机在中低速时有期望的俯仰角速度响应，中高速时有期望的法向过载

响应，则可以使用C^*作为主反馈信号，即

$$C^* = q + \Delta n_z / V_{co} \tag{8-9}$$

式中：V_{co}为过渡速度(Crossover Velocity)，通常取为120 m/s。在升力系数一定的情况下，法向过载与速度的二次方成正比。当速度大于V_{co}时，法向过载占主导；而当速度小于V_{co}时，俯仰角速度占主导，因此过渡速度可以提供指令信号的自然切换。

C^*并不是唯一的指令信号切换方式，有些飞机是通过插值的方式将法向过载与俯仰角速度相加，实现指令信号的自然切换的，如图8-13所示。

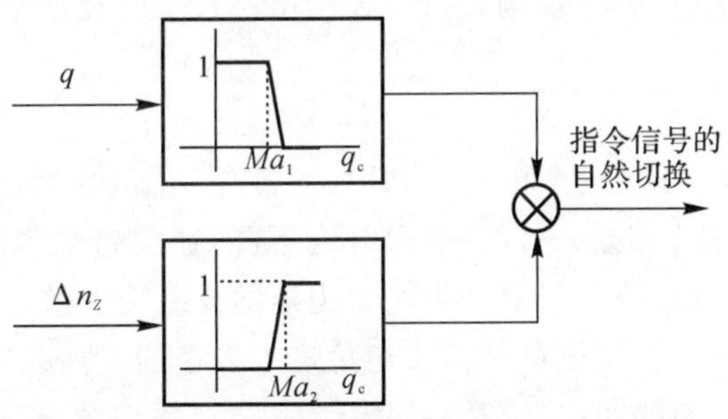

图8-13　主反馈信号的切换方式

当$Ma < Ma_1$时，反馈信号为俯仰角速度；当$Ma > Ma_2$时，反馈信号为法向过载；而当$Ma_1 < Ma < Ma_2$时，主反馈信号为二者的加权和。

对于法向过载反馈，横滚时如果驾驶员不做纵向操纵，也就是纵向杆位移为0，那么法向过载指令就是0，整个横滚过程中，飞机会在PI控制器的作用下，保持单位过载。

而对于俯仰角速度反馈，如果横滚时驾驶员不做纵向操纵，那么俯仰角速度指令就是0，整个横滚过程中，飞机都会保持$q=0$。在稳定横滚时，有

$$mVq = L - W\cos\phi \tag{8-10}$$

由于飞机在整个横滚过程中都会保持$q=0$，可以得到

$$\Delta n_z = \cos\phi - 1 \tag{8-11}$$

整个横滚过程中，法向过载随滚转角在±1之间波动。

对于C^*反馈，横滚过程中法向过载的波动程度取决于俯仰角速度与法向过载所占的比例，假设$C^* = k_0 \Delta n_z + (1-k_0)q$。速度越高，$k_0$越大，法向过载所占比例越大，横滚过程中法向过载的波动也越小，如图8-14所示。

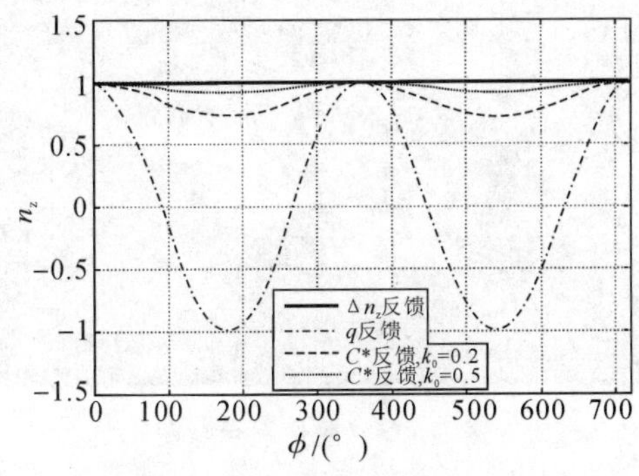

图8-14　横滚过程中的法向过载变化

4. 比例式指令控制增稳系统

没有积分环节的指令控制增稳系统，开环系统 $G(s)$ 的稳态响应是有限值，因此闭环系统稳态误差不为 0，只能靠比例环节来调节系统误差，故被称为比例式指令控制增稳系统。

早期电传操纵系统受电子技术限制，难以实现积分式指令控制增稳系统，退而求其次采用了比例式指令控制增稳系统，如 Su-27。

比例式指令控制增稳系统除了没有积分环节、存在稳态误差外，其他均与积分式类似。随着机载计算机及控制理论的发展，比例式指令控制增稳系统已经逐渐被淘汰。

8.1.5 迎角限制器

升力系数与迎角相关，随着迎角的增加，升力系数先是增加，然后在达到一个最大值后开始下降，这就是所谓的失速。失速不仅会导致升力下降，还会带来抖振、非指令的横航向运动等问题，而且失速也意味着靠改变局部升力产生力矩的操纵面失效，导致飞机失控。因此失速是非常危险的，很长一段时间，飞机都是需要避免进入失速的，驾驶员对于失速也非常关注。

三代机的特点之一是能够在失速迎角前做无忧虑飞行，驾驶员不再需要将注意力放在迎角上，可以专注操纵飞机进行机动及其他操作，而这是通过迎角限制器实现的。

1. 涡升力

机动性是飞机改变高度、速度和飞行方向的能力。其中，改变水平与垂直飞行方向的能力均取决于飞机的法向过载：

$$|\dot{\psi}_s|=\frac{g}{V}\sqrt{n_z^2-1} \tag{8-12}$$

$$\dot{\theta}=\frac{g}{V}(n_z-\cos\theta) \tag{8-13}$$

在给定飞行状态下，法向过载与升力系数成正比。因此，飞机改变方向的能力实际上取决于飞机的最大升力系数 $C_{L,\max}$，为提高 $C_{L,\max}$ 及机动性，三代机普遍采用了涡升力布局。

对于尖前缘、大后掠的翼面，在不大的迎角下，翼面前缘处会产生无总压损失的自由涡分离，在翼面上方形成一对稳定的旋涡，增加上翼面的负压，这对稳定的旋涡还会在主翼的上翼面诱导出强旋涡，从而产生涡升力，提高升力系数，如图 8-15 所示。

图 8-15 脱体涡示意图

能产生涡升力的翼面包括边条(Leading Edge Extension，LEX)及近耦合鸭翼。其中，近耦合鸭翼虽然能够通过偏转改变俯仰力矩，但因力臂较短，操纵效率并不高，且其偏转会对涡升力产生影响，因此很少用于俯仰操纵。近耦合鸭式布局的飞机通常通过对称偏转升降副翼实现俯仰操纵。

图 8－16 所示为常规布局及涡升力布局飞机的升力系数曲线。可以看出，在不大的迎角下，涡升力开始出现，并随着迎角的增加、旋涡的增强而增大。涡升力不仅提高了飞机的最大升力系数，也推迟了失速迎角。但是一旦失速，涡升力就会丧失，导致升力系数迅速下降，阻力显著增加。

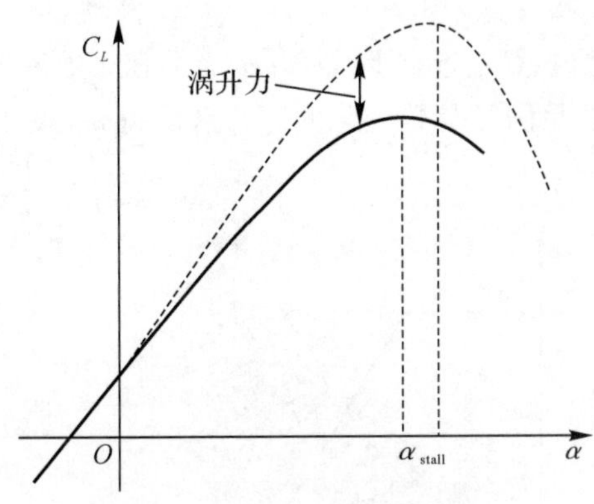

图 8－16　涡升力影响示意图

因此，为了充分发挥飞机的机动性潜力，需要飞机能够在尽量大的迎角飞行；由于涡升力布局失速的后果比常规布局飞机更严重，因此对防止失速的要求更为迫切。

但是大迎角飞行本身就意味着飞行员处于高度紧张的空战状态，并没有过多的精力关注飞机是否失速，因此需要飞机能够自动防止进入失速。

2. 控制原理

典型迎角限制器是在常规积分式指令控制增稳系统基础上额外增加迎角反馈实现的，如图 8－17 所示。

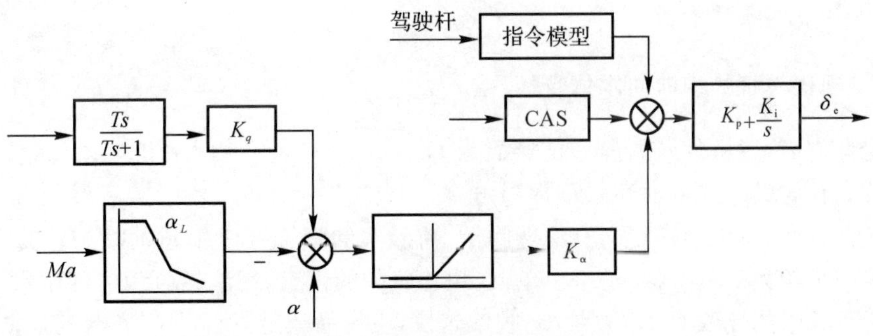

图 8－17　迎角限制器结构框图

首先通过马赫数确定飞机的限制迎角 α_L。当迎角 $\alpha<\alpha_L$ 时，二极管的输出为 0，迎角限制器不起作用；而当 $\alpha>\alpha_L$ 时，二极管的输出为 $(\alpha-\alpha_L)$。经增益环节放大后，产生额外的正升降舵偏角，升降舵下偏为正，此时会产生低头力矩，迎角减小。由于 PI 控制器的存在，系统没有稳态误差，可以将迎角精确地控制在 α_L 之下。

除了迎角反馈之外，迎角限制器中通常还会有俯仰角速度 q 反馈。不同于俯仰阻尼器及俯仰角速度指令式控制增稳系统的 q 反馈，这里的 q 反馈主要用于改善大迎角飞行时俯仰阻尼不足，相当于大迎角飞行时一个额外的俯仰阻尼器。

如图 8-18 所示，不同马赫数下的限制迎角 α_L 是不同的，在低速时通常为常数，然后随着马赫数的增加而减小。

这主要是因为法向过载

$$n_z=\frac{C_{L\alpha}\cdot\rho\cdot V^2}{2W/S}\alpha=\frac{C_{L\alpha}\cdot\gamma p\cdot Ma^2}{2W/S}\alpha \tag{8-14}$$

式中：W/S 为翼载荷，γ 为常数；$C_{L\alpha}$ 近似是常数；p 为静压，取决于高度。因此，在相同高度下，法向过载与迎角间的关系是随马赫数变化的。马赫数越高，改变单位法向过载需要的迎角增量越小。

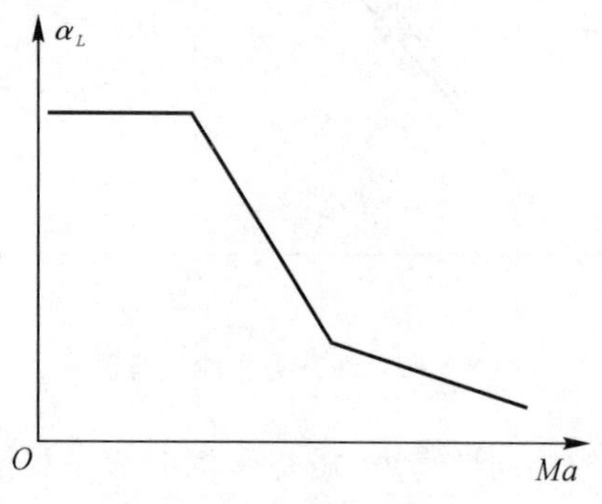

图 8-18　不同马赫数下的 α_L

低速飞行时，由于动压较小，迎角先于法向过载达到限制值，α_L 取决于失速迎角；高速飞行时，由于动压较大，不大的迎角就能使法向过载达到限制值，因此 α_L 取决于 $n_{z,\max}$，随着马赫数的增加，α_L 在不断减小。

8.2　横航向控制增稳系统

8.2.1　现代飞机的横航向本体特性

静稳定性方面，飞机的航向静稳定导数为 $C_{n\beta}$，该导数大于 0 时飞机航向稳定；横向静稳定导数为 $C_{l\beta}$，该导数小于 0 时飞机横向稳定。

动稳定性方面，飞机的横航向有滚转收敛、荷兰滚和螺旋等 3 个运动模态。其中，滚转收敛模态对应一个较大的负实根，是一个单调、快速收敛的模态，用滚转收敛时间常数 T_R 描述，主要取决于滚转阻尼导数 C_{lp}；T_R 越小，收敛越快，飞行品质越好。荷兰滚模态对应一对中等的共轭复根，是一个振荡收敛模态，用荷兰滚阻尼比 ζ_d 及频率 ω_{nd} 描述，分别主要取决于航向静稳定导数 $C_{n\beta}$ 和偏航阻尼导数 C_{nr}；ζ_d 及 ω_{nd} 越大，意味着振荡收敛越快、飞行品质越好。螺旋模态对应一个较小实根，是一个单调、缓慢的模态，影响因素复杂但飞行品质要求较低，通常使用倍幅时 T_2 作为模态特性参数；螺旋模态与荷兰滚模态是此消彼长的关系。

1. 静稳定导数

$C_{n\beta}$ 的主要产生部件为垂尾。与纵向静稳定性可以靠重心调节不同，$C_{n\beta}$ 主要来自于垂尾。

由图 8-19 中典型飞机 $C_{n\beta}$ 的变化趋势可以看出，$C_{n\beta}$ 随迎角及马赫数的增加而减小：垂尾位于飞机最后部，因此会受机翼、机身、进气道下洗气流的影响，大迎角时由于处于背风面，垂尾效率会急剧下降；而在超声速区，随着马赫数的增大，垂尾效能会因激波而下降，导致航向静稳定度迅速减小。

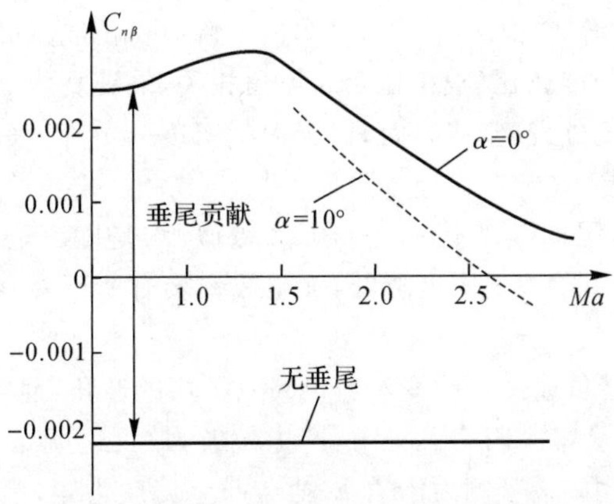

图 8-19　典型航向静稳定导数变化趋势

为了保证大马赫数和大迎角飞行时的航向静稳定性，战斗机通常会采用“双垂尾”或“单垂尾＋腹鳍”布局。具体采用哪种布局，取决于后机身的几何特性，如果后机身足够宽，通常采用双垂尾；反之，则采用单垂尾加腹鳍。

现代空战对隐身性提出了更高的要求，大而平的垂尾是侧向雷达反射面积的主要来源，要提高隐身性，需要去除垂尾或采用倾斜双垂尾，这均会对航向静稳定性产生显著的不利影响。

$C_{l\beta}$ 的主要产生部件为机翼和垂尾。上反、后掠及上单翼均会增加横向静稳定性。其中，上反角的贡献与上反角 Γ 成正比，后掠角贡献与 $\sin\Lambda \cdot C_L$ 成正比；垂尾的贡献则取决于迎角，小迎角时增稳，大迎角时降低稳定性。

与航向静稳定性经常不足不同，战斗机由于后掠角较大，在大迎角飞行时横向通常过于稳定。由图 8-20 可以看出，平直翼的横向静稳定性基本不太随迎角变化，而后掠翼则随迎角的增加迅速提高。

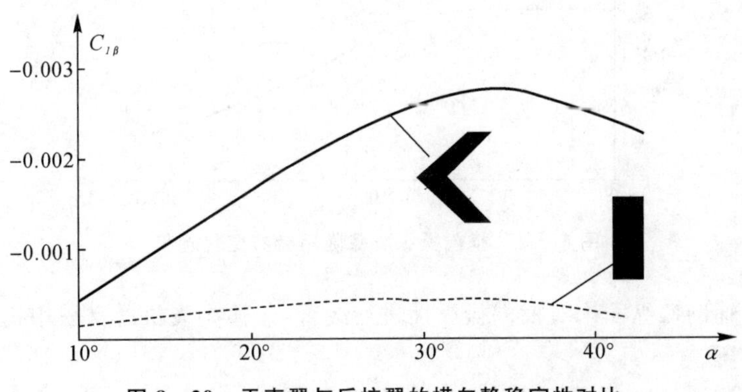

图 8-20　平直翼与后掠翼的横向静稳定性对比

过强的横向静稳定性不仅会给操纵带来不利影响，还会造成荷兰滚阻尼不足。

2. 动导数

飞机的横航向动导数包括滚转阻尼导数 C_{lp}、偏航阻尼导数 C_{nr}、交叉阻尼导数 C_{lr} 和 C_{np}。

C_{lp} 的主要产生部件为机翼。如图 6－15 所示，C_{lp} 在小迎角时与机翼升力线斜率成正比，滚转收敛；随着迎角的增加，由于升力线斜率的下降，C_{lp} 的绝对值逐渐减小，在接近失速迎角时甚至会异号。C_{lp} 与展弦比、根梢比及后掠角相关，展弦比大、根梢比小、后掠角小的飞机通常具有较大的 C_{lp}。此外，高空飞行时，由于大气密度的下降，滚转阻尼也会减小，导致滚转收敛变慢、飞行品质变差。

C_{nr} 主要来自于垂尾，因此其变化趋势与 $C_{n\beta}$ 相似，均是随着迎角及马赫数的增加而减小。此外，在高空飞行时，由于大气密度降低，垂尾效率会有所下降，导致偏航阻尼降低，荷兰滚阻尼比下降。

横航向是耦合的：滚转角速度会改变左右机翼及平尾的迎角，迎角的变化不仅会带来升力不平衡，产生滚转力矩，也会带来阻力不平衡，产生偏航力矩，这就是 C_{np} 的由来；偏航角速度会改变垂尾的侧滑角及侧力，这个侧力沿着 x 轴会产生偏航力矩，沿着 z 轴则会产生滚转力矩，这就是 C_{lr} 的由来。交叉阻尼导数通常会降低飞机的横航向飞行品质。

C_{np} 由阻力差产生，因此比由升力差产生的 C_{lp} 小一个量级；产生 C_{lr} 的力臂远小于产生 C_{nr} 的，因此 C_{lr} 也比 C_{nr} 小一个量级。

3. 操纵导数

常规布局飞机通常有两组操纵面，横向为副翼，其操纵效能为 $C_{l\delta_a}$；航向为方向舵，其操纵效能为 $C_{n\delta_r}$。

副翼位于机翼外侧后缘，靠差动偏转产生的升力差产生滚转力矩，因此与升力线斜率相关。高速飞行时，由于升力线斜率下降，以及机翼弹性变形，其操纵效率会下降，甚至反效，如图 8－21 所示。此外，大迎角飞行时，其操纵效率也会由于升力线斜率下降而下降。

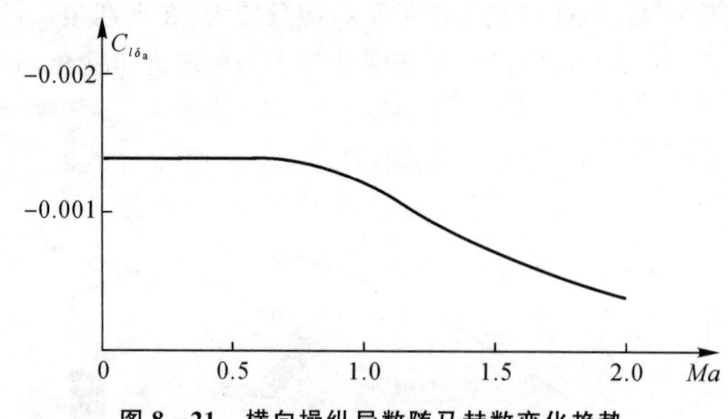

图 8－21　横向操纵导数随马赫数变化趋势

通常可采用辅助操纵面来对横向操纵性进行改善，运输类飞机通常采用扰流板，战斗机则通常采用差动平尾。

方向舵位于垂尾后缘，作为垂尾的一部分，其效率取决于垂尾效率，因此 $C_{n\delta_r}$ 与 $C_{n\beta}$ 一样，均存在大马赫数与大迎角下降的问题。

此外，由于横航向耦合，副翼偏转也会产生偏航力矩，因此方向舵通常需要配合副翼偏转以消除侧滑。这无疑会增加驾驶员的操纵负担。

综上所述，战斗机的本体横航向存在的问题包括：高空偏航阻尼不足；战斗机滚转阻尼不足；大迎角、大马赫数下航向静稳定性下降；横航向耦合，需要协调操纵。需要分别引入偏航阻尼器、滚转阻尼器、航向增稳器及副翼方向舵交连进行改善。

8.2.2　偏航阻尼器

荷兰滚是非常重要的横航向模态，过小的荷兰滚阻尼比会导致飞机在受航向扰动后的滚转和偏航振荡较为剧烈且难以收敛。

由式(6－37)可知，飞机的荷兰滚阻尼比主要取决于偏航阻尼导数 C_{nr}，该导数主要由垂尾提供。垂尾效率在大迎角及大马赫数下会显著下降；而在高空飞行时，由于大气密度下降，垂尾效率也会下降。因此，高空、大迎角及大马赫数下飞机均容易出现偏航阻尼不足的问题。

喷气式飞机的荷兰滚阻尼比一般都较弱，为满足飞行品质要求，需要引入偏航阻尼器。偏航阻尼器也是最常见的飞机增稳系统之一。

1. 控制原理

荷兰滚阻尼比主要取决于 C_{nr}，因此补偿偏航阻尼需要引入偏航角速度反馈。通过偏转方向舵产生额外的、与偏航角速度方向相反的偏航力矩。

偏航阻尼器结构框图如图 8－22 所示，飞机本体特性由方向舵偏角到偏航角速度的传递函数$\dfrac{r}{\delta_r}(s)$表示；K_r 为偏航角速度的反馈增益；对于电传操纵系统，方向舵偏转指令 δ_{rc} 需要由执行机构转换为实际偏角 δ_r。与俯仰阻尼器一样，偏航阻尼器中也有一个洗出网络。

在忽略执行机构和洗出网络的情况下，偏航阻尼器的控制律

$$\delta_r = K_r \cdot r \tag{8-15}$$

式中：K_r 为正。

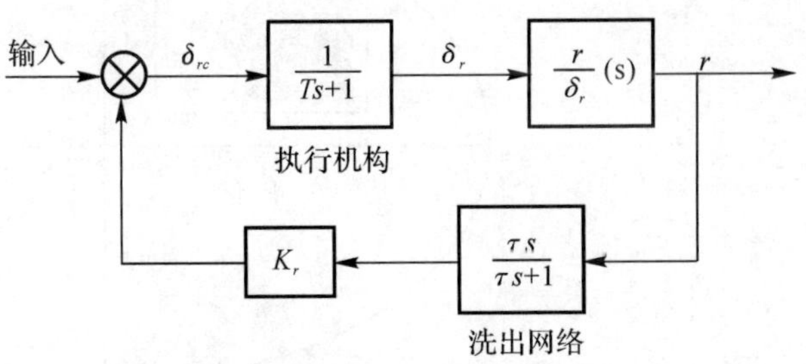

图 8－22　偏航阻尼器结构框图

当飞机受到扰动产生正的偏航角速度时，在阻尼器作用下，方向舵会有一个额外的正偏角，按照符号定义习惯，方向舵左偏为正。此时垂尾侧力向右，产生左偏航力矩，也就是负偏航力矩。由于 $C_{nr}<0$，因此 r 反馈的引入相当于提高了 C_{nr} 的绝对值，也就是提高了偏航阻尼。

需要说明的是，横航向运动通常使用稳定轴系下的运动参数为

$$\begin{bmatrix} p_s \\ r_s \end{bmatrix} = \begin{bmatrix} \cos\alpha & \sin\alpha \\ -\sin\alpha & \cos\alpha \end{bmatrix} \begin{bmatrix} p \\ r \end{bmatrix} \tag{8-16}$$

因此，偏航阻尼器使用的偏航角速度是稳定轴系下的偏航角速度 $r_s = -p\sin\alpha + r\cos\alpha$。当 α 较小时，$\sin\alpha \approx \alpha$，$\cos\alpha \approx 1$，通常 $e \ll p$，因此 $r_s = -p\alpha + e$。

2. 控制效果

下面通过一个例子来分析偏航阻尼器的反馈增益应如何确定，以及能取得怎样的效果。

某飞机本体从方向舵到偏航角速度的传递函数

$$\frac{r}{\delta_r} = -\frac{4.652\,9s + 0.864\,7}{s^2 + 0.726\,5s + 4.744\,1}$$

由二阶特征方程标准形式有 $2\zeta_d\omega_{nd} = 0.726\,5$，$\omega_{nd}^2 = 4.744\,1$。可以得到 $\omega_{nd} = 2.18$，$\zeta_d = 0.167$。根据飞行品质要求，飞机的荷兰滚频率满足一级品质要求，但阻尼比低于Ⅰ、Ⅳ类飞机A种飞行阶段的一级品质要求。

根据图 8-22，在忽略执行机构及洗出网络前提下，系统的闭环特征方程为

$$1 + K_r \cdot \frac{4.652\,9s + 0.864\,7}{s^2 + 0.726\,5s + 4.744\,1} = 0$$

展开可得到

$$s^2 + (0.726\,5 + 4.652\,9\,K_r)s + 4.744\,1 + 0.864\,7\,K_r = 0$$

由一阶项和常数项中 K_r 的系数可知，K_r 对频率影响较小，对阻尼比的影响较为明显。

由图 8-23 中的根轨迹可以看出，随着反馈增益的增加，特征根有向实轴移动的趋势，说明阻尼比在增加。当 $K_r = 0.533$ 时，荷兰滚阻尼比等于 0.7，频率等于 2.28，阻尼比显著增加，频率几乎未变。

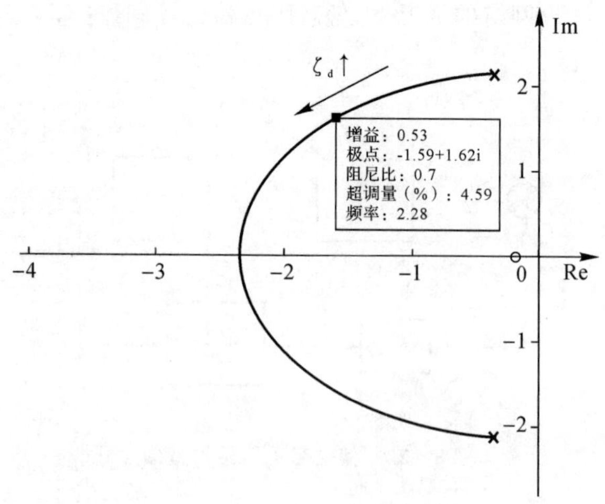

图 8-23　偏航阻尼器根轨迹

图 8-24 所示为飞机本体及带偏航阻尼器飞机对方向舵阶跃输入的偏航角速度响应。

可以看出，飞机本体响应的超调较大，需要振荡至少 4 个周期才能收敛到稳态值；引入偏

航阻尼器后，只需要振荡一个周期就能收敛到稳态值，且几乎没有超调，峰值也远小于飞机本体的，说明偏航阻尼器能起到很好的改善荷兰滚特性的作用。

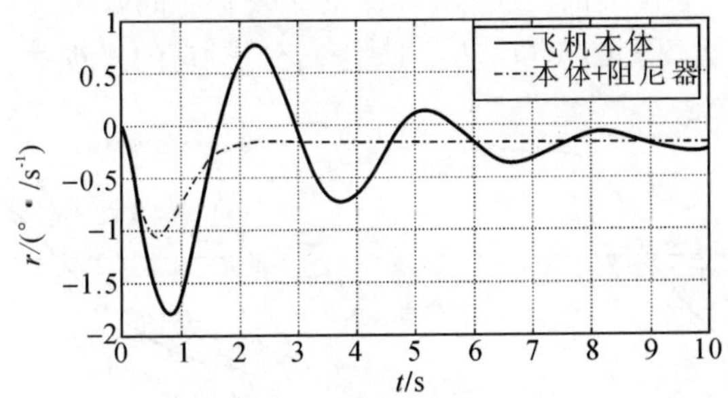

图 8-24　飞机本体及带偏航阻尼器飞机的偏航角速度响应

3. 洗出网络

与俯仰阻尼器一样，偏航阻尼器的反馈回路中也有洗出网络。

偏航阻尼器的控制律为 $\delta_r = K_r \cdot r$，只要有偏航角速度，就会产生一个额外的方向舵偏角，并产生与偏航角速度方向相反的偏航力矩，使偏航角速度最终趋于 0。这对于直线飞行当然是期望的，但是会影响飞机机动飞行。

假设飞机在做逆时针定常转弯机动，如图 8-25 所示。整个机动过程中飞机始终有一个负偏航角速度，而偏航阻尼器会始终产生一个负的方向舵偏角，使垂尾产生左侧力和右偏航力矩，这个右偏航力矩会阻止飞机做转弯机动。也就是说在转弯飞行中，由于偏航角速度不为 0，偏航阻尼器会产生与转弯方向相反的偏航力矩，阻止飞机机动。

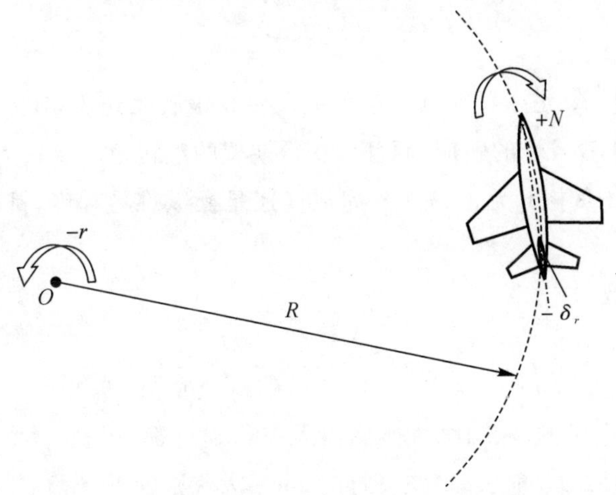

图 8-25　转弯机动中偏航阻尼器的影响示意图

为了让偏航阻尼器在需要起作用的时候起作用，不需要起作用的时侯不起作用，可以通过在反馈回路中引入洗出网络。与俯仰阻尼器一样，这里的洗出网络也是高通滤波器 $\tau s/(\tau s+1)$。

8.2.3　滚转阻尼器

滚转收敛模态对应一个较大的负实根，其评估参数是时间常数 T_R。图 8-26 所示为一架 T_R 较小的飞机和一架 T_R 较大的飞机，从 $-45°$ 滚转到 $+45°$ 的操纵面偏角及响应曲线。

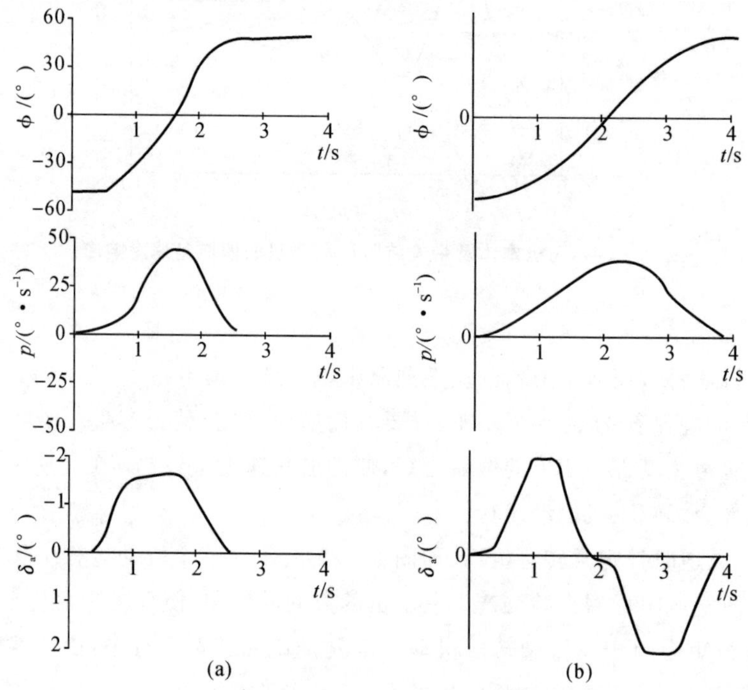

图 8-26　不同 T_R 飞机的横向操纵与响应曲线

(a) T_R 较小；(b) T_R 较大

可以看出，较小的 T_R 允许驾驶员快速生成及停止滚转角速度，实现精确的滚转角控制；而较大的 T_R 不仅意味着较慢的响应，而且为获得期望的滚转角需要较为复杂的副翼操纵，极大增加了驾驶员的工作负担。无论是任务完成度还是操纵难易程度，都表明 T_R 较大的飞机飞行品质较差。

滚转收敛时间常数

$$T_R = -\frac{1}{\lambda_R} = -\frac{2I_x}{C_{lp}\rho VSb^2} \tag{8-17}$$

可以看出，T_R 与飞机的展弦比、大气密度及飞行速度都密切相关。相同速度下，小展弦比的飞机，C_{lp} 较小，导致 T_R 略大；高空飞行时，由于大气密度下降，T_R 也会增加。

在实际飞行中，需要对滚转角进行精确控制的飞行阶段很常见，为获得良好的横向飞行品质，需要采用滚转阻尼器。

1. 控制原理

滚转收敛时间常数主要取决于 C_{lp}，因此要补偿滚转阻尼，需要引入滚转角速度 p 反馈，通过产生额外的副翼偏角产生与滚转角速度方向相反的滚转力矩，如图 8-27 所示。

飞机本体特性由副翼偏角到滚转角速度的传递函数$\frac{p}{\delta_a}(s)$表示；K_p 为 p 的反馈增益；由于是电传操纵系统，副翼的偏转指令 δ_{ac} 需要由执行机构转换为实际副翼偏角 δ_a。

在忽略执行机构的情况下，滚转阻尼器的控制律为

$$\delta_a = K_p \cdot p \tag{8-18}$$

当飞机受到扰动产生正的滚转角速度时，在滚转阻尼器作用下，副翼会有一个额外的正偏角，即右副翼下偏、左副翼上偏，此时右翼升力大于左翼，产生左滚力矩。由于 $C_{lp}<0$，因此 p 反馈的引入相当于提高了 C_{lp} 的绝对值，降低了 T_R。

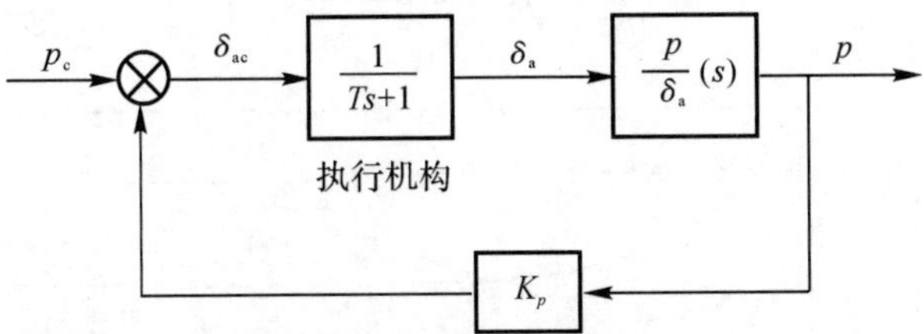

图 8-27　滚转阻尼器结构框图

需要说明的是，横航向运动使用的是稳定轴系下的运动参数。因此，滚转阻尼器使用的反馈信号应是稳定轴系下的滚转角速度 $p_s = p\cos\alpha + r\sin\alpha$。当 α 较小时，$\cos\alpha \approx 1$，$\sin\alpha \approx \alpha$，由于通常 $p \gg r$，因此 $p_s \approx p$，即滚转阻尼器实际使用的是体轴系下的滚转角速度作为反馈信号。

2. 控制效果

下面通过一个例子来看滚转阻尼器的反馈增益应如何确定，以及能取得怎样的效果。

某战斗机在某飞行状态下，有

$$\frac{p}{\delta_a} = -\frac{2.5}{s+0.9}$$

式中：分母中的常数项等于 $1/T_R$，可以得到 $T_R = 1.1$，高于战斗机一级飞行品质 T_R 的上限，因此不满足战斗机一级飞行品质要求。

在忽略执行机构的前提下，由图 8-27 可以得到系统的闭环特征方程为

$$1 + K_p \cdot \frac{2.5}{s+0.9} = 0$$

将闭环特征方程乘以$(s+0.9)$，可以得到

$$s + 0.9 + 2.5K_p = 0$$

由此可以得到

$$T_R = \frac{1}{0.9 + 2.5K_p}$$

由图 8-28 中的根轨迹图可以看出，随着反馈增益的增加，特征根有向左移动的趋势，说明系统变得更加稳定、时间常数更小。

图 8-29 给出了飞机本体及带滚转阻尼器飞机，对副翼阶跃指令的滚转角速度响应及副翼偏角曲线。由于没有反馈信号，飞机本体的副翼偏角曲线呈典型一阶响应趋势；而增稳后飞机的副翼偏角则在反馈的作用下呈二阶响应特性。对于飞机本体，滚转角速度响应需要较长时间才能达到稳态值，而带滚转阻尼器的飞机则仅需约 1/5 的时间就能达到稳态值。

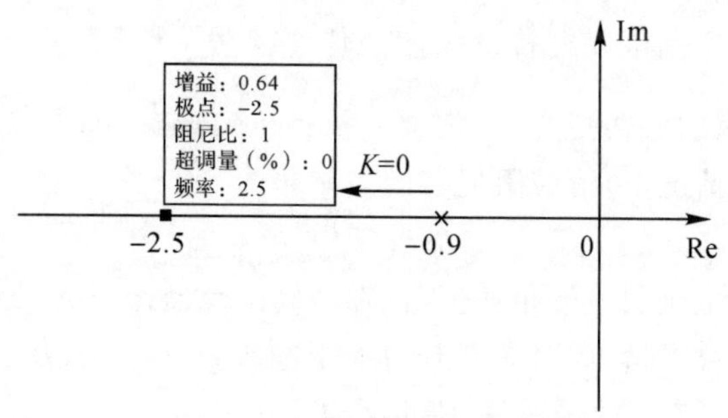

图 8-28　滚转阻尼器的根轨迹

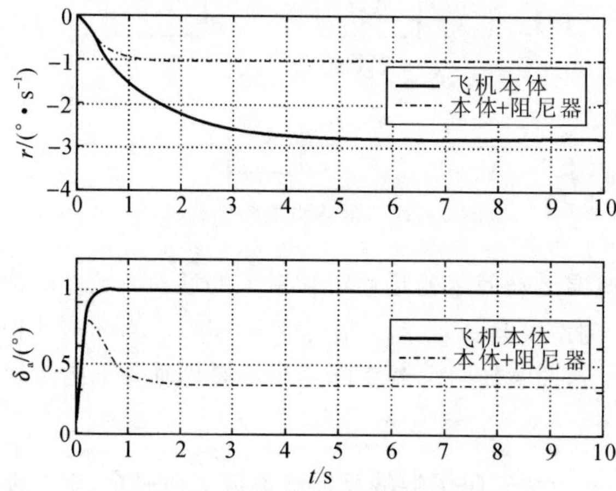

图 8-29　飞机对副翼阶跃指令的响应

(a)滚转角速度；(b)副翼偏角

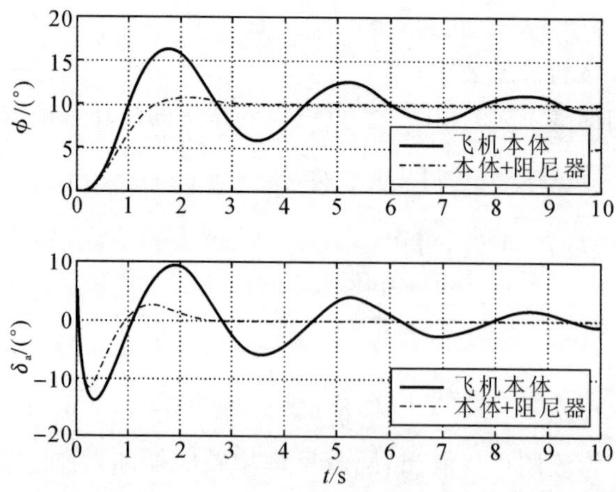

图 8-30　飞机对滚转角指令的响应

(a) 滚转角；(b)副翼偏角

图 8-30 给出了飞机本体及带滚转阻尼器飞机对滚转角指令的滚转角响应及副翼偏角曲线。可以看出，飞机本体要振荡至少 3 个周期才能达到稳态值，而带滚转阻尼器的飞机则能以

很小超调量迅速达到稳态值。此外，飞机本体的副翼偏角曲线也远比带滚转阻尼器的要复杂。可见，滚转阻尼器不仅能提高操纵精度，还可以降低驾驶员工作负担，能显著提高滚转收敛模态的飞行品质。

8.2.4　航向增稳器

1. 航向稳定性

飞机的航向静稳定性可用航向静稳定导数 $C_{n\beta}$ 判断，$C_{n\beta}>0$ 稳定。

由式(6－36)可知，荷兰滚频率也与 $C_{n\beta}$ 密切相关，因此飞机的航向动稳定性也取决于 $C_{n\beta}$。$C_{n\beta}$ 越高，荷兰滚频率越高，航向动稳定性越高。

由此可见，飞机的航向无论是静稳定性还是动稳定性均主要取决于 $C_{n\beta}$。与纵向静稳定导数 $C_{m\alpha}$ 取决于重心和平尾不同，$C_{n\beta}$ 几乎完全来自于垂尾，无法靠重心位置进行调节。

由于垂尾位于飞机尾部，在大迎角时处于背风面，容易受其他部件干扰，效率会随着迎角增加而急剧下降；与超声速时焦点后移导致飞机纵向稳定度大幅增加不同，超声速飞行时，垂尾效率受激波影响会显著下降。此外，垂尾是侧向雷达反射面积的最大来源，为提高飞机的隐身性，通常会采用倾斜双垂尾甚至去除垂尾。这些都会导致 $C_{n\beta}$ 的降低。对于战斗机，尤其是隐身战斗机来说，$C_{n\beta}$ 很容易不足。

对于不需要在大迎角、大马赫数飞行的飞机，按照设计要求对垂尾进行设计，就可以保证飞机在全飞行包线内具有足够的航向稳定性，通过合适的滚转阻尼器和偏航阻尼器就可以获得满意的飞行品质。

但是对于战斗机，尤其是隐身战斗机，由于大迎角、大马赫数及隐身性都会导致 $C_{n\beta}$ 的不足，因此需要进行航向增稳。

2. 控制原理

航向稳定性主要来自于 $C_{n\beta}$，因此需要引入侧滑角反馈，通过产生额外的方向舵偏角，产生与侧滑角方向相同的偏航力矩，如图 8－31 所示。

飞机本体特性由方向舵偏角到侧滑角的传递函数 $\frac{\beta}{\delta_r}(s)$ 表示，K_β 为反馈增益；由于是电传操纵系统，因此操纵面指令需要由执行机构转换为操纵面偏角。

在忽略执行机构的情况下，航向增稳器的控制律为

$$\delta_r = -K_\beta \cdot \beta \tag{8-19}$$

式中：K_β 为正。

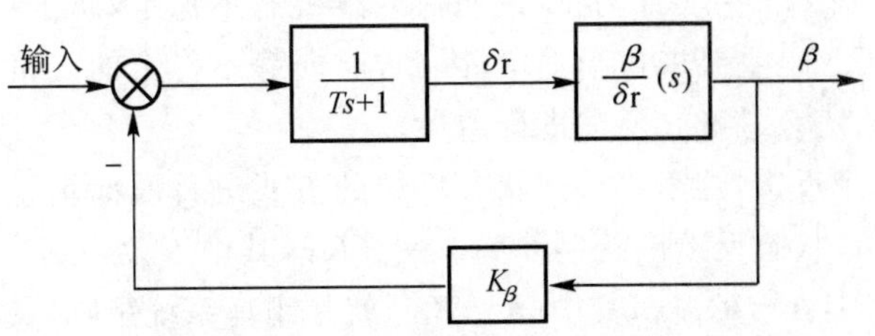

图 8－31　航向增稳器结构框图

当飞机受到正的侧滑角扰动时，侧滑角反馈会使方向舵产生一个额外的负偏角。按照符号定义习惯，方向舵左偏为正，因此方向舵会向右偏，这会给垂尾带来一个向左的侧力，并产生向右偏航的力矩，即正偏航力矩。因此，侧滑角反馈相当于增大了 $C_{n\beta}$，实现了航向增稳。

与纵向增稳器经常用法向过载 n_z 代替迎角 α 作为反馈信号一样，侧向过载 n_y 也经常代替侧滑角 β 作为航向增稳器的反馈信号。这是因为侧滑角传感器易受局部流场影响且有时间延迟，其精度与可靠性均没有侧向过载信号高。而在给定飞行状态下，有

$$n_y = \frac{C_{y\beta} q}{W/S} \cdot \beta \tag{8-20}$$

侧向过载与侧滑角成正比，因此可以用侧向过载代替侧滑角作为反馈信号。

3. 控制效果

下面通过一个例子来看航向增稳器的反馈增益应该如何确定，以及能取得怎样的效果。

这里给出了某航向静不稳定飞机横航向状态空间方程的状态矩阵

$$\boldsymbol{A}_{\text{lat}} = \begin{bmatrix} -0.1382 & 0.0365 & 0.0097 & -0.9973 \\ 0 & 0 & 1 & 0 \\ -25.489 & -0.0204 & -4.6206 & 0.9857 \\ -0.5226 & -0.0003 & -0.0572 & -0.1431 \end{bmatrix}$$

操纵效能矩阵

$$\boldsymbol{B}_{\text{lat}} = \begin{bmatrix} 0.0109 & 0.091 \\ 0 & 0 \\ -101.6621 & 16.8109 \\ -0.9502 & -7.2020 \end{bmatrix}$$

状态变量

$$\boldsymbol{x}_{\text{lat}} = [\beta \quad \phi \quad p \quad r]^{\mathrm{T}}$$

及操纵变量

$$\boldsymbol{y}_{\text{lat}} = [\delta_{\mathrm{a}} \quad \delta_{\mathrm{r}}]^{\mathrm{T}}$$

通过计算可以确定该飞机的横航向特征根：

$$\lambda_1 = -4.6655$$

$$\lambda_2 = -0.3937$$

$$\lambda_{3,4} = 0.0787 \pm \mathrm{i}0.2739$$

式中：较大负实根 λ_1 对应滚转收敛模态，可以看出滚转收敛时间常数很小，说明滚转运动收敛很快，飞行品质很好；较小负实根 λ_2 对应螺旋模态，特征根为负说明螺旋模态稳定，满足一级飞行品质。而共轭复根 $\lambda_{3,4}$ 的实部为正，说明荷兰滚模态不稳定，属于不可控的情况。与 $C_{n\beta}$ 一样，偏航阻尼导数 C_{nr} 也主要来自于垂尾，因此，航向静不稳定的飞机通常也伴随着偏航阻尼不足，需要同时引入 r 反馈和 β 反馈进行增稳。

由于需要引入两个反馈，这里将采用状态反馈的方式进行航向增稳。假设系统的状态空间方程为 $\dot{\boldsymbol{x}} = \boldsymbol{A}\boldsymbol{x} + \boldsymbol{B}\boldsymbol{u}$，状态反馈的控制律为 $\boldsymbol{u} = -\boldsymbol{K}\boldsymbol{x}$，其中 $\boldsymbol{K}$ 为 2×4 矩阵。可以得到闭环系统状态空间方程 $\dot{\boldsymbol{x}} = (\boldsymbol{A} - \boldsymbol{B}\boldsymbol{K})\boldsymbol{x}$，其中 $(\boldsymbol{A} - \boldsymbol{B}\boldsymbol{K})$ 就是闭环系统矩阵，其特征值就是增稳后飞机的特征值。

由于飞机本体的滚转及螺旋模态特性很好，均远高于一级飞行品质的要求，因此只需引入 r 和 β 反馈到方向舵通道即可，也就是 $K_{21}=K_\beta$，$K_{24}=K_r$，$\boldsymbol{K}$ 矩阵的其他元素为 0。

当 $K_\beta=0.5$，$K_r=0.3$ 时，可以得到闭环系统的特征值为

$$\lambda_1=-4.694\ 2$$

$$\lambda_2=-0.122\ 0$$

$$\lambda_{3,4}=-1.133\ 4\pm \mathrm{i}1.530\ 7$$

可以看出，滚转收敛及螺旋模态特征根仍满足一级品质，而荷兰滚阻尼比 ζ_d 则由 -0.276 增加至 0.595 1，荷兰滚频率 ω_{nd} 由 0.285 增加到 1.904 6，满足一级飞行品质要求。

图 8－32 与图 8－33 给出了“飞机本体”“飞机本体＋航向增稳器”对 1°侧滑角扰动的横航向响应曲线。可以看出，飞机本体的响应呈振荡发散趋势，由于荷兰滚模态的频率较低，发散较为缓慢。

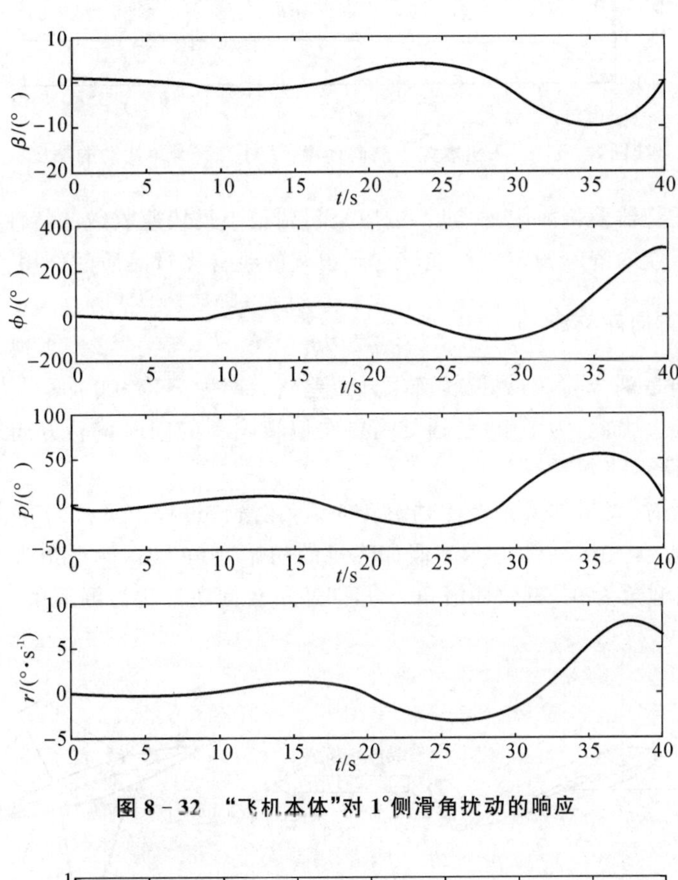

图 8－32　“飞机本体”对 1°侧滑角扰动的响应

图 8－33　“飞机本体＋航向增稳器”对 1°侧滑角扰动的响应

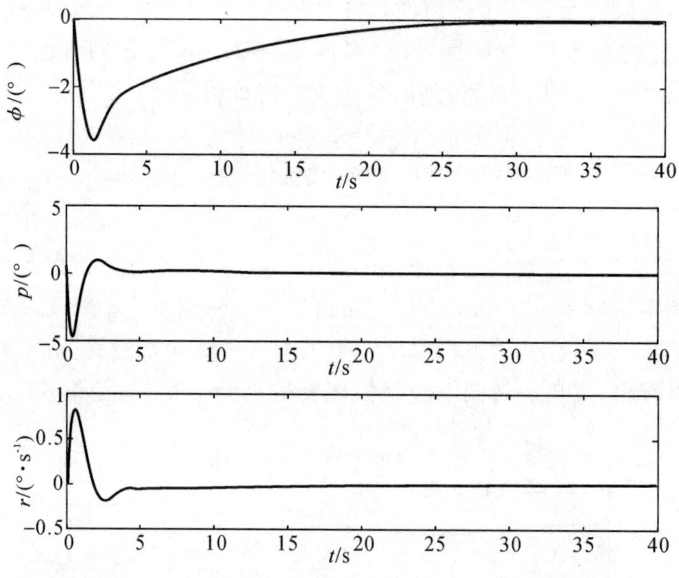

续图 8－33 "飞机本体＋航向增稳器"对 1°侧滑角扰动的响应

在引入航向增稳器及偏航阻尼器后，响应呈超调很小且快速收敛的特性，说明航向增稳器及偏航阻尼器对于航向静不稳定飞机能够起到很好的改善飞行品质的作用。

8.2.5 副翼方向舵交连

飞机的横航向是耦合的，副翼偏转产生升力差从而产生滚转力矩，而升力差势必会造成阻力差产生偏航力矩。因此，为了解耦，通常需要在偏转副翼的同时偏转方向舵，但这会增加驾驶员的工作负担，降低飞行品质。

在大迎角飞行时，飞机如果是绕体轴滚转的话，在滚转过程中飞机的有效迎角与有效侧滑角会随滚转角变化，如图 8－34 所示。假如飞机的初始迎角为 α，侧滑角为 0°，当滚转角达到 90°时，飞机的有效迎角为 0°，有效侧滑角为 α，即迎角会彻底转化为侧滑角。

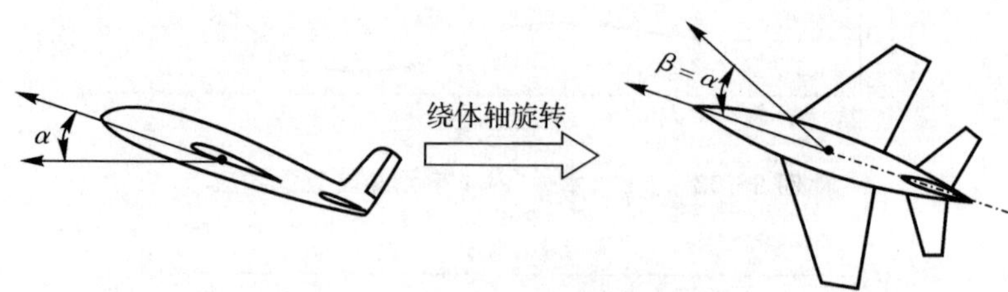

图 8－34 飞机绕体轴旋转示意图

大侧滑会导致飞机航向静稳定性及方向舵操纵效率下降。对于机械式操纵飞机，还容易出现一种叫作自动上舵的现象，也就是大侧滑条件下，当方向舵偏角较大时，铰链力矩会使方向舵自动偏转至最大偏角，驾驶员需要反向施加脚蹬力才能保持期望偏角，显然这是不期望的。因此，飞机在机动过程中应尽量消除侧滑角。

在大迎角时，飞机通常是绕速度轴旋转，如图 8－35 所示，整个过程中，飞机迎角几乎不变，侧滑角始终保持为 0°。

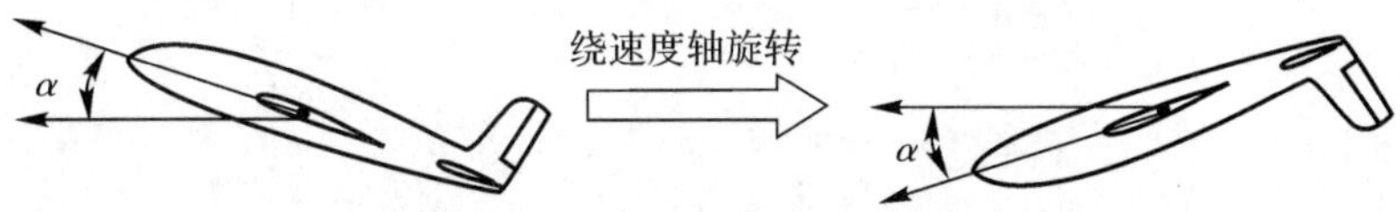

图 8－35　飞机绕速度轴旋转示意图

实现绕速度轴滚转必须满足两个条件：一是纵向采用过载或 C^* 指令式控制增稳系统，这样在相同的驾驶杆力/位移下，飞机在滚转过程中可以保持过载不变，也就是迎角不变；二是副翼偏转时，方向舵也随之偏转以抵消副翼产生的偏航力矩，从而消除侧滑。

飞机在转弯时，由于外侧机翼的线速度小于内侧机翼，由此产生的阻力不平衡会产生一个与转弯方向相反、阻止飞机转弯的偏航力矩。因此，转弯时需要方向舵协调偏转，以克服这一不利偏航。

副翼方向舵交连（Aileron Rudder Interconnect，ARI），是一种在副翼偏转的同时，使方向舵也随之偏转相应的角度，使二者产生的偏航力矩相互抵消，从而消除侧滑的控制器。

图 8－36 是副翼方向舵交连的示意图，副翼在偏转的同时，其偏角信号在经过增益 K_{ARI} 放大后会同时传入方向舵通道。方向舵的总偏角

$$\delta_r=\delta_{rc}+K_{\text{ARI}}\cdot\delta_a \tag{8-21}$$

当副翼为正时，方向舵也会产生一个额外的正偏角。按照符号定义习惯，右副翼下偏、左副翼上偏为正，此时右翼升力大于左翼，产生左滚力矩，同时右翼的阻力也大于左翼，产生右偏航力矩。方向舵左偏为正，此时会产生一个向右的垂尾侧力及左偏航力矩，从而实现偏航力矩的抵消。

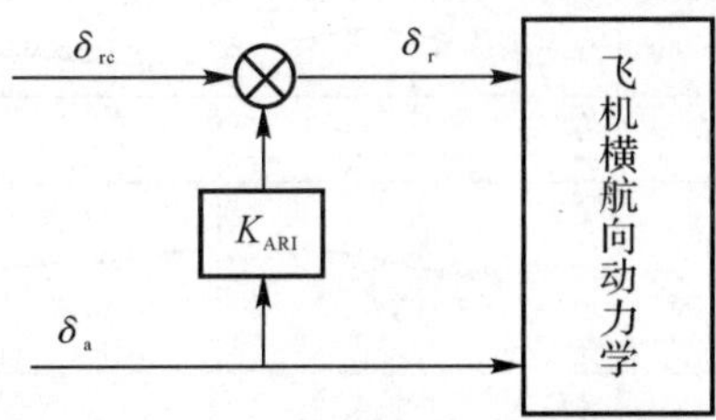

图 8－36　副翼方向舵交连示意图

增益 K_{ARI} 可由副翼与方向舵偏转产生的偏航力矩之和为 0 确定：

$$\overline{N}_{\delta_a}\delta_a+\overline{N}_{\delta_r}\delta_r=0$$

式中：

$$\overline{N}_{\delta_a}=\frac{N\delta_a}{I_z},\ \overline{N}_{\delta_r}:\frac{\overline{N}_{\delta_r}}{I_z}$$

副翼方向舵交连产生的方向舵偏角 $\delta_r=K_{\text{ARI}}\cdot\delta_a$，因此

$$\overline{N}_{\delta_a}\delta_a+\overline{N}_{\delta_r}K_{\text{ARI}}\delta_a=0$$

$$K_{\text{ARI}}=-\overline{N}_{\delta_a}/\overline{N}_{\delta_r} \tag{8-22}$$

副翼方向舵交连并不会影响横航向的系统矩阵 $\mathbf{A}_{\text{lat}}$，因此不会影响飞机的横航向特征根，但是会影响操纵输入，从而改变响应特性。

这里给出了 A-7A 攻击机在高度 4 500 m，$Ma=0.3$ 时的横航向系统矩阵

$$\boldsymbol{A}_{\text{lat}}=\begin{bmatrix}-0.122 & 0.1015 & 0 & -1\\ 0 & 0 & 1 & 0.236\\ -8.79 & 0 & -1.38 & 0.857\\ 0.948 & 0 & -0.031 & -0.271\end{bmatrix}$$

与操纵效能矩阵

$$\boldsymbol{B}_{\text{lat}}=\begin{bmatrix}-0.0015 & 0.030\\ 0 & 0\\ 3.75 & 1.82\\ 0.28 & -1.56\end{bmatrix}$$

其状态变量$\boldsymbol{x}_{\text{lat}}=[\beta\quad\phi\quad p\quad r]^{\mathrm{T}}$，操纵变量$\boldsymbol{u}_{\text{lat}}=[\delta_{\mathrm{a}}\quad\delta_{\mathrm{r}}]^{\mathrm{T}}$。该飞机横航向有滚转阻尼器及偏航阻尼器，在该飞行状态下，滚转阻尼器的增益为 0.1，偏航阻尼器的增益为 0.25。

由单位副翼偏角产生的偏航力矩 $\overline{N}_{\delta_{\mathrm{a}}}=0.28$，单位方向舵偏角产生的偏航力矩 $\overline{N}_{\delta_{\mathrm{r}}}=-1.56$，可以确定

$$K_{\text{ARI}}=-\frac{\overline{N}_{\delta_{\mathrm{a}}}}{\overline{N}_{\delta_{\mathrm{r}}}}=0.18$$

图 8-37 与图 8-38 分别给出了输入信号为持续 1 s 的 10 lb(44.5 N)压杆力时，无 ARI 和有 ARI，飞机的横航向响应曲线。

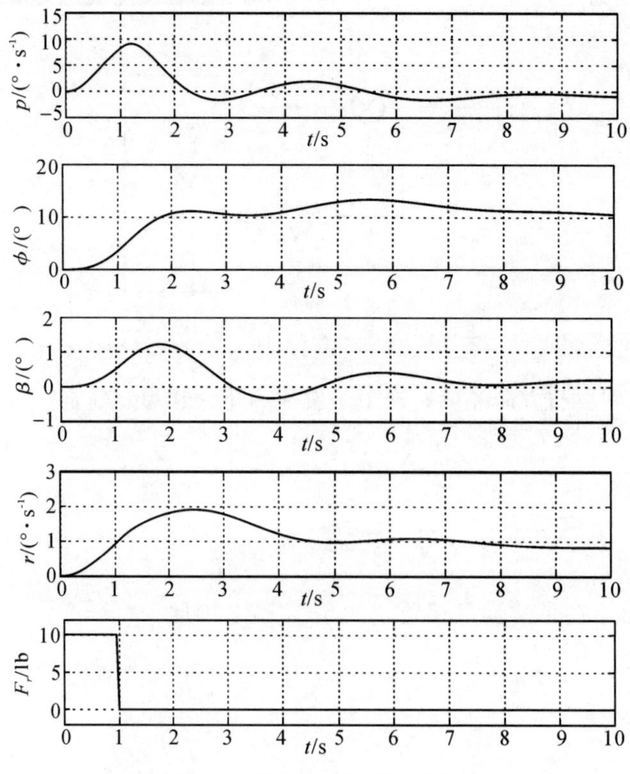

图 8-37 无 ARI 的横航向响应

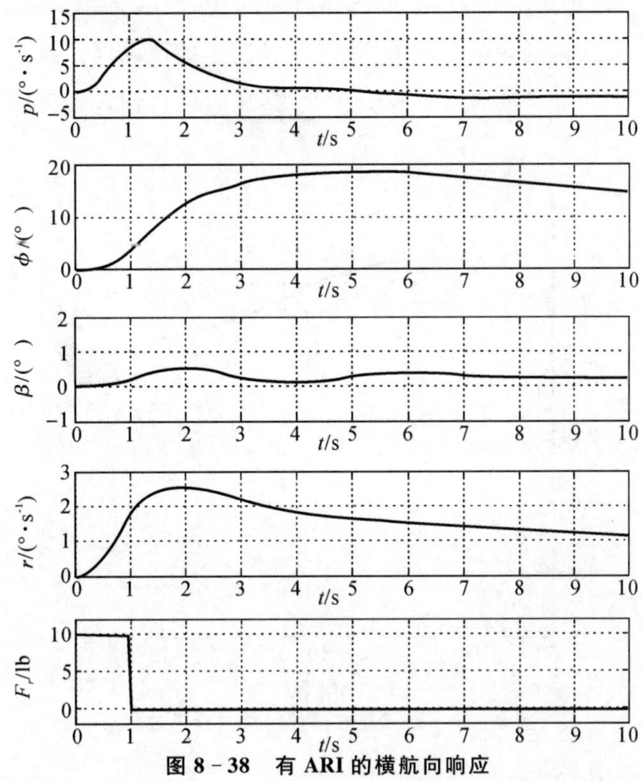

图 8-38　有 ARI 的横航向响应

输出信号从上到下分别为滚转角速度、滚转角、侧滑角和偏航角速度。可以看出，带副翼方向舵交连的飞机侧滑角峰值约为 0.6，不带副翼方向舵交连的飞机侧滑角峰值约为 1.2，很明显副翼方向舵交连能有效减小飞机的侧滑角响应。

图 8-39 为典型横航向控制增稳系统的结构框图。虚线框部分就是副翼方向舵交连，副翼偏转信号经 K_{ARI} 放大后，再经高通滤波器 $T_1 s/(T_2 s+1)$ 滤波，传入方向舵通道。

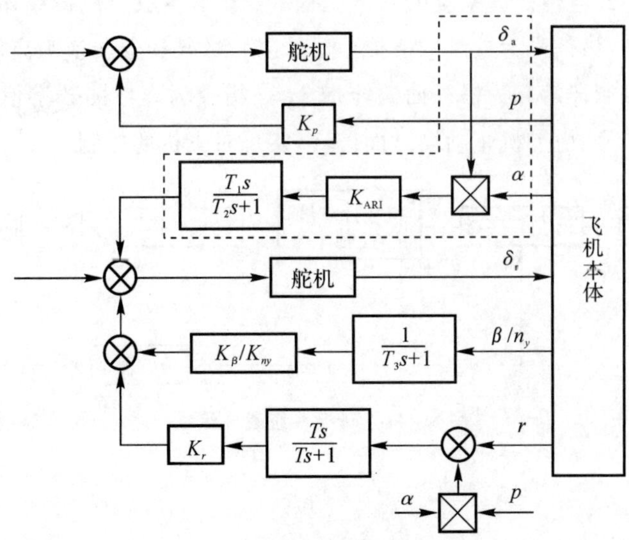

图 8-39　典型横航向控制增稳系统

K_{ARI} 的值取决于副翼及方向舵的航向操纵效率之比，如图 8－40 所示，这两个参数均与迎角相关，因此 K_{ARI} 是个随迎角变化的参数，可通过迎角插值确定。高通滤波器可以保证方向舵因交连产生的偏角只在副翼偏转的瞬态才产生，从而保留较大的方向舵偏角供正常航向操纵使用。

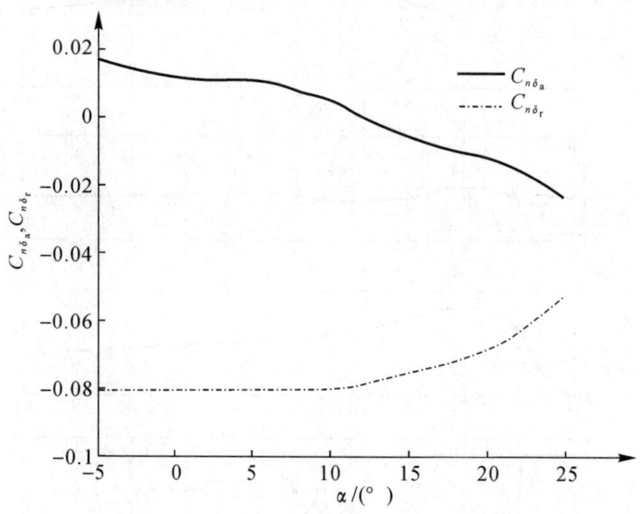

图 8－40 副翼及方向舵的航向操纵效率

8.3 飞控系统硬件的影响

飞控系统中除控制律外，还有传感器、机载计算机及舵机等硬件，这些硬件也会对飞机的操稳特性产生影响。

图 8－41 为数字式电传操纵系统的工作流程示意图。驾驶员的操纵输入及飞机的运动参数由传感器测量得到，该信号为连续的模拟信号，经模/数转换器转换为离散的数字信号，并由数字式计算机中的控制律解算为操纵面偏转指令，该指令为离散的数字信号，经数/模转换器转换为连续的模拟信号，由舵机驱动操纵面偏转，实现对飞机的控制。

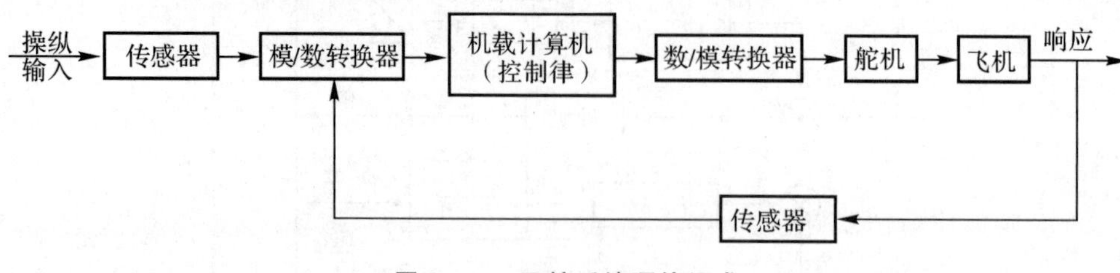

图 8－41 飞控系统硬件组成

8.3.1 传感器

传感器的功能是测量飞行参数，为驾驶员及飞控系统提供所需的信号。这些信号有些是直接可测量的，如压强与温度等大气参数、三轴加速度、三轴角速度、姿态角、方位角与气流角、由多普勒方法测量的航迹速度、距离及位置等，有些则是间接可测量的，包括角加速度、速度、马赫数、气压高度及由惯导系统确定的航迹速度与位置矢量等。

纵向控制增稳系统中会用到的飞行参数包括直接用于反馈的俯仰角速度、迎角及法向过载，用于调节增益的动压、静压及马赫数，以及用于确定驾驶员操纵输入的杆力或位移传感器。而横航向控制增稳系统中会用到的飞行参数则包括直接用于反馈的滚转角速度、偏航角速度、侧滑角及侧向过载，用于调节增益的动压、静压及马赫数，以及用于确定驾驶员操纵输入的驾驶杆及脚蹬力或位移传感器。

由于动压、静压及马赫数信号在飞控系统中只用于确定反馈增益，操纵机构的力或位移传感器对飞机动态特性影响也不明显，因此对飞机动态特性有影响的只有直接用于反馈的角速度、气流角及过载信号的传感器。

常见传感器的动态特性见表 8 - 1。

可以看出，空速、高度及升降速度表的特性可用一阶惯性环节表示，其中空速表的时间常数约为 0.2～0.5 s，高度表的时间常数约为 0.3～1 s，而升降速度表的时间常数则约为 0.5～2 s。

测量过载的加速度表、测量角速度的陀螺及测量迎角、侧滑角的风标传感器，其特性均可以用二阶环节表示，均有很高的频率及较为理想的阻尼比。

表 8 - 1　典型传感器特性及参数

空速表	$\dfrac{K}{Ts+1}$	$T=0.2\sim0.5\text{s}$
高度表		$T=0.3\sim1.0\text{s}$
升降速度表		$T=0.5\sim2.0\text{s}$
加速度表	$\dfrac{K\omega_0^2}{s^2+2\zeta\omega_0 s+\omega_0^2}$	$\omega_0\approx120\sim300\text{s}^{-1}$ $\zeta\approx0.7\sim1.0$
角速度陀螺		$\omega_0\approx120\sim300\text{s}^{-1}$ $\zeta\approx0.7\sim1.0$
风标传感器		$\omega_0\approx120\sim300\text{s}^{-1}$ $\zeta\approx0.7\sim1.0$

1. 角速度传感器

图 8 - 42 是典型角速度传感器的结构示意图。可以看出，角速度传感器由陀螺、弹簧及阻尼器构成，是典型的二阶振荡环节。

由于角速度传感器的固有频率比飞机的短周期频率高出至少一个量级，且阻尼比较为理想，因此在分析带飞控系统飞机的动态特性时，角速度传感器本身的特性是可忽略的。但角速度传感器容易受飞机结构弹性变形及振动的影响，必须采用合适的滤波器对其测量信号进行处理。

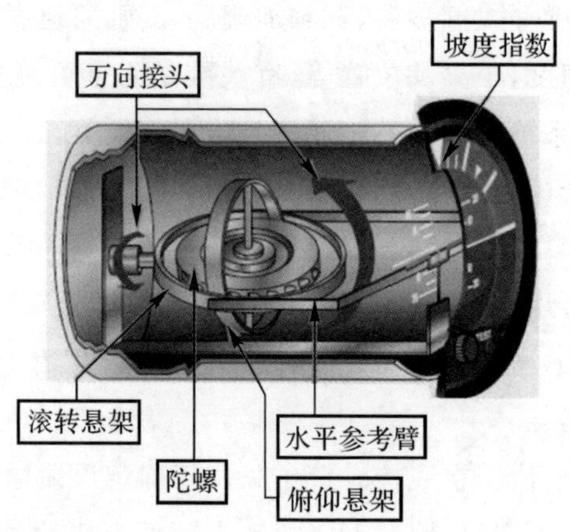

图 8-42　典型角速度传感器结构示意图

2. 过载传感器

图 8-43 是典型过载传感器的结构示意图。

可以看出，过载传感器是由弹簧和阻尼相连的质量块，是典型的二阶振荡环节。

过载传感器的固有频率比飞机的短周期频率高出两个数量级，且阻尼比较为理想，因此可以视为放大环节。为了消除飞机弹性变形对测量信号的影响，通常在重心的前后对称处安装两个传感器用于测量法向过载，在重心的左右对称处安装两个传感器用于测量侧向过载。

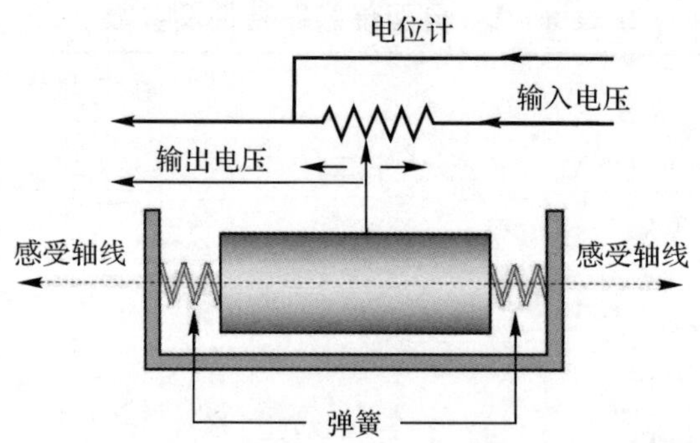

图 8-43　典型过载传感器结构示意图

3. 气流角传感器

测量迎角与侧滑角的气流角传感器，又被称为风标传感器，通常在机头两侧对称布置用于测量迎角，在机头上方对称布置用于测量侧滑角，如图 8-44 所示。

风标传感器的动态特性同样可用二阶振荡环节描述，由于其固有频率比飞机短周期频率高至少一个量级，因此同样可视为放大环节。由于风标测量的是其附近的流场，因此测量结果易受局部流场影响；此外，由于气流速度有限，测量需要消耗一定的时间，因此风标传感器有一定的时间延迟。

早期气流角传感器体积大、误差大、可靠性差、非线性严重，因此早期的控制增稳系统经常用法向过载代替迎角、侧向过载代替侧滑角作为反馈信号。现在的气流角传感器精度高、体积小，在经过大气数据计算机处理后，可以直接作为反馈信号使用。

图 8-44　气流角传感器

4. 滤波器

对于易受弹性变形及振动影响的传感器，可使用滤波器对所测量的信号进行处理。

从功能上来说，飞控系统中的滤波器可分为两类：一类用来抑制高频信号；一类用来改善飞机的闭环动态特性，比如驾驶杆及脚蹬的指令模型，以及俯仰、偏航阻尼器中的洗出网络等。

常用的滤波器主要有低通滤波器、高通滤波器和结构陷波器等 3 种。

滤波器的选择应使其在高频区能有效抑制高频信号，并在飞机的频率范围内相位滞后不超过允许值。对于含有很宽高频信号区的气流角及过载传感器，通常采用一阶或二阶形式的低通滤波器；角速度传感器则通常同时采用二阶振荡形式及结构陷波器形式的滤波器。

8.3.2　机载计算机

机载计算机是电传操纵系统的核心。按照所使用的机载计算机类型，电传操纵系统可分为模拟式与数字式两类，其中模拟式使用的是模拟式计算机，数字式使用的是数字式计算机。

1. 模拟式计算机

模拟式计算机是根据相似原理，以连续变化的电流或电压来表示被运算量的电子计算机，其各部件的输入与输出均为连续的电信号。如图 8-45 所示，模拟式计算机是通过电子元件及电路实现基本的加法、积分等运算。模拟计算机在工作时是把各种运算部件按照系统的数学模型连接起来，并行地进行运算，各运算部件的输出电压分别代表系统中相应的变量。

可以明显看出，模拟式计算机电路结构复杂，其精度取决于各元件的精度，因此还存在精度差、易受外部干扰等问题。

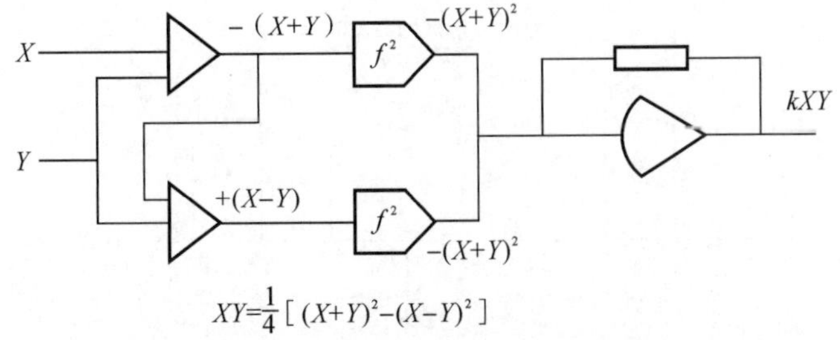

图 8-45　模拟式计算机示意图

早期电传操纵系统受制于计算机技术发展，采用的基本是模拟式电传操纵系统，随着数字式计算机的发展，模拟式电传操纵系统已逐渐退出历史舞台。

2.数字式计算机

数字式计算机本身的硬件特性并不会对系统稳定性产生什么影响,但数字式计算机处理的是离散的数字信号,而传感器测量的信号,以及舵机的输入信号均为连续的模拟信号,因此数字式计算机在使用时需要对信号进行 A/D 转换与 D/A 转换。

A/D 转换,是将时间连续、幅值也连续的模拟量转换为时间离散、幅值也离散的数字信号。

如图 8-46 所示,A/D 转换首先是利用采样器,给每个以 T 为周期的瞬间引入图 8-46(b)所示的脉冲信号 $\delta_T(t)$,将该脉冲信号与图 8-46(a)中的连续模拟信号 $x(t)$ 相乘,即可将连续模拟信号转换为离散信号 x_k。采样器的输出信号可以视为一串脉冲,脉冲的强度分布等于各采样瞬时的采样值,如图 8-46(c)所示。

D/A 转换是将时间离散、幅值也离散的数字信号转换为时间连续、幅值也连续的模拟信号。

可以通过保持器将离散信号转换为两个采样时间间隔内连续的信号。如果两个采样瞬时之间的信号可以用 n 阶多项式来近似,则称为 n 阶保持器。

电传操纵系统常用的是零阶保持器(Zero Order Hold,ZOH),即两采样瞬时之间的信号值为常数,等于前一个采样瞬时的信号值,即

$$u(t)=u(kT) \tag{8-23}$$

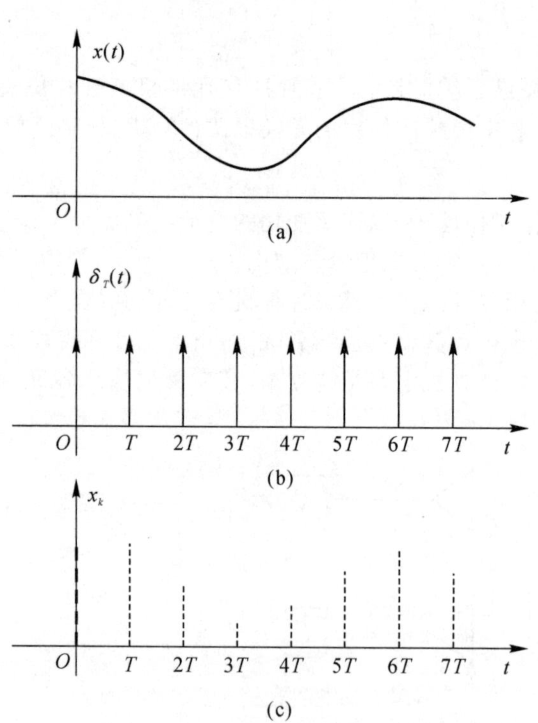

图 8-46 A/D 转换示意图

(a)原始信号;(b)采样脉冲;(c)离散数字信号

图 8-47 给出了 D/A 转换的示意图,以 T 为周期的离散信号 u_k 如图 8-47(a)所示,图

8－47(b)中的阶梯型曲线即为使用零阶保持器重构的连续信号。

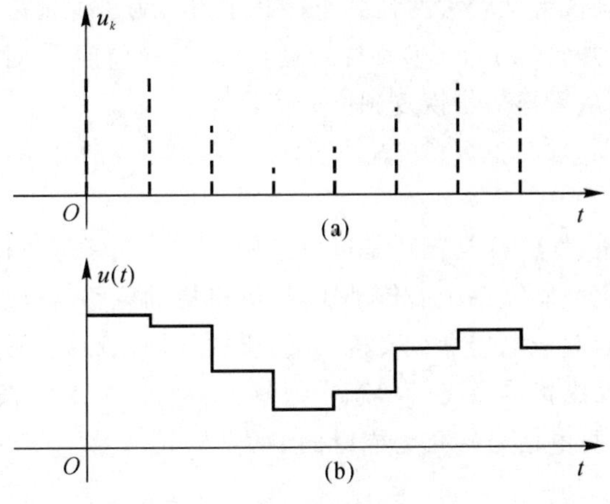

图 8－47　D/A 转换示意图

图 8－48 给出了原始连续信号(实线)与经 A/D 和 D/A 转换后的重构信号(虚线)。对比可以看出,原始连续信号在经过 A/D 和 D/A 转换后,所得到的离散信号相比原始信号有大约 $0.5T$ 的时间延迟。如果再把信号的传输、接收、处理及计算所需的时间考虑进来,数字式计算机大概会带来 $0.8\sim1.5T$ 的时间延迟。

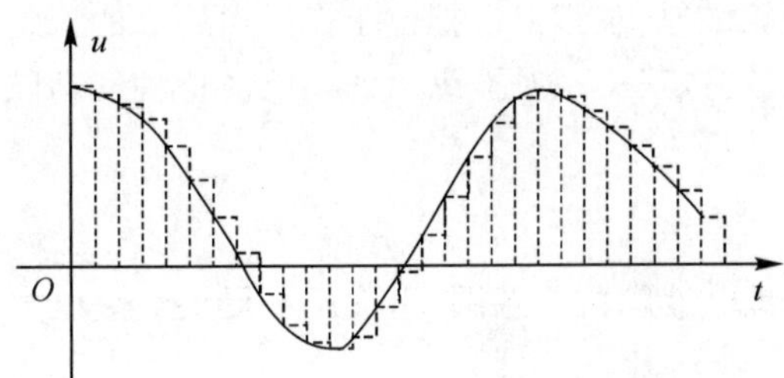

图 8－48　A/D 与 D/A 转换的影响示意图

如果系统所有零极点均在 s 平面左半边,则该系统为最小相位系统;如果有至少一个零点或极点在右半平面,则该系统为非最小相位系统,时间延迟就是一个非最小相位环节。

用 Pade 近似式将时间延迟项展开,可以得到

$$c^{-\tau s}=\frac{e^{-\frac{1}{2}\tau s}}{e^{\frac{1}{2}\tau s}}\approx\frac{1-\dfrac{1}{2}\tau s}{1+\dfrac{1}{2}\tau s} \tag{8-24}$$

时间延迟相当于有一个不稳定的正零点和一个稳定的负极点。随着增益的增加,根轨迹是从极点向零点移动的,因此不稳定的零点显然会降低系统的稳定性。

从相位的角度来看,时间延迟会给系统带来额外的相位滞后 $\Delta\phi=57.3\omega\tau$。相位滞后的增加会降低系统的相位裕度,影响稳定性。

因此,无论是从根轨迹角度,还是相位角度看,时间延迟都会对系统稳定性带来不利影响。且采样周期 T 越长,正零点的吸力越强,相位滞后越大,对系统稳定性的不利影响也越明显。此外,过大的采样周期也使得采样信号难以恢复到原始信号。

为了降低时间延迟带来的不利影响，需要减小 A/D 转换的采样周期 T，但过小的 T 又会给机载计算机及数据记录仪带来较大的计算与存储压力。为了保证采样信号能恢复到原始信号，采样周期至少应满足香农(Shannon)采样定理：如果采样周期 T 对应的频率大于输入信号频率的 2 倍，则可完满地从采样信号恢复到原始信号。

8.3.3 舵机

对于机械式操纵飞机，驾驶杆与脚蹬是通过连杆、滑轮、钢索等机械机构与操纵面相连，操纵力取决于铰链力矩及机械操纵系统的传动比，操纵机构的位移与操纵面偏角一一对应，操纵力随飞行状态而变化。而对于电传操纵飞机，操纵机构与操纵面是通过电信号相联，操纵面偏角由控制律根据驾驶员操纵指令及飞行状态参数解算，经过 D/A 转换后，得到连续的操纵面偏角指令电信号，由舵机将电信号转化为操纵面偏角。

1. 舵机类型

按照驱动方式，舵机可分为电动舵机和液压舵机两大类。其中，电动舵机由电机驱动，功率比较小，主要应用于航模与小型无人机。

液压舵机由液压驱动，功率大，在飞机上广泛使用，具体又可分为液压舵机与电液舵机两种。其中，液压舵机是直接偏转操纵面，而电液舵机则是电动舵机驱动液压助力器间接偏转操纵面。

除了电动舵机与液压舵机外，工程上还把位于操纵面后缘的调整片称为气动舵机，偏转调整片可以改变操纵面的铰链力矩，实现对操纵力的调节。这种气动舵机用于机械式操纵系统，并不是真正的舵机。

2. 舵机结构与舵回路

图 8-49 为典型的飞机电液舵机示意图，由液压泵提供油液压力驱动活塞杆运动，根据操纵指令偏转操纵面。

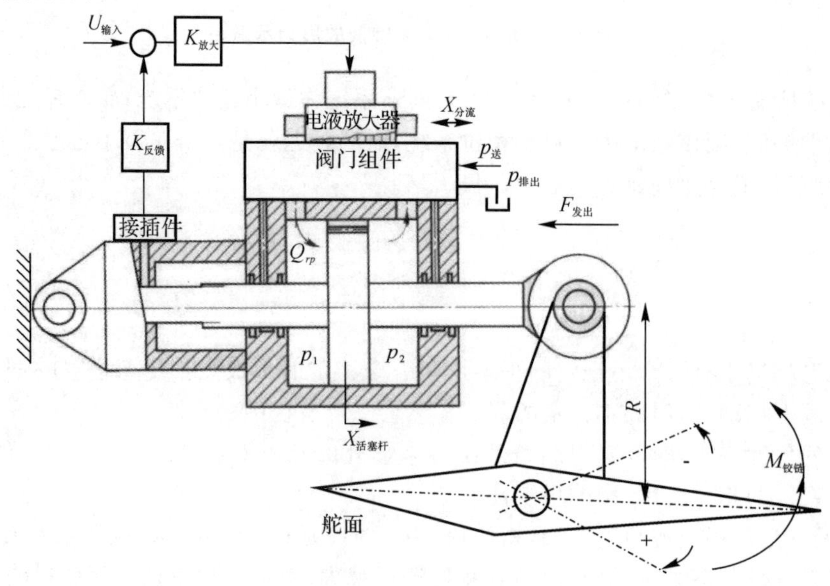

图 8-49 舵机示意图

舵机的操纵机构本身具有惯性和质量，工作液体和舵机结构是弹性的，而液压作动筒内及铰链连接处有较小的摩擦。因此，舵机可以视为阻尼比偏小的二阶振荡环节。为了改善舵机的动态特性，通常需要从舵机的输出端引入反馈信号，形成舵回路，如图 8－50 所示。

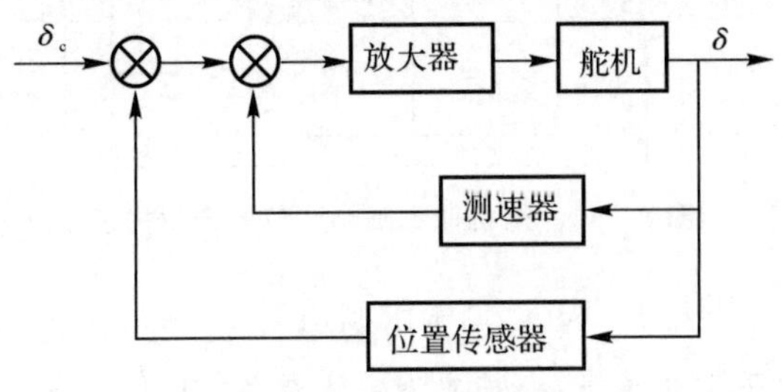

图 8－50　舵回路结构框图

由图 8－54 可以看出，舵回路由舵机本身、放大器及反馈元件组成。其中，测速电机用于测量舵面的偏转速率，并反馈给放大器，以增加舵回路的阻尼比，改善舵机的操纵精度。而位置传感器则是将舵机的输出位移反馈到输入端，保证操纵面偏角与指令信号相对应，并改善舵机的频率特性。

由此可见，舵回路的动态特性可以用典型的二阶振荡环节来表示。

图 8－51 给出了时间常数 $T=0.03$ 时的一阶环节的阶跃响应曲线，以及阻尼比 $\zeta=0.95$、$\omega=50\text{rad/s}$ 时的二阶环节的阶跃响应曲线。可以看出，二者除在高频区有微小区别外，响应基本一致。因此，在讨论“飞机＋飞控系统”的动态特性时，可以用一阶环节来近似舵回路的二阶特性。

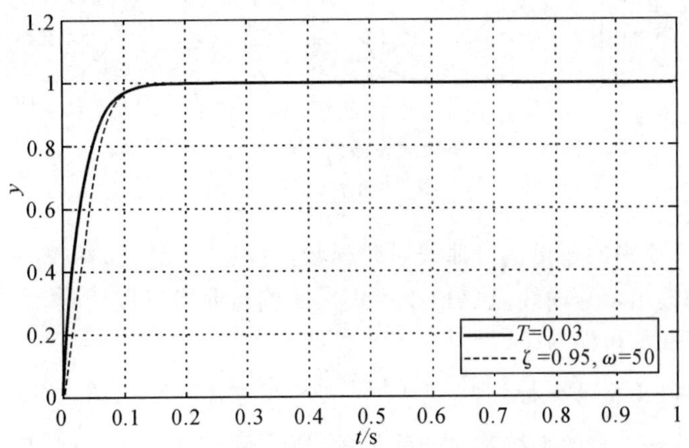

图 8－51　一阶与二阶系统的阶跃响应

3. 舵机速率限制非线性

任何物体都有质量与惯性矩，因此无论物体受到多猛烈的驱动，所产生的加速度及速度都是有限的，舵机也不例外。如果舵机输入信号的速率超出了其最大偏转速率，就会发生速率限制非线性。

因此，舵机模型可用图 8－52 所示的带速率限制一阶惯性环节描述。其中，δ_c 为舵机的偏转指令信号，δ 为舵机的偏转输出信号，e 为指令与输出的误差，ω_a 为舵机带宽，V_L 为速率限制值，而 $e_L = V_L/\omega_a$ 为偏转速率的饱和点。

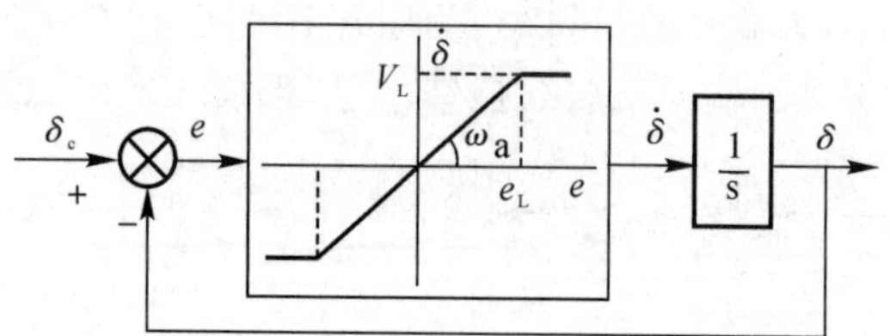

图 8-52　舵机速率限制环节的近似描述

图 8-53 所示为输入信号为 20sin$t$、速率限制值为 12°/s 时，舵机的偏角与速率曲线。其中，δ_c 与 $\dot{\delta}_c$ 为输入信号，用实线表示；δ 与 $\dot{\delta}$ 为输出信号，用虚线表示。对输入信号进行求导可得到输入信号的速率 $\dot{\delta}_c = 20\cos t$，当 $\cos t > 0.6$ 时会发生速率限制。

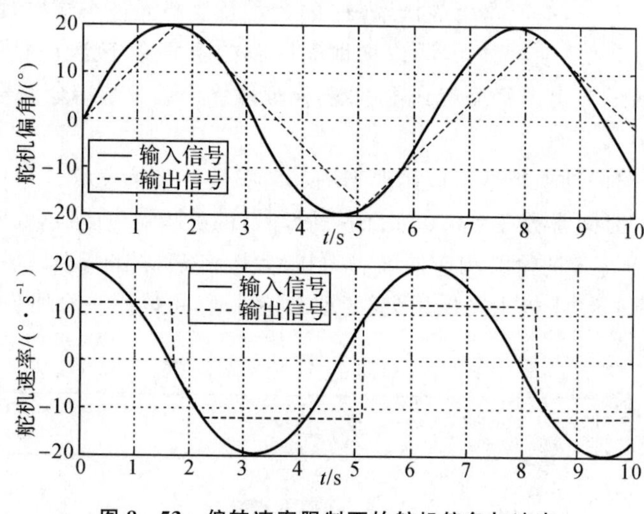

图 8-53　偏转速率限制下的舵机偏角与速率

(a) 舵机偏角；(b) 舵机速率

可以看出，舵机速率的输出信号曲线呈阶梯状，说明部分时刻舵机的偏转速率已经达到极限；相应的，偏角的输出信号曲线呈三角波形式。从偏角曲线可以看出，速率限制非线性会带来一定的幅值衰减和相位滞后。

4. 非线性建模与稳定性分析

在自然界中，几乎所有的系统都是非线性的，所谓的线性系统，通常只是在有限的工作范围内能保持真正的线性关系。

飞机也不例外，其本体动力学模型只有在小扰动条件下才能线化，而操纵系统中的人感系统及舵机都或多或少存在非线性特性：人感系统是将驾驶员操纵力转变为飞控系统输入的环节，其非线性环节包括非线性杆力梯度、死区及间隙等；舵机是将控制律解算的操纵面偏角指令电信号转换为操纵面偏角的机构，其非线性环节包括操纵面的偏角限制及舵机的偏转速率限制。

与线性系统相比，非线性系统不适用线性叠加原理，系统的运动状态与外作用力大小及初始条件相关，输出的稳态分量通常并不具有和输入量相同的函数形式，因此，经典频域方法及线性控制理论不再适用。为此需要对非线性环节的建模与分析方法进行讨论。

(1)描述函数法。

工程上最常用的非线性建模方法包括相平面法和描述函数法。其中,相平面法适用于一阶与二阶非线性系统,适用范围有限。而描述函数法是频域法在非线性系统中的推广,主要用来解决非线性系统的自振问题,该方法建立在大多数系统都满足的假设条件之上,不受系统阶次限制。

对于非线性元件来说,如果输入是正弦信号 $x(t)=X\sin\omega t$,其输出信号通常是不按正弦变化、但周期与输入信号相同的周期函数。按照傅里叶级数的概念,输出信号可分解为与输入信号相同频率的一次谐波与 n 倍频率高次谐波之和,即

$$\begin{aligned} y(t) &= A_0+\sum_{n=1}^{\infty}(A_{\mathrm{n}}\cos n\omega t+B_{\mathrm{n}}\sin n\omega t) \\ &= A_0+\sum_{n=1}^{\infty}Y_n\sin(n\omega t+\phi_{\mathrm{n}}) \end{aligned} \tag{8-25}$$

在工程实际中,非线性元件输出信号的高次谐波分量,幅值通常远小于一次谐波,加之大部分控制系统都是低通滤波器,因此可用输出信号的一次谐波分量来近似非线性元件的输出特性,则有

$$N=\frac{Y_1}{X}\angle\phi_1=\frac{\sqrt{A_1^2+B_1^2}}{X}\angle\arctan\frac{A_1}{B_1} \tag{8-26}$$

式中:X 为正弦输入信号的幅值;Y_1 为输出信号的一次谐波分量振幅;ϕ_1 为输出信号一次谐波分量的相位。

非线性环节的描述函数只是表示了该环节在正弦输入下,输出的基波分量与输入信号的关系,并不能全面反映非线性环节的运动特性。用描述函数法分析非线性系统,只能分析其稳定性和自振特性。

(2)负倒描述函数法。

图 8-54 为典型闭环系统的示意图。

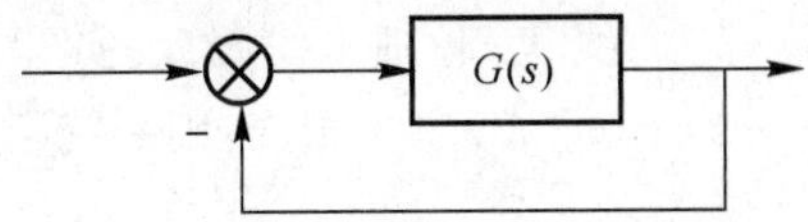

图 8-54　典型闭环系统示意图

该闭环系统的特征方程为

$$1+G(\mathrm{i}\omega)=0 \tag{8-27}$$

即

$$G(\mathrm{i}\omega)=-1 \tag{8-28}$$

在 Nyquist 图上,-1 对应的是$(-1,\mathrm{i}0)$点。因此可以根据 $G(\mathrm{i}\omega)$的 Nyquist 曲线与$(-1,\mathrm{i}0)$点的相对位置关系,判断系统的闭环稳定性,如图 8-55 所示。

如果$(-1,\mathrm{i}0)$点未被 $G(\mathrm{i}\omega)$曲线包围,则闭环系统稳定,如图 8-55(a)所示;如果$(-1,\mathrm{i}0)$点被 $G(\mathrm{i}\omega)$曲线包围,则闭环系统不稳定,如图 8-55(b)所示;如果 $G(\mathrm{i}\omega)$曲线穿过$(-1,\mathrm{i}0)$

点，则闭环系统特征根出现纯虚根，中立稳定，如图 8-55(c)所示。

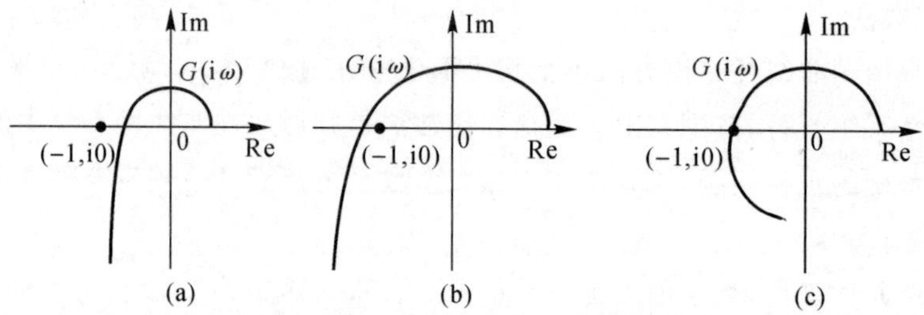

图 8-55 Nyquist 判据示意图

(a) 稳定；(b) 不稳定；(c) 中立稳定

类似地，可将非线性系统分为线性部分 G 和非线性部分 N 的组合，其中 N 为非线性部分的描述函数，该非线性系统的闭环系统如图 8-56 所示。

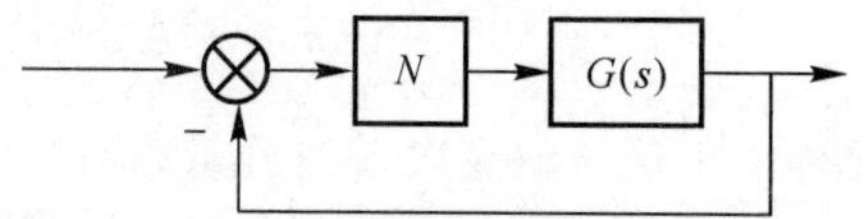

图 8-56 非线性闭环系统示意图

可以得到非线性系统的闭环特征方程为

$$1+NG(\mathrm{i}\omega)=0 \tag{8-29}$$

即

$$G(\mathrm{i}\omega)=-1/N \tag{8-30}$$

对于线性系统，$G(\mathrm{i}\omega)=-1$，在 Nyquist 图上对应的是$(-1,\mathrm{i}0)$点，因此可以用 $G(\mathrm{i}\omega)$曲线与$(-1,\mathrm{i}0)$的相对位置关系判断线性系统的稳定性。而对于非线性系统，$G(\mathrm{i}\omega)=-1/N$，在 Nyquist 图上对应的是$-1/N$ 曲线。可以将 Nyquist 判据扩展到非线性，利用 $G(\mathrm{i}\omega)$与$-1/N$ 曲线的相对位置关系，来判断非线性系统的稳定性，如图 8-57 所示。

由于$-1/N$ 是非线性环节描述函数 N 的负倒数，因此这种利用 $G(\mathrm{i}\omega)$与$-1/N$ 曲线的相对位置关系，判断非线性系统闭环稳定性的方法，被称为负倒描述函数法。

如果$-1/N$ 曲线没有被 $G(\mathrm{i}\omega)$曲线包围，则系统稳定；如果$-1/N$ 曲线被 $G(\mathrm{i}\omega)$曲线包围，则系统不稳定；如果$-1/N$ 曲线与 $G(\mathrm{i}\omega)$曲线相交，则系统会有极限环，出现持续振荡。

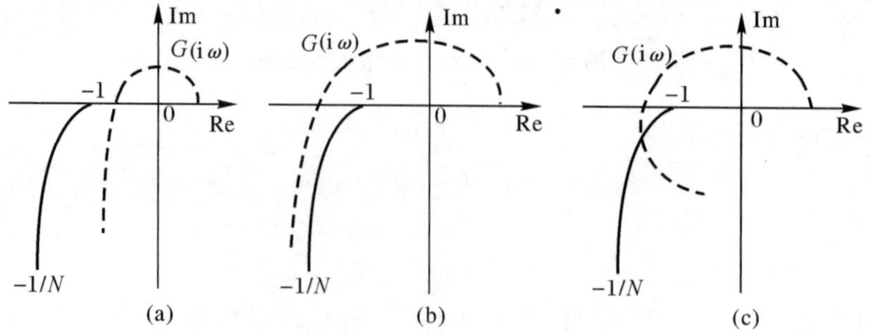

图 8-57 负倒描述函数法示意图

(a) 稳定；(b) 不稳定；(c) 中立稳定

5. 舵机速率非线性影响

速率限制非线性的描述函数

$$N(\mathrm{j}\omega, \omega_{\mathrm{onset}}) = \frac{\pi}{4}\frac{V_{\mathrm{L}}}{A\omega}\mathrm{e}^{-\mathrm{j}\cos^{-1}\left(\frac{\pi}{2}\frac{V_{\mathrm{L}}}{A\omega}\right)}$$

$$= \frac{1}{2}K^{*}\mathrm{e}^{-\mathrm{j}\cos^{-1}(K^{*})} \tag{8-31}$$

可以得到相同幅值 A 与速率限制值 V_{L}、不同频率 ω 情况下，舵机速率非线性幅值与相位的影响，如图 5－58 所示，其中，K^{*} 描述了舵机速度非线性的程度。可以看出，速率限制会带来幅值衰减与相位滞后，ω 越大，输入信号的速度越大，速率饱和越严重，所带来的幅值衰减与相位滞后也越严重。

幅值衰减会使驾驶员增大操纵增益，降低闭环系统的幅值裕度，而相位滞后则会降低系统的相位裕度。

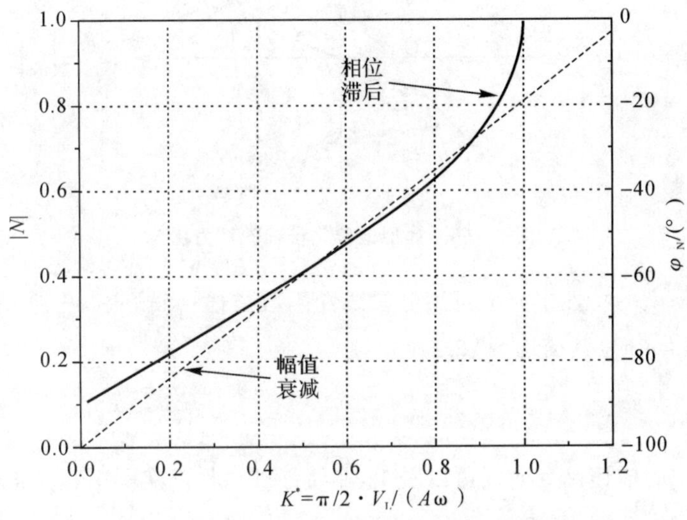

图 8－58　舵机速率限制对幅值、相位的影响

8.3.4　人感系统

机械式操纵飞机的操纵机构与操纵面是通过机械操纵系统相联，操纵力取决于操纵面的铰链力矩及操纵系统的传动比，并随操纵面偏角及飞行状态变化。

电传操纵飞机的操纵机构与操纵面则是通过电信号相联，驾驶员无法感受到真实的操纵面偏角及飞行状态变化，必须通过人感系统提供必要的操纵感觉。人感系统如图 8－59 所示，是把驾驶员操纵力转变为飞控系统输入的动态环节，驾驶员在操纵机构上施加操纵力，经过由弹簧构成的载荷机构，转换为相应的电信号，传至飞控系统。

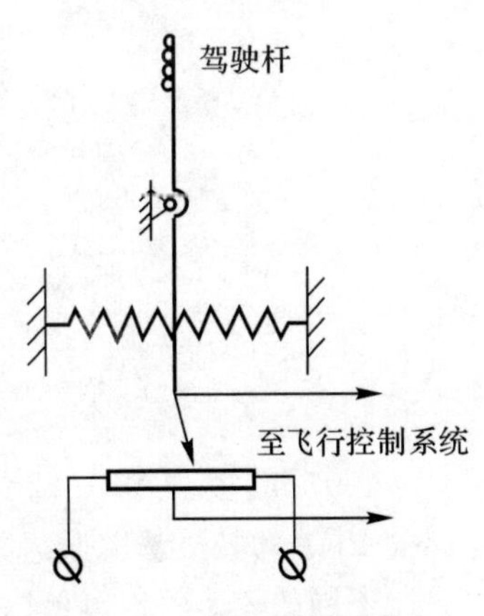

图 8－59　人感系统示意图

人感系统的功能主要包括：为驾驶员提供合适的杆力、杆位移感觉；杆力为零时，使驾驶杆自动回中；机动飞行时提供与飞行状态相匹配的杆力梯度特性；提供要求的启动力、死区和迟滞特性；等等。

人感系统通常存在非线性杆力梯度、死区及间隙等非线性特性。下面分别对这些特性及其影响进行分析。

1. 非线性杆力梯度

电传飞机的杆力特性中通常会引入如图 8-60 所示的折线变化。

当输入介于$[-\delta,+\delta]$之间时，斜率为 s_1；当输入小于$-\delta$ 或大于$+\delta$ 时，斜率为 s_2。这种折线变化可以避免小偏度时操纵过于灵敏、大偏度时操纵过重。

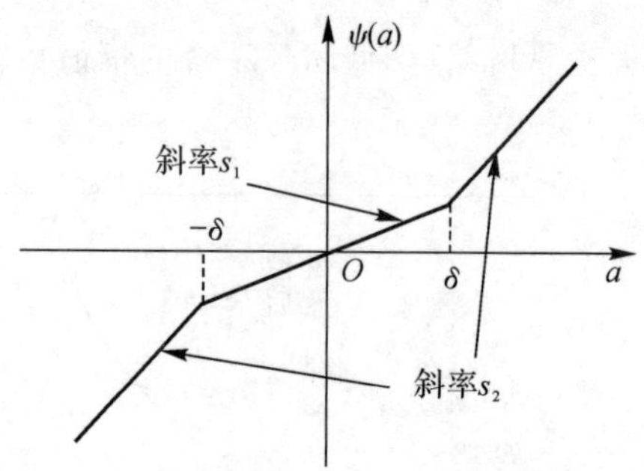

图 8-60　典型电传飞机驾驶杆力梯度

非线性杆力梯度的特性本质上可用分段线性函数描述：当输入 $a\in[-\delta,\delta]$时，描述函数 $N=s_1$；当 a 超出$\pm\delta$ 时，其描述函数为

$$N=\frac{2(s_1-s_2)}{\pi}\left[\arcsin\left(\frac{\delta}{a}\right)+\frac{\delta}{a}\sqrt{1-\left(\frac{\delta}{a}\right]^2}\right)+s_2 \tag{8-32}$$

由图 8-61 中的描述函数曲线可以看出，非线性杆力梯度实际上相当于改变了前向增益，对相位并没有影响。

由于非线性杆力梯度相当于改变了前向增益，因此转折处的梯度比不能太大，通常不超过 3，否则会造成系统增益的突然增大，导致系统不稳定。

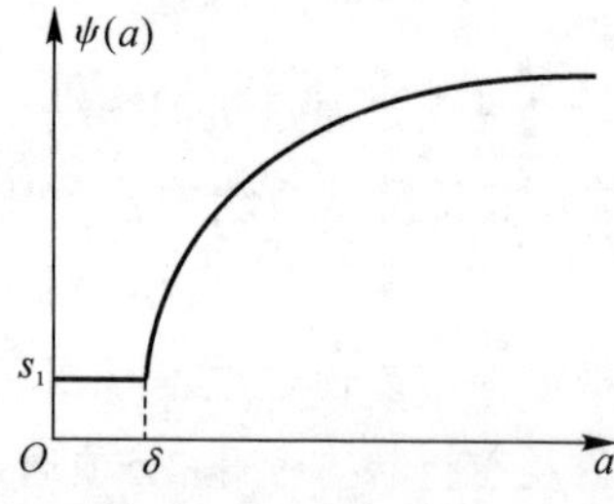

图 8-61　杆力梯度非线性的描述函数曲线

1992 年，美国 YF-22 战斗机就曾发生过一起由俯仰杆力梯度突然增大（见图 8-62）引起的 PIO（驾驶员诱发振荡）事件，并造成了飞机的坠毁。

不同的 δ，s_1 和 s_2，可以对应几种常用的非线性特性。如图 8-63 所示，死区非线性对应 $s_1=0,s_2=1$，而饱和非线性则对应 $\delta=0,s_1=1,s_2=0$。

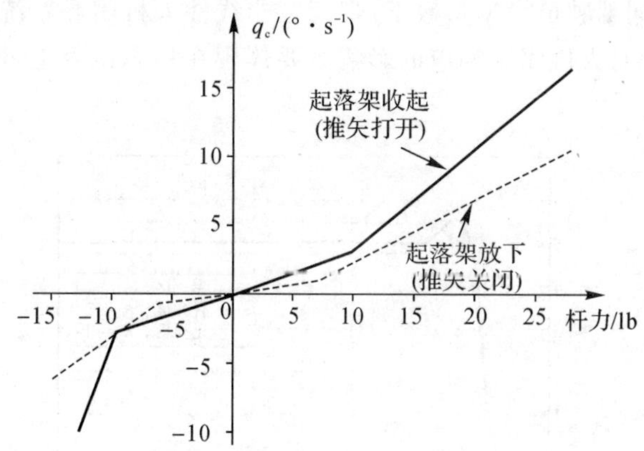

图 8-62　YF-22 的杆力梯度

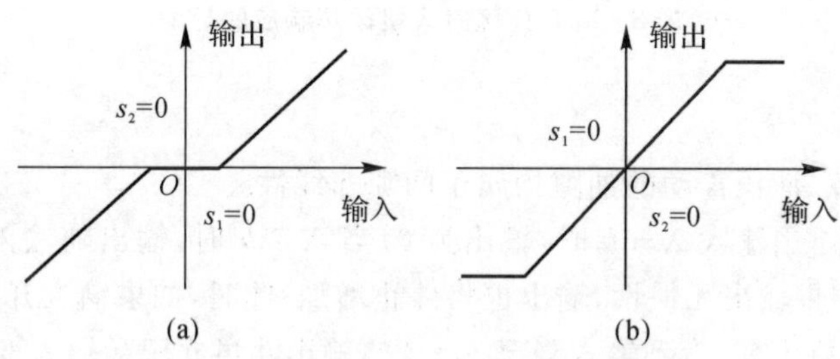

图 8-63　死区与饱和非线性示意图

(a)死区；(b)饱和

2. 死区

驾驶杆的启动力、伺服电机的启动电压、测量元件的不灵敏区等都属于死区非线性。

如图 8-64 所示，输入 $X\in[-\Delta,\Delta]$时，输出为 0，只有输入幅值大于 Δ 时才有输出，其输出为图中虚线表示的不连续、不完整波形，输出信号的频率与输入信号一致。

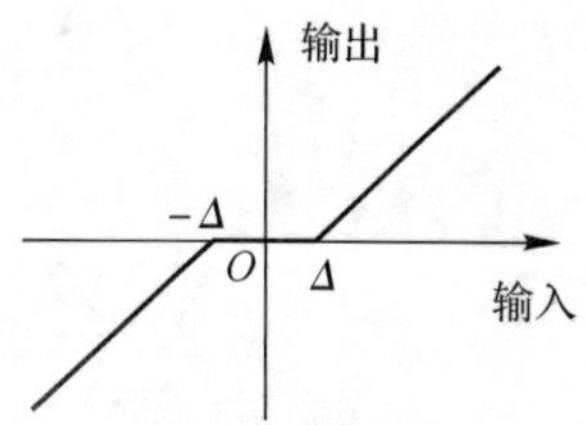

图 8-64　死区非线性示意图

图 8-65 给出了输入为 10 sin$t$ 时死区非线性的输出曲线，可以看出，死区会导致幅值下降，但并没有相位滞后。死区本质上是一种 $s_1=0$、$s_2=1$ 的分段线性函数，因此其描述函数为

$$N=1-\frac{\pi}{2}\left[\arcsin\frac{\Delta}{X}+\frac{\Delta}{X}\sqrt{1-\left(\frac{\Delta}{X}\right)^2}\right] \tag{8-33}$$

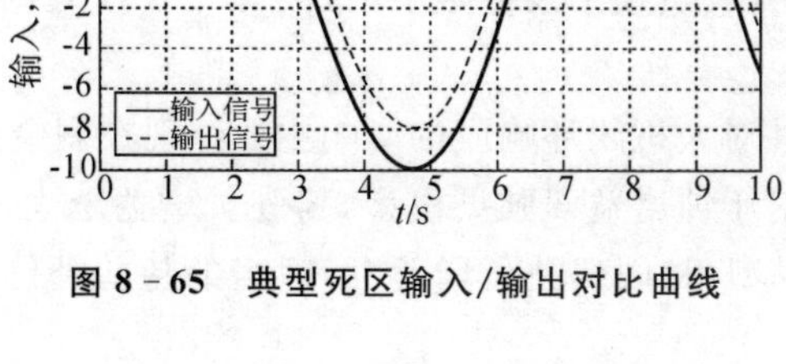

图 8-65　典型死区输入/输出对比曲线

由图 8－66 中不同驾驶员模型参数下，带死区非线性人机闭环系统的俯仰跟踪响应曲线可以看出，死区非线性对人机闭环响应的影响主要体现在稳态误差上，影响操纵精度，但并不会对稳定性造成影响。

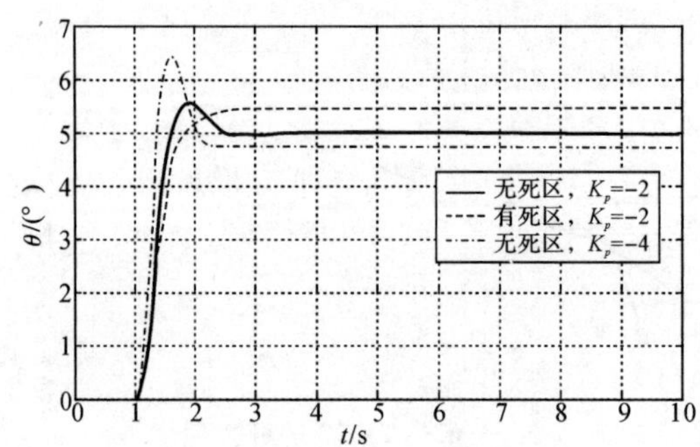

图 8－66　死区对人机闭环响应的影响

3. 间隙

齿轮传动的齿隙、液压传动的油隙均属于间隙非线性。

如图 8－67 所示，当输入 $X<b$ 时，输出为 0；当 $X\geqslant b$ 时，输出随输入线性增加；当 X 达到 b_1 时停止增加，如果输出无惯性，输出也将停止增加；此时，如果输入开始减小，由于存在间隙，输出一开始会保持不变；直到输入降至 b_1-2b，输出才再次跟随输入变化。

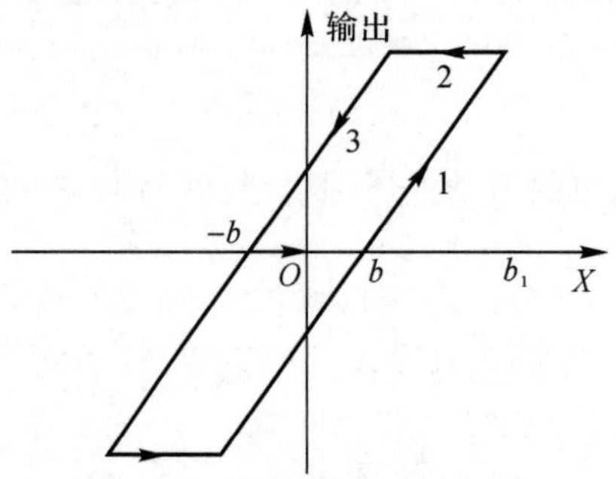

图 8－67　间隙非线性示意图

图 8－68 给出了输入为 10sin$t$ 时间隙非线性的输出曲线，可以看出，与输入的正弦信号相比，间隙非线性的输出信号有明显的幅值衰减和相位滞后，但信号的频率一致。其描述函数为

$$N=\frac{1}{\pi}\left[\frac{\pi}{2}+\arcsin\left(1-\frac{2b}{X}\right)+2\left(1-\frac{2b}{X}\right)\sqrt{\frac{b}{X}-\left(1-\frac{b}{X}\right)}\right]+\mathrm{i}\,\frac{4b}{\pi X}\left(\frac{b}{X}-1\right)\tag{8-34}$$

图 8－69 给出了不同驾驶员模型及参数下，带间隙非线性人机闭环系统的俯仰跟踪响应曲线。

可以看出，间隙非线性对人机闭环响应的影响主要体现在剩余振荡上，会影响精确操纵的精度，但不影响稳定性。对于纯增益驾驶员模型，驾驶员增益越大，剩余振荡的幅值越大。而对于 Neal-Smith 驾驶员模型，相同驾驶员增益下，适当的超前补偿可以有效降低剩余振荡的幅值。

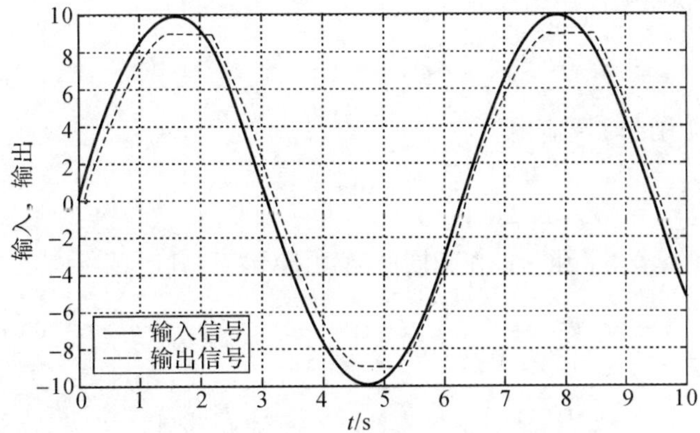

图 8-68　间隙非线性的输入/输出曲线

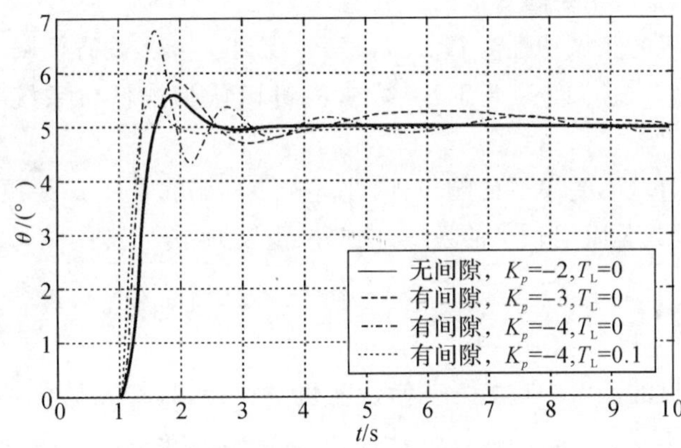

图 8-69　间隙对人机闭环响应的影响

8.4　带控制器飞机的品质评估

对于带飞控系统的飞机来说，由于其动力学模型可高达数十阶，很难找到主导极点，并基于此评估其飞行品质。

飞机本体的运动方程在经过简化、线化后，可以分解为两组四阶方程，各有 4 个特征根。其中：纵向通常有两组共轭复根，分别对应长、短周期模态；横航向通常有两个实根和一对共轭复根，分别对应滚转、螺旋及荷兰滚模态。飞行品质规范中对动稳定性的量化要求也是基于这些模态，经过大量试飞制定的。

1. 等效系统

对于高阶增稳飞机，很难找到与模态对应的主导极点，并评价飞行品质。不过实践表明，高阶增稳飞机虽然阶次很高，但其响应特性却与常规飞机很类似，而且驾驶员也会对响应特性与常规飞机相似的高阶飞机，给予好的飞行品质评价。

因此，可以将一个动态特性与高阶飞机相近的低阶系统，视为高阶增稳飞机的低阶等效系统,并用该低阶等效系统的特征根来评价飞行品质。这就是所谓的等效系统拟配。

对于定常系统,假设其传递函数为

$$G(s)=\frac{Y(s)}{X(s)} \tag{8-35}$$

则其在有限频率范围内的时域输出

$$y(t)=\frac{1}{2\pi}\int_a^b G(\mathrm{i}\omega)X(\mathrm{i}\omega)\mathrm{e}^{\mathrm{i}\omega t}\mathrm{d}\omega,\quad t>0 \tag{8-36}$$

如果有两个线性系统 G_1 和 G_2,在相同的激励 $F(s)$下,其时域响应之差

$$|y_1(t)-y_2(t)|=\left|\frac{1}{2\pi}\int_a^b [G_1(\mathrm{i}\omega)-G_2(\mathrm{i}\omega)]F(\mathrm{j}\omega)\mathrm{e}^{\mathrm{i}\omega t}\mathrm{d}\omega\right|\leqslant$$

$$\max_{a\leqslant\omega\leqslant b}|G_1(\mathrm{i}\omega)-G_2(\mathrm{i}\omega)|\cdot\left|\frac{1}{2\pi}\int_a^b F(\mathrm{j}\omega)\mathrm{e}^{\mathrm{i}\omega t}\mathrm{d}\omega\right| \tag{8-37}$$

当两系统的频域误差$|G_1(\mathrm{i}\omega)-G_2(\mathrm{i}\omega)|$足够小时,其时域误差$|y_1(t)-y_2(t)|$也可以足够小,因此时域与频域拟配结果是等效的。

假设高阶增稳飞机的频域特性为 $G_1(\mathrm{i}\omega)$,只要找到一个合适的频域特性为 $G_2(\mathrm{i}\omega)$的低阶系统,使 $G_1(\mathrm{i}\omega)$和 $G_2(\mathrm{i}\omega)$间的差别足够小,则可以认为此低阶系统为高阶系统的等效系统。

由于驾驶员是从时域感受飞机的响应,因此理论上时域拟配的结果更可信。不过时域响应曲线通常较复杂,尤其是阻尼较小的系统,响应振荡较为剧烈,拟配结果缺乏唯一性,因此通常是采用频域拟配。

2.等效系统模型

由于高阶增稳飞机的动态响应特性与常规飞机很类似,且驾驶员会对动态特性与常规飞机相似的高阶飞机给予好的飞行品质评价,因此低阶等效系统的形式与常规飞机的传递函数一致。

纵向运动中,驾驶员最关心的是短周期模态,因此纵向等效系统模型为俯仰角速度相对驾驶杆位移的传递函数

$$\frac{q}{X_p}(s)=\frac{K_q(s+1/T_{\theta2})}{s^2+2\zeta_{\mathrm{sp}}\omega_{\mathrm{sp}}s+\omega_{\mathrm{sp}}^2}\mathrm{e}^{-\tau_q s} \tag{8-38}$$

及法向过载相对驾驶杆位移的传递函数

$$\frac{n_z}{X_p}(s)=\frac{K_{\mathrm{n}}}{s^2+2\zeta_{\mathrm{sp}}\omega_{\mathrm{sp}}s+\omega_{\mathrm{sp}}^2}\mathrm{e}^{-\tau_{\mathrm{n}} s} \tag{8-39}$$

式中:X_p 为纵向驾驶杆位移;n_z 为飞机质心处的法向过载;K_q 与 K_{n} 为增益系数;$T_{\theta2}$ 为等效时间常数;ζ_{sp} 与 ω_{sp} 为等效短周期阻尼比与频率;τ_q 与 τ_{n} 是各飞控系统环节带来的等效时间延迟。

横航向驾驶员最关注的是滚转模态与荷兰滚模态,因此横航向等效系统模型为侧滑角相对脚蹬位移的传递函数

$$\frac{\beta}{P_{\mathrm{r}}}(s)=\frac{K_\beta}{s^2+2\zeta_{\mathrm{d}}\omega_{\mathrm{d}}s+\omega_{\mathrm{d}}^2}\mathrm{e}^{-\tau_\beta s} \tag{8-40}$$

及滚转角速度相对横向驾驶杆位移的传递函数

$$\frac{p}{X_\mathrm{r}}(s)=\frac{K_p s(s^2+2\zeta_\phi\omega_\phi s+\omega_\phi^2)}{(s+1/T_\mathrm{R})(s+1/T_\mathrm{S})(s^2+2\zeta_\mathrm{d}\omega_\mathrm{d} s+\omega_\mathrm{d}^2)}\mathrm{e}^{-\tau_p s} \tag{8-41}$$

该等效系统模型通常可简化为

$$\frac{p}{X_\mathrm{r}}(s)=\frac{K_p}{(s+1/T_\mathrm{R})}\mathrm{e}^{-\tau_p s} \tag{8-42}$$

式中：X_r 与 P_r 分别为横向驾驶杆位移与脚蹬位移；K_p 与 K_β 为增益系数；T_R 与 T_S 为滚转与螺旋模态的时间常数；ζ_d 与 ω_d 为荷兰滚模态的阻尼比和频率，τ_β 与 τ_p 为各飞控系统环节带来的等效时间延迟。

拟配就是确定上述等效系统中的各模态特性参数，拟配完成后就可以根据飞行品质规范中各模态参数的要求对增稳飞机的飞行品质进行评价。

3. 拟配流程

在确定等效系统模型后，就可以通过优化算法对低阶等效系统进行拟配。具体流程如图 8-70 所示：首先，计算给定频率范围（驾驶员操纵飞机的可能范围，通常为 0.1～10rad/s）内，高阶系统的频域响应，并对低阶系统进行定义，设置低阶系统的初始值及优化参数，对低阶系统的初始频域响应进行计算。然后，根据高阶系统及低阶等效系统的频域响应，对目标函数进行优化计算：如果目标函数收敛，则可以输出最优的等效系统频域响应及失配参数，完成拟配；如果目标函数不收敛，则需要以最优策略调整低阶系统参数，重新计算低阶系统的频域响应及目标函数，直至目标函数收敛。

拟配所采用的目标函数

$$J=\frac{20}{n}\sum_{i=1}^{n}(\Delta G_i^2+W\cdot\Delta P_i^2) \tag{8-43}$$

式中：n 为所选的频率点数，一般取为 20；ΔG_i 与 ΔP_i 为第 i 个频率点上，高阶系统与低阶系统的幅值差及相位差；W 为加权因子，通常取值为 0.016～0.020。目标函数越小，意味着两个系统的频域特性越接近。

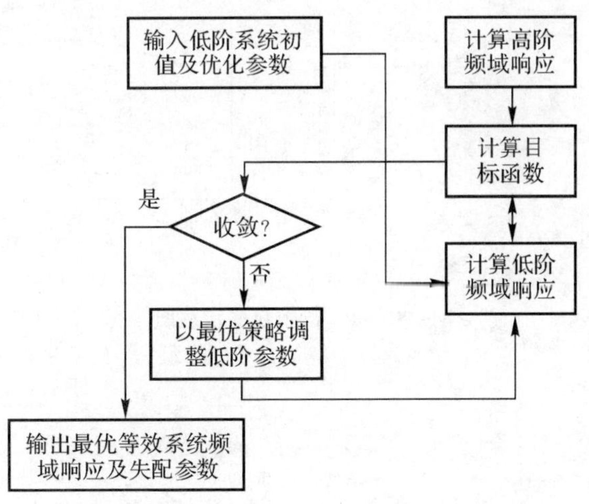

图 8-70　拟配示意图

4. 拟配包线

虽然目标函数越小意味着两系统的频域特性越接近，但事实上，并不是目标函数越小拟配的结果越可信。频域等效系统拟配是在对数频域中进行的，幅值单位是分贝(dB)，与实际幅值之间为非线性关系，因此目标函数的大小并不能完全体现高阶与低阶系统的真实误差。此外，驾驶员对不同频率下的误差敏感度也不相同，相比低频与高频段，驾驶员对中频段更敏感。

可以通过误差包线的方式对拟配结果加以限制，如所图 8－71 所示。

幅值误差的上包线传递函数为

$$\frac{3.16s^2+31.61s+27.9}{s^2+27.14s+1.84}$$

下包线传递函数为

$$\frac{0.095s^2+9.92s+2.15}{s^2+11.6s+4.95}$$

相位误差的上包线传递函数为

$$\frac{68.89s^2+1\,100.12s-275.22}{s^2+39.94s+4.95}e^{0.006s}$$

下包线传递函数为

$$\frac{475.32s^2+184\,100s+29\,460}{s^2+11.66s+0.039}e^{-0.007s}$$

如果拟配误差在包线范围内，则认为拟配成功；否则需改变等效系统参数的初值或迭代精度，重新进行拟配。

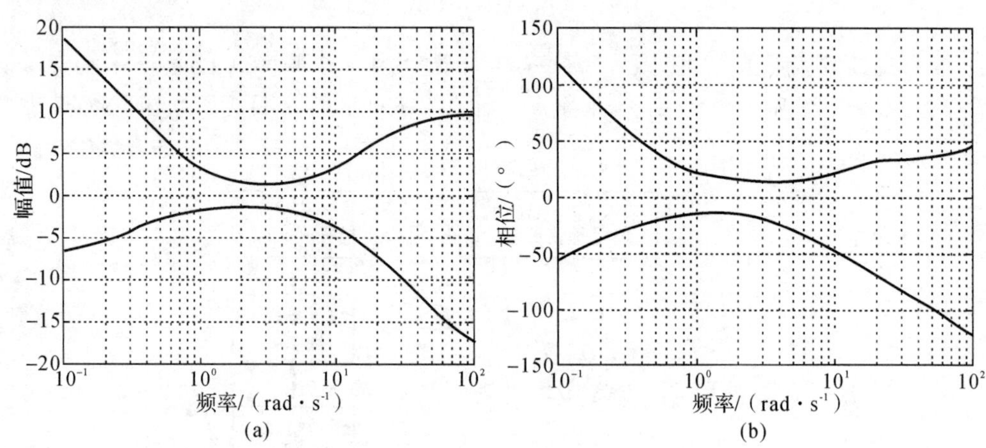

图 8－71　拟配包线示意图

(a)幅值包线；(b)相位包线

习　　题

8－1　根据习题(6－1)中飞机的本体模态特性，分析其需要的纵向控制器，利用根轨迹法确定反馈增益，使该飞机纵向模态满足一级品质要求。

8－2　根据习题(6－2)中飞机的本体模态特性，分析其需要的横航向控制器，利用根轨迹法确定反馈增益，使该飞机的横航向模态满足一级品质要求。

附录 本书所用符号说明

附表 符号说明

符 号	说 明
a	加速度
a_{t}	平尾升力线斜率
a_{v}	垂尾升力线斜率
a_{w}	机翼升力线斜率
b	翼展
b_{f}	机身直径
c	耗油率
$\bar{c}$	平均气动弦长
c_r	翼根弦长
c_t	翼梢弦长
C^*	法向过载与俯仰角速度的组合信号
C_D	阻力系数
C_{D_0}	零升阻力系数
$C_{D_{\mathrm{i}}}$	诱导阻力系数
C_h	铰链力矩系数
$C_{h\alpha}$	铰链力矩系数关于迎角的导数
$C_{h\delta_{\mathrm{e}}}$	铰链力矩系数关于升降舵的导数
C_L	升力系数
C_L^*	最大升阻比对应的升力系数
$C_{L,\max}$	最大升力系数
C_{Lq}	升力关于俯仰角速度的导数
$C_{L\mathrm{t}}$	平尾升力系数
$C_{L\mathrm{w}}$	机翼升力系数
$C_{L\alpha}$	升力线斜率
$C_{L\delta_{\mathrm{e}}}$	单位升降舵偏角产生的升力系数增量
C_l	滚转力矩系数,翼型升力系数
C_{lp}	滚转阻尼导数

续表

符 号	说 明
C_{lr}	交叉阻尼导数
$C_{l\beta}$	横向静稳定导数
$(C_{l\beta})_{\Gamma}$	上反角产生的横向静稳定导数
$(C_{l\beta})_{\Lambda}$	后掠角产生的横向静稳定导数
$C_{l\delta_{\mathrm{a}}}$	副翼操纵导数
C_{m}	俯仰力矩系数
C_{m_0}	零升俯仰力矩系数
$C_{m_{\mathrm{ac}},\mathrm{w}}$	机翼焦点处的俯仰力矩系数
$C_{m_{\mathrm{ac}},\mathrm{t}}$	平尾焦点处的俯仰力矩系数
$C_{m\mathrm{f}}$	机身俯仰力矩系数
$C_{m\mathrm{f}_0}$	零升机身俯仰力矩系数
$C_{m\mathrm{t}}$	平尾俯仰力矩系数
$C_{mT_{\mathrm{p}}}$	螺旋桨俯仰力矩系数
C_{mq}	俯仰阻尼导数
$C_{m\mathrm{w}}$	机翼俯仰力矩系数
$C_{m\alpha}$	纵向静稳定导数
$C_{m\delta_{\mathrm{e}}}$	升降舵操纵导数
C_{n}	偏航力矩系数
C_{np}	交叉阻尼导数
C_{nr}	偏航阻尼导数
$C_{n\beta}$	航向静稳定导数
$(C_{n\beta})_{\mathrm{f}}$	机身的航向静稳定导数
$(C_{n\beta})_{\mathrm{w}}$	机翼的航向静稳定导数
$(C_{n\beta})_{\mathrm{v}}$	垂尾的航向静稳定导数
$C_{n\delta_{\mathrm{r}}}$	方向舵操纵导数
C_{x}	x 轴向力系数
C_{y}	y 轴向力系数，侧力系数
$C_{y\beta}$	侧力导数
$C_{y\beta,\mathrm{v}}$	垂尾的侧力导数

续表

符　号	说　明
C_z	z 轴向力系数
D	阻力
D_0	零升阻力
D_i	诱导阻力
e	Oswald 修正因子,误差
E	升阻比,机械能
E_m	最大升阻比
E_{mp}	最小功率对应的升阻比
EV	巡航因子
F_a	轴向力
F_s	驾驶杆力
F_0	起飞起始点或着陆接地点的轴向力
F_1	起飞离地点或着陆接地点的轴向力
g	重力加速度
G	引力常数
G_1	操纵系统的传动比
H,h	高度
h_e	能量高度
H_n	握杆静裕度
H'_n	松杆静裕度
h_{obst}	障碍高度
$\dot{h}$	垂直速度
$\dot{h}_s$	下滑率
i_w	机翼安装角
i_t	平尾安装角
k	诱导阻力因子
L	滚转力矩,升力
L_e	升降舵升力
L_t	平尾升力

续表

符　号	说　明
L_{w}	机翼升力
l_{e}	升降舵压心与铰链轴间的距离
l_{f}	机身长度
l_{t}	平尾力臂
l_{tab}	调整片压心与铰链轴间的距离
l_{v}	垂尾力臂
Ma	马赫数
M_{0}	握杆机动点
M'_{0}	松杆机动点
Ma_{cr}	临界马赫数
M	俯仰力矩
M_{f}	机身俯仰力矩
M_{h}	铰链力矩
M_{t}	平尾俯仰力矩
M_{Tp}	螺旋桨拉力产生的俯仰力矩
M_{w}	机翼俯仰力矩
m	质量
$\dot{m}$	质量流量
N	偏航力矩,描述函数
N_{0}	握杆中性点
N'_{0}	松杆中性点
n_{x}	切向过载
n_{y}	侧向过载
n_{z}	法向过载
$n_{z,max}$	最大法向过载
P	发动机功率
P_{A}	发动机可用功率
P_{R}	发动机需用功率
$P_{R,min}$	最小需用功率

续表

符　号	说　明
P_s	静压,单位重量剩余功率
P_t	总压
p	滚转角速度,压强
p_s	稳定轴系下的滚转角速度
$\dot{p}$	滚转角加速度
q	俯仰角速度
$\dot{q}$	俯仰角加速度
q_{max}	最大俯仰角速度
q_c	动压
q_t	平尾处动压
r	偏航角速度
r_s	稳定轴系下的偏航角速度
$\dot{r}$	偏航角加速度
R	航程,转弯半径,飞行轨迹的曲率半径,支反力
R_h	水平面内转弯半径
R_n	前起落架支反力
R_m	主起落架支反力
R_{max}	最大航程
R_v	铅垂面内转弯半径
R_w	有风情况下的航程
R/C	爬升率
$(R/C)_{max}$	最大爬升率
s	起飞、着陆的轴向距离
S	面积,机翼参考面积
S_t	平尾面积
S_v	垂尾面积
t	时间
t_{max}	最长续航时间
$t_{2\pi}$	盘旋一周的时间

续表

符　号	说　明
T	发动机推力
T_A	发动机可用推力
T_R	发动机需用推力,反推力,滚转收敛时间常数
$T_{1/2}$	半衰时
T_2	倍幅时
T_{90}	飞机绕速度矢滚转90°所需最短时间
T_{load}	单位过载加载到最大法向过载所需时间
T_{unload}	最大法向过载卸载到单位过载所需时间
T/W	推重比
u	速度在 x 轴上的分量,无量纲速度
$(u\sin\gamma)_{max}$	无量纲形式的最大爬升率
V	速度,合速度
V_0	喷气发动机进气速度
V_1	离地速度
V_A	进近速度
V_c	角点速度,弦向速度
V_{cr}	决策速度
V_{dl}	俯冲极限速度
V_e	当量空速,喷气发动机排气速度
$V_{e,max}$	最大当量速度
$V_{e,min}$	最小当量速度
V_{IAS}	指示空速,表速
V_m	最小下滑率滑翔对应的速度
V_{max}	平飞最大速度
V_{min}	平飞最小速度
V_{mp}	最小功率速度
V_N	机翼垂直速度
V_{stall}	失速速度
V_R	参考速度,平飞阻力最小时对应的速度

续表

符　号	说　明
$V_{R/C,\max}$	最大爬升率对应的速度
V_s	机翼展向速度
$V_{\gamma,\max}$	最大爬升角对应的速度
$\bar{V}_1$	平尾尾容比
$\bar{V}_2$	垂尾尾容比
v	速度在 y 轴上的分量
w	速度在 z 轴上的分量
W	重量
W_0	巡航开始时的飞机重量
W_1	巡航结束时的飞机重量
W_f	巡航燃油重量
W/S	翼载荷
x	水平距离
$x_a, \bar{x}_a$	机翼焦点与重心间的距离,其无量纲形式
$x_{ac}, \bar{x}_{ac}$	平均气动弦前缘与机翼焦点的水平距离,其无量纲形式
$x_{cg}, \bar{x}_{cg}$	平均气动弦前缘与重心的水平距离,其无量纲形式
$x_{cg,f}, \bar{x}_{cg,f}$	重心前限,其无量纲形式
$x_{cp}, \bar{x}_{cp}$	平均气动弦前缘与机翼压心的水平距离,其无量纲形式
$\dot{x}$	水平速度
Y	侧力
Y_v	垂尾侧力
z	无量纲推力,垂直距离
z_p	螺旋桨拉力线与重心间的垂直距离
z_v	垂尾焦点与重心间的垂直距离
α	迎角
α_{0L}	全机零升力迎角
$\alpha_{w,0L}$	机翼的零升力迎角
α_t	平尾迎角
α_w	机翼迎角

续表

符　号	说　明
β	侧滑角
β_v	垂尾侧滑角
γ	航迹角,爬升角,滑翔角
γ_{max}	最大爬升角
γ_{min}	最缓滑翔角
Γ	机翼上反角
Γ_t	平尾上反角
Δ	变量、扰动量符号,特征多项式
ΔD	阻力损失负平尾升力带来的配平阻力增量
ΔP	剩余功率
ΔT	剩余推力
$\Delta\alpha_l$	局部迎角变化量
δ	操纵面偏角
δ_a	副翼偏角
δ_e	升降舵偏角
δ_{ef}	升降舵松浮角
δ_{emax}	升降舵最大上偏角
δ_{etrim}	配平升降舵偏角
δ_{e0}	零升力配平升降舵偏角
δ_r	方向舵偏角
δ_p	发动机油门
δ_t	调整片偏角
ε	下洗角,发动机推力与飞行轨迹的夹角
ε_α	下洗率
ζ	阻尼比
ζ_d	荷兰滚阻尼比
ζ_p	长周期阻尼比
ζ_{sp}	短周期阻尼比
η_p	螺旋桨的转换效率

续表

符　号	说　明
η_t	平尾动压比
η_v	垂尾动压比
θ	俯仰角
κ	滚摆比
λ	梢根比,特征根
λ_d	荷兰滚收敛模态特征根
λ_p	长周期模态特征根
λ_R	滚转收敛模态特征根
λ_s	螺旋模态特征根
λ_{sp}	短周期模态特征根
Λ	机翼后掠角
Λ_{LE}	机翼前缘后掠角
μ	摩擦因数
ξ	运动方程的中间变量
τ_1	升降舵效率因子
τ_2	方向舵效率因子
ρ	大气密度
ρ_0	海平面大气密度
σ	侧洗角,密度比 ρ/ρ_0
ϕ	滚转角,坡度
ψ	偏航角
ψ_s	航向角
Ω	角速度
ω	频率,盘旋角速度
ω_{nd}	荷兰滚自然频率
ω_{np}	长周期频率
ω_{nsp}	短周期频率

参考文献

[1] 比施根斯. 飞行动力学[M]. 北京：国防工业出版社，2017.

[2] ESHELBYM E. Aircraft performance：theory and practice[M]. Oxford：Elsevier，2000.

[3] 金长江，范立钦. 飞行动力学：飞机飞行性能计算[M]. 北京：国防工业出版社，1990.

[4] 胡兆丰，何植岱，高浩. 飞行动力学：飞机的稳定性和操纵性[M]. 北京：国防工业出版社，1985

[5] ABZUG M J. Airplane stability and control：a history of the technologies that made aviation possible[M]. 2nd ed. Cambridge：Cambridge University Press，2002.

[6] 方振平. 飞机飞行动力学[M]. 北京：北京航空航天大学出版社，2006.

[7] 帕玛迪. 飞行的性能、稳定性、动力学与控制[M]. 北京：航空工业出版社，2013.

[8] MAIR W A，BIRDSALL D L. Aircraft performance[M]. Cambridge：Cambridge University Press，1992.

[9] 新航空概论编写组. 新航空概论[M]. 北京：航空工业出版社，2010.

[10] 余江. 飞行性能与运行[M]. 成都：西南交通大学出版社，2021.

[11] BLOCKLEY R，SHYY W. 推进与动力[M]. 北京：北京理工大学出版社，2016.

[12] 高金源，李陆豫，冯亚昌. 飞机飞行品质[M]. 北京：国防工业出版社，2003.

[13] HULLD G. Fundamentals of airplane flight mechanic[M]. Berlin：Springer，2007.

[14] VALASEK J，DOWNING D R. An investigation of fighter aircraft agility：Final technical report[R]. Lawrence (KA)：Flight Research Laboratory，1993.

[15] THORNBOROUGH A. Modern fighter aircraft technology and tactics[M]. Somerset UK：Patrick Stephens Ltd，1995.

[16] 布洛克利，史维. 动力学与控制[M]. 北京：北京理工大学出版社，2016.

[17] 布洛克利，史维. 系统工程[M]. 北京：北京理工大学出版社，2016.

[18] COOK M V. Flight dynamics principles[M]. 2nd ed. Oxford：Elsevier，2007.

[19] 安德森，埃伯哈特. 认识飞行：第2版[M]. 韩莲，译. 北京：航空工业出版社，2011.

[20] 高浩，朱培申，高正红. 高等飞行动力学[M]. 北京：国防工业出版社，2004.

[21] 安德森. 空气动力学基础：第6版：双语译注版[M]. 北京：航空工业出版社，2010.

[22] ETKIN E，REID L D. Dynamics of flight：stability and control[M]. 3rd ed. New York：John Wiley，1996.

[23] 方宝瑞. 飞机气动布局设计[M]. 北京：航空工业出版社，1997.

[24] 单继祥，黄勇，苏继川，等. 小展弦比飞翼布局新型嵌入面航向控制特性研究[J]. 空气动力学学报，2015，33(3)：296-301.

[25] 斯威特曼. 隐形战机：洛克希德·马丁公司的隐形战机发展全程实录[M]. 李向阳，译. 北京：中国市场出版社，2011.

[26] 钱学森，宋健. 工程控制论[M]. 北京：科学出版社，1983.

[27] 尾形克彦. 现代控制工程：第5版[M]. 北京：电子工业出版社，2017.

[28] SHAW R L. Fighter combat：tactics and maneuvering[M]. Annapolis：Naval Institute Press，1987.

[29] 方振平. 带自动器飞机飞行动力学[M]. 北京：国防工业出版社，1999.

[30] 吴森堂. 飞行控制系统[M]. 2 版. 北京:北京航空航天大学出版社,2013.

[31] 史蒂文斯,刘易斯,约翰逊. 飞行器控制与仿真:第 3 版[M]. 北京：国防工业出版社，2020.

[32] 布罗克豪斯. 飞行控制[M]. 北京：国防工业出版社，1999.

[33] 奥博连斯基,叶尔马科夫,苏霍鲁科夫. 航空舵机系统设计引论[M]. 北京：航空工业出版社，2013.

[34] Committee on the Effects of Aircraft-pilot Coupling on Flight Safety. Aviation safety and pilot control[M]. Washington：National Academy Press，1997.

[35] 孟捷，徐浩军，刘东亮. 基于描述函数法的速率限制环节特性研究[J]. 飞行力学，2009，27(2)：20 - 23.

[36] BISCHOFF D E. The definition of short-period flying qualities characteristics via equivalent system [J]. Journal of aircraft，1983，20(3)：494 - 499.

[37] HODGKINSON J. History of low-order equivalent systems for aircraft flying qualities[J]. Journal of guidance，control，and dynamics，2005，28(4)：577 - 583.